Introduction to Calculus

基礎 微分積分學

金柄茂 著

도서출판 신 성

머리말

과학·컴퓨터 등의 발전을 기초로 한 첨단 정보화사회에서는 수학분야의 영향을 받지 않을 수 없으며, 특히 매우 정교한 수학적 사고의 도움을 받고 있다고 본다. 그러나 수학 수준이 그에 미치지 않는다면 고도로 발달된 사회에 적응이 힘들어지는 것이 아닌가? 모든 사람이 필요한 능력을 얻어 그를 이용할 수 있다면 더불어 사는 인류사회의 안정된 기반을 강력히 구축할 수 있으리라 생각된다.

고등학교를 졸업하고 직장생활을 하다 뒤늦게 대학공부를 시작하는 학생, 고등학교때 사정에 의해 수학의 기초를 닦지 못한 학생들에게 대학수학이나 미적분학을 공부하는데 도움을 주기 위하여 중·고등학교에서 배웠어야 할 내용을 요약, 정리하고, 짧은 시간에 노력만 아끼지 않으면 쉽게 이해하고 터득할 수 있도록 구성하였다. 물론 학생들의 노력이 뒤따르지 않으면 책의 내용이 아무리 쉽더라도 진도를 따라 잡기가 쉽지는 않을 것이다. 새로운 출발선 앞에서 각오를 새로 다지고 힘찬 발걸음을 내딛으면 좋은 결과를 얻을 수 있다.

지식 정보화사회에서 공대생, 자연과학 전공학생 뿐만 아니라 사회과학 전공학생들도 수학의 기초를 갖추지 않으면 앞으로의 공부에 많은 장벽에 부딪칠 것이다. 아무리 강조하여도 지나치지 않는 기초능력 다지기를 명심하고 책을 다음과 같이 읽어 나갔으면 한다.

1. 아무리 쉬운 내용이나 문제도 과정을 소홀히 하지 말고 단계 하나하나에 의미를 부여하고 꼼꼼이 따져보아 자기것으로 만들어야 한다.
2. 미분적분학의 기초를 쌓기 위한 교재이므로 이것을 바탕으로 높은 단계에 접근하는 징검다리임을 명심하여 노력을 게을리 하지 않는다.

3. 성취감과 자신감을 얻도록 쉬운 내용과 문제를 많이 다루어 보고 발전된 사고를 할 수 있도록 정의와 개념의 이해에 관심을 기울인다.
4. 처음부터 끝까지 하나도 놓치지 말고 확실한 이해와 풀이를 통해 완전함을 추구하도록 한다.

이 책은 대학기초수학(1999) 내용을 지도하면서 필요한 내용을 조금더 보완하고 연습문제와 Home Work를 수정하였다. 또한 미적분학을 공부하기 위하여 기초과정을 단계적으로 쉽게 접근할 수 있도록 했으며 풍부한 예제와 많은 연습문제, 각 장마다 반복연습할 수 있도록 Home Work 문제를수록, 스스로 내용을 확인, 점검할 수 있고 최대의 내용을 최소로 압축시켜 가장 만족할 만한 결과를 얻도록 심혈을 기울였으며, 이 문제는 해답이 주어지지 않아 보고서 또는 시험문제로 이용될 수 있도록 하였다.

이 책은 미적분학을 공부하기 위한 기초이므로 더 높은 곳에 도달하겠다는 생각을 깊이 간직하고, 모르는 것만큼 답답한 것은 없으니 빨리 터널을 빠져나오길 기대하며, 이 책이 나오기까지 많은 도움을 주신 도서출판 신성 신동수 사장님과 직원들에게 깊은 감사의 마음을 전한다.

차례

제 1 장

기본계산

1.1 지수와 거듭제곱근

□ 지수 또는 거듭제곱근을 포함하는 식

다음과 같은 식을 포함하는 계산을 많이 하게 된다.

$$2x^3+5,\ \sqrt{x^2+5x+3}\text{과 } (x-2)(2x+5)^{-1}$$

이런 식들을 간단히 하고 값을 구하는 방법에 익숙해야 대수적 기능을 습득하는데 도움이 된다. 우선 지수의 기본 성질을 요약하여 보자.

〈지수의 성질〉

1. 자연수지수 : $x^n = \underbrace{x \cdot x \cdot x \cdot \cdots x}_{n\text{개}}$
2. 0인 지수 : $x^0=1,\ x\neq 0$
3. 음수지수 : $n^{-n}=\dfrac{1}{x^n},\ x\neq 0$
4. 거듭제곱근 : $\sqrt[n]{x}=a \to x=a^n$
5. 유리수지수 $\left(\dfrac{1}{n}\right)$: $x^{\frac{1}{n}}=\sqrt[n]{x}$
6. 유리수지수 $\left(\dfrac{m}{n}\right)$: $x^{\frac{m}{n}}=\left(x^{\frac{1}{n}}\right)^m=(\sqrt[n]{x})^m$
7. 제곱근 : $\sqrt[2]{x}=\sqrt{x}$

[예제 1] <정수지수를 갖는 식의 값 구하기>

괄호에 주어진 x의 값에 대하여 식의 값을 구하여라.

(1) $y=-2x^2,\ (x=4)$ (2) $y=3x^{-3},\ (x=-1)$

(3) $y=(-x)^2,\ \left(x=\dfrac{1}{2}\right)$ (4) $y=\dfrac{2}{x^{-2}},\ (x=3)$

풀이 (1) $y=-2(4^2)=-2(16)=-32$

(2) $y=3(-1)^{-3}=\dfrac{3}{(-1)^3}=\dfrac{3}{-1}=-3$

(3) $y=\left(-\dfrac{1}{2}\right)^2=\dfrac{1}{4}$ (4) $y=\dfrac{2}{3^{-2}}=2(3^2)=18$ ▣

[예제 2] <분수지수를 갖는 식의 값 구하기>

괄호에 주어진 x의 값에 대하여 식의 값을 구하여라.

(1) $y=2x^{\frac{1}{2}}$, $(x=4)$ (2) $y=(2x)^{\frac{1}{2}}$, $(x=4)$

(3) $y=\sqrt[3]{x^2}$, $(x=8)$ (4) $y=(x^2-9)^{-\frac{3}{2}}$, $(x=5)$

풀이 (1) $y=2\sqrt{4}=2(2)=4$ (2) $y=\sqrt{2(4)}=\sqrt{2}\sqrt{4}=2\sqrt{2}$

(3) $y=8^{\frac{2}{3}}=\left(8^{\frac{1}{3}}\right)^2=2^2=4$

(4) $y=(5^2-9)^{-\frac{3}{2}}=16^{-\frac{3}{2}}=\dfrac{1}{16^{\frac{3}{2}}}=\dfrac{1}{(\sqrt{16})^3}=\dfrac{1}{4^3}=\dfrac{1}{64}$ ▣

다음의 연산법칙을 이용하여 지수를 포함하는 식을 전개하거나 또는 간단히 한다.

〈지수의 연산법칙〉

1. 밑이 같은 경우의 곱셈 : $x^n \cdot x^m = x^{n+m}$
2. 밑이 같은 경우의 나눗셈 : $\dfrac{x^n}{x^m}=x^{n-m}$
3. 괄호를 풀기 : $(xy)^n=x^n y^n$

   $\left(\dfrac{x}{y}\right)^n=\dfrac{x^n}{y^n}$
4. 특별한 규칙 : $-x^n=-(x^n)$, $-x^n\neq(-x)^n$

$$cx^n = c(x^n),\quad cx^n \neq (cx)^n$$

$$x^{n^m} = x^{(n^m)},\quad x^{n^m} \neq (x^n)^m$$

[예제 3] <지수를 포함하는 식을 간단히 하기>

다음 식을 간단히 하여라.

(1) $2x^2(x^3)$ (2) $(3x)^2 \cdot \sqrt[3]{x}$ (3) $\dfrac{5x^2}{(\sqrt{x})^3}$

(4) $\dfrac{3x^4}{(x^2)^3}$ (5) $x^{-1}(2x^2)$ (6) $\dfrac{-\sqrt{x}}{5x^{-1}}$

풀이 (1) $2x^2(x^3) = 2x^{2+3} = 2x^5$

(2) $(3x)^2 \cdot \sqrt[3]{x} = 9x^2 \cdot x^{\frac{1}{3}} = 9x^{2+\frac{1}{3}} = 9x^{\frac{7}{3}}$

(3) $\dfrac{5x^2}{(\sqrt{x})^3} = \dfrac{5x^2}{\left(x^{\frac{1}{2}}\right)^3} = 5\left(\dfrac{x^2}{x^{\frac{3}{2}}}\right) = 5x^{2-\frac{3}{2}} = 5x^{\frac{1}{2}}$

(4) $\dfrac{3x^4}{(x^2)^3} = \dfrac{3x^4}{x^6} = \dfrac{3}{x^{6-4}} = \dfrac{3}{x^2}$

(5) $x^{-1}(2x^2) = 2x^{-1}x^2 = 2x^{2-1} = 2x$

(6) $\dfrac{-\sqrt{x}}{5x^{-1}} = -\dfrac{1}{5}\left(\dfrac{x^{\frac{1}{2}}}{x^{-1}}\right) = -\dfrac{1}{5}x^{\frac{1}{2}+1} = -\dfrac{1}{5}x^{\frac{3}{2}}$ ▣

예제 3에서 간단히 한 식의 특징은 음수지수로 나타내지 않은 것이다. 간단히 나타내는 식의 또 다른 특징은 공통인수로 묶어 합과 차를 쓰는 것이다. 이렇게 하기 위해 분배법칙을 이용한다.

$$bcx^m + cdx^{m+n} = cx^m(b + dx^n)$$

다음 예제를 주의 깊게 풀어 공통인수로 묶는 과정에 포함된 의미를 이해하여 보자.

[예제 4] <공통인수로 묶기>

다음 식을 공통인수로 묶어 간단히 하여라.

(1) $2x^2-x^3$ (2) $3x^4+x^3$

(4) $2x^{\frac{3}{2}}+3x^{\frac{5}{2}}$ (5) $2x^{-\frac{1}{2}}+4x^{\frac{5}{2}}$

풀이

(1) $2x^2-x^3=x^2(2-x)$

(2) $3x^4+x^3=x^3(3x+1)$

(3) $2x^{\frac{3}{2}}+3x^{\frac{5}{2}}=x^{\frac{3}{2}}(2+3x)$

(4) $2x^{-\frac{1}{2}}+4x^{\frac{5}{2}}=2x^{-\frac{1}{2}}(1+2x^3)=\dfrac{2(1+2x^3)}{\sqrt{x}}$ ▣

미분할 경우에 식을 간단히 할 경우가 자주 생긴다. 뒤에서 배우겠지만, 다음 예제의 두 식은 $2(x+1)^{\frac{3}{2}}(2x-3)^{\frac{5}{2}}$, $2(x+1)^{\frac{1}{2}}(2x-3)^{\frac{5}{2}}$를 각각 미분한 것이다.

[예제 5] <공통인수로 묶기>

다음 식을 공통인수로 묶어 간단히 하여라.

(1) $3(x+1)^{\frac{1}{2}}(2x-3)^{\frac{5}{2}}+10(x+1)^{\frac{3}{2}}(2x-3)^{\frac{3}{2}}$

(2) $(x+1)^{-\frac{1}{2}}(2x-3)^{\frac{5}{2}}+10(x+1)^{\frac{1}{2}}(2x-3)^{\frac{3}{2}}$

풀이

(1) $3(x+1)^{\frac{1}{2}}(2x-3)^{\frac{5}{2}}+10(x+1)^{\frac{3}{2}}(2x-3)^{\frac{3}{2}}$

$=(x+1)^{\frac{1}{2}}(2x-3)^{\frac{3}{2}}\{3(2x-3)+10(x+1)\}$

$=(x+1)^{\frac{1}{2}}(2x-3)^{\frac{3}{2}}(6x-9+10x+10)$

$$=(x+1)^{\frac{1}{2}}(2x-3)^{\frac{3}{2}}(16x+1)$$

(2) $(x+1)^{-\frac{1}{2}}(2x-3)^{\frac{5}{2}}+10(x+1)^{\frac{1}{2}}(2x-3)^{\frac{3}{2}}$

$$=(x+1)^{-\frac{1}{2}}(2x-3)^{\frac{3}{2}}\{(2x-3)+10(x+1)\}$$

$$=(x+1)^{-\frac{1}{2}}(2x-3)^{\frac{3}{2}}(2x-3+10x+10)$$

$$=(x+1)^{-\frac{1}{2}}(2x-3)^{\frac{3}{2}}(12x+7)$$

$$=\frac{(2x-3)^{\frac{3}{2}}(12x+7)}{(x+1)^{\frac{1}{2}}}$$ ▣

앞으로 배울 미분과 적분에서 미분, 적분한 다음 나타나는 식을 간단히 할 경우가 있다. 다음 예제에서 연습해 보자.

[예제 6] (묶을 포함하는 인수)

다음 식을 공통인수로 묶어 간단히 하여라.

(1) $\frac{3x^2+x^4}{2x}$ (2) $\frac{\sqrt{x}+x^{\frac{3}{2}}}{x}$ (3) $\frac{3}{5}(x+1)^{\frac{5}{3}}+\frac{3}{4}(x+1)^{\frac{8}{3}}$

(4) $\frac{3(x+2)^2(x-1)^3-3(x+2)^3(x-1)^2}{\{(x-1)^3\}^2}$

풀이 (1) $\frac{3x^2+x^4}{2x}=\frac{x^2(3+x^2)}{2x}=\frac{x^{2-1}(3+x^2)}{2}=\frac{x(3+x^2)}{2}$

(2) $\frac{\sqrt{x}+x\frac{3}{2}}{x}=\frac{x^{\frac{1}{2}}(1+x)}{x}=\frac{1+x}{x^{1-\frac{1}{2}}}=\frac{1+x}{\sqrt{x}}$

(3) $\frac{3}{5}(x+1)^{\frac{5}{4}}+\frac{3}{4}(x+1)^{\frac{8}{3}}=\frac{12}{20}(x+1)^{\frac{5}{3}}\frac{15}{20}(x+1)^{\frac{8}{3}}$

$$=\frac{3}{20}(x+1)^{\frac{5}{3}}\{4+5(x+1)\}=\frac{3}{20}(x+1)^{\frac{5}{3}}(4+5x+5)$$

$$=\frac{3}{20}(x+1)^{\frac{5}{3}}(5x+9)$$

(4) $$\frac{3(x+2)^2(x-1)^3-3(x+2)^3(x-1)^2}{\{(x-1)^3\}^2}$$

$$=\frac{3(x+2)^2(x-1)^2\{(x-1)-(x+2)\}}{(x-1)^6}$$

$$=\frac{3(x+2)^2(x-1-x-2)}{(x-1)^{6-2}}=\frac{-9(x+2^2}{(x-1)^4}$$ ▣

□ 대수식의 정의역

x를 포함하는 대수식을 다룰 때, 식이 정의되지 않는 x값을 대입할 때, 곤란한 경우가 생긴다. 예를 들면 식 $\sqrt{2x+3}$은 $x=-2$일 때 정의되지 않는다. 왜냐하면,

$$\sqrt{2(-2)+3}=\sqrt{-4+3}=\sqrt{-1}\neq \text{실수}$$

식이 정의되는 모든 값의 집합을 **정의역**(domain)이라고 한다.

즉, $\sqrt{2x+3}$의 정의역은 $\sqrt{2x+3}$이 실수이므로 $2x+3\geq 0$에서 $2x\geq -3$, $x\geq -\frac{3}{2}$이다. 다른 말로 $\sqrt{2x+3}$이 정의되는 x의 범위는 $\left[-\frac{3}{2},\ \infty\right)$이다.

[예제 7] <대수식의 정의역 구하기>

다음 식의 정의역을 구하여라.

(1) $\sqrt{3x-2}$ (2) $\frac{1}{\sqrt{3x-2}}$ (3) $\sqrt[3]{9x+1}$

풀이 (1) $\sqrt{3x-2}$의 정의역은 $3x-2\geq 0$인 x값의 집합이다.

$\therefore\ x \geq \frac{2}{3}$ 정의역 : $\left[\frac{2}{3},\ \infty\right)$

(2) $\frac{1}{\sqrt{3x-2}}$의 정이역은 $3x-2=0$인 경우를 제외하고 $\sqrt{3x-2}$의 정의역과 같다.

$\therefore\ x > \frac{2}{3}$ 정의역 : $\left(\frac{2}{3},\ \infty\right)$

(3) $\sqrt[3]{9x+1}$은 모든 실수에 대해 정의된다.

정의역 : $(-\infty,\ \infty)$ ▣

[예제 8] <대수식의 정의역 구하기>

$\sqrt{2+x}+\sqrt{3-x}$의 정의역을 구하여라.

풀이 합의 정의역은 $\sqrt{2+x}$, $\sqrt{3-x}$의 정의역의 공통부분이다.

$2+x \geq 0$에서 $x \geq -2$

$3-x \geq 0$에서 $x \leq 3$

따라서 $[-2,\ \infty)$과 $(-\infty,\ 3]$의 공통부분 $[-2,\ 3]$이다. ▣

연습문제 1.1

1. 괄호에 주어진 x의 값에 대하여 식의 값을 구하여라.

1) $-2x^3(x=3)$ 2) $\frac{x^2}{3}$, $(x=9)$

3) $3x^{-2}(x=2)$ 4) $5x^{-3}(x=3)$

5) $\frac{1-x^1}{x^{-2}}(x=3)$ 6) $2x-3x^{-1}(x=4)$

7) $3x^2-4x^3(x=4)$ 8) $5(-x)^2(x=5)$

9) $6x^0-(6x)^0\,(x=7)$ 10) $\frac{1}{(-x)^{-3}}(x=2)$

11) $\sqrt[3]{x^2}(x=9)$ 12) $\sqrt{x^3}(x=\frac{1}{4})$

13) $x^{-\frac{1}{3}}(x=8)$ 14) $x^{-\frac{4}{5}}(x=16)$

15) $x^{-\frac{3}{5}}(x=32)$ 16) $\left(x^{\frac{3}{5}}\right)^5(x=6)$

2. 다음 식을 간단히 하여라

1) $4x^5(x^2)$ 2) $(2x^4)(8x^3)$

3) $2y^2(4y^3)^2$ 4) $x^{-5}(5x^4)$

5) $6(x^3)^3$ 6) $(3x^4)^3$

7) $\frac{5x^{-3}}{x^2}$ 8) $\frac{y^9}{y^{15}}$

해답

1.

1) -54

2) 27

3) $\frac{3}{4}$

4) $\frac{5}{27}$

5) 6

6) $\frac{29}{4}$

2.

1) $4x^7$

2) $16x^7$

3) $32y^8$

4) $5x^{-1}$

9) $\dfrac{9(x+y)^4}{12(x+y)}$　　10) $\left(\dfrac{12s^3}{8s}\right)^2$

11) $\dfrac{3\sqrt[3]{x}\,x^2}{x^{\frac{1}{3}}}$　　12) $(\sqrt[4]{x^3})^8$

13) $\left(\dfrac{\sqrt{3}\sqrt{x^3}}{\sqrt[3]{x}}\right)^6$　　14) $(2x^5y^3z^2)^0$

5) $6x^9$

6) $27x^{12}$

3. 거듭제곱근식을 간단히 하여라.(x, y는 양의 실수)

1) $\sqrt{27}$　　2) $\sqrt{24}$

3) $\sqrt[3]{\dfrac{16}{27}}$　　4) $\sqrt[3]{\dfrac{8}{125}}$

5) $\sqrt[3]{81x^4}$　　6) $\sqrt[4]{128x^5y^4}$

7) $\sqrt[3]{54x^6}$　　8) $\sqrt{5(x-y)^3}(x>y)$

9) $\sqrt[4]{(2x^3y^2)^4}$　　10) $\sqrt{125x^3y^{-6}}$

11) $\sqrt[5]{96x^8y^4}$　　12) $\sqrt{36(x+2)^6}$

3.

1) $3\sqrt{3}$

2) $2\sqrt{6}$

3) $\dfrac{2}{3}\sqrt[3]{2}$

4) $\dfrac{2}{5}$

4. (　)에 필요한 인수를 구하여라

1) $y^4-4y^2=y^2(y-2)(\qquad)$

2) $(x+y)z^2-(x+y)=(\qquad)(z+1)(z-1)$

3) $\dfrac{2}{3}x^2+\dfrac{1}{3}x+5=\dfrac{2}{3}(\qquad)$

4) $\sqrt{x}+x\sqrt{x}=(\qquad)(x+1)$

5) $x\sqrt{y+1}+\sqrt{y+1}=(x+1)(\qquad)$

6) $\dfrac{1}{2}x(x+1)^{-\frac{1}{2}}+(x+1)^{\frac{1}{2}}=\dfrac{1}{2}(x+1)^{-\frac{1}{2}}(\qquad)$

4.

1) $y+2$

2) $x+y$

3) $x^2+\dfrac{1}{2}x+\dfrac{15}{2}$

4) $\sqrt{x}$

5) $\sqrt{y+1}$

7) $\frac{3}{2}x(x+1)^{\frac{1}{2}}+(x+1)^{\frac{3}{2}}=\frac{3}{2}(x+1)^{\frac{1}{2}}(\qquad)$

5. 다음식의 정의역을 구하여라.

1) $\sqrt{5-2x}$ 2) $\sqrt[5]{3-x}$

3) $\sqrt{x-2}+\sqrt{3-x}$ 4) $\frac{\sqrt{x+3}}{\sqrt{x-2}}$

5.

1) $x \leqq \frac{5}{2}$

2) x는 모든 실수

3) $2 \leqq x \leqq 3$

4) $x > 2$

1.2 다항식

□ 인수분해

대수학의 기본정리에 의하면, 모든 n차 다항식

$$a_nx^n + a_{n-1}x^{n-1} + \cdots + a_1x + a_0$$

는 정확히 n개의 값에 대해 0이 된다(즉, 다항방정식 $a_nx^n + a_{n-1}x^{n-1} + \cdots + a_1x + a_0 = 0$은 정확히 n개의 근을 갖는다).

다항식의 값을 0이 되게 하는 값을 구하는 것은 다항식을 일차식으로 인수분해하는 문제로 통한다. 이를테면, $x^3 - 3x + 2 = (x-1)(x-1)(x+2)$로 인수분해하여 $x=1$, $x=-2$가 $x^3 - 3x + 2$의 값을 0이 되게 함을 알 수 있다.

$x=1$을 대입하여 $(1)^3 - 3(1) + 2 = 1 - 3 + 2 = 0$,

$x=-2$를 대입하여 $(-2)^3 - 3(-2) + 2 = -8 + 6 + 2 = 0$을 확인할 수 있다. 이 과정을 정리하면 다음과 같다.

$x^3 - 3x + 2 = 0$	: 다항식을 0과 같다고 놓는다.
$(x-1)(x-1)(x+2) = 0$	: 일차식으로 인수분해한다.
$x-1=0$, $x+2=0$	: 각 인수를 0으로 놓는다.
$x=1$, $x=-2$	: 실근을 구한다.

같은 방법으로, $x^5 - x = x(x-1)(x+1)(x^2+1)$을 인수분해하여 $x=0$, 1, -1, 세 실수가 $x^5 - x$의 값을 0이 되게 함을 알 수 있다. x^2+1은 두 허수 $x = \pm\sqrt{-1}$에 대해 0이 된다. 이 책에서는 허수에 대해서는 다루지 않겠다.

인수분해는 간단한 과정이 아니다. 다항식을 인수분해하는데 사용되는 방법은 상당히 다양하다. 다음 방법을 주의깊게 관찰하여 인수분해에 이용한다.

〈인수분해와 전개〉

이차방정식의 근의 공식	예
$ax^2+bx+c=0 \Rightarrow x=\frac{-b\pm\sqrt{b^2-4ac}}{2a}$	$x^2+3x-1=0 \Rightarrow x=\frac{-3\pm\sqrt{13}}{2}$

인수분해공식	예
$x^2-a^2=(x-a)(x+a)$	$x^2-9=(x-3)(x+3)$
$x^3-a^3=(x-a)(x^2+ax+a^2)$	$x^3-8=(x-2)(x^2+2x+4)$
$x^3+a^3=(x+a)(x^2-ax+a^2)$	$x^3+64=(x+4)(x^2-4x+16)$
$x^4-a^4=(x-a)(x+a)(x^2+a^2)$	$x^4-16=(x-2)(x+2)(x^2+4)$

전개공식	예
$(x+a)^2=x^2+2ax+a^2$	$(x+3)^2=x^2+6x+9$
$(x-a)^2=x^2-2ax+a^2$	$(x^2-5)^2=x^4-10x^2+25$
$(x+a)^3=x^3+3ax^2+3a^2x+a^3$	$(x+2)^3=x^3+6x^2+12x+8$
$(x-a)^3=x^3-3ax^2+3a^2x-a^3$	$(x-1)^3=x^3-3x^2+3x-1$
$(x+a)^4=x^4+4ax^3+6a^2x^2+4a^3x+a^4$	$(x+2)^4=x^4+8x^3+24x^2+32x+16$
$(x-a)^4=x^4-4ax^3+6a^2x^2-4a^3x+a^4$	$(x-4)^4=x^4-16x^3+96x^2-256x+256$

$$(x+a)^n=x^n+nax^{n-1}+\frac{n(n-1)}{2!}a^2x^{n-2}+\frac{n(n-1)(n-2)}{3!}a^3x^{n-3}+\cdots+na^{n-1}x+a^n$$

[예제 1] 〈이차방정식의 근의 공식 이용〉

이차방정식의 근의 공식을 이용하여 다음 다항식을 0이 되게 하는 실수 x의 값을 구하여라.

(1) $4x^2+6x+1$ (2) x^2+6x+9 (3) $2x^2-6x+5$

풀이 (1) $a=4,\ b=6,\ c=1$

$$x=\frac{-b\pm\sqrt{b^2-4ac}}{2a}=\frac{-6\pm\sqrt{36-16}}{8}=\frac{-6\pm\sqrt{20}}{8}$$

$$=\frac{-6\pm2\sqrt{5}}{8}=\frac{-3\pm\sqrt{5}}{4}$$

(2) $a=1,\ b=6,\ c=9$

$$x=\frac{-b\pm\sqrt{b^2-4ac}}{2a}=\frac{-6\pm\sqrt{36-36}}{2}=-\frac{6}{2}=-3$$

(3) $a=2,\ b=-6,\ c=5$

$$x=\frac{-b\pm\sqrt{b^2-4ac}}{2z}=\frac{6\pm\sqrt{36-40}}{4}=\frac{6\pm\sqrt{-4}}{4}$$

∴ 실수 x는 없다. ▣

[예제 2] <이차식의 인수분해>

다음 이차식의 값을 0으로 하는 x의 값을 구하여라.

(1) x^2-5x+6 (2) x^2-5x-6 (3) $2x^2+5x-3$

풀이 (1) $x^2-5x+6=(x-2)(x-3)$이므로

$x=2,\ x=3$일 때, 주어진 식의 값은 0이다.

(2) $x^2-5x-6=(x+1)(x-6)$이므로

$x=-1,\ x=6$일 때, 주어진 식의 값은 0이다.

(3) $2x^2+5x-3=(2x-1)(x+3)$이므로

$x=\frac{1}{2}, x=-3$일 때, 주어진 식의 값은 0이다. ▣

도함수를 구할 경우 다음과 같은 식을 자주 대하게 된다.

$$\sqrt{ax^2+bx+c}$$

이 식의 정의역을 구하기 위해 $ax^2+bx+c \geq 0$을 만족하는 x의 범위를 구한다. 즉 이차부등식을 푼다.

[예제 3] <$\sqrt{ax^2+bc+c}$의 정의역 구하기>

다음 식의 정의역을 구하여라.

(1) $\sqrt{x^2-3x+2}$ (2) $\sqrt{-x^2+3x+4}$ (3) $\sqrt{x^2-2x+2}$

풀이 (1) $x^2-3x+2=(x-1)(x-2)$이므로 정의역은

$x^2-3x+2 \geq 0$에서 x의 범위를 구한다. $\therefore x \geq 2,\ x \leq 1$

(2) $-x^2+3x+4=(-x+4)(x+1)$이므로 정의역은

$-x^2+3x+4 \geq 0$에서 x의 범위를 구한다. $\therefore -1 \leq x \leq 4$

(3) $x^2-2x+2=0$은 실근을 갖지 않으므로 정의역은 모든 실수 ▣

□ 3차 이상의 다항식의 인수분해

3차 이상의 다항식의 값을 0으로 하는 x값을 찾는 것은 어려울 수 있다. 그러나 0으로 하는 x값을 하나 알게 되면 다항식의 차수를 낮추기 위해 다음과 같이 할 수 있다. 예를 들면, $x=2$가 x^3-4x^2+5x-2의 값을 0이 되게 하는 것을 알면 $x-2$는 인수가 되어 다음과 같이 다항식의 차수를 낮추기 위해 나눗셈을 이용할 수 있다.

$$
\begin{array}{r l}
 & \underline{x^2-2x+1} \\
x-2 & \big)\, x^3-4x^2+5x-2 \\
 & \underline{x^3-2x^2} \\
 & -2x^2+5x \\
 & \underline{-2x^2+4x} \\
 & x-2 \\
 & \underline{x-2} \\
 & 0
\end{array}
$$

이와 같이 하여

$$
\begin{aligned}
x^3-4x^2+5x-2 &= (x-2)(x^2-2x+1) \\
&= (x-2)(x-1)(x-1)
\end{aligned}
$$

긴 나눗셈을 하는 대신 **조립제법**(synthetic dvision)을 이용하여 다항식의 차수를 낮출 수 있다. 이 과정은 다음과 같이 한다.

〈 조립제법 〉

$x=x_1$이 ax^3+bx^2+cx+d의 값을 0이 되게 한다.

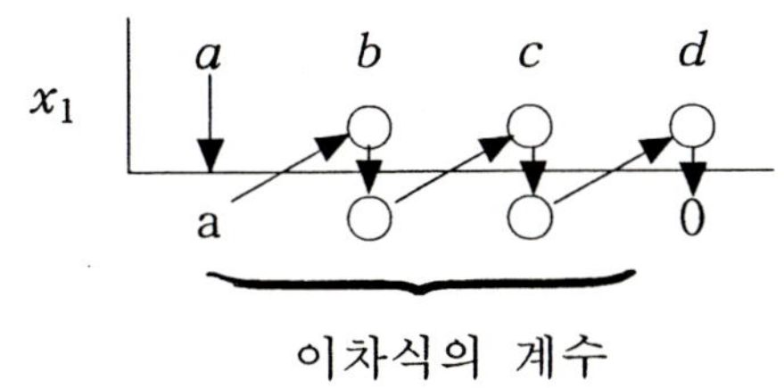

여기서, ↓ : 더한다. ↗ : x_1을 곱한다.

예를 들면, $x=2$가 다항식 x^3-4x^2+5-2를 0이 되게 할 때, 조립제법을 시행해 보자.

$$\begin{array}{c|cccc} 2 & 1 & -4 & 5 & -2 \\ & & 2 & -4 & 2 \\ \hline & 1 & -2 & 1 & 0 \end{array}$$

$$(x-2)\ (x^2-2x+1)=x^3-4x^2+5x-2$$

한번 더 연습해 보면 $x=-2$가 다항식 $x^3+3x+14$를 0이 되게 할 때, 조립제법을 시행해 보자.

$$\begin{array}{c|cccc} -2 & 1 & 0 & 3 & 14 \\ & & -2 & 4 & -14 \\ \hline & 1 & -2 & 7 & 0 \end{array}$$

$$(x+2)\ (x^2-2x+7)=x^3+3x+14$$

□ 다항식을 0이 되게 하는 유리수값 $\left(\frac{p}{q}\right)$ 구하기

다항식의 값을 0이 되게 하는유리수값 $\left(\frac{p}{q}\right)$를 구하는 체계적인 방법이 있다. 이것을 **유리수근 정리**(rational root theorem)라 부른다.

〈유리수근 정리〉

다항식 $a_nx^n+a_{n-1}x^{n-1}+\cdots+a_1x+a_0$이 정수계수를 가지면, 다항식을 0으로 하는 모든 유리수값은 $x=\frac{p}{q}$꼴이다. p는 a_0의 약수이고 q는 a_n의 약수이다.

위의 정리를 이용하기 위해 가능한 모든 $\frac{p}{q}$를 다음과 같이 구한다.

$$\frac{p}{q}=\frac{\text{상수항의 인수}}{\text{최고차 계수의 인수}}$$

예를 들면, 다항식 $2x^4-7x^3+5x^2-7x+3$의 가능한 모든 $\frac{p}{q}$는 다음과 같다.

$$x=\pm1,\ \pm\frac{1}{2},\ \pm3,\ \pm\frac{3}{2}$$

다항식의 값을 0이 되게 하는 x를 구하면 $\frac{1}{2}$과 3이 된다. 조사하는 방법은 다항식에 x값을 대입해 보는 것이다.

$x=1$의 경우: $2(1)^4-7(1)^3+5(1)^2-7(1)+3=-4$

$x=3$의 경우: $2(3)^4-7(3)^3+5(3)^2-7(3)+3=0$

[예제 4] 〈유리수근 정리 이용〉

다항식 $2x^3+3x^2-8x+3$의 값을 0이 되게 하는 x를 구하여라.

풀이 최고차의 계수 2의 약수: ±1, ±2, 상수항 3의 약수: ±1, ±3

$\frac{p}{q}$의 꼴을 구하면 1, -1, 3, -3, $\frac{1}{2}$, $-\frac{1}{2}$, $\frac{3}{2}$, $-\frac{3}{2}$이다.

$x=1$의 경우: $2(1)^3+3(1)^2-8(1)+3=2+3-8+3=0$

조립제법을 이용하면

1	2	3	-8	3
		2	5	-3
	2	5	-3	0

$$(x-1)\ (2x^2+5x-3)=2x^3+3x^2-8x+3$$

$\therefore\ 2x^3+3x^2-8x+3=(x-1)(2x-1)(x+3)$

따라서 다항식의 값을 0이 되게 하는 x를 구하면,

$$x=1,\ \frac{1}{2},\ -3$$

이다.

연습문제 1.2

해답

1. 이차다항식의 값을 0이 되게 하는 x를 구하여라.

1) $x^2-4x-21$ 2) $\frac{1}{5}x^2-\frac{1}{2}x-\frac{6}{5}$

3) $(x-3)^2-(x-3)-6$

4) $2x^2-7x+6$ 5) $6x(x-1)+x+1$

6) $3x(x-1)-2(x+1)$

7) $(2x+1)^2-3x-4$ 8) $4x^2-9$

9) $(x-1)^2-16$ 10) $3x^2+5x+1$

2. 다음식을 인수분해하여라.

1) $9a^3b^2-12a^2b^3$ 2) $x(a-b)-y(b-a)$

3) $ax+bx+ay+by$ 4) $xy-x-y+1$

5) $4x^2+4x+1$ 6) $9x^2-12xy+4y^2$

7) $27a^2x^2-72abx^2+48b^2x^2$

8) $9x^2-4y^2$ 9) x^4-y^4

10) $x^2+2xy+y^2-z^2$ 11) x^2-5x+6

12) $x^2+2xy-15y^2$ 13) $3x^2+11x+6$

14) $3x^2-17x+10$ 15) x^3+27

16) $8x^3-y^3$ 17) $x^3+6x^2+12x+8$

해답

1.

1) -3, 7

2) $-\frac{3}{2}$, 4

3) 1, 6

4) 2, $\frac{3}{2}$

5) $\frac{1}{2}$, $\frac{1}{3}$

6) 2, $-\frac{1}{3}$

2.

1) $3a^2b^2(3a-4b)$

2) $(a-b)(x+y)$

3) $(a+b)(x+y)$

4) $(x-1)(y-1)$

5) $(2x+1)^2$

6) $(3x-2y)^2$

18) $x^3-9x^2y+27xy^2-27y^3$

19) $x^3+y^3+3xy-1$ 20) $2x^2-18$

21) $x^2-a^2+2ab-b^2$ 22) $2x^2+7x+3$

23) $2x^2-11xy-6y^2$ 24) $ax^2+x-a-1$

25) $x^2+2xy+y^2-4$ 26) $(x-2y)^2-4(x-2y)+4$

27) $(x+y)(x+y-3)-4$

28) a^3-27b^3 29) $(x-y)^3+8y^3$

30) $x^3-9x^2+27x-27$

3. 다음 방정식을 풀어라(실근만 구하여라)

1) $x^3-8=0$ 2) $x^4=1$

3) $x^3-5x^2+5x-1=0$

4) $x^3+8=0$ 5) $x^3+1=0$

6) $x^4=81$ 7) $x^4-3x^2-4=0$

8) $x^4+x^2+1=0$ 9) $x^4+x^2-6=0$

10) $x^4+6x^2+25=0$

11) $(x^2+8x+7)(x^2+8x+15)+15=0$

12) $x(x+1)(x+2)(x+3)=3$

13) $(x^2+5x+4)(x^2+5x+6)=3$

14) $(x+1)(x+2)(x+3)(x+4)=24$

15) $x^3-x-6=0$ 16) $x^3-5x^2+3x+9=0$

17) $x^3-4x^2+3x+2=0$

18) $x^3-4x^2+8=0$ 19) $x^4+x^3-4x^2+x+1=0$

3.

1) $x=2$

2) $x=1,\ -1$

3) $x=1,\ 2\pm\sqrt{3}$

4) $x=-2$

5) $x=-1$

6) $x=3,\ -3$

7) $x=2,\ -2$

8) 실근없음

9) $x=\sqrt{2},\ -\sqrt{2}$

10) 실근없음

20) $x^4+7x^3+14x^2+7x+1=0$

4. 다음식이 정의되는 x의 범위를 구하여라.

1) $\sqrt{x^2-7x+12}$ 2) $\sqrt{x^2-9}$

3) $\sqrt{16-x^2}$ 4) $\sqrt{81-9x^2}$

5) $\sqrt{15-2x-x^2}$ 6) $\sqrt{x^2+16}$

7) $\sqrt{x^2-2x+5}$ 8) $\sqrt{-x^2+4x+5}$

4.

1) $x \geqq 4,\ x \leqq 3$

2) $x \geqq 3,\ x \leqq -3$

3) $-4 \leqq x \leqq 4$

1.3 유리식과 유리화

□ 분수식의 계산

다음과 같은 분수식의 연산에 대해 알아보자.

$$\frac{2}{x},\ \frac{x^2+2x-4}{x+6},\ \frac{1}{\sqrt{x^2+1}}$$

분모, 분자가 다항식으로 주어진 첫 번째, 두 번째 식을 **유리식**(rational expression)이라고 한다. 유리식의 덧셈, 뺄셈, 곱셈, 나눗셈을 하기 위해 다음 연산방법을 이용한다.

〈분수식의 연산〉

1. 덧셈 : $\frac{a}{b}+\frac{c}{d}=\frac{a}{b}\left(\frac{d}{d}\right)+\frac{c}{d}\left(\frac{b}{b}\right)=\frac{ad}{bd}+\frac{bc}{bd}=\frac{ad+bc}{bd}$

2. 뺄셈 : $\frac{a}{b}-\frac{c}{d}=\frac{a}{b}\left(\frac{d}{d}\right)-\frac{c}{d}\left(\frac{b}{b}\right)=\frac{ad}{bd}-\frac{bc}{bd}=\frac{ad-bc}{bd}$

3. 곱셈 : $\left(\frac{a}{b}\right)\left(\frac{c}{d}\right)=\frac{ac}{bd}$

4. 나눗셈 : $\frac{a}{b}\div\frac{c}{d}=\left(\frac{a}{b}\right)\left(\frac{d}{c}\right)=\frac{ad}{bc}$, $\frac{a}{b}\div c=\left(\frac{a}{b}\right)\left(\frac{1}{c}\right)=\frac{a}{bc}$

5. 약분 : $\frac{\not{a}b}{\not{a}c}=\frac{b}{c}$, $\frac{ab+ac}{ad}=\frac{\not{a}(b+c)}{\not{a}d}=\frac{b+c}{d}$

[예제 1] ―(유리식의 덧셈과 뺄셈)

다음 식을 간단히 하여라.

(1) $x+\frac{1}{x}$ (2) $\frac{1}{x+1}-\frac{2}{2x-1}$

풀이 (1) $x+\frac{1}{x}=\frac{x^2}{x}+\frac{1}{x}=\frac{x^2+1}{x}$

(2) $\dfrac{1}{x+1}-\dfrac{2}{2x-1}=\dfrac{2x-1}{(x+1)(2x-1)}-\dfrac{2(x+1)}{(x+1)(2x-1)}$

$$=\frac{2x-1-2x-2}{2x^2+x-1}=\frac{-3}{2x^2+x-1}$$ ▣

분모가 공통인수를 갖는 경우 덧셈이나 뺄셈을 하기 전에 최소공배수를 구하여 통분한 다음 간단히 한다. 이를테면,

$$\frac{1}{x}+\frac{2}{x^2}=\frac{x}{x^2}+\frac{2}{x^2}=\frac{x+2}{x^2}$$

[예제 2] —<분모가 공통인수를 갖는 경우 유리식의 덧셈, 뺄셈>

다음 식을 간단히 하여라.

(1) $\dfrac{x}{x^2-1}+\dfrac{3}{x+1}$ (2) $\dfrac{1}{2(x^2+2x)}-\dfrac{1}{4x}$

풀이 (1) $x^2-1=(x-1)(x+1)$이므로 분모를 최소공배수 x^2-1로 통분하면,

$$\frac{x}{x^2-1}+\frac{3}{x+1}=\frac{x}{(x-1)(x+1)}+\frac{3}{x+1}$$

$$=\frac{x}{(x-1)(x+1)}+\frac{3(x-1)}{(x-1)(x+1)}$$

$$=\frac{x+3x-3}{(x-1)(x+1)}=\frac{4x-3}{x^2-1}$$

(2) 분모의 최소공배수는 $4x(x+2)$

$$\frac{1}{2(x^2+2x)}-\frac{1}{4x}=\frac{1}{2x(x+2)}-\frac{1}{2(2x)}$$

$$=\frac{2}{2(2x)(x+2)}-\frac{x+2}{2(2x)(x+2)}$$

$$=\frac{2-x-2}{4x(x+2)}=\frac{-x}{4x(x+2)}=\frac{-1}{4(x+2)}$$ ▣

두 식보다 더 많은 식의 덧셈을 하려면 모든 분모의 최소공배수를 구해야 한다. 이를 테면 $\frac{1}{2}, \frac{1}{3}, \frac{1}{5}$를 더할 때, 최소공배수는 30이고, $\frac{1}{2}+\frac{1}{3}+\frac{1}{5}$ $=\frac{15}{30}+\frac{10}{30}+\frac{6}{30}=\frac{31}{30}$

[예제 3] <세 유리식의 덧셈>

다음 식을 간단히 하여라.

(1) $\frac{A}{x+2}+\frac{B}{x-3}+\frac{C}{x+4}$ (2) $\frac{A}{x+2}+\frac{B}{(x+2)^2}+\frac{C}{x-1}$

풀이 (1) 분모의 최소공배수는 $(x+2)(x-3)(x+4)$

$$\frac{A}{x+2}+\frac{B}{x-3}+\frac{C}{x+4}$$
$$=\frac{A(x-3)(x-4)+B(x+2)(x+4)+C(x+2)(x-3)}{(x+2)(x-3)(x+4)}$$
$$=\frac{A(x^2+x-12)+B(x^2+6x+8)+C(x^2-x-6)}{(x+2)(x-3)(x+4)}$$
$$=\frac{(A+B+C)x^2+(A+6B-C)x+(-12A+8B-6C)}{(x+2)(x-3)(x+4)}$$

(2) 분모의 최소공배수는 $(x+2)^2(x-1)$

$$\frac{A}{x+2}+\frac{B}{(x+2)^2}+\frac{C}{x-1}$$
$$=\frac{A(x+2)(x-1)+B(x-1)+C(x+2)^2}{(x+2)^2(x-1)}$$
$$=\frac{A(x^2+x-2)+B(x-1)+C(x^2+4x+4)}{(x+2)^2(x-1)}$$
$$=\frac{(A+C)x^2+(A+B+4C)x+(-2A-B+4c)}{(x+2)^2(x-1)}$$ ▣

□ 제곱근을 포함하는 식

미분을 할 때, 분수식이 제곱근을 포함할 경우 복잡한 형태로 된다. 다루기 쉬운식의 꼴로 고치는 것이 필요하다. 예제 4, 5의 식들은 미분한 결과이다. 각 경우에 본래의 식보다 얼마나 간단해지는가 알아보자.

[예제 4] <제곱근을 포함한 식을 간단히 하기>

다음 식을 간단히 하여라.

(1) $\dfrac{\sqrt{x+1}-\dfrac{x}{2\sqrt{x+1}}}{x+1}$ (2) $\left(\dfrac{1}{x+\sqrt{x^2+1}}\right)\left(1+\dfrac{2x}{2\sqrt{x^2+1}}\right)$

풀이 (1) $$\dfrac{\sqrt{x+1}-\dfrac{x}{2\sqrt{x+1}}}{x+1}=\dfrac{\dfrac{2(x+1)}{2\sqrt{x+1}}-\dfrac{x}{2\sqrt{x+1}}}{x+1}$$

$$=\dfrac{2x+2-x}{2\sqrt{x+1}(x+1)}=\dfrac{x+2}{2(x+1)^{3/2}}$$

(2) $$\left(\dfrac{1}{x+\sqrt{x^2+1}}\right)\left(1+\dfrac{2x}{2\sqrt{x^2+1}}\right)=\left(\dfrac{1}{x+\sqrt{x^2+1}}\right)\left(1+\dfrac{x}{\sqrt{x^2+1}}\right)$$

$$=\left(\dfrac{1}{x+\sqrt{x^2+1}}\right)\left(\dfrac{\sqrt{x^2+1}}{\sqrt{x^2+1}}+\dfrac{x}{\sqrt{x^2+1}}\right)$$

$$=\left(\dfrac{1}{x+\sqrt{x^2+1}}\right)\left(\dfrac{x+\sqrt{x^2+1}}{\sqrt{x^2+1}}\right)=\dfrac{1}{\sqrt{x^2+1}}$$ ▣

[예제 5] <제곱근을 포함한 식을 간단히 하기>

다음 식을 간단히 하여라.

$$\dfrac{-x\left(\dfrac{2x}{2\sqrt{x^2+1}}\right)+\sqrt{x^2+1}}{x^2}+\left(\dfrac{1}{x+\sqrt{x^2+1}}\right)\left(1+\dfrac{2x}{2\sqrt{x^2+1}}\right)$$

풀이 (1) 예제 4의 (2)에서 두 번째 식을 간단히 하면 $\frac{1}{\sqrt{x^2+1}}$ 이 된다.

첫 번째 식을 간단히 하면,

$$\frac{-x\left(\frac{2x}{2\sqrt{x^2+1}}\right)+\sqrt{x^2+1}}{x^2}=\frac{1}{x^2\sqrt{x^2+1}}$$

이다. 따라서 합은 다음과 같다.

$$\begin{aligned}\frac{1}{x^2\sqrt{x^2+1}}+\frac{1}{\sqrt{x^2+1}}&=\frac{1}{x^2\sqrt{x^2+1}}+\frac{x^2}{x^2\sqrt{x^2+1}}\\&=\frac{x^2+1}{x^2\sqrt{x^2+1}}=\frac{\sqrt{x^2+1}}{x^2}\end{aligned}$$

▣

□ 유리화

제곱근을 포함하는 분수식을 다룰 때, 분모의 무리식을 분자로 옮기면 편리할 경우가 있다. 또한 그 반대의 경우도 있다. 예를 들면 분모의 $\sqrt{2}$를 분자로 옮기기 위해 $\frac{\sqrt{2}}{\sqrt{2}}$를 곱한다.

$$\frac{1}{\sqrt{2}}=\frac{1}{\sqrt{2}}\left(\frac{\sqrt{2}}{\sqrt{2}}\right)=\frac{\sqrt{2}}{2}$$

이 과정을 분모의 **유리화**라고 한다.

다음에서 기본적인 유리화 방법을 소개한다.

〈 유리화 〉

식의 분모, 분자를 유리화하기 위해 다음을 이용한다.

1. 분모 또는 분자가 $\sqrt{a}$일 경우, $\frac{\sqrt{a}}{\sqrt{a}}$를 곱한다.

2. 분모 또는 분자가 $\sqrt{a}-\sqrt{b}$일 경우, $\frac{\sqrt{a}+\sqrt{b}}{\sqrt{a}+\sqrt{b}}$를 곱한다.

3. 분모 또는 분자가 $\sqrt{a}+\sqrt{b}$일 경우, $\dfrac{\sqrt{a}-\sqrt{b}}{\sqrt{a}-\sqrt{b}}$를 곱한다.

[예제 6] ──<한 항으로 된 분모, 분자의 유리화>

다음 식을 간단히 하여라.

(1) $\dfrac{2}{\sqrt{12}}$　　　(2) $\dfrac{\sqrt{x+1}}{2}$

풀이 (1) $\dfrac{3}{\sqrt{12}}=\dfrac{3}{2\sqrt{3}}=\dfrac{3}{2\sqrt{3}}\left(\dfrac{\sqrt{3}}{\sqrt{3}}\right)=\dfrac{3\sqrt{3}}{2(3)}=\dfrac{\sqrt{3}}{2}$

(2) $\dfrac{\sqrt{x+1}}{2}=\dfrac{\sqrt{x+1}}{2}\left(\dfrac{\sqrt{x+1}}{\sqrt{x+1}}\right)=\dfrac{x+1}{2\sqrt{x+1}}$ ▣

[예제 7] ──<두 항으로 된 분모, 분자의 유리화>

다음 식을 간단히 하여라.

(1) $\dfrac{1}{\sqrt{5}+\sqrt{2}}$　　　(2) $\dfrac{1}{\sqrt{x}-\sqrt{x-1}}$　　　(3) $\dfrac{x-\sqrt{x^2-x}}{3x}$

풀이 (1) $\dfrac{1}{\sqrt{5}+\sqrt{2}}=\dfrac{1}{\sqrt{5}+\sqrt{2}}\left(\dfrac{\sqrt{5}-\sqrt{2}}{\sqrt{5}-\sqrt{2}}\right)=\dfrac{\sqrt{5}-\sqrt{2}}{5-2}=\dfrac{\sqrt{5}-\sqrt{2}}{3}$

(2) $\dfrac{1}{\sqrt{x}-\sqrt{x+1}}=\dfrac{1}{\sqrt{x}-\sqrt{x+1}}\left(\dfrac{\sqrt{x}+\sqrt{x+1}}{\sqrt{x}+\sqrt{x+1}}\right)$

$$=\frac{\sqrt{x}+\sqrt{x+1}}{x-(x+1)}=-\sqrt{x}-\sqrt{x+1}$$

(3) $\dfrac{x-\sqrt{x^2-x}}{3x}=\dfrac{x-\sqrt{x^2-x}}{3x}\left(\dfrac{x+\sqrt{x^2-x}}{x+\sqrt{x^2-x}}\right)$

$$=\frac{x^2-(x^2-x)}{3x(x+\sqrt{x^2-x})}=\frac{x}{3x(x+\sqrt{x^2-x})}$$

$$=\frac{1}{3(x+\sqrt{x^2-x})}$$ ▣

연습문제 1.3

해답

1. 다음 식을 약분하여라

1) $\dfrac{2a^2x^2}{6a^3x^3}$ 2) $\dfrac{x^2+3x-4}{x^2-2x+1}$

3) $\dfrac{a^2-(b-c)^2}{(a+b)^2-c^2}$ 4) $\dfrac{x^4+3x^2-4x-12}{2x^3+3x^2+27}$

5) $\dfrac{(x+y)(x^2-y^2)}{(x-y)(x^3+y^3)}$ 6) $\dfrac{(x^6-y^6)(x-y)}{(x^3-y^3)(x^4-y^4)}$

2. 다음식을 간단히 하여라.

1) $\dfrac{(2ab)^2}{(xy)^2}\times\dfrac{x^2-y^3}{3a^2b^3}$

2) $\dfrac{x^2-5x+6}{x^2-2x-8}$ 3) $\dfrac{3a^2b}{4x^2y^2}\div\dfrac{9ab^2}{8xy^2}$

4) $\dfrac{x^2+x-2}{x^2+x-6}\div\dfrac{x^2-3x+2}{x^2+5x+6}$

5) $\dfrac{x+8}{x^2+x-2}-\dfrac{x+4}{x^2+3x+2}$

6) $\dfrac{a^2-b^2}{a^2b+ab^2}\times\dfrac{a^3-a^2b+ab^2}{a^2-2ab+b^2}\div\dfrac{a^3+b^3}{ab-b^2+a-b}$

7) $\dfrac{x^2-5x+6}{x^2+5x+4}\div\dfrac{x^2-4x+3}{2x^2+3x+1}\times\dfrac{x^2+3x-4}{2x^2-3x-2}$

8) $\dfrac{x+2}{x^2-x}-\dfrac{x+3}{x^2-1}$ 9) $\dfrac{x-3}{x^2-1}+\dfrac{2x+1}{x^2+x-2}$

해답

1.

1) $\dfrac{1}{3ax}$

2) $\dfrac{x+4}{x-1}$

3) $\dfrac{a-b+c}{a+b+c}$

4) $\dfrac{(x+2)(x-2)}{2x^2-3x+9}$

2.

1) $\dfrac{4y}{3b}$

2) $\dfrac{x-2}{x-4}$

3) $\dfrac{2a}{3bx}$

4) $\dfrac{(x+2)^2}{(x-2)^2}$

5) $\dfrac{6}{(x+1)(x-1)}$

6) $\dfrac{b+1}{b(a+b)}$

10) $\dfrac{2x+7y}{x(x-2y)}$

10) $\dfrac{x+2y}{x^2-xy}-\dfrac{x-3y}{x^2-2xy}+\dfrac{2x+y}{x^2-3xy+2y^2}$

11) $\dfrac{x-2}{x-3}+\dfrac{x-4}{x-5}-\dfrac{x}{x-1}-\dfrac{x-6}{x-7}$

12) $\dfrac{2x+3}{x+1}+\dfrac{x}{x-1}-\dfrac{3x^2+2x+3}{x^2+1}$

3. 다음 분수식을 간단히 하여라.

1) $\dfrac{\dfrac{x-1}{x}}{x-\dfrac{1}{x}}$

2) $\dfrac{7-\dfrac{6}{x+1}}{x-7-\dfrac{x^2-4}{x+\dfrac{2}{x+3}}}$

3) $\dfrac{\dfrac{x}{1+x}+\dfrac{1-x}{x}}{\dfrac{x}{1+x}-\dfrac{1-x}{x}}$

4) $\dfrac{\dfrac{1}{a}+3}{a+\dfrac{1}{3a+\dfrac{a-1}{a}}}$

4. 다음 식을 간단히 하여라.

1) $\left(\dfrac{1}{x+\Delta x}-\dfrac{1}{x}\right)\div\Delta x$

2) $\left(\dfrac{x+\Delta x}{x+\Delta x+1}-\dfrac{x}{x+1}\right)\div\Delta x$

3) $\left\{\dfrac{1}{(x+\Delta x)^2}-\dfrac{1}{x^2}\right\}\div\Delta x$

4) $\left\{\dfrac{x+\Delta x}{(x+\Delta x+1)^2}-\dfrac{x}{(x+1)^2}\right\}\div\Delta x$

3.

1) $\dfrac{1}{x+1}$

2) -1

3) $\dfrac{1}{2x^2-1}$

4) $\dfrac{3a^2+a-1}{a^3}$

4.

1) $\dfrac{-1}{x(x+\Delta x)}$

3) $\dfrac{-(2x+\Delta x)}{x^2(x+\Delta x)^2}$

5. 다음 식을 유리화 하여라.

1) $\frac{2}{\sqrt{3}}$ 2) $\frac{5}{2+\sqrt{3}}$ 3) $\frac{\sqrt{3}+\sqrt{2}}{\sqrt{3}-\sqrt{2}}$

4) $\frac{1}{\sqrt[3]{2}+1}$ 5) $\frac{2}{\sqrt[3]{3}-1}$ 6) $\frac{\sqrt{3}-1}{2\sqrt{3}+\sqrt{2}}$

7) $\frac{1}{\sqrt{3}+\sqrt{2}-1}$ 8) $\frac{\sqrt{2}}{\sqrt{3}-\sqrt{2}}+\frac{\sqrt{3}}{\sqrt{3}+\sqrt{2}}$

9) $\frac{\sqrt{5}-2}{\sqrt{5}+1}-\frac{\sqrt{5}+1}{\sqrt{5}-2}$ 10) $\frac{1}{\sqrt[3]{5}+\sqrt[3]{2}}$

11) $\frac{2}{\sqrt[3]{7}-\sqrt[3]{3}}$ 12) $\frac{1}{\sqrt{x+1}-\sqrt{x}}$

13) $\frac{2\sqrt{x+2}+3\sqrt{x-2}}{\sqrt{x+2}+\sqrt{x-2}}$

6. 다음 식을 간단히 하여라.

1) $\frac{\sqrt{x+2}-\sqrt{x}}{\sqrt{x+2}+\sqrt{x}}+\frac{\sqrt{x+2}+\sqrt{x}}{\sqrt{x+2}-\sqrt{x}}$

2) $\frac{1}{\sqrt{x+1}+\sqrt{x-1}}+\frac{1}{\sqrt{x+1}-\sqrt{x-1}}$

5.

1) $\frac{2\sqrt{3}}{3}$

2) $10-5\sqrt{3}$

3) $5+2\sqrt{6}$

4) $\frac{\sqrt[3]{4}-\sqrt[3]{2}+1}{3}$

5) $\sqrt[3]{9}+\sqrt[3]{3}+1$

6.

1) $2x+2$

2) $\sqrt{x+1}$

Home Work

1. 다음 식을 간단히 하여라.(x, y, z는 양의 실수)

1) $x^4(\sqrt{x})^3$　　2) $(5x^2y^4z^4)^3(5x^3y^2z^3)^{-3}$

3) $\left(\frac{y^5z^{-3}}{x^4}\right)^0$　　4) $\sqrt{9(x^2+1)^4}$

5) $\sqrt[4]{(3x^2y^3)^4}$　　6) $\sqrt{5x^3y^2}\sqrt{3xy^4}$

2. 다음 식을 인수분해하여라.

1) $2ay^3-7ay^2-15ay$　　2) $64-16x^2$

3) $150x+120x^2+24x^3$　　4) $27x^2y-x^2y^4$

5) $(x^2+y^2)^2-4x^2y^2$　　6) $9x(3x-9)^2+(3x-9)^2$

7) $12x-24y-6xy+12y^2$　　8) x^3-7x+6

9) x^4-2x^3-x+2　　10) $2x^2-5xy-3y^2+x+11y-6$

11) $a^2b+b^2c-a^2c-b^3$　　12) $x^4-3x^3+x^2+3x-2$

13) $6x^3-5x^2-2x+1$　　14) $a^3+b^3+c^3-3abc$

3. 근의 공식을 이용하여 다음 방정식의 실근을 구하여라.

1) $x^2-2x-7=0$　　2) $(x-5)^2=4x$

3) $49x^2-28x+4=0$　　4) $3x^2-2x-8=0$

5) $5x^2+7x-3=0$　　6) $x^2-10x-4=0$

4. 조립제법을 이용하여 다음 식을 간단히 하여라.

1) $\dfrac{-x^3+75x-250}{x+10}$　　2) $\dfrac{5x^3-6x^2+8}{x-4}$

3) $\dfrac{x^2+2x-3}{x-1}$　　4) $\dfrac{x^3-7x+6}{x-2}$

5. 다음 다항식을 0으로 하는 x를 구하여라.

1) $3x^3-16x^2-13x+6$　　2) $9x^4-10x^2+1$

4) x^3-x^2+2x+3　　4) x^3+2x-1

6. 다음 식을 간단히 하여라.

1) $\dfrac{A}{x-2}+\dfrac{B}{(x-2)^2}+\dfrac{C}{x+2}$　　2) $\dfrac{a^4+a^2b^2+b^4}{a^3-b^3}$

3) $\dfrac{6x^2-7x-20}{x^2-4}\div\dfrac{3x^2+7x+4}{x^2+2x}\times\dfrac{x^2-x-2}{5x-2x^2}$

4) $\dfrac{2x^2-11x+5}{6x^2+x-2}-\dfrac{x+10}{9x^2-4}$

5) $\dfrac{bc}{(a-b)(a-c)}+\dfrac{ca}{(b-c)(b-a)}+\dfrac{ab}{(c-a)(c-b)}$

6) $\dfrac{x+2}{x}-\dfrac{x+3}{x+1}-\dfrac{x-5}{x-3}+\dfrac{x-6}{x-4}$

7) $\left(\dfrac{1}{\sqrt{x+\Delta x}}-\dfrac{1}{\sqrt{x}}\right)\div\Delta x$　　8) $\sqrt{(\sqrt{3}-2\sqrt{2})^2}$

9) $\sqrt{(3-\sqrt{15})^2}-\sqrt{(\sqrt{15}-3)^2}$

10) $\dfrac{\sqrt{x+1}-\sqrt{x-1}}{\sqrt{x-1}+\sqrt{x-1}}$　　11) $\dfrac{x+1}{1+\sqrt{x+1}}+\dfrac{x-1}{1-\sqrt{x+1}}$

제2장

유리함수와 무리함수

〈 학습내용 〉

2.1 함수

□ 함수의 정의

두 집합 $X=\{1,\ 2,\ 3,\ 4\}$, $Y=\{1,\ 2,\ 3,\ 4,\ 5,\ 6\}$에서 X의 원소 x에 Y의 원소 $x+2$를 대응시키면 (그림 2.1)과 같다.

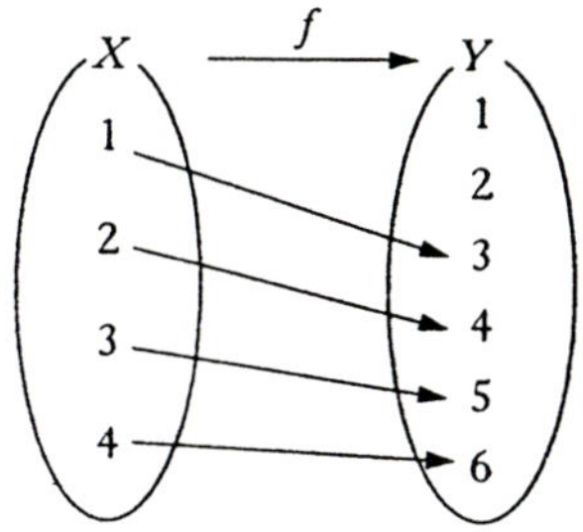

그림 2.1

이 대응에서는 X의 원소를 하나만 정하면 그 원소에 대하여 Y의 원소가 반드시 그리고 오직 하나만 결정된다. 이와 같이 두 집합 X, Y에서 X의 각 원소에 Y의 원소가 오직 하나씩만 대응할 때, 그 대응관계를 f를 X에서 Y로의 **함수**(function)라 하고, $f; X \to Y$ 도는 $X \xrightarrow{f} Y$로 나타낸다.

예 다음 (그림 2.2)는 두 집합 X, Y사이의 대응관계를 나타낸 것이다. 이중 함수인 것을 말하여라.

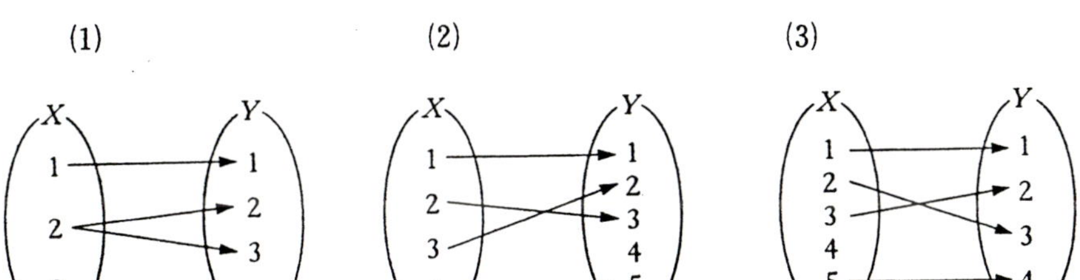

그림 2.2

연구 (1) 1→1, 3→4와 같이 X의 각 원소에 Y의 원소가 하나씩 대응하지만 $2\begin{smallmatrix}\nearrow 2\\ \searrow 3\end{smallmatrix}$으로 2개의 원소가 대응하므로 함수가 아니다.

(2) 1→1, 2→3, 3→2, 4→5와 같이 X의 각 원소에 Y의 원소가 하나씩 대응하므로 함수이다.

(3) 1→1, 2→3, 3→2, 5→4와 같이 X의 각 원소에 Y의 원소가 하나씩 대응하지만 X의 원소 4에 대응하는 Y의 원소가 없으므로 함수가 아니다.

[예제 1] <함수의 정의>

두 집합 $X=\{-1,\ 0,\ 1\}$, $Y=\{0,\ 1,\ 2,\ 3\}$이 있다. 다음 X에서 Y로의 대응 중 함수인 것은?

(1) $f: x \to x$

(2) $f: x \to |x|+1$

(3) $f: \begin{cases} x \to \text{짝수}(x \geqq 0) \\ x \to \text{소수}(x < 0) \end{cases}$

(4) $f: \begin{cases} x \to x+2(x \geqq 0) \\ x \to x+1(x < 0) \end{cases}$

풀이

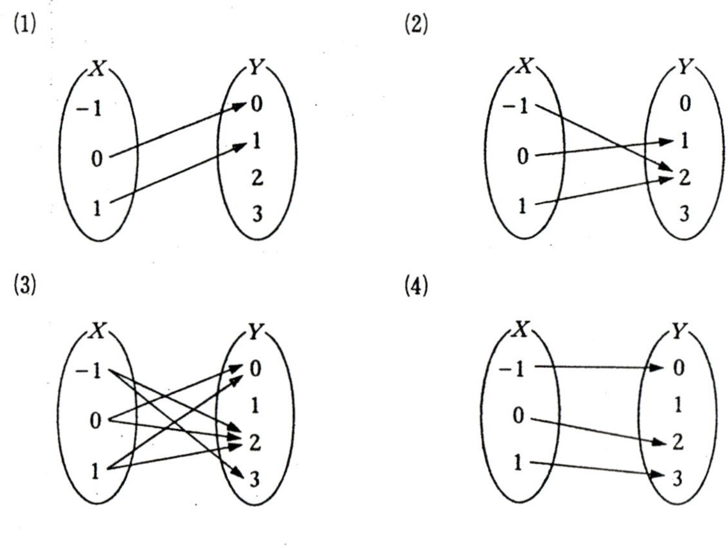

그림 2.3

(그림 2.3)에서

(1) -1에 대한 함수값이 없으므로 함수가 아니다.

(3) X의 각 원소에 Y의 원소가 2개씩 대응하므로 함수가 아니다.

(2), (4) X의 각 원소에 Y의 원소가 하나씩 대응하므로 함수이다. ▣

함수 $f: X \to Y$에서 X의 원소 x에 Y의 원소 y가 대응할 때, y를 함수 f의 x에서의 **함수값** 또는 함수 f에 의한 x의 **상**이라 하고 $f(x)=y$ 또는 $f: x \to y$로 나타낸다. 함수 $f: X \to Y$에서 집합 X를 함수 f의 **정의역**(domain), 집합 Y를 f의 **공역**(codomain)이라 하고, 정의역 X의 원소 x에 대응하는 함수값 $f(x)$ 전체의 집합 $\{f(x) \mid x \in X\}$를 f의 **치역**(range)이라 한다. 이 때 치역은 공역의 부분집합이다(그림 2.4).

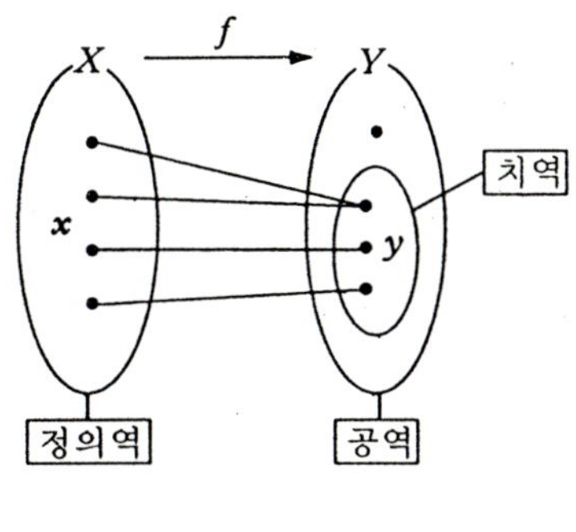

그림 2.4

[예] $X=\{x \mid -2 \leq x \leq 1$ x는 정수$\}$, $Y=\{0, 1, 2, 3, 4, 5, 6\}$일 때, X에서 Y로의 함수 $f: x \to x^2+2$에서

(1) 정의역을 구하여라. (2) 공역을 구하여라.

(3) 치역을 구하여라. (4) $f(a)=6$인 a의 값을 구하여라.

답 (1) $\{-2, -1, 0, 1\}$ (2) $\{0, 1, 2, 3, 4, 5, 6\}$

(3) $\{2, 3, 6\}$ (4) $a=-2$

[예제 2] <정의역, 치역 구하기>

다음 함수의 정의역 X, 치역 $f(X)$를 구하여라.

(1) $y=x^2-2x+3$ (2) $y=\dfrac{1}{x-1}$ (3) $y=\sqrt{x-2}$

풀이 모든 실수의 집합을 R이라 하면,

(1) 이차함수의 정의역은 모든 실수,

$y=x^2-2x+3=(x-1)^2+2$

$(x-1)^2\geqq 0$, $(x-1)^2+2\geqq 2$

$\therefore X=R$, $f(X)=\{y \mid y\geqq 2\}$

(2) $x-1\neq 0$이어야 하므로 $x\neq 1$, $x\neq 1$일 때 $y\neq 0$

$\therefore X=R-\{1\}$, $f(X)=R-\{0\}$

(3) $x-2\geqq 0$이어야 하므로, $x\geqq 2$, $x\geqq 2$일 때 $y\geqq 0$

$\therefore X=\{x \mid x\geqq 2\}$, $f(X)=\{y \mid y\geqq 0\}$ ▣

□ 함수의 그래프

함수 $f: X\to Y$를 그림으로 나타내보자.

이제 X의 원소 x와 함수 f에 의한 x의 상 $f(x)$로 만든 순서쌍 $(x, f(x))$의 집합을 G라 하면,

$G=\{(1, 2), (2, 1), (3, 2), (4, 3)\}$

이고, 이것은 곱집합 $X\times Y$의 부분집합임을 알 수 있다. 이 때 G를 함수 f의

그래프라 하고, 집합 G의 원소를 (그림 2.5)와 같이 좌표평면에 나타내는 것을 f의 그래프의 기하학적 표시라 한다.

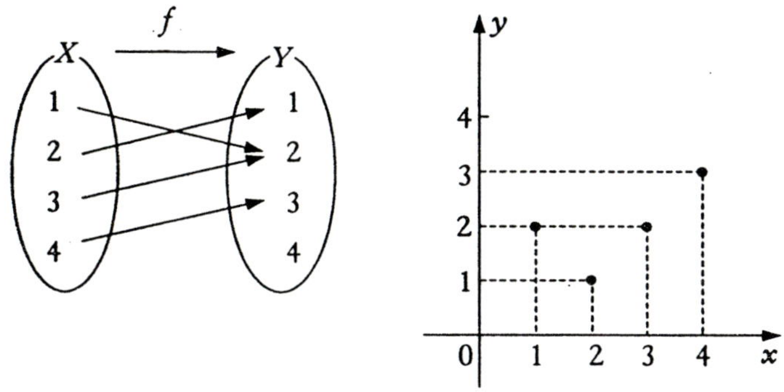

그림 2.5

일반으로, X에서 Y로의 함수 $y=f(x)$에서 집합 $G=\{(x,\ y)\mid y=f(x),\ x\in X\}$를 함수 $y=f(x)$의 **그래프**(graph)라 한다.

[예제 3] <그래프 구하기>

두 집합 $X=\{-4,\ -2,\ 0,\ 2,\ 4\}$, $Y=\{-2,\ -1,\ 0,\ 1,\ 2,\ 3\}$에 대하여 함수 f가 $f: X\to Y$, $f(x)=\frac{1}{2}x+1$로 정의될 때, 함수 f의 그래프 G를 집합으로 나타내어라.

풀이 $f(-4)=-1$, $f(-2)=0$, $f(0)=1$, $f(2)=2$, $f(4)=3$

$\therefore\ G=\{(-4,\ -1),\ (-2,\ 0),\ (0,\ 1),\ (2,\ 2),\ (4,\ 3)\}$ ▣

대응관계가 다음 (그림 2.6)과 같은 함수 f와 g를 생각하여 보자.

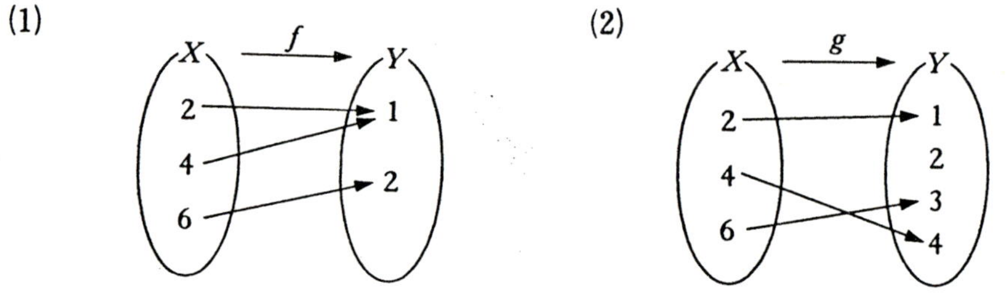

그림 2.6

위의 (1)은 치역과 공역이 {1, 2}로 일치하는 함수이다. 또 (2)는 X의 임의의 서로 다른 두 원소 x_1, x_2에 대하여 그들이 대응하고 있는 Y의 원소인 $f(x_1)$, $f(x_2)$가 서로 다르다.

함수 $f: X \to Y$가 (그림 2.7)과 같은 경우 위의 두 가지 조건을모두 만족한다. 함수 $f: X \to Y$에서 치역과 공역이 일치할 때 **전사함수**(surjective) 또는 **위로의 함수**라 하고, 정의역 X의 임의의 원소 x_1, x_2에 대하여 $x_1 \neq x_2$이면 $f(x_1) \neq f(x_2)$가 성립할 때, **단사함수**(injective) 또는 **일대일 함수**라 하고, 이 두 조건을 만족할 때 f를 **전단사 함수**(bijective) 또는 **일대일 대응**이라 한다.

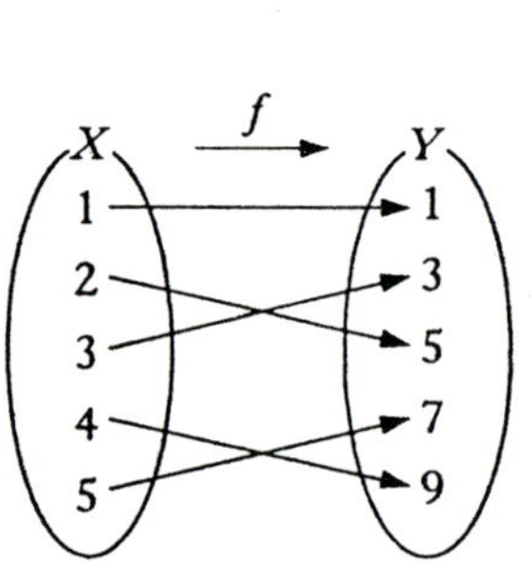

그림 2.7

[예제 4] <전사, 단사, 전단사함수>

다음과 같은 함수가 주어져 있다. 단, R은 실수 전체의 집합이다>

① $f: X \to X$, $f(x) = -x$, $X = \{x \mid x$는 정수$\}$

② $f: X \to Y$, $f(x) = x^2$, $X = R$, $Y = \{y \mid y \geqq 0\}$

③ $f: X \to Y$, $f(x) = x^2 + 1$, $X = \{x \mid x \leqq 0\}$, $Y = \{y \mid y \leqq 0\}$

(1) 치역과 공역이 같은 함수는 어느 것인가?

(2) x_1 $x_2 \in X$이고 $x_1 \neq x_2$일 때, $f(x_1) \neq f(x_2)$인 함수는 어느 것인가?

(3) 일대일대응은 어느 것인가?

풀이 각각의 그래프와 치역 $f(X)$는 다음 (그림 2.8)과 같다.

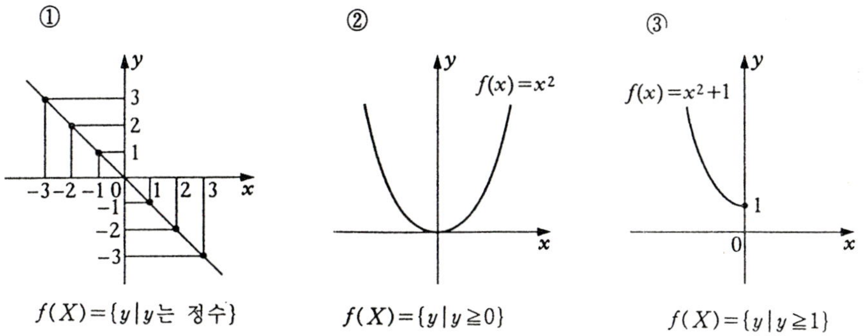

그림 2.8

(1) 치역 $f(X)$와 공역 Y가 같은 함수, 즉 전사함수는 ①과 ②

(2) x축에 평행인 직선과 한 교점을 갖는 그래프, 즉 일대일함수는 ①과 ③

(3) (1), (2)를 동시에 성립시키는 함수 즉, 전단사함수는 ① ▣

함수 $f: X \to Y$에서 정의역 X의 임의의 원소 x가 Y의 오직 하나의 원소에 대응할 때, 함수 f를 **상수함수**(constant function)라 하고, 함수 $f: X \to X$에서 정의역 X의 임의의 원소 x에 대하여 $f(x) = x$일 대, 함수 f를 **항등함수**(identity function)라 하고, I_x 또는 I로 나타낸다.

예 $f(x)=2$, $f(x)=-3$등으로 주어지는 함수가 상수함수이고, $f(x)=x$로 주어지는 함수가 항등함수이다.

두 함수 $f: X \to Y$, $g: A \to B$에서 $X=A$이고, 정의역 X의 임의의 원소 x에 대하여 $f(x)=g(x)$일 때, 두 함수 f와 g는 **같다**고 하여 $f=g$로 나타낸다.

예 집합 $X=\{-1, 0, 1\}$을 정의역으로 하는 두 함수 $f(x)=|x|$, $g(x)=x^2$은 같은 함수이다.

[예제 5] <항등함수와 같은 함수>

다음 물음에 답하여라.

(1) $f: X \to X$, $f(x)=\frac{1}{4}x^3$으로 정의된 함수 $f(x)$가 항등함수이기 위한 집합 X를 구하여라.

(2) 집합 X를 정의역으로 하는 두 함수 f, g가 $f(x)=3x^2-4x+5$, $g(x)=2x^2+2$일 때, $f=g$인 집합 X를 구하여라.

풀이 (1) $f(x)=\frac{1}{4}x^3$이 항등함수이려면, $\frac{1}{4}x^3=x$

$x^3=4x$, $x(x^2-4)=0$, $x(x+2)(x-2)=0$

$\therefore\ x=0$ 또는 -2 또는 2 $\quad \therefore\ X=\{-2, 0, 2\}$

(2) $f(x)=g(x)$에서 $3x^2-4x+5=2x^2+2$, 즉 $x^2-4x+3=0$

$\therefore\ (x-1)(x-3)=0$ $\quad \therefore\ x=1$ 또는 3 $\quad \therefore\ X=\{1, 3\}$ ▣

□ 합성함수

집합 $X=\{1, 2, 3\}$, $Y=\{a, b, c, d\}$, $Z=\{p, q, r\}$에 대하여 두 함수

$f: X \to Y$, $g: Y \to Z$가 다음 (그림 2.9)와 같이 주어졌다고 하자.

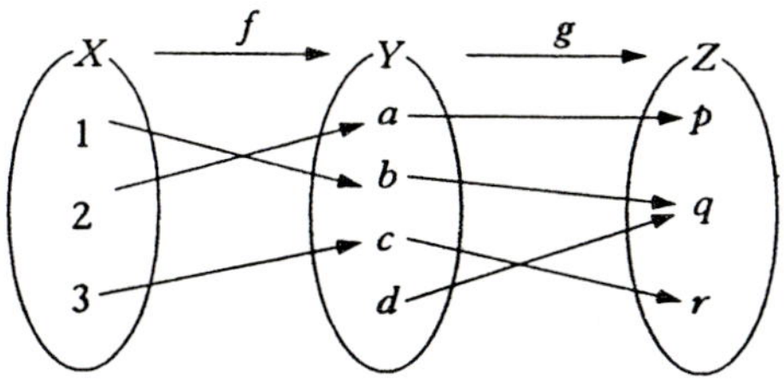

그림 2.9

f에 의하여 X의 원소 1이 Y의 원소 $f(1)=b$가 대응하고, 또 g에 의하여 b에 Z의 원소 $g(b)=q$가 대응하므로 X의 원소 1에 Z의 원소 $g(f(1))=q$가 대응된다. 이와 같이 하면,

1에는 $g(f(1))=g(b)=q$

2에는 $g(f(2))=g(a)=p$

3에는 $g(f(3))=g(c)=r$

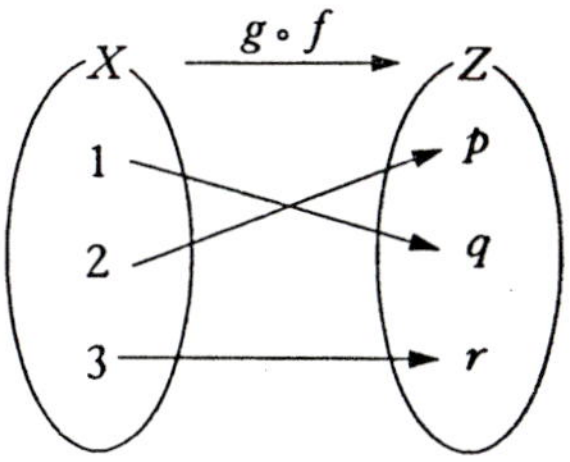

그림 2.10

가 대응된다.

이 대응관계는 (그림 2.10)과 같은 X에서 Z로의 함수가 된다. 이 함수를 f와 g의 합성함수라 하고 $g \cdot f$로 나타낸다.

일반으로, 두 함수 $f: X \to Y$, $g: Y \to Z$가 주어졌을 때, X의 임의의 원소 x에 Z의 원소 $g(f(x))$를 대응시키는 X에서 Z로의 함수를 f와 g의 **합성함수** (composite function)라 하고, 다음과 같이 나타낸다.

$g \cdot f: X \to Z$이고 $(g \cdot f)(x) = g(f(x))$

〈합성함수의 성질〉

1. $g \cdot f \neq f \cdot g$
2. $h \cdot (g \cdot f) = (h \cdot g) \cdot f$
3. I를 항등함수라 할 때, $I \cdot f = f \cdot I = f$

위의 성질을 다음 예제를 통해 확인하여 보자.

[예제 6] 〈합성함수 구하기〉

실수 전체의 집합에서 정의된 다음 세 함수 f, g, h와 항등함수 I에 대하여 다음 합성함수를 구하여라.

$f(x) = x+1$ $g(x) = -2x+1$, $h(x) = x^2$

(1) $g \cdot f$ (2) $f \cdot g$ (3) $h \cdot (g \cdot f)$

(4) $(h \cdot g) \cdot f$ (5) $f \cdot I$ (6) $I \cdot f$

풀이 (1) $(g \cdot f)(x) = g(f(x)) = g(x+1) = -2(x+1)+1 = -2x-1$

(2) $(f \cdot g)(x) = f(g(x)) = f(-2x+1) = (-2x+1)+1 = -2x+2$

(3) $(h \cdot (g \cdot f))(x) = h \cdot ((g \cdot f)(x)) = h(-2x-1)$

$= (-2x-1)^2 = (2x+1)^2$

(4) $((h \cdot g) \cdot f)(x) = (h \cdot g)(f(x)) = (h \cdot g)(x+1) = h(g(x+1))$

$= h(-2x-1) = (-2x-1)^2 = (2x+1)^2$

(5) $(f \cdot I)(x) = f(I(x)) = f(x) = x+1$

(6) $(I \cdot f)(x) = I(f(x)) = I(x+1) = x+1$ ▣

□ 역함수

다음 (그림 2.11)과 같은 함수 $f: X \to Y$, $g: X \to Y$가 있다고 하자.

이 두 함수 f, g에 대하여 역으로의 대응, 즉 Y에서 X로의 대응을 생각하면 이 대응은 (그림 2.12)와 같다.

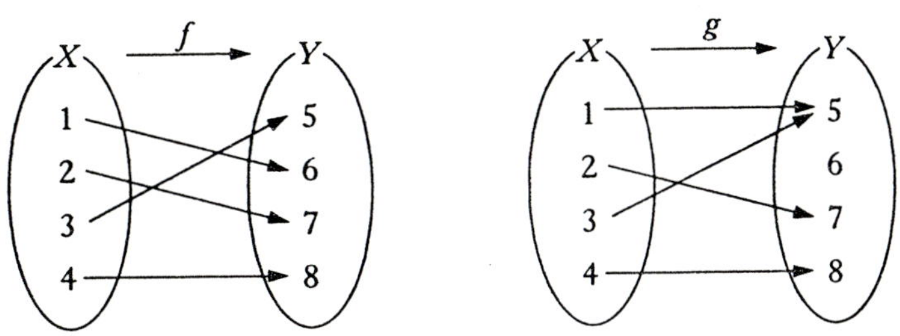

그림 2.11

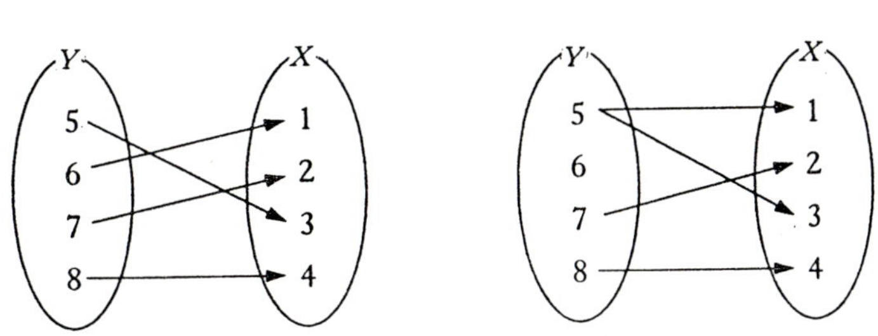

그림 2.12

f의 역대응은 Y의 각 원소에 X의 원소가 하나씩 대응하므로 함수이지만 g의 역대응은 Y의 원소 5에 X의 두 원소, 1, 3이 대응하고, 6에 대응하는 원소가 없으므로 함수가 아니다. 여기서 함수 f가 일대응대응일 때 역대응도 함수임을 알 수 있다.

일반으로 함수 $f: X \to Y$가 일대일대응일 때, Y의 임의의 원소 y에 $f(x) = y$인 X의 원소 x는 오직 하나 존재한다. 이것은 Y에서 X로의 함수이다. 이러한 함수를 처음 함수 f의 **역함수**(inverse function)라 하고, f^{-1}로 나타낸다.

$$f^{-1}: Y \to X$$

함수 $f: X \to Y$에서 X의 원소 x에 대응하는 Y의 원소를 y라 하면, $y = f(x)$의 역함수의 정의에서

$$y = f(x) \Leftrightarrow x = f^{-1}(y)$$

가 성립한다(그림 2.13).

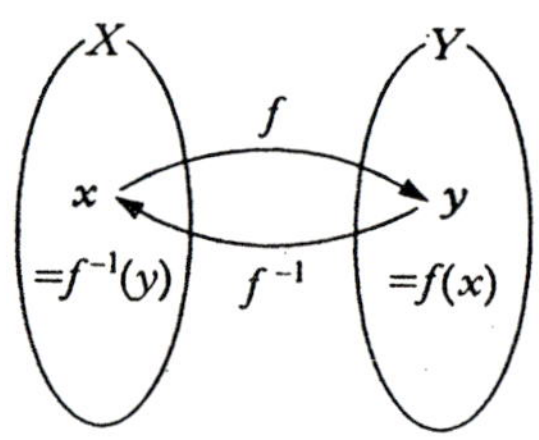

그림 2.13

〈역함수의 그래프와 성질〉

(1) 함수 $y = f(x)$의 그래프와 그 역함수 $y = f^{-1}(x)$의 그래프는 직선 $y = x$에 대하여 대칭이다.

(2) $f(a) = b \Leftrightarrow f^{-1}(b) = a$

(3) $(f^{-1})^{-1} = f$

(4) I가 항등함수일 때,

$$f^{-1} \cdot f = f \cdot f^{-1} = I$$

(5) 함수 f, g가 일대일대응일 때,

$$(g \cdot f)^{-1} = f^{-1} \cdot g^{-1}$$

$$(f \cdot g)^{-1} = g^{-1} \cdot f^{-1}$$

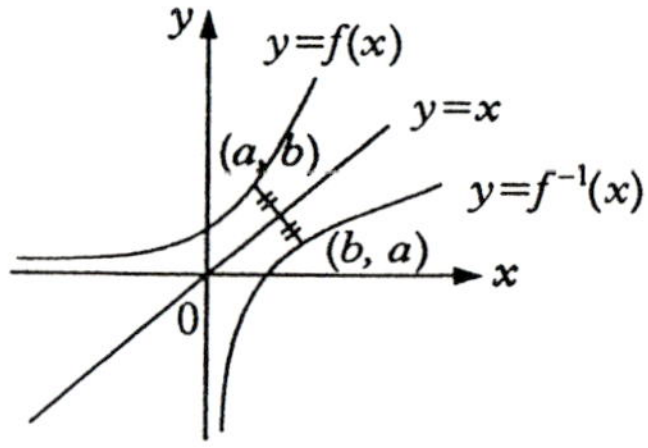

[예제 7] <역함수>

다음 중 역함수가 존재하는 함수를 알아보고 그 역함수를 구하여라.

(1) $f(x)=2$　　(2) $f(x)=\frac{2}{3}x-1$　　(3) $f(x)=x^2-2x+2$

풀이 (1) $x_1 \neq x_2$일 때,

$$f(x_1)-f(x_2)=2-2=0 \quad \therefore f(x_1)=f(x_2)$$

즉, 일대일함수가 아니므로 역함수는 존재하지 않는다.

(2) 일차함수는 일대일대응이므로 역함수가 존재한다.

역함수를 구하면, $y=\frac{2}{3}x-1$에서 $\frac{2}{3}x=y+1 \quad \therefore x=\frac{3}{2}y+\frac{3}{2}$

x와 y를 바꾸면, $y=\frac{3}{2}x+\frac{3}{2}$

(3) $x_1 \neq x_2$일 때,

$$\begin{aligned} f(x_1)-f(x_2) &= x_1^2-2x_1+2-(x_2^2-2x_2+2) \\ &= x_1^2-x_2^2-2x_1+2x_2 \\ &= (x_1-x_2)(x_1+x_2-2) \end{aligned}$$

$x_1+x_2=2$일 때,

$$f(x_1)=f(x_2)$$

즉, 일대일함수가 아니므로 역함수가 존재하지 않는다. ▣

연습문제 2.1

해답

1. 집합 $X=\{2, 3, 4, 5\}$의 원소 x에 집합 $Y=\{1, 2, 3, 4, 5, 6, 7, 8, 9, 10\}$의 원소를 x의 2배인 수로 대응시키는 함수를 $f(x)$라 할 때, 함수 f의 정의역과 치역을 구하고,

   $f(a)=4$, $f(b)=10$인 a, b를 구하여라.

   해답 1. 정의역 $X=\{2, 3, 4, 5\}$ 치역 $=\{4, 6, 8, 10\}$ $a=2$, $b=5$

2. 다음 그림의 곡선중 X에서 Y로의 함수의 그래프가 될 수 있는 것을 구하여라.

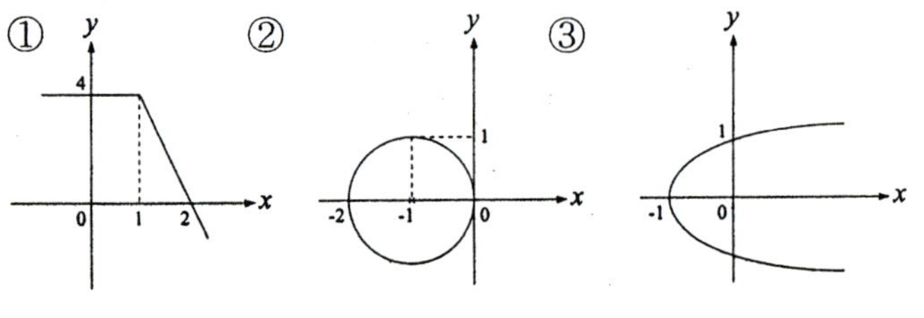

   해답 2. ①

3. 두 함수 $f(x)$, $g(x)$가 $f(x)=2x-1$, $g(x)=x^2-3x+5$일 때, $(f\cdot g)(x)=(g\cdot f)(x)$인 x의 값을 구하여라.

   해답 3. 0, 2

4. 세 함수 f, g, h를 다음과 같이 정의할 때, $(g\cdot f)^{-1}\cdot h=g$가 성립하도록 상수 a, b의 값을 구하여라.

   $$f(x)=3x+1,\quad g(x)=x-5,\quad h(x)=ax+b$$

   해답 4. $a=3$, $b=-19$

5. 실수 전체의 집합 R에서 R로의 함수

$f(x)=\begin{cases} 2x-3 & (x\geq 0) \\ -x^2-3 & (x<0) \end{cases}$에서 $f^{-1}(2)+f^{-1}(a)=-3$

일 때 a의 값을 구하여라

6. 집합 $A=\{x \mid a\leq x\leq b\}$를 정의역으로 하는 함수

$f(x)=\frac{1}{4}x^2+\frac{3}{4}$의 치역이 A와 일치할 대, $a+b$의

값을 구하여라.(단, $0<a<b$)

5.

6.

2.2 다항함수

함수 $y=f(x)$에서 $f(x)$가 x에 대한 다항식일때, 이 함수를 **다항함수** (polynomial function)라고 한다. 다항식이 일차, 이차, 삼차일 대의 다항함수를 각각 **일차함수, 이차함수, 삼차함수**라고 한다. $f(x)$가 0차인 다항식, 즉 $f(x)=c$ (c는 상수)일 때, 이 함수를 **상수함수**라고 한다.

□ 일차함수

$f(x)=ax+b(a\neq0)$인 함수를 일차함수라고 하고, 그 그래프는 기울기가 a, y절편이 b인 직선이다. 이 때 기울기 a는 직선이 x축의 양의 방향과 이루는 각 θ의 탄젠트의 값, 즉 $a=\tan\theta$이다. 따라서 기울기 a에 대하여 $a>0$일 때, x가 증가하면 y도 증가하므로 그 그래프는 오른쪽으로 올라가는 직선이고(그림 2.14), $a<0$일 때, x가 증가하면 y는 감소하므로 그 그래프는 왼쪽으로 올라가는 직선이다.

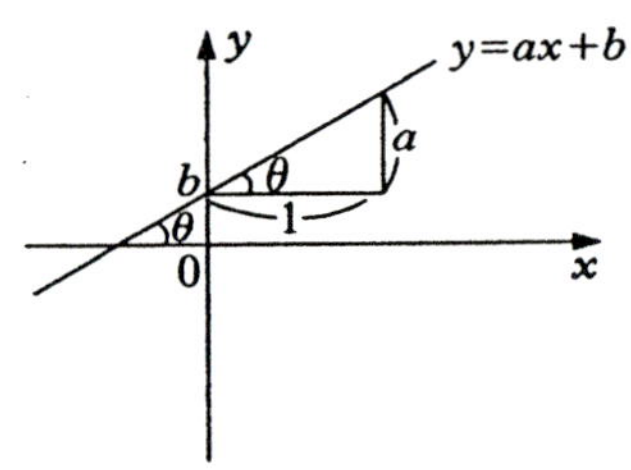

그림 2.14

예 다음 일차함수의 기울기, y절편, x축의 양의 방향과 이루는 각을 각각 구하여라.

(1) $y=\sqrt{3}x+2$ (2) $y=x-3$

풀이 (1) 기울기 $\sqrt{3}$, y절편 2

x축과 이루는 각 $\tan 60°=\sqrt{3}$이므로 $60°$

(2) 기울기 1, y절편 -3

x축과 이루는 각 $\tan 45° = 1$이므로 45° ▣

[예제 1] <일차함수>

일차함수 $ax+by+c=0$이 나타내는직선이 다음 조건을 만족할 때, 제 몇 사분면을 지나지 않는가?

(1) $ab<0$, $bc<0$ (2) $ac<0$, $bc>0$ (3) $ab>0$, $ac=0$

풀이 $ax+by+c=0$에서 $y=-\frac{a}{b}x-\frac{c}{b}(b\neq 0)$

(1) $ab<0$에서 $-\frac{a}{b}>0$, $bc<0$에서 $-\frac{c}{b}>0$

기울기가 양, y절편이 양이므로 지나지 않는 사분면은 제4분면

(2) $ac<0$, $bc>0$이므로 $ab<0$, 즉 $-\frac{a}{b}>0$, $bc>0$에서 $-\frac{c}{b}<0$

기울기가 양, y절편이 음이므로 지나지 않는 사분면은 제2사분면

(3) $ab>0$이므로 $-\frac{a}{b}<0$, $a\neq 0$이므로 $ac=0$에서 $c=0$, $-\frac{c}{b}=0$

기울기가 음, y절편이 0이므로 지나지 않는 사분면은 제1, 3사분면 ▣

일차함수와 일차방정식과의 관계는 일차방정식 $ax+b=0(a\neq 0)$의 실근 α는 일차함수 $y=ax+b$의 그래프가 x축과 만나는 점의 x좌표이다.

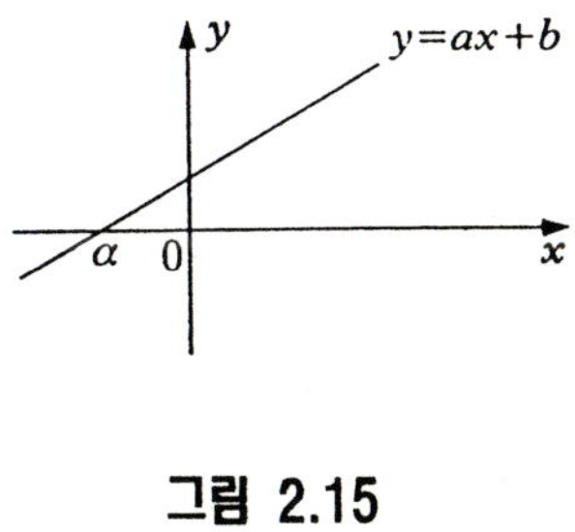

그림 2.15

(그림 2.15)에서 $\alpha<0$이므로 일차방정식 $ax+b=0$은 음의 실근을 1개 가짐을 알 수

있다.

[예제 2] <일차함수와 일차방정식>

x의 일차방정식 $ax+2-a=0$이 양의 근을 갖는 a의 범위를 구하여라.

풀이 일차함수 $y=ax+2-a$의 그래프가 $x>0$인 범위에서 x축과 교점을 가지면 된다.

$y=ax+2-a$에서

$$y=(x-1)a+2 \cdots\cdots\cdots\cdots ①$$

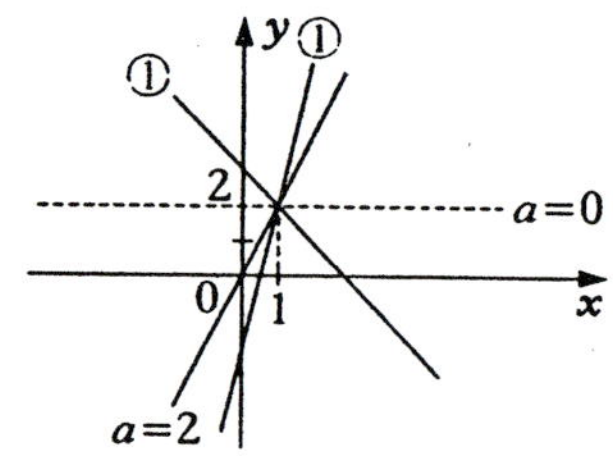

그림 2.16

식 ①은 a의 값에 관계없이 정점 (1, 2)를 지나는 직선이고, ①이 x축의 양의 부분과 교점을 가지려면 기울기 a가 (그림 2.16)과 같이 $a<0$ 또는 $a>2$일 때이다. ▣

□ 이차함수

$f(x)$가 x에 대한 이차의 다항식, 즉 $f(x)=ax^2+bx+c(a\neq0)$인 함수를 **이차함수**라 하며, 그 그래프는 포물선이다.

$y=ax^2+bx+c(a\neq0)$의 그래프에서 $a>0$일 때, 아래로 볼록하고, $a<0$일 내, 위로 볼록하며 $|a|$의 값이 클수록 포물선의 폭이 좁아진다. b의 부호에 따라 축의 위치가 정해지고 c는 포물선의 y절편이다(그림 2.17)

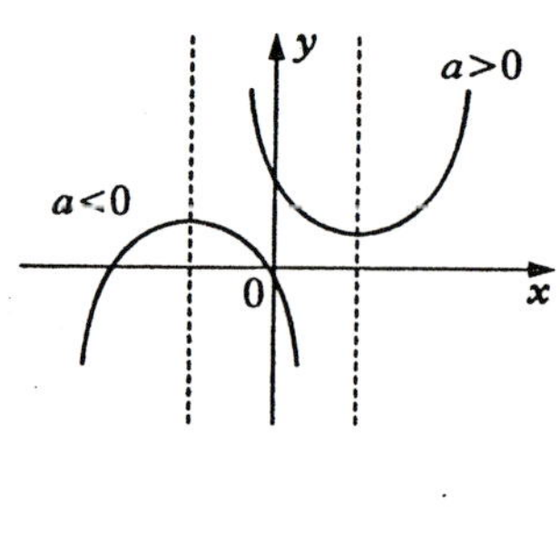

그림 2.17

예 $y=x^2-4x+1$의 그래프는 $y=x^2$의 그래프를 어떻게 평행이동한 것인가?

풀이 $y=x^2-4x+1=(x-2)^2-3$에서 x축 방향으로 2, y축 방향으로 -3

$$y=ax^2+bx+c(a\neq 0)$$

를 변형하면,

$$y=a\left(x+\frac{b}{2a}\right)^2-\frac{b^2-4ac}{4a}$$

이므로 $y=ax^2$의 그래프를 x축의 방향으로 $-\frac{b}{2a}$, y축의 방향으로 $-\frac{b^2-4ac}{4a}$ 만큼 평행이동한 것이다. 따라서 이 함수의 그래프는 포물선이고

꼭지점 : $\left(-\frac{b}{2a},\ -\frac{b^2-4ac}{4a}\right)$

축의 방정식 : $x=-\frac{b}{2a}$ (그림 2.18) ■

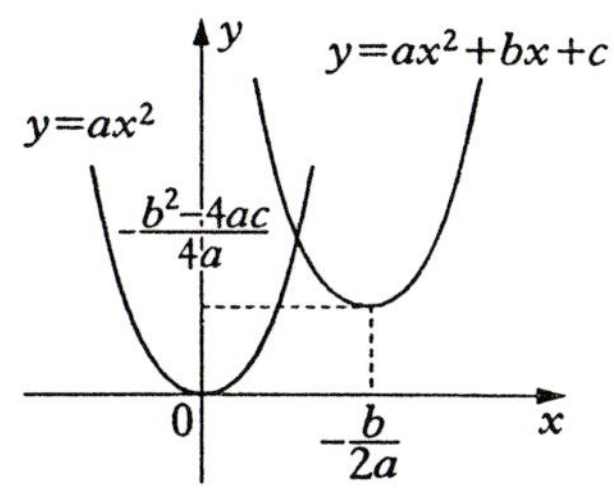

그림 2.18

예 이차함수 $y=-x^2+2x+3$의 그래프를 그려보자.

풀이 $y=-x^2+2x+3=-(x-1)^2+4$

꼭지점 (1, 4), y절편이 3이므로 y축과의 교점은 (0, 3)

$y=-x^2+2x+3=-(x+1)(x-3)$

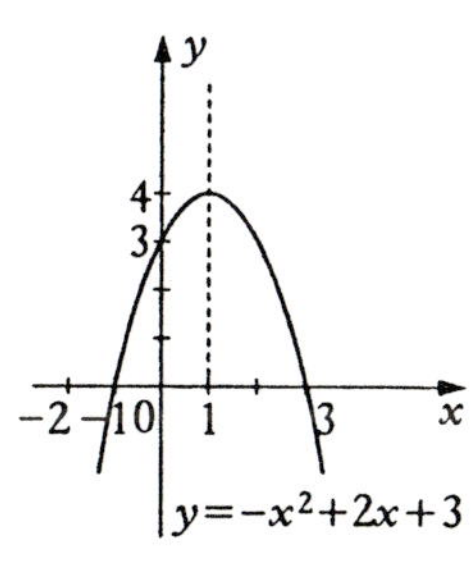

그림 2.19

x축과의 교점은 (-1, 0), (3, 0)

x^2항의 계수가 -1이므로 위로 볼록한 포물선이다(그림 2.19)

[예제 3] <이차함수>

다음 이차함수의 꼭지점의 좌표와 대칭축의 방정식, x축과의 교점의 좌표를 구하고, 그 그래프를 그려라.

(1) $y=-x^2+4x-3$ (2) $y=\frac{1}{2}x^2+x-\frac{3}{2}$

풀이 (1) $y=-x^2+4x-3=-(x-2)^2+1$ 또,

$y=-x^2+4x-3=-(x-1)(x-3)$

따라서 꼭지점의 좌표는 (2, 1), 대칭축의 방정식은 $x=2$이다.

x축과의 교점은 (1, 0), (3, 0) 그래프는 (그림 2.20)과 같다.

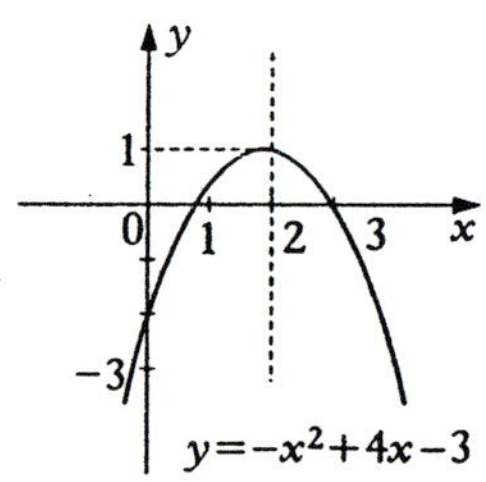

그림 2.20

(2) $y=\frac{1}{2}x^2+x-\frac{3}{2}=\frac{1}{2}(x+1)^2-2$ 또,

$y=\frac{1}{2}x^2+x-\frac{3}{2}=\frac{1}{2}(x+3)(x-1)$ 따라서 꼭지점의 좌표는 (-1, -2), 대칭축의 방정식은 $x=-1$이다.

x축과의 교점은 (-3, 0), (1, 0) 그래프는 (그림 2.21)과 같다.

▣

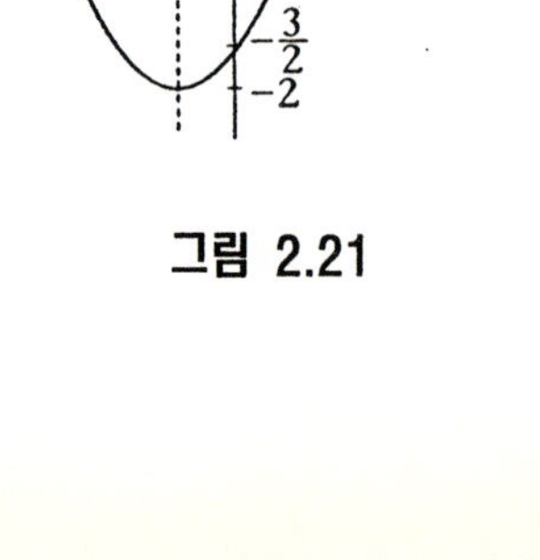

그림 2.21

□ 삼차함수

$f(x)$가 x에 대한 삼차의 다항식, 즉 $f(x)=ax^3+bx^2+cx+d(a\neq0)$인 함수 $y=f(x)$를 **삼차함수**라 한다. 여기서는 $y=ax^3$, $y=a(x-m)^3+n$인 꼴의 그래프에 대해서 다루기로 하고 나머지는 도함수의 응용에서 알아보기로 하자.

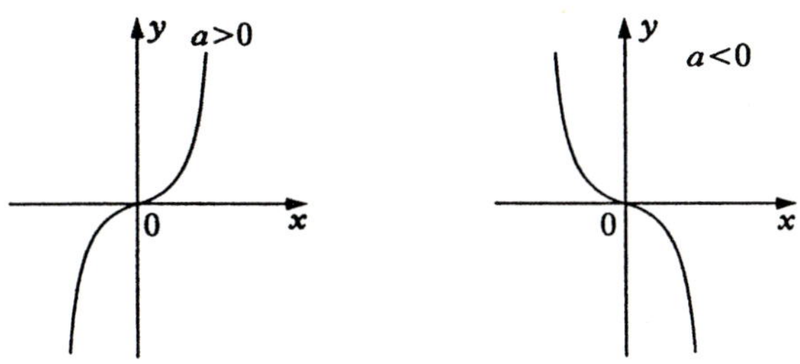

그림 2.22

삼차함수 $y=ax^3(a\neq0)$의 그래프는 (그림 2.22)와 같이

(1) 원점에 대하여 대칭인 곡선이다.

(2) $a>0$일 때, x가 증가하면 y도 증가하고, $a<0$일 때, x가 증가하면 y는 감소한다.

(3) $|a|$가 클수록 y축에 가깝다.

(4) 원점을 기점으로 볼록한 방향이 바뀐다.

또 $y=a(x-m)^3+n(a\neq0)$의 그래프는 $y=ax^3$의 그래프를 x축의 방향으로 m, y축의 방향으로 n만큼 평행이동한 것이다.

[예제 4] <삼차함수>

함수 $y=-x^3+3x^2-3x-2$는 함수 $y=-x^3$의 그래프를 어떻게 평행이동한 것인가?

풀이 $y=-x^3+3x^2-3x-2=-(x-1)^3-3$에서 x축 방향으로 1, y축 방향으로 -3만큼평행이동한다. ▣

□ 우함수와 기함수

함수 $y=f(x)$에서 $f(-x)=f(x)$, 즉 $y=f(x)$의 그래프가 y축에 대하여 대칭인 함수를 **우함수**(even function)라 하고, 함수 $y=f(x)$에서 $f(-x)=-f(x)$, 즉 $y=f(x)$의 그래프가 원점에 대하여 대칭인 함수를 **기함수**(odd function)라고 한다.

예 $f(x)=x^2$에서 $f(-x)=(-x)^2=x^2=f(x)$, 즉 $f(x)=x^2$의 그래프는 y축에 대하여 대칭인 곡선이다. $f(x)=x^3$에서 $f(-x)=(-x)^3=-x^3=-f(x)$, 즉 $f(x)=x^3$의 그래프는 원점에 대하여 대칭인 곡선이다.
따라서 $y=x^2$은 우함수이고, $y=x^3$은 기함수이다. ▣

[예제 5] <우함수와 기함수>

$f(x)$가 우함수, $g(x)$가 기함수일 때, 다음 각 함수는 우함수인가, 기함수 인가?

(1) $f(x)g(x)$　　(2) $\dfrac{f(x)}{g(x)}$　　(3) $f(g(x))$　　(4) $g(g(x))$

풀이 문제의 조건에서 $f(-x)=f(x)$, $g(-x)=-g(x)$

(1) $F(x)=f(x)g(x)$라 놓으면

$F(-x)=f(-x)g(-x)=f(x)\{-g(x)\}=-f(x)g(x)=-F(x)$

∴ 기함수

(2) $F(x)=\dfrac{f(x)}{g(x)}$라 놓으면,

$F(-x)=\dfrac{f(-x)}{g(-x)}=\dfrac{f(x)}{-g(x)}=-\dfrac{f(x)}{g(x)}=-F(x)$

∴ 기함수

(3) $F(x)=f(g(x))$라 놓으면,

$F(-x)=f(g(-x))=f(-g(x))=f(g(x))=F(x)$

∴ 우함수

(4) $F(x)=g(g(x))$라 놓으면,

$F(-x)=g(g(-x))=g(-g(x))=-g(g(x))=-F(x)$

∴ 기함수 ▣

연습문제 2.2

1. 다음 일차함수의 그래프를 그리고, 치역을 구하여라.

   (1) $y=-x+2$ (2) $y=2x-3, (1\leqq x\leqq 4)$

2. 일차함수 $y=(m-2)x-n+1$의 그래프가 x축의 양의 방향과 이루는 각이 30°이고, 점 $(\sqrt{3},\ 0)$을 지날 때, $m,\ n$을 구하여라.

3. x의 일차방정식 $(a-1)x+2a=0$이 음의 근을 갖는 a의 범위를 구하여라.

4. 다음 각 식의 그래프를 그려라.

   (1) $y=|x-2|+1$ (2) $y=|x+1|+|3-x|$

   (3) $|x-y|=1$ (4) $|x|-2|y|=1$

5. 다음 조건을 만족하는 이차함수를 구하여라.

   (1) 대칭축이 $x=-1$, 두점 $(-3,\ -6)$, $(0,\ -3)$을 지난다.

   (2) 두점 $(1,\ 1)$, $(4,\ 4)$를 지나고, 꼭지점이 x축 위에 있다.

6. 이차함수 $y=x^2-4x+3$과 $y=-x^2+2x+1$의 그래프

해답

1.

(1)

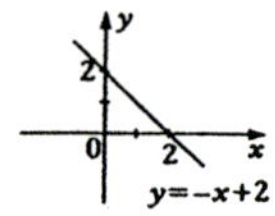

치역은 R

(2)

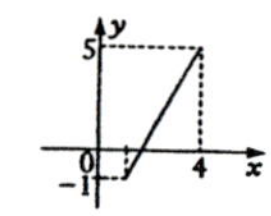

치역은 $\{y\,|\,-1\leqq y\leqq 5\}$

2. $m=\dfrac{6+\sqrt{3}}{3}$, $n=2$

3. $a<0$ 또는 $a>1$

4.

(1)

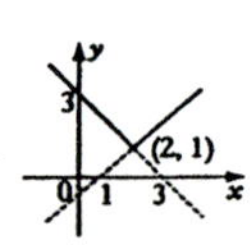

(2)

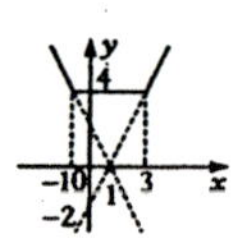

(3)

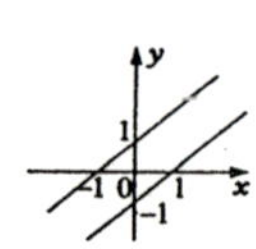

(4)

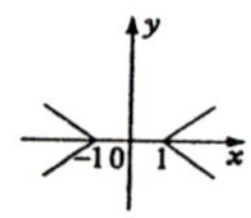

는 점 P에 대하여 대칭이다. 이 때, 점 P의 좌표를 구하여라.

7. 다음 함수의 그래프를 그려라.

(1) $y=-\frac{3}{4}x^3$ (2) $y=\frac{3}{2}x^3$

8 다음 물음에 답하여라.

(1) 함수 $f(x)=\frac{3x}{x^2+2}$는 우함수인가, 기함수인가?

(2) 함수 $f(x)=2x^2-4x+1$을 x축의 방향으로 m만큼 평행이동하면 우함수가 된다. 이 때 m의 값을 구하여라.

5. (1) $y=-(x-1)^2-2$

(2) $y=(x-2)^2$

또는 $y=\frac{1}{9}(x+2)^2$

6. $P\left(\frac{3}{2}, \frac{1}{2}\right)$

7. 생략

8. (1) 기함수

(2) -1

2.3 유리함수와 무리함수

□ 유리함수

함수 $y=f(x)$에서 $f(x)$가 x에 대한 유리식일 때, 이 함수를 **유리함수** 특히 $f(x)$가 다항식이면 다항함수, $f(x)$가 $\frac{2}{x}$, $\frac{2x+1}{x-1}$과 같이 분모에 x를 포함한 유리식일 때, **분수함수**라 한다. 분수함수의 정의역은 특별한 조건이 없는 한 실수 전체의 집합 R에서 분모를 0으로 하는 원소를 제외한 집합으로 한다.

예 $y=\frac{2}{x}$, $y=\frac{2x+1}{x-1}$의 정의역을 구하면 $R-\{0\}$, $R-\{1\}$이다.

분수함수 중 가장 간단한 꼴인 $y=\frac{k}{x}(k\neq0)$에 대하여 알아보자.

위의 k의 여러 가지 값에 따라 그래프를 그리면 (그림 2.23)과 같은 곡선을 얻는다. 이들 곡선을 **쌍곡선**이라 한다.

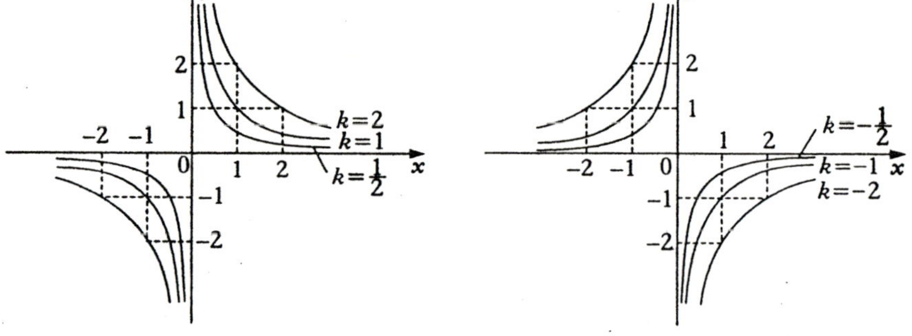

(a) $k>0$일 때 (b) $k<0$일 때

그림 2.23

예 다음 함수의 그래프를 그려라(그림 2.24).

(1) $y=\dfrac{1}{|x|}$　　(2) $|y|=\dfrac{1}{x}$

(3) $|y|=\dfrac{1}{|x|}$

풀이

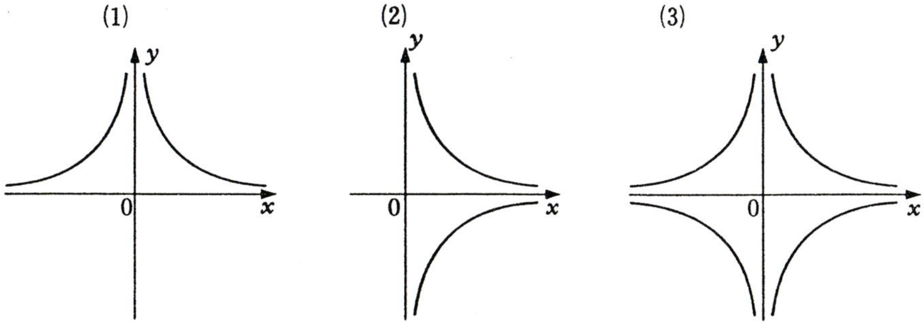

그림 2.24

함수 $y=\dfrac{k}{x-p}+q(k\neq0)$의 그래프는 $y=\dfrac{k}{x}$의 그래프를 x축방향으로 p, y축 방향으로 q만큼 평행이동한 것이다. 또, $y=\dfrac{ax+b}{cx+d}(c\neq0,\ ad-bc\neq0)$의 그래프는 $y=\dfrac{k}{x-p}+q$의 꼴로 변형하여 그리면 된다.

분수함수의 경우 곡선위의 점이 한없이 가까워지는 일정한 직선을 그 곡선의 **점근선**이라고 한다. 특히 점근선이 직교하는 쌍곡선을 **직각쌍곡선**이라고 한다.

예 $y=\dfrac{2x-5}{x-3}$의 그래프는 $y=\dfrac{1}{x-3}+2$의 꼴로 고쳐 그리면 된다.

정의역은 $R-\{3\}$, 치역은 $R-\{2\}$, 접근선은 $x=3$, $y=2$이다. ▣

[예제 1] <분수함수의 그래프>

$y=\dfrac{1}{x-2}+3$의 그래프를 그려라.

풀이 이 함수의 그래프는 직각쌍곡선 $y=\dfrac{1}{x}$을 x축 방향으로 2, y축 방향으로 3만큼 평행이동한 것이다. 따라서 그래프는 (그림 2.25)와 같은 직각쌍곡선이다. 정의역은 $R-\{2\}$, 치역은 $R-\{3\}$, $x=2$, $y=3$이 접근선이고 점 (2, 3)에 대하여 대칭이다. ▣

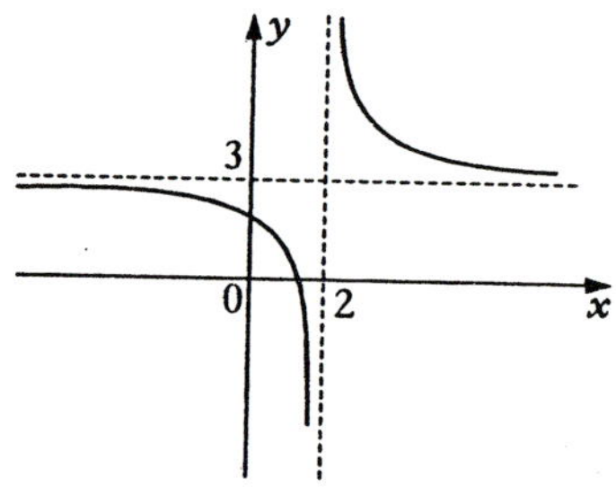

그림 2.25

[예제 2] (분수함수의 그래프 이동)

함수 $y=\dfrac{bx+c}{x+a}$는 정의역이 $R-\{1\}$, 치역이 $R-\{-2\}$이고, 그래프는 $y=\dfrac{2}{x}$의 그래프를 평행이동한 것일 때, $a+b+c$의 값을 구하여라.

풀이 접근선이 $x=1$, $y=-2$이므로, $y=\dfrac{2}{x}$의 그래프를 x축 방향으로 1, y축 방향으로 -2 만큼 평행이동한 것이다. 즉

$$y=\frac{2}{x-1}-2=\frac{2-2(x-1)}{x-1}=\frac{-2x+4}{x-1}$$

$\therefore\ a=-1,\ b=-2,\ c=4$, 따라서 $a+b+c=1$이다. ▣

□ 무리함수

함수 $y=f(x)$에서 $f(x)$가 x에 대한 무리식일 때, 이 함수를 **무리함수**라 한다. 무리함수 $y=f(x)$의 정의역은 함수값이 실수가 되도록 근호안의 값이 음이 되지 않는 변수 x의 범위로 한다.

여기서는 $y=\pm\sqrt{ax}$, $y=\pm\sqrt{ax+b}+c$, $y=\sqrt{\gamma^2-x^2}$ 꼴의 함수의 그래프에 대해 알아본다.

$y=\sqrt{x}$의 그래프는 포물선 $y^2=x$의 그래프 중 $y\geqq 0$인 부분
$y=\sqrt{-x}$의 그래프는 포물선 $y^2=-x$의 그래프 중 $y\geqq 0$인 부분
$y=-\sqrt{x}$의 그래프는 포물선 $y^2=x$의 그래프 중 $y\leqq 0$인 부분
$y=-\sqrt{-x}$의 그래프는 포물선 $y^2=-x$의 그래프 중 $y\leqq 0$인 부분

을 나타낸다. 일반으로, $y=\pm\sqrt{ax}$의 그래프는 a의 양, 음에 따라 그리면 (그림 2.26)과 같은 반포물선이 된다.

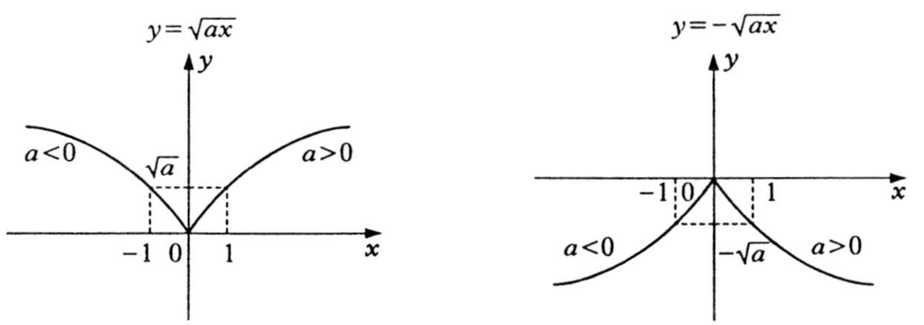

그림 2.26

$y=\pm\sqrt{ax+b}+c(a\neq0)$의 그래프를 변형하면 $y=\pm\sqrt{a\left(x+\dfrac{b}{a}\right)}+c$에서 $y=\pm\sqrt{ax}$의 그래프를 x축 방향으로 $-\dfrac{b}{a}$, y축 방향으로 c만큼 평행이동한 것이다.

예 함수 $y=\sqrt{2x-4}+1$의 그래프를 그려보자.

풀이 $y=\sqrt{2(x-2)}+1$로 변형되므로 $y=\sqrt{2x}$의 그래프를 x축 방향으로 2, y축 방향으로 1만큼 평행이동한 것이다(그림 2.27) ▣

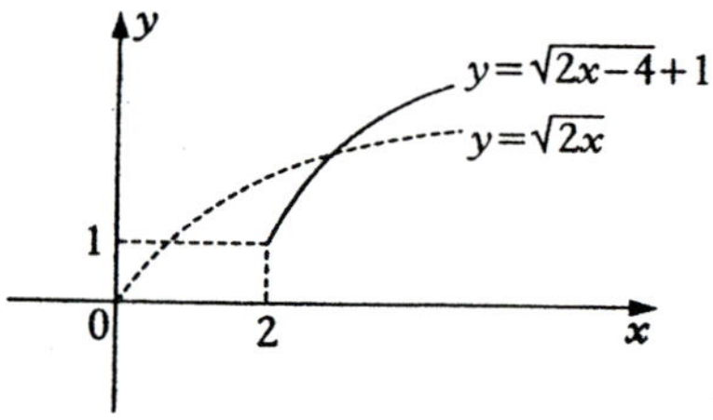

그림 2.27

[예제 3] —(무리함수의 그래프)

다음 함수의 그래프를 그리고, 정의역 X, 치역 Y를 구하여라.

(1) $y=-\sqrt{2x+4}+2$ (2) $y=\sqrt{6-3x}-1$

풀이 (1) $y=-\sqrt{2(x+2)}+2$에서 $y=-\sqrt{2x}$의 그래프를 x축 방향으로 -2, y축 방향으로 2만큼 평행이동한 것이다(그림 2.28)

$X=\{x \mid x\geqq2\}$, $Y=\{y \mid y\leqq2\}$

(2) $y=\sqrt{-3(x-2)}-1$에서 $y=\sqrt{-3x}$의 그래프를 x축 방향으로 2, y축 방향으로 -1 만큼 평행이동한 것이다(그림 2.28)

$X=\{x \mid x \leqq 2\}, \quad Y=\{y \mid y \geqq -1\}$

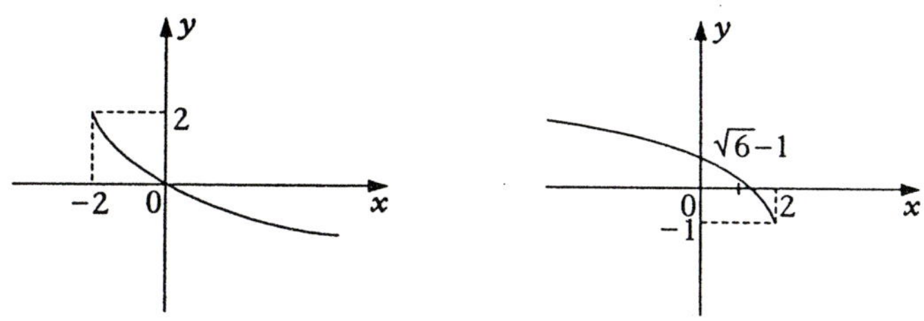

그림 2.28

▣

$y=\pm\sqrt{\gamma^2-x^2}$의 양변을 제곱하면 $y^2=\gamma^2-x^2$, 즉 원 $x^2+y^2=\gamma^2$의 그래프에서 $y=\sqrt{\gamma^2-x^2}$은 $y \geqq 0$인 위쪽 반원, $y=-\sqrt{\gamma^2-x^2}$은 $y \leqq 0$인 아래쪽 반원이다.

예 $y=\sqrt{1-x^2}$의 그래프를 그려보자.

풀이 양변을 제곱하면 $y^2=1-x^2$, $x^2+y^2=1$ 즉, 원 $x^2+y^2=1$의 $y \geqq 0$인 부분인 반원을 그리면 된다(그림 2.29)

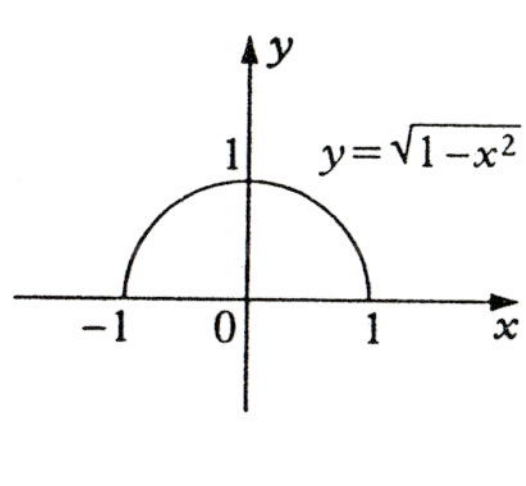

그림 2.29

[예제 4] —(반원의 그래프)

다음 함수의 그래프를 그리고, 정의역 X, 치역 Y를 구하여라.

(1) $y=\sqrt{2x-x^2}$ (2) $y=2-\sqrt{4x-x^2}$

풀이 (1) (2)

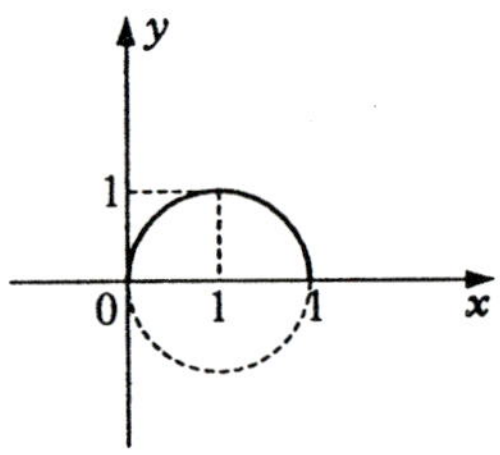

그림 2.30

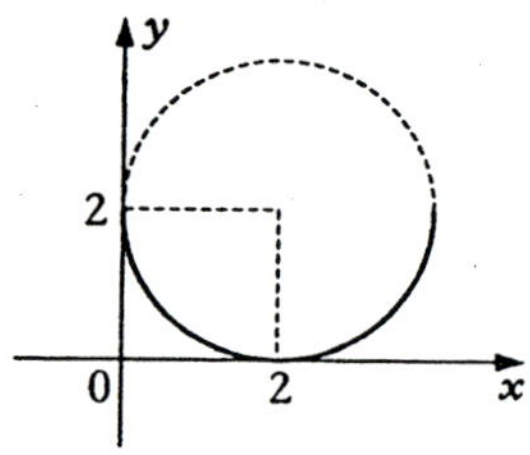

그림 2.31

(1) $y=\sqrt{2x-x^2}$의 양변을 제곱하면,

$$y^2=2x-x^2,\ \ x^2-2x+y^2=0$$

$$\therefore\ (x-1)^2+y^2=1$$

즉, 중심 (1, 0), 반지름의 길이 1인 원의 위쪽 반원이다(그림 2.30)

$$X=\{x \mid 0\leqq x\leqq 2\},\qquad Y=\{y \mid 0\leqq y\leqq 1\}$$

(2) $y-2=-\sqrt{4x-x^2}$의 양변을 제곱하면,

$$(y-2)^2=4x-x^2,\ \ x^2-4x+(y-2)^2=0$$

$$\therefore\ (x-2)^2+(y-2)^2=4$$

즉, 중심 (2, 2), 반지름의 길이 2인 원의 $y\leqq 2$인 반원이다(그림 2.31)

$$X=\{x \mid 0\leqq x\leqq 4\},\qquad Y=\{y \mid 0\leqq y\leqq 2\}$$ ▣

연습문제 2.3

	해답
1. 함수 $y=\frac{ax+2}{x-1}$의 그래프가 직선 $y=x$에 대하여 선대칭일 때, 정의역 $\{x \mid -2 \leqq x \leqq 2\}$에서의 치역을 구하여라.	1. $y \geqq 4$, $y \leqq 0$
2. $y=\frac{x+k}{x+1}$의 그래프를 x축의 방향으로 m, y축의 방향으로 n만큼 평행이동하여 $y=\frac{2}{x}$의 그래프와 겹칠 수 있을 때, $k+m+n$의 값을 구하여라.	2. 3
3. 유리함수 $y=\frac{ax+b}{x+c}$의 그래프가 점 $(0,\ 2)$를 지나고, 점근선의 방정식이 $x=1$, $y=1$일 때, 상수 a, b, c의 값을 구하여라.	3. $a=1$, $b=-2$ $c=-1$
4. 두 함수 f, g에 대하여 $g(x)=\frac{1}{1+x}$, $(f \cdot g)(x)=\frac{1-x}{1+x}$일 때, $f^{-1}(5)$의 값을 구하여라.	4. 3
5. 함수 $y=\frac{\lvert x-1 \rvert}{x}$의 그래프와 직선 $y=mx$가 만나지 않는 m의 값의 범위를 구하여라.	5.

6. 함수 $y=-\sqrt{6-2x}+2$에서 정이역 $\{x \mid 1 \leqq x \leqq 2\}$일 때, 치역을 구하여라.	6.
7. 함수 $y=-\sqrt{4-x^2}-1$의 그래프의 그리고 정의역 X, 치역 Y를 구하여라.	7.
8. 다음 두 함수의 그래프가 서로 다른 두 점에서 만날 k의 값의 범위를 구하여라.	8.
1) $y=\sqrt{x-2}$, $y=x+k$	1) $-2 \leqq k < -\frac{7}{4}$
2) $y=\sqrt{2x-x^2}$, $y=x+k$	2) $0 \leqq k < -1+\sqrt{2}$

Home Work

1. 자연수 전체의 집합 N에서의 함수

$$f(x)=\begin{cases}0(x\text{는 홀수})\\ 1(x\text{는 짝수})\end{cases}$$

일 때, $f(x)+f(x+3)$의 값을 구하여라.

2. $X=\{1, 2, 3, 4\}$, $Y=\{5, 6, 7\}$일 때, X에서 Y로의 함수 중 치역이 2개의 원소로 된 함수는 모두 몇 개 있는가?

3. $f(x)$는 일차함수이고 모든 실수 x에 대하여 $f(f(x))=x$, $f(5)=-4$를 만족한다. $f(3)$를 구하여라.

4. 실수 전체의 집합 R에서 정의된 함수 $f(x)=ax+b(a\neq 0)$가 있다. $f^{-1}(-2)=0$, $(f\circ f)(0)=3$일 때, $f^{-1}(3)$의 값을 구하여라.

5. 그래프가 세 점 $(1\ a)$, $(a, 7)$, $(5, 11)$을 지나고 기울기가 음인 직선의 방정식을 구하여라.

6. $y=x-[x](-1\leqq x\leqq 3)$의 그래프를 그려라(단, $[x]$는 x를 넘지 않는 최대의 정수를 나타낸다).

7. 두 점 $(0, -1)$, $(3, 2)$를 지나며 꼭지점이 직선 $y=3x-3$ 위에 있고, 위로 볼록한 이차함수를 구하여라.

8. 임의의 함수 $f(x)$에 대하여 다음 각 함수는 우함수인가 기함수인가?

   (1) $f(x)+f(-x)$ (2) $f(x)-f(-x)$

9. 다음 이차함수의 그래프와 x축의 교점의 개수를 구하여라.

   (1) $y=x^2+4x+2$ (2) $y=-2x^2-5x-5$

10. 포물선 $y=ax^2-2x+a$와 x축과의 두 교점 사이의 거리가 $\sqrt{2}$일 때, a의 값을 구하여라.

11. 포물선 $y=ax^2$의 그래프가 직선 $y=-2x-a+4$보다 항상 아래쪽에 있을 a의 범위를 구하여라.

12. 함수 $y=\dfrac{2x+4}{x+1}$에서 치역이 $\{y \mid y\leqq 0$ 또는 $y\geqq 3\}$일 때, 정의역을 구하여라.

13. 함수 $y=-\sqrt{4-x^2}-1$의 그래프를 그리고, 정의역 X, 치역 Y를 구하여라.

14. 이차함수 $y=-x^2+ax$가 $-1\leqq x\leqq 1$의 범위에서 최대값 4를 가질 a의 값을 구하여라.

15. 실수 x, y가 $x^2+y^2=1$을 만족할 때, $\dfrac{y}{x-2}$의 최대값, 최소값을 구하여라.

제3장

수열과 극한

학습내용

3.1 수열과 합기호
3.2 등차수열
3.3 등비수열
3.4 수열의 극한
3.5 무한급수의 합

3.1 수열과 합기호

□ 수열

수열은 정의역이 자연수의 집합인 함수이다. 수열은 보통 함수기호 보다 아래 첨자기호로 표현된다. 이를 테면, 수열의 항들은

$f(1)$, $f(2)$, $f(3)$, $f(4)$, …… $f(n)$, …이 보통

a_1, a_2, a_3, a_4, ……, a_n, …으로 쓰인다.

아래첨자가 수열의 정의역을 만들고 수열내에서 항의 위치를 나타낸다. 이를테면, a_4는 수열의 네 번째항이고, a_n은 수열의 n째항 ($n-th$ *term*) 또는 일반항 이라고 한다.

전체 수열은 때때로 간단한 모양 $\{a_n\}$으로 나타낸다.

〈 수열의 정의 〉

> 무한수열(infinite sequence) $\{a_n\}$은 정의역이 자연수의 집합인 함수이다. 함수값 a_1, a_2, a_3, a_4, ……, a_n, …을 수열의 항(term)이라고 한다. 함수의 정의역의 처음 n개의 자연수로 이루어지면, 그 수열은 **유한수열**(finite sequence)이라고 한다.

예 (1) n째항 $a_n=3n-2$인 수열의 처음 네항은?

$a_1=3(1)-2=1$

$a_2=3(2)-2=4$

$a_3=3(3)-2=7$

$a_4=3(4)-2=10$

(2) n째항 $a_n=3+(-1)^n$인 수열의 처음 네항은?

$a_1=3+(-1)^1=3-1=2$

$a_2=3+(-1)^2=3+1=4$

$a_3=3+(-1)^3=3-1=2$

$a_4=3+(-1)^4=3+1=4$

[예제 1] <수열의 항 구하기>

n째항이 다음과 같이 주어질 때 처음 네 항을 구하여라.

(1) $a_n=\dfrac{2n}{1+n}$ (2) $a_n=\dfrac{(-1)^n}{2n-1}$

풀이 (1) $a_1=\dfrac{2(1)}{1+1}=\dfrac{2}{2}=1$, $a_2=\dfrac{2(2)}{1+2}=\dfrac{4}{3}$, $a_3=\dfrac{2(3)}{1+3}=\dfrac{6}{4}=\dfrac{3}{2}$

$a_4=\dfrac{2(4)}{1+4}=\dfrac{8}{5}$ $\therefore\ 1,\ \dfrac{4}{3},\ \dfrac{3}{2},\ \dfrac{8}{5}$

(2) $a_1=\dfrac{(-1)^2}{2(1)-1}=\dfrac{-1}{2-1}=-1$, $a_2=\dfrac{(-1)^2}{2(2)-1}=\dfrac{1}{4-1}=\dfrac{1}{3}$

$a_3=\dfrac{(-1)^3}{2(3)-1}=\dfrac{-1}{6-1}=-\dfrac{1}{5}$, $a_4=\dfrac{(-1)^4}{2(4)-1}=\dfrac{1}{8-1}=\dfrac{1}{7}$

$\therefore\ -1,\ \dfrac{1}{3},\ -\dfrac{1}{5},\ \dfrac{1}{7}$ ▣

단순히 처음 몇 개의 항이 수열을 정의하는데 충분하지 않다는 것을 깨닫는 것이 중요하다. —n째항이 주어져야만 한다. 이것을 알기 위해 나음 수열을 생각하자. 두 수열은 처음 세항이 모두 같다.

$$\frac{1}{2},\ \frac{1}{4},\ \frac{1}{8},\ \frac{1}{16},\ \cdots\cdots,\ \frac{1}{2^n},\cdots$$

$$\frac{1}{2},\ \frac{1}{4},\ \frac{1}{8},\ \frac{1}{15},\ \cdots\cdots,\ \frac{6}{(n+1)(n^2n+6)},\cdots$$

수열의 처음 몇항이 주어질 때 분명한 n째항을 구하라는 요구를 받을 수 있다.

[예제 2] <수열의 n째항 구하기>

다음 수열의 n째항을 구하여라.

(1) $1,\ 3,\ 5,\ 7,\ \cdots$ (2) $2,\ 5,\ 10\ ,17\ ,\cdots$

(3) $\frac{2}{1},\ \frac{3}{2},\ \frac{4}{3},\ \frac{5}{4},\ \cdots$

풀이

(1)

n :	1	2	3	4	$\cdots$	n
	↓	↓	↓	↓	$\cdots$	↓
항 :	1	3	5	7	$\cdots$	a_n

각 항은 $2n$보다 1이 작으므로, $a_n=2n-1$

(2)

n :	1	2	3	4	$\cdots$	n
	↓	↓	↓	↓	$\cdots$	↓
항 :	2	5	10	17	$\cdots$	a_n

각 항은 n^2보다 1이 크므로, $a_n=n^2+1$

(3)

n :	1	2	3	4	$\cdots$	n
	↓	↓	↓	↓	$\cdots$	↓
항 :	$\frac{2}{1}$	$\frac{3}{2}$	$\frac{4}{3}$	$\frac{5}{4}$	$\cdots$	a_n

각 항은 분자가 분모 n보다 1 크므로, $a_n=\frac{n+1}{n}$ ▣

□ 계승기호

어떤 수학의 중요한 수열은 **계승**(factorial)이라고 하는 곱의 특별한 모양으로 정의되는 항을 포함한다.

〈계승의 정의〉

n이 자연수이면 n 계승은 다음과 같이 정의한다.

$n! = 1 \cdot 2 \cdot 3 \cdot 4 \cdots (n-1) \cdot n$

특별한 경우로서 0계승은 $0! = 1$로 정의한다.

처음 몇 개의 자연수에 대한 $n!$의 값은 다음과 같다.

$0! = 1,\ 1! = 1,\ 2! = 1 \cdot 2 = 2,\ 3! = 1 \cdot 2 \cdot 3 = 6,\ 4! = 1 \cdot 2 \cdot 3 \cdot 4 = 24$

$5! = 1 \cdot 2 \cdot 3 \cdot 4 \cdot 5 = 120$

계승에 대한 계산은 다음과 같다.

이를테면, $2n! = 2(n!) = 2(1 \cdot 2 \cdot 3 \cdots\cdots n)$,

반면, $(2n)! = 1 \cdot 2 \cdot 3 \cdot 4 \cdots n \cdots (2n-1)(2n)$

[예제 3] <계승을 포함하는 수열의 항 구하기>

n째항이 $a_n = \dfrac{2^n}{n!}$인 수열의 처음 다섯 개항을 구하여라, $n=0$부터 시작한다.

풀이 $a_0 = \dfrac{2^0}{0!} = \dfrac{1}{1} = 1,\ a_1 = \dfrac{2^1}{1!} = \dfrac{2}{1} = 2,\ a_2 = \dfrac{2^2}{2!} = \dfrac{4}{2} = 2,$

$a_3 = \dfrac{2^3}{3!} = \dfrac{8}{6} = \dfrac{4}{3},\ a_4 = \dfrac{2^4}{4!} = \dfrac{16}{24} = \dfrac{2}{3}$

따라서, 처음 다섯 개항은 $1,\ 2,\ 2,\ \dfrac{4}{3},\ \dfrac{2}{3}$이다. ▣

계승을 포함하는 분수식을 약분할 때 다음과 같이 계산한다.

$$\frac{n!}{(n-1)!}=\frac{1\cdot 2\cdot 3\cdots(n-1)\cdot n}{1\cdot 2\cdot 3\cdots(n-1)}=n$$

$$\frac{8!}{2!6!}=\frac{1\cdot 2\cdot 3\cdot 4\cdot 5\cdot 6\cdot 7\cdot 8}{1\cdot 2\cdot 1\cdot 2\cdot 3\cdot 4\cdot 5\cdot 6}=\frac{7\cdot 8}{2}=28$$

□ 합기호

유한수열의 항의 합에 대한 편리한 기호가 있다.

그리스 문자 시그마 ($\sum$)를 포함하므로 **시그마기호** 또는 **합기호**(summation notation)라고 한다.

〈 합기호의 정의 〉

수열의 처음 n개의 항의 합은 $\sum_{i=1}^{n} a_i = a_1 + a_2 + a_3 + a_4 + \cdots + a_n$ 으로 나타낸다.

i는 합의 index(index of summation), n은 **합의 상한**(upper limit of summation)이고 1은 **합의 하한**(lower limit of summation)이다.

예 다음 합의 기호를 이용하여 나타내보자.

(1) $3(1)+3(2)+3(3)+3(4)+3(5)$

$$=\sum_{i=1}^{5} 3i$$

(2) $(1+3^2)+(1+4^2)+(1+5^2)+(1+6^2)$

$$=\sum_{k=3}^{6}(1+k^2)$$

(3) $\frac{1}{0!}+\frac{1}{1!}+\frac{1}{2!}+\frac{1}{3!}+\frac{1}{4!}+\frac{1}{5!}+\frac{1}{6!}+\frac{1}{7!}+\frac{1}{8!}$

$$= \sum_{i=0}^{8} \frac{1}{i!}$$

< Σ의 성질 >

1) $\sum_{i=1}^{n} ca_i = c \sum_{i=1}^{n} a_i$ (c는 임의의 상수)

2) $\sum_{i=1}^{n} (a_i + b_i) = \sum_{i=1}^{n} a_i + \sum_{i=1}^{n} b_i$

3) $\sum_{i=1}^{n} (a_i - b_i) = \sum_{i=1}^{n} a_i - \sum_{i=1}^{n} b_i$

합의 상한과 하한의 변화가 똑 같은 합에 대하여 다른 기호로 나타내어 진다. 예를 들면, 다음 두합을 생각해보자.

$$\sum_{i=1}^{5} 3(2^i) = 3 \sum_{i=1}^{5} 2^i = 3(2^1 + 2^2 + 2^3 + 2^4 + 2^5)$$

$$\sum_{i=0}^{4} 3(2^{i+1}) = 3 \sum_{i=0}^{4} 2^{i+1} = 3(2^1 + 2^2 + 2^3 + 2^4 + 2^5)$$

□ 무한수열의 합

임의의 유한수열의 항의 합은 유한값이라는 것을 아는 것은 쉽다. 그러나 무한수열의 모든 항의 합이 유한값일 수 있다는 것은 확신하기는 쉽지 않을 수 있다. 이를 테면 n째항이 $\frac{1}{2^n}$ ($n=0$에서 시작)인 수열의 모든 항의 합이 다음과 같다는 것을 보일 수 있다.

$$\sum_{n=0}^{\infty} \frac{1}{2^n} = 1 + \frac{1}{2} + \frac{1}{4} + \frac{1}{8} + \frac{1}{16} + \frac{1}{32} + \cdots = 2$$ (그림 3.1) 참조

이러한 형태의 합을 **무한급수**(infinite series)라고 한다.

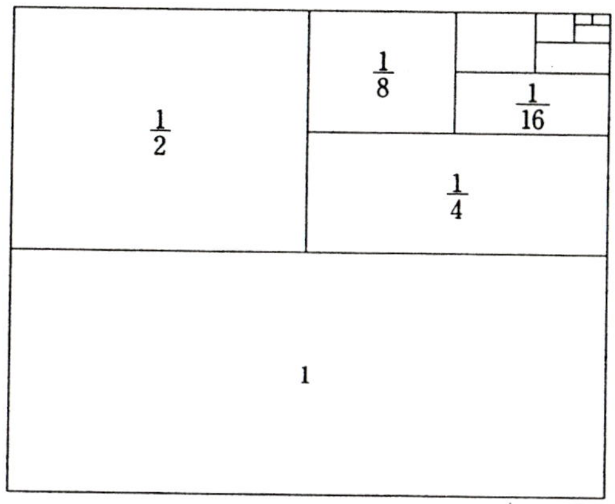

그림 3.1

[예제 4] <무한수열의 합 구하기>

다음 무한수열의 합을 구하여라.

$\frac{3}{10^1}, \frac{3}{10^2}, \frac{3}{10^3}, \frac{3}{10^4}, \frac{3}{10^5}, \cdots$

풀이

$$\sum_{n=1}^{\infty} \frac{3}{10^n} = \frac{3}{10^1} + \frac{3}{10^2} + \frac{3}{10^3} + \frac{3}{10^4} + \frac{3}{10^5} + \cdots$$

$$= 0.3 + 0.03 + 0.003 + 0.0003 + 0.00003 + \cdots$$

$$= 0.33333\cdots$$

$$= \frac{1}{3}$$

▣

연습문제 3.1

1. 다음 수열의 처음 다섯개 항을 구하여라.($n=1$부터 시작)

1) $a_n=2n+1$,　　2) $a_n=2^n$

3) $a_n=(-2)^n$,　　4) $a_n=\frac{1+(-1)^n}{n}$

5) $a_n=3-\frac{1}{2^n}$,　　6) $a_n=\frac{1}{n^{\frac{3}{2}}}$

7) $a_n=\frac{3^n}{n!}$,　　8) $a_n=\frac{(-1)^n}{n^2}$

9) $a_1=3$이고 $a_{k+1}=2(a_k-1)$

2. 다음을 약분하여 간단히 하여라.

1) $\frac{4!}{6!}$　　2) $\frac{(n+1)!}{n!}$　　3) $\frac{(2n-1)!}{(2n+1)!}$

3. 다음 수열의 n제항을 구하여라.($n=1$부터 시작)

1) 1, 4, 7, 10, 13, ……

2) 0, 3, 8, 15, 24, ……

3) $\frac{1}{2}$, $-\frac{1}{4}$, $\frac{1}{8}$, $-\frac{1}{16}$, ……

4) $1+\frac{1}{1}$, $1+\frac{1}{2}$, $1+\frac{1}{3}$, $1+\frac{1}{4}$, $1+\frac{1}{5}$, ……

해답

1.

1) 3, 5, 7, 9, 11

2) 2, 4, 8, 16, 32

3) -2, 4, -8, 16, -32

4) 0, 1, 0, $\frac{1}{2}$, 0

9) 3, 4, 6, 10, 18

2.

1) $\frac{1}{30}$　2) $n+1$

3) $\frac{1}{2n(2n+1)}$

3.

1) $3n-2$

2) n^2-1

3) $\frac{(-1)^{n+1}}{2^n}$

4) $1+\frac{1}{n}$

5) $1,\ \frac{1}{2},\ \frac{1}{6},\ \frac{1}{24},\ \frac{1}{120},\ \cdots\cdots$

5) $\frac{1}{n!}$

4. 합을 구하여라.

1) $\sum_{i=1}^{5}(2i+1)$ 2) $\sum_{k=1}^{4}10$

3) $\sum_{i=0}^{4}i^2$ 4) $\sum_{k=0}^{3}\frac{1}{k^2+1}$

5) $\sum_{i=1}^{4}\{(i-1)^2+(i+1)^3\}$

6) $\sum_{i=1}^{4}(9+2i)$ 7) $\sum_{k=0}^{4}\frac{(-1)^k}{k+1}$

4.

1) 35 2) 40

3) 30 4) $\frac{9}{5}$

5) 238 6) 56

7) $\frac{47}{60}$

3.2 등차수열

□ 등차수열

연속한 항이 일정한 차이를 갖는 수열을 **등차수열**(arithmetic sequence)이라고 한다.

〈등차수열의 정의〉

연속된 항 사이의 차이가 같으면 **등차수열이**라고 한다.

따라서, $a_2 - a_1 = d$, $a_3 - a_2 = d$, $a_4 - a_3 = d$, ……인 수 d가 있으면 수열 a_1, a_2, a_3, a_4, …, a_n, …은 등차수열이다.

d를 등차수열의 **공차**(common difference)라고 한다.

예 등차수열의 예를 들어보면 다음과 같다.

(1) 7, 11, 15, 19, …, 4n+3, … 공차 $d = 11 - 7 = 4$인 등차수열

(2) 2, -3, -8, -13, …, 7-5n, … 공차 $d = -3 - 2 = -5$인 등차수열

(3) 1, $\frac{5}{4}$, $\frac{3}{2}$, $\frac{7}{4}$, …, $\frac{n+3}{4}$, … 공차 $d = \frac{5}{4} - 1 = \frac{1}{4}$인 등차수열

〈등차수열의 n째항〉

등차수열의 n째항은 $c = a_1 - d$이고 d는 공차 일 때, $a_n = dn + c$이다. 등차수열의 또 다른 n째항 구하는 공식은 첫째항 a_1, 공차 d일 때, $a_n = a_1 + (n-1)d$이다.

[예제 1] <등차수열의 일반항 구하기>

공차가 3이고 첫째항이 2인 등차수열의 일반항을 구하여라.

풀이 $a_1=2, d=3$에서 $a_n=a_1+(n-1)d$이므로

$a_n=2+(n-1)\cdot 3=3n-1$이다. ▣

[예제 2] <등차수열의 일반항 구하기>

공차가 5이고 두 번째항이 12인 등차수열의 일반항 a_n을 구하고 a_{18}을 구하여라.

풀이 $a_n=d_n+c$에서 $d=5$이므로 $a_n=5n+c$, 또 $a_2=12$이므로

$12=5(2)+c$에서 $c=2$ 따라서, $a_n=5n+2$이고,

$a_{18}=5\times 18+2=92$이다. ▣

등차수열의 n째항을 알고, 수열의 공차를 알면 **점화식**(recursion formula) $a_{n+1}=a_n+d$를 이용하여 $(n+1)$째 항을 구할 수 있다.

이 공식으로 앞 항을 알면, 등차수열의 어떤 항도 구할 수 있다. 예를들면, 첫째항을 알면 두 번째 항을 구할 수 있다.

둘째항을 알면, 셋째항을 구할 수 있다.

[예제 3] <점화식 이용>

첫 번째 두항이 2, 9인 등차수열의 a_9를 구하여라.

풀이 $a_1=2$, $a_2=9$이므로 $d=9-2=7$, 7씩 더해 나가면,

2, 9, 16, 23, 30, 37, 44, 51, 58 $\therefore\ a_9=58$

또, $a_n=7n-5$에서, $a_9=7(9)-5=58$을 구할 수 있다. ▣

[예제 4] <등차수열의 일반항 구하기>

$a_4=20$, $a_{13}=65$인 등차수열의 일반항을 구하고 처음 몇 개항을 나열하여라.

풀이 $a_{13}=a_4+9d$이므로 $a_4=20$, $a_{13}=65$에서

$65=20+9d, \quad d=5$

$a_n=dn+c$에서 $a_4=5(4)+c$, $20=20+c$, $c=0$

따라서 $a_n=5n$이고, 처음 13개항은 다음과 같다.

5, 10, 15, 20, 25, 30, 35, 40, 45, 50, 55, 60, 65, ⋯ ▣

□ 등차수열의 합

다음 공식은 유한 등차수열의 합 구하는 공식이다.

〈유한 등차수열의 합〉

n개의 유한 등차수열 합 S는

1) 첫째항 a_1, 끝항 a_n을 알 때, $S=\dfrac{n(a_1+a_n)}{2}$

2) 첫째항 a_1, 공차 d, 처음 n항 $S=\dfrac{n\{2a_1+(n-1)d\}}{2}$

[예제 5] <등차수열의 합 구하기>

다음 등차수열의 합을 구하여라.

1) $1+3+5+9+11+13+15+17+19$

2) 1부터 100까지 자연수의 합

3) 5, 16, 27, 38, 49, …에서 처음 150항의 합

4) $1+3+5+\cdots+(2n-1)$

풀이 1) 첫째항 $a_1=1$, 제10항 $a_{10}=19$, 항수 $n=10$이므로 합 S는

$$S=\frac{n}{2}(a_1+a_n)$$

$$=\frac{10}{2}(1+19)=5(20)=100$$

2) $S=1+2+3+\cdots+99+100$

$$=\frac{100}{2}(1+100)=50(101)=5050$$

3) $a_1=5,\ d=16-5=11, n=150$

$S=\frac{n}{2}\{2a_1+(n-1)d\}$에서

$$S=\frac{150}{2}\{1+(150-1)11\}=\frac{150}{2}(10+1639)=75(1649)=123,675$$

4) $S=\frac{n\{1+(2n-1)\}}{2}=\frac{n}{2}(2n)=n^2$ ▣

□ 산술평균

수직선에서 두 수 a, b 사이의 중점은 $\frac{a+b}{2}$이다.

따라서, 세 항 a, $\frac{a+b}{2}$, b는 공차를 갖는다.

$\frac{a+b}{2}$가 a, b의 **산술평균**(arithmetic mean)이다.

두 수 a, b사이에 k개의 수 m_1, m_2, ·, m_k를 넣어 a_1, m_1, m_2, $\cdots, m_e$, b가 등차수열이 되도록 할 때, a와 b사이에 k개의 등차중항을넣는다고 한다.

[예제 6] <두 수 사이에 등차중항 넣기>

4와 15 사이에 세 개의 등차중항을 넣어라.

풀이 세 개의 수 m_1, m_2, m_3를 넣으면 4, m_1, m_2, m_3, 15가 등차수열이 된다.

$a_1=4$, $n=5, a_5=15$이므로

$$a_5=15=a_1+(n-1)d=4+4d,\ d=\frac{11}{4}$$

$$m_1=a_1+d=4+\frac{11}{4}=\frac{27}{4}$$

$$m_2=m_1+d=\frac{27}{4}+\frac{11}{4}=\frac{38}{4}$$

$$m_3=m_2+d=\frac{38}{4}+\frac{11}{4}=\frac{49}{4}$$

▣

연습문제 3.2

해답

1. 다음 수열이 등차수열인지 알아보고 공차를 구하여라.

 1) 4, 7, 10, 13, 16, ⋯

 2) 1, 2, 4, 8, 16, ⋯

 3) $\frac{9}{4}$, 2, $\frac{7}{4}$, $\frac{3}{2}$, $\frac{5}{4}$, ⋯

 4) $\frac{1}{3}$, $\frac{2}{3}$, $\frac{4}{3}$, $\frac{8}{3}$, $\frac{16}{3}$, ⋯

 5) 5.3, 5.7, 6.1, 6.5, 6.9, ⋯

1.

1) 등차수열, $d=3$

2) 아니다.

3) 등차수열, $d=-\frac{1}{4}$

4) 아니다.

5) 등차수열, $d=0.4$

2. 일반항이 다음과 같이 주어진 수열에서 처음 5개항을 쓰고 등차수열이면 공차를 구하여라.

 1) $a_n=5+3n$, 2) $a_n=\frac{1}{n+1}$

 3) $a_n=100-3n$ 4) $a_n=3+\frac{(-1)^n 2}{n}$

2.

1) 8,11,14,17,20, $d=3$

3) 97, 94, 91, 88, 85, $d=-3$

3. 다음 등차수열의 a_n을 구하여라.

 1) $a_1=1$, $d=3$ 2) $a_1=100$, $d=-8$

3.

1) $3n-2$

3) $a_1 = x$, $d = 2x$ 4) 4, $\frac{3}{2}$, -1, $-\frac{7}{2}$, …

5) $a_1 = 5$, $a_4 = 15$ 6) $a_3 = 94$, $a_6 = 85$

2) $-8n + 108$

3) $2nx - x$

4) $-\frac{3}{2}n + \frac{11}{2}$

4. 다음 등차수열의 n개의 항의 합을 구하여라.

1) 8, 20, 32, 44, …, $n = 10$

2) -6, -2, 3, 6, …, $n = 50$

3) 40, 37, 34, 31, …, $n = 10$

4) $a_1 = 100$, $a_{25} = 220$, $n = 25$

4.

1) 620

2) 4600

3) 265

4) 4000

5. 다음 합을 구하여라.

1) $\sum_{n=1}^{100} 5n$ 2) $\sum_{n=1}^{20} (2n+5)$

5.

1) 25250 2) 520

6. 다음 두 수에 대해 k개의 등차중항을 넣어라

1) 5, 17, $k=2$ 2) 3, 6, $k=3$

6.

1) 9, 13

2) $\frac{13}{4}$, $\frac{9}{2}$, $\frac{21}{4}$

3.3 등비수열

□ 등비수열

앞에서 연속적인 두 합의 공차가 일정한 수열에 대해 배웠다. 여기서는 **등비수열**(geometric sequence)이라고 하는 또 다른 형태의 수열에 대해 알아본다. 등비수열의 연속적인 항들은 다음 정의에서 설명하는 공비를 갖는다.

〈등비수열의 정의〉

연속된 항의 비가 같은 수열을 **등비수열**이라고 한다.

따라서, 수열 a_1, a_2, a_3, a_4, $\cdots$, a_n, $\cdots$에서,

$\frac{a_2}{a_1}=\gamma$, $\frac{a_3}{a_2}=\gamma$, $\frac{a_4}{a_3}=\gamma$, $\cdots$인 수열을 **등비수열**이라 하고, γ을 등비수열의 **공비**(common ratio)라고 한다.

예 등비수열의 예를 들면 다음과 같다.

① $2,\ 4,\ 8,\ 16,\ \cdots,\ 2^n,\ \cdots$ 공비 2인 등비수열

② $12,\ 36,\ 108,\ 324,\ \cdots,\ 4(3^n),\ \cdots$ 공비 3인 등비수열

③ $-\frac{1}{3},\ \frac{1}{9},\ -\frac{1}{27},\ \frac{1}{81},\ \cdots\left(-\frac{1}{3}\right)^n,\ \cdots$ 공비 $-\frac{1}{3}$인 등비수열

〈등비수열의 n째항(일반항)〉

등비수열의 n째항은 $a_n=a_1\gamma^{n-1}$이다.

γ은 공비이고, a_1은 첫째항이다.

따라서, 모든 등비수열은 다음과 같이 쓸 수 있다.

$$a_1, \quad a_2, \quad a_3, \quad a_4, \quad a_5, \quad \cdots, \quad a_n, \quad \cdots$$
$$\downarrow \quad \downarrow \quad \downarrow \quad \downarrow \quad \downarrow \qquad \downarrow$$
$$a_1 \quad a_1\gamma \quad a_1\gamma^2 \quad a_1\gamma^3 \quad a_1\gamma^4 \quad \cdots, \quad a_1\gamma^{n-1} \quad \cdots$$

[예제 1] <등비수열의 항 구하기>

첫째항 $a_1=3$이고 공비 $\gamma=2$인 등비수열의 처음 다섯 개 항을 써라.

풀이

$$a_1 \quad a_2 \quad a_3 \quad a_4 \quad a_5$$
$$\downarrow \quad \downarrow \quad \downarrow \quad \downarrow \quad \downarrow$$
$$3 \quad 3\cdot 2^1=6 \quad 3\cdot 2^2=12 \quad 3\cdot 2^3=24 \quad 3\cdot 2^4=48$$

따라서, 처음 다섯 개 항은 3, 6, 12, 24, 48이다. ▣

[예제 2] <등비수열의 항 구하기>

다음 물음에 답하여라.

(1) 등비수열 5, 15, 45, …의 a_{12}를 구하여라.

(2) $a_1=20$, $\gamma=1.05$인 등비수열의 a_{15}를 구하여라.

(3) $a_4=125$, $a_{10}=\dfrac{125}{64}$인 등비수열에서 a_{14}를 구하여라.

풀이 (1) 공비는 $\gamma=\dfrac{15}{5}=3$

따라서, $a_1=5$, $\gamma=3$이므로

$$a_{12}=a_1\gamma^{11}=5(3)^{11}=5(177,147)=885,735$$

(2) $a_{15}=a_1\gamma^{14}=20(1.05)^{14}\approx 39,599$

(3) 공비 γ이라면 $a_{10}=a_4\circ\gamma^6$, $\dfrac{125}{64}=125\gamma^6$, $\dfrac{1}{64}=\gamma^6$, $\gamma=\dfrac{1}{2}$

$$a_{14}=a_{10}\gamma^4=\frac{125}{64}\left(\frac{1}{2}\right)^4=\frac{125}{1024}$$ ▣

□ 유한 등비수열의 합

〈유한 등비수열의 합〉

공비 $\gamma\neq1$인 유한 등비수열 a_1, $a_1\gamma$, $a_1\gamma^2$, $a_1\gamma^3$, $a_1\gamma^4$, $\cdots$, $a_1\gamma^{n-1}$ 에서 합 S는 $S=\dfrac{a_1(1-r^n)}{1-r}$ 이다.

[예제 3] <유한 등비수열의 합 구하기>

다음을 구하여라.

(1) $\displaystyle\sum_{n=1}^{8}(0.3)^n$ (2) $\displaystyle\sum_{i=0}^{10}10\left(-\frac{1}{2}\right)^i$

풀이 (1) $\displaystyle\sum_{n=1}^{8}(0.3)^n=0.3+0.3^2+0.3^3+\cdots+0.3^8$

$$=a_1\left(\frac{1-\gamma^n}{1-\gamma}\right)=(0.3)\left(\frac{1-0.3^8}{1-0.3}\right)\approx0.429$$

(2) $\displaystyle\sum_{i=0}^{10}10(-\frac{1}{2})^i=10-10\left(\frac{1}{2}\right)+10\left(\frac{1}{2}\right)^2-\cdots+10\left(\frac{1}{2}\right)^{10}$

$$=10\left(\frac{1-\left(-\frac{1}{2}\right)^{11}}{1-\left(-\frac{1}{2}\right)}\right)\approx6.670$$ ▣

연습문제 3.3

	해답
1. 다음 수열이 등비수열인지 알아보고 공비를 구하여라.	1.
1) 5, 15, 45, 135, …	1) 등비수열, $\gamma=3$
2) 3, 12, 21, 30, …	2) 아니다
3) $1,\ -\frac{1}{2},\ \frac{1}{4},\ -\frac{1}{8},\ \cdots$	
4) $\frac{1}{2},\ \frac{2}{3},\ \frac{3}{4},\ \frac{4}{5},\ \cdots$	4) 아니다
5) $1,\ \frac{1}{2},\ \frac{1}{3},\ \frac{1}{4},\ \cdots$	5) 아니다
2. 다음 등비수열의 처음 다섯항을 써라.	2.
1) $a_1=2,\ \gamma=3$ 2) $a_1=1,\ \gamma=\frac{1}{2}$	1) 2, 6, 18, 54, 162
3) $a_1=5,\ \gamma=-\frac{1}{10}$ 4) $a_1=1,\ \gamma=e$	4) $1, e, e^2, e^3, e^4$
5) $a_1=3,\ \gamma=\frac{x}{2}$	
3. 다음 등비수열의 n째항을 구하여라.	3.
1) $a_1=4,\ \gamma=\frac{1}{2},\ n=10$	1) $\left(\frac{1}{2}\right)^7$
2) $a_1=6,\ \gamma=-\frac{1}{3},\ n=12$	2) $-\frac{2}{3^{10}}$
3) $a_1=100,\ \gamma=e^x,\ n=9$	3) $100e^{8x}$

4) $a_1=500$, $\gamma=1.02$, $n=40$

5) $a_1=16$, $a_4=\frac{27}{4}$, $n=3$

6) $a_2=-18$, $a_5=\frac{2}{3}$, $n=6$

4. 다음 합을 구하여라.

1) $\sum_{n=1}^{9} 2^{n-1}$ 2) $\sum_{i=1}^{7} 64\left(-\frac{1}{2}\right)^{i-1}$

3) $\sum_{i=1}^{10} 8\left(-\frac{1}{4}\right)^{i-1}$ 4) $\sum_{n=0}^{20} 3\left(\frac{3}{2}\right)^{n}$

5) $\sum_{n=0}^{5} 300(1.06)^{n}$

4) $500(1.02)^{30}$

5) 9

6) $-\frac{2}{9}$

4.

1) 511 2) 43

3) 6.4

4) 29, 921.31

5) 2092.60

3.4 수열의 극한

수학자들은 수의 무한집합을 기술하는 여러 가지 방법을 고안했다. 이들방법중의 하나는 극한의 개념이다. 일반항이 $a_n=\frac{1}{n}$인 무한수열 $1,\ \frac{1}{2},\ \frac{1}{3},\ \frac{1}{4},\ \cdots$을 생각해보자. 무한히 n이 커져갈 때, 이 수열의 항들은 어떻게 되는가를 조사하는 방법이 여러 가지 있다. 예를 들면, 수열의 몇 개의 항을 그래프로 나타내고, 그래프를 이용하여 n이 x축을 따라 오른쪽으로 움직일 때 $\frac{1}{n}$의 값을 예측하는데 도움을 받을 수 있다(그림 3.2).

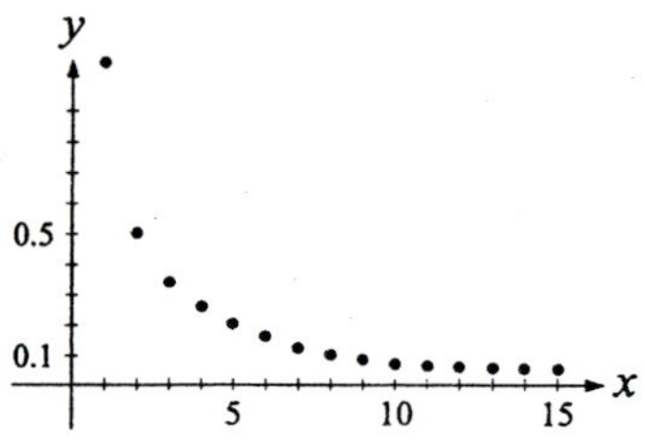

n	$\frac{1}{n}$	n	$\frac{1}{n}$
10	0.1	1,000	0.001
20	0.05	5,000	0.0002
40	0.025	10,000	0.0001
50	0.02	50,000	0.00002
100	0.01	100,000	0.00001

그림 3.2

결국 n이 한 없이 커질 때, 수 $a_n=\frac{1}{n}$은 0에 점점 더 가까워진다. 이 사실의 수학적 공식이 다음과 같다.

n이 한없이 증가함에 따라 $a_n=\frac{1}{n}$의 **극한**(limit)은 0이다.

이것을 수학적으로 간단히 나타내면 $\lim_{n\to\infty}\frac{1}{n}=0$이다.

실제로 $\frac{1}{n}$이 0과 같게 되는 n은 존재하지 않는다는 것을 관찰하는 것은 중요하다. 수열의 극한이 0이라고 말하는 것은 단순히 n이 점점 더 커질 때, 수열의 항들이 0에 점점 더 가까이 간다는 것을 의미한다.

수열 $1, \frac{1}{2}, \frac{1}{3}, \frac{1}{4}, \frac{1}{5}, \cdots, \frac{1}{n}, \cdots$은 **조화수열**(harmonic sequence)로 알려진다. 이 이름에 대한 음악적 근거가 있다. 현의 기본 음조(tone)(이를테면, 바이올린 현)는 현을 진동시켜 얻는다. 첫 번째 배음(harmonic)은 현의 가운데를 가볍게 진동시켜 얻고, 두 번째 배음은 아래로 $\frac{1}{3}$되는 곳을 건드려 내고, 계속 $\frac{1}{4}, \frac{1}{5}, \cdots$한다. $n-1$번재 배음은 아랠 $\frac{1}{n}$되는 곳을 진동시켜 얻는다.

[예제 1] <수열의 극한 구하기>

n이 한 없이 커질 때 각 수열의 극한을 구하여라.

(1) $a_n = \frac{n+1}{n}$ (2) $b_n = \frac{3n+2}{n+1}$

풀이 (1) 수열의 각 항은 2, 1.5, 1.3333, 1.25, 1.2, 1.1667, 1.1429, ⋯

$\frac{n+1}{n} = 1 + \frac{1}{n}$이고 n이 한없이 커질 때 $\frac{1}{n}$은 0에 가까이 가므로 $1+\frac{1}{n}$은 1에 가까이 간다. 즉, $\lim_{n\to\infty} \frac{n+1}{n} = 1$

(2) 또 다른 대수적 방법은 분모, 분자 중 n의 차수가 가장 큰 것으로 각각을 나눈다. 이 경우에 n으로 나눈다. $b_n = \frac{3+\frac{2}{n}}{1+\frac{1}{n}}$, n이 한 없이 커짐에 따라, $\frac{2}{n}$와 $\frac{1}{n}$은 0에 접근한다.

따라서 b_n은 $\dfrac{3+0}{1+0}=3$에 가까워진다. 즉, $\lim_{n\to\infty} b_n = 3$ ▣

수열이 n이 한없이 커짐에 따라 수 L에 가까이 가면, 수열은 그 수에 **수렴한다**(converge)고 말하고, 수렴하는 수열(convergent sequence)이라고 한다.

모든 수열이 수렴하는 것은 아니다 ; 이들을 **발산한다**(diverge)고 말한다.

[예제 2] <발산하는 수열 알아보기>

수열 $a_n=2^n$의 처음 7개의 항을 구하고, n이 한없이 커질 때 이 수열이 어떻게 되는가 알아보아라.

풀이 이 수열의 항은 2, 4, 8, 16, 32, 64, 128, … 이다.

n이 커짐에 따라 2^n도 커지는 것은 분명하다.

n이 한없이 커질 때 $(n\to\infty)$, 2^n도 마찬가지로 한없이 커진다.

수열은 발산한다. ▣

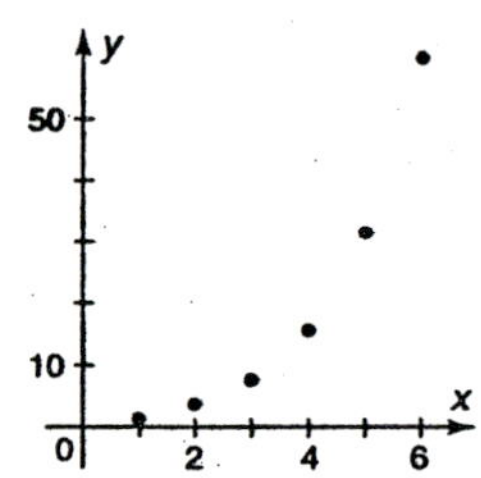

그림 3.3

수열의 그래프는 (그림 3.3)과 같다. 수열이 수렴하면 수열이 접근하지만 만나지 않는 수평선 $y=L$이 있다. 이 그래프는 분명히 이 경우는 아니다.

[예제 3] <수렴과 발산 구별하기>

수열 $b_n=(-1)^n$이 수렴하는가 발산하는가를 알아보고, 수렴하면 극한을 구하여라.

풀이 수열의 항은 -1, 1, -1, 1, -1, 1, …이고 n이 한없이 커짐에 따라 항들이 -1과 1사이를 계속 진동한다.

수열이 1에 도달하자마자 움직여 버리고, -1에 도달하자마자 움직여버린다.

유계이지만 이 수열은 극한을 갖지 않는다. 따라서 발산한다.

그래프는 (그림 3.4)와 같다. ▣

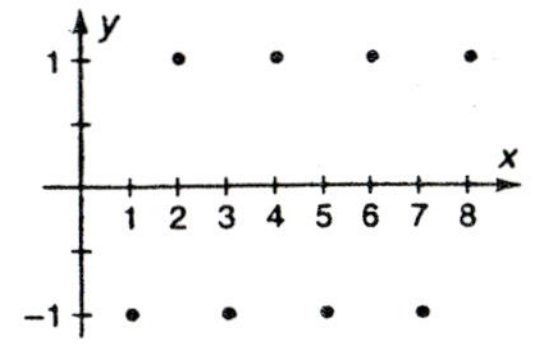

그림 3.4

진동하는 수열이 항상 발산한다고 결론 내려서는 안된다. 수렴의 문제에 대해서 항상 수열이 극한을 갖는가를 알아보기 위해 조사하여라.

[예제 4] <진동하는 수열의 극한 구하기>

수열 $a_n=\left(-\frac{1}{2}\right)^n$이 수렴하는가 또는 발산하는가를 알아보고, 수렴하면 극한을 구하여라.

풀이 수열의 항은 $-\frac{1}{2}, \frac{1}{4}, -\frac{1}{8}, \frac{1}{16}, -\frac{1}{32}, -\frac{1}{64}, \cdots$이다.

항이 교대로 양수이고 음수이지만 0에 점점 더 가까이 간다.

따라서 $\lim_{n\to\infty}\left(-\frac{1}{2}\right)^n=0$이고 수열은 수렴한다(그림 3.5)

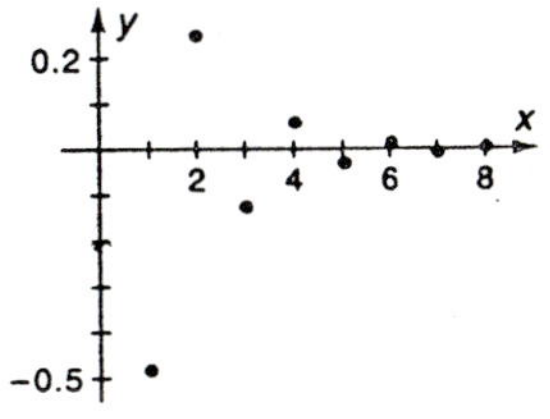

그림 3.5

[예제 5] <극한 구하기>

다음 수열의 극한을 구하여라.

(1) $a_n=\sqrt{9-\dfrac{1}{n}}$ (2) $b_n=7$

(3) $c_n=\dfrac{n^3+n+4}{n^2+1}$

풀이 (1) n이 한없이 커질 때, $\dfrac{1}{n}$은 0에 가까이 간다. 따라서 a_n은 $\sqrt{9-0}$ 또는 3에 가까이 간다.

즉, $\lim_{n\to\infty} a_n=3$이고, 수열은 수렴한다.

(2) 수열은 항들이 7, 7, 7, 7, 7, …인 상수이다.

n이 아무리 커지더라도 b_n은 7에 가까인 간다.

즉, $\lim_{n\to\infty} b_n=7$이고 수열은 수렴한다.

(3) $c_n=n+\dfrac{4}{n^2+1}$이므로 n이 커짐에 따라 분수식은 0에 가까이 간다. 그러나 $n+\dfrac{4}{n^2+1}$는 한없이 커진다. 따라서 극한은 없으므로, 수열은 발산한다. ▣

'점점 커진다'와 '점점 가까이 간다'의 개념은 어떻게 측정되는가?

임의로 가까이(arbitrarily close)의 개념은 극한의 더 정확한 정의를 제공한다. n이 한없이 커짐에 따라 a_n의 항은 L에 임의로 가까이 간다면 수열 a_n의 극한은 L이다. '임의로 가까이'는 단지 '더 가까이 할 수 있을 만큼 가까이'를 의미한다. 다른 말로 아무리 작은 양수 ε(Greece epsilon)이 선택되어도 충분히 큰 N에 대해, a_N 다음의 모든항은 L의 ε 반경내에 있다.

더 정확히 언급하면, $\varepsilon>0$의 어떤 선택에 대해서도 모든 $n>N$에 대해

$|a_n - L| < \varepsilon$인 자연수 N이 존재하면 수열 a_n은 극한 L을 갖는다.

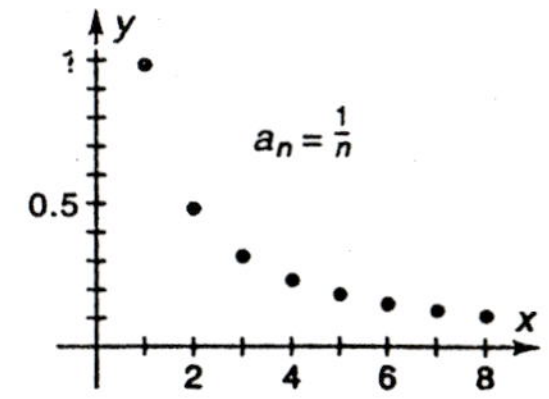

그림 3.6

예를 들면, 조화수열 $\frac{1}{n}$의 극한은 0이다. 이것을 설명하기 위해 ε을 매우 작은수, $\varepsilon = 0.000001$이라고 하자. 충분히 큰 n에 대해, 이 경우에, $n > N = 1,000,000$이면 $|a_n - 0| = |\frac{1}{n} - 0| = \frac{1}{n} < 0.000001$이다.

아무리 작은 ε이 선택되어도, n은 항상 $|\frac{1}{n} - 0| < \varepsilon$을 보장하도록 충분히 크게 선택될 수 있다(그림 3.6).

이들 개념에 대한 더 나은 설명으로 (예제 5)의 세 개의 수열의 그래프가 (그림 3.7)과 같다.

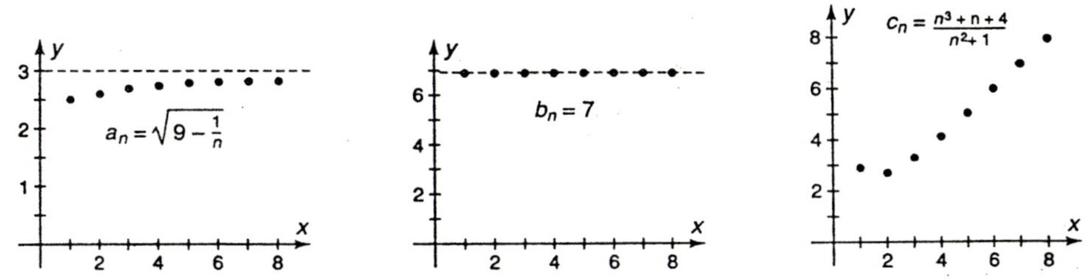

그림 3.7

연습문제 3.4

1. n이 한없이 커질 때 다음 수열의 극한을 구하여라.

 1) $a_n = \dfrac{4}{n^2}$ 2) $b_n = \dfrac{8n+1}{n^2}$

 3) $c_n = \sqrt{3} + \left(\dfrac{1}{3}\right)^n$

2. 다음 수열이 수렴하는지 알아보고, 수렴하면 극한을 구하여라.

 1) $d_n = \left(\dfrac{1}{5}\right)^n$ 2) $t_n = 5^n$

 3) $m_4 = (-5)^k$ 4) $c_n = \dfrac{3n^2+7}{n^2+5}$

 5) $\dfrac{2n^3-n-5}{n^2+1}$ 6) $\dfrac{7n}{n^3+1}$

 7) $a_n = \cos n\pi$ 8) $b_n = \left(-\dfrac{1}{5}\right)^n$

 9) $c_n = 9^n$

3. 수열 $-1,\ 1,\ -1,\ \dfrac{1}{2},\ -1,\ \dfrac{1}{4},\ -1,\ \dfrac{1}{8},\ -1,\ \dfrac{1}{16},\ \cdots$은 수렴하는가 또는 발산하는가? 그 이유를 설명하여라.

해답

1.

1) 0 2) 0

3) $\sqrt{3}$

2.

1) 0

4) 3

6) 0

8) 0

3.

4. 두 무한수열 $a_n=5+\frac{1}{n}$과 $b_n=3-\left(\frac{1}{2}\right)^n$에 대해 다음을 보여라.

1) $\lim_{n\to\infty}(a_n+b_n)=\lim_{n\to\infty}a_n+\lim_{n\to\infty}b_n$

2) $\lim_{n\to\infty}(a_n\cdot b_n)=(\lim_{n\to\infty}a_n)(\lim_{n\to\infty}b_n)$

3) $\lim_{n\to\infty}\frac{a_n}{b_n}=\frac{\lim_{n\to\infty}a_n}{\lim_{n\to\infty}b_n}$

5. 임의의 ε에 대해 다음을 만족시키는 N을 구하여라.

모든 $n>N$에 대해 $\left|\frac{1}{n}-0\right|<\varepsilon$이다.

1) $\varepsilon=0.1$　　2) $\varepsilon=0.00005$

4.

5.

2) $N>20{,}000$

3.5 무한급수의 합

앞절에서 무한수열의 항을 기술하는 방법으로 극한의 개념을 소개했다.

수열이 극한을 갖는다는 것은 n이 점점 커짐에 따라 수열의 항 a_n이 고정된 값 L에 임의로 가까이 감을 의미한다. 여기서는 극한의 생각을 무한급수 또는 합을 기술하는데 적용한다.

무한 합에 대해 말하는 것이 의미를 갖는가? 무한히 많은 수의 합이 많은 수가 더해지더라도 더 더할 수 있는지 결정될 수 있을까?

본 절을 구체화하기 위해 벽에 페인트칠을 한다고 하자. 첫날은 벽의 반을 칠하고, 다음날은 나머지 반의 반을 칠하고, 제 3일은 또 나머지의 반을 칠하고, 이렇게 계속한다.

다음 (그림 3.8)에서 확인할 수 있다.

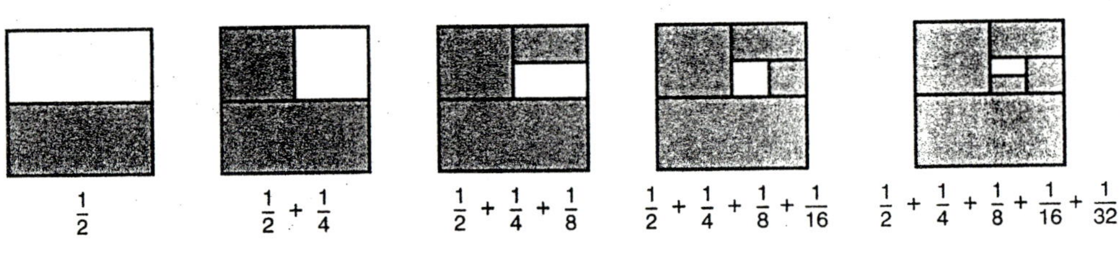

그림 3.8

계획대로 진행한다면, 페인트 칠하지 않은 부분이 항상 벽에 남아 있을 것이므로 결코 일을 끝낼 수 없을 것이다.

한편, 벽의 넓이는 무한히 많은 조각의 합으로 생각되어질 수 있다.

이것을 식으로 나타내면, $1=\frac{1}{2}+\frac{1}{4}+\frac{1}{8}+\frac{1}{16}+\cdots+\frac{1}{2^n}+\cdots$

이 등식의 우변은 첫째항이 $\frac{1}{2}$이고 공비가 $\frac{1}{2}$인 **무한등비급수**(infinite geometric series)이다. n번째 날의 페인트칠한 벽의 양은 $\frac{1}{2}+\frac{1}{4}+\frac{1}{8}+\cdots+\frac{1}{2^n}$이다. 이것은 무한등비급수의 제 n째 부분합 S_n이다. 날짜가 증가함에 따라, 부분합은 벽의 전체 넓이에 가까이 갈 것이다.

극한의 식으로 이것은 수열 S_1, S_2, S_3, …의 극한이 1과 같아야 함을 의미한다.

무한등비급수 $\sum_{k=1}^{\infty} a\gamma^{k-1}$에 대해, n번재 부분합의 값은 $S_n=\frac{a(1-\gamma^n)}{1-\gamma}$임을 기억하라.

이 예에서 공식에 의하면 $S_n=\frac{\frac{1}{2}\left\{1-\left(\frac{1}{2}\right)^n\right\}}{1-\frac{1}{2}}=1-\left(\frac{1}{2}\right)^n$이다.

따라서, 예상했던 대로 $\lim_{n\to\infty} S_n=\lim_{n\to\infty}\left\{1-\left(\frac{1}{2}\right)^n\right\}=1-0=1$이다.

무한합의 문제를 해결하는 방법이 제시되었다.

수의 무한급수의 합(sum of an infinite series) (또는 '무한합')은 수열의 항의 수가 한없이 증가할 때 관련된 부분합의 수열의 극한으로 정의된다.

따라서 무한합이 존재하기 위한 필요충분조건을 관련된 부분합의 수열의 극한이 존재하는 것이다.

[예제 1] <무한급수의 합 구하기>

무한급수 $\sum_{k=1}^{\infty}\frac{1}{k(k+1)}$의 합을 구하여라.

풀이 무한합 $\frac{1}{1\cdot 2}+\frac{1}{2\cdot 3}+\frac{1}{3\cdot 4}+\cdots$을 구하기 위해 관련된 부분합의

수열을 보자.

$S_1 = \frac{1}{2}, S_2 = \frac{1}{2} + \frac{1}{6} = \frac{2}{3} \ S_3 = \frac{1}{2} + \frac{1}{6} + \frac{1}{12} = \frac{3}{4},$

$S_4 = \frac{1}{2} + \frac{1}{6} + \frac{1}{12} + \frac{1}{20} = \frac{4}{5}$, …처음 네 개의 항으로부터 일반항

$S_n = \frac{n}{n+1}$ 이다.

n이 한 없이 커짐에 따라 부분합은 1에 가까이 간다.

$$\lim_{n\to\infty} S_n = \lim_{n\to\infty} \frac{n}{n+1} = 1$$

따라서 무한합(infinite sum)의 정의에 의해 $\sum_{k=1}^{\infty} \frac{1}{k(k+1)} = 1$이다. ▣

무한급수와 관련된 부분합의 수열의 극한이 항상 존재하는 것은 아니다. 극한이 존재할 때, 급수는 수렴하고 합으로서 극한을 갖는다고 말한다. 극한이 존재하지 않을 때 급수는 발산한다고 말한다.

[예제 2] <무한급수의 수렴, 발산 알아보기>

다음 급수의 수렴, 발산을 알아보고 발산하면 그 이유를 설명하여라.

(1) $\sum_{k=1}^{\infty} (2k-1)$ (2) $\sum_{k=1}^{\infty} (-1)^k$

풀이 (1) 이 급수는 모든 홀수의 합이다. 직관적으로 합이 유한일 수 없다.

관련된 부분합의 수열을 보면,

$S_n = 1 + 3 + 5 + \cdots + (2n-1) = n^2$

따라서, $\lim_{n\to\infty} S_n = \lim_{n\to\infty} n^2$

n이 한없이 증가함에 따라, n^2도 한없이 증가한다.

부분합의 수열은 발산하고 따라서, 급수는 발산한다.

(2) 이 급수는 $1+(-1)+1+(-1)+\cdots$합이다. 부분합의 수열은 1과 0 사이에서 진동한다 ;

$S_1=1,\ S_2=1+(-1)=0,\ S_3=1+(-1)+1=1,$

$S_4=1+(-1)+1+(-1)=0$

부분합의 수열은 발산하므로 급수 $\sum_{k=1}^{\infty}(-1)^k$도 발산한다. ▣

무한급수의 수렴, 발산을 결정하기 위해, n번째 부분합 S_n에 대한 식을 구하는 것이 유용하다. 일반으로 이것은 간단한 일이 아니다. 그러나 분석하기 쉬운 한 급수는 무한등비급수이다.

$a+a\gamma+a\gamma^2+\cdots+a\gamma^{n-1}+\cdots$을 무한급수라 하자. 이 급수의 n째 부분합은 $\dfrac{a(1-\gamma^n)}{1-\gamma}$이다. $n\to\infty$일 대 식의 극한을 구하기 전에, $|\gamma|<1$이면 n이 한없이 커질 때, γ^n은 점점 0에 가까이 간다는 것을 관찰하여라. 그러나 $|\gamma|>1$이면 n이 한없이 커짐에 따라 γ^n도 한없이 커진다.

따라서, $|\gamma|<1$이면 $\lim_{n\to\infty} S_n=\lim_{n\to\infty}\dfrac{a(1-\gamma^n)}{1-\gamma}=\dfrac{a}{1-\gamma}$이고 급수는 이 값에 수렴한다.

$|\gamma|>1$이면 $\lim_{n\to\infty} S_n$은 존재하지 않으므로, 급수는 발산한다.

$\gamma=1$과 $\gamma=-1$에 대해, 등비급수 $a+a\gamma+a\gamma^2+a\gamma^3+\cdots$, $a\neq0$이면 발산한다.

[예제 3] ——— <급수의 수렴, 발산 알아보기>

<음 급수가 수렴하는가 또는 발산하는가를 결정하여라. 수렴하면 합을 구하고 발산하면 그 이유를 설명하여라.

(1) $6+2+\dfrac{2}{3}+\dfrac{2}{9}+\cdots$

(2) $0.1+0.2+0.4+0.8+\cdots$

(3) $>5+0.2+0.04+0.008+0.0016+\cdots$

풀이 (1) $a=b,\ \gamma=\dfrac{1}{3}$ 인 등비급수이다.

$|\gamma|<1$이므로 합은 $\dfrac{6}{1-\dfrac{1}{3}}=\dfrac{6}{\dfrac{2}{3}}=9$

(2) $a=0.1,\ \gamma=2$인 등비급수이다. $|\gamma|>1$이므로 급수는 발산하므로 합은 없다.

(3) 첫째항을 포함하면 등비급수가 아니다. 그러나 두 번째항부터는 $a=0.2,\ \gamma=0.2$인 등비급수이다. 따라서, 급수의 합은

$$5+\frac{0.2}{1-0.2}=5+0.25=5.25$$ ▣

무한 **반복소수**(repeating decimal)를 등비급수의 합은 분수꼴의 유리수로 표현하는데 이용될 수 있다.

[예제 4] ——— <무한소수의 유리수 표현하기>

반복소수 1.6413413413413…을 두 정수의 비로 나타내어라.

풀이 소수는 무한등비 급수에 1.6을 더한 1.6+0.0413+0.0000413+0.0000000413+…로 쓸 수 있다.

급수는 첫째항으로 $a=0.0413$, 공비로 $\gamma=0.001$을 갖고 그 합은

$$\frac{0.0413}{1-0.001}=\frac{0.0413}{0.999}=\frac{413}{9990}$$

따라서, 주어진 반복소수는

$$1.6+\frac{413}{9990}=\frac{16}{10}+\frac{413}{990}=\frac{15984+413}{9990}=\frac{16397}{9900}$$ ▣

기하급수의 합은 물리적인 상황을 분석하는데 이용될 수 있다.

[예제 5] <등비급수를 물리에 응용하기>

공이 $24\,m$의 높이에서 떨어진다. 매번 땅에 떨어질때마다 튀어오르고 떨어진 거리의 $\frac{3}{4}$ 높이 튀어오른다. 공이 움직인 전체의 거리를 구하여라.

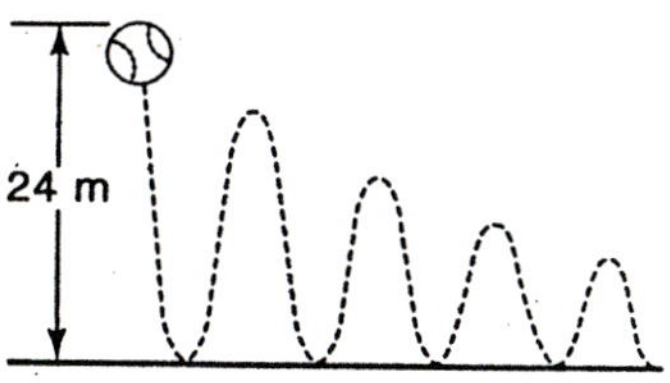

풀이 전체 움직인 거리를 d라 하면,

$$d=24+2(0.75)(24)+2(0.75)^2(24)+2(0.75)^3(24)+\cdots$$
$$=24+2[(0.75)(24)+(0.75)^2(24)+(0.75)^3(24)+\cdots]$$

[ ] 안의 합은 $a=(0.75)(24)=18$, $\gamma=0.75$인 무한등비급수이다.

합은 $\frac{18}{1-0.75}=72$, 따라서 $d=24+2(72)=168m$. ▣

연습문제 3.5

해답

1. 다음 급수에 대해 부분합의 수열의 처음 다섯항을 구하여라.

1) 2+4+6+8+⋯

2) $\frac{1}{4}+\left(\frac{1}{4}\right)^2+(\frac{1}{4})^3+\left(\frac{1}{4}\right)^4+\cdots$

3) $\sum_{k=1}^{\infty}10(0.6)^k$ 4) $\sum_{k=1}^{\infty}(0.6)10^k$

2. 다음 급수의 수렴, 발산을 알아보고 수렴하면 그 합을 구하여라.

1) $\frac{1}{4}+\left(\frac{1}{4}\right)^2+\left(\frac{1}{4}\right)^3+\left(\frac{1}{4}\right)^4+\cdots$

2) $1+5+5^2+5^3+\cdots$

3) $\sum_{k=1}^{\infty}(0.15)^k$ 4) $\sum_{k=1}^{\infty}3\left(\frac{8}{9}\right)^k$

5) $\sum_{k=1}^{\infty}\left(-\frac{1}{4}\right)^k$ 6) $\sum_{j=1}^{\infty}3\cdot\pi^j$

3. 다음 반복소수를 두 정수의 비로 나타내어라.

1) 0.2323232323⋯ 2) 2.0404040⋯

3) 12.89999999⋯ 4) 36.7777777⋯

4. 다음 무한급수의 합을 구하여라.

1) $\sum_{k=1}^{\infty}e^{-(k-2)}$ 2) $\sum_{k=1}^{\infty}\left(\frac{1}{\sqrt{k}}-\frac{1}{\sqrt{k+1}}\right)$

해답

1.

1) 2, 6, 12, 20, 30

2.

1) $\frac{1}{4}$

3) $\frac{3}{17}$

5) $-\frac{1}{5}$

3.

1) $\frac{23}{99}$

3) $\frac{129}{10}$

4.

1) $\frac{e^2}{e-1}$ 2) 1

Home Work

1. 다음 수열 $\{a_n\}$의 첫째항부터 제5항까지 써라. 또 제10항을 구하여라.

   1) $\{2-3n\}$　　　2) $\{n^2-n+1\}$

   3) $\{(-3)^{n+1}\}$　　　4) $\{\log(n+3)^2\}$

2. 다음 수열의 일반항을 구하여라.

   1) -3, 3, -3, 3, -3, 3, ⋯　　　2) 2^3, 3^3, 4^3, 5^3, ⋯

3. 다음 수열의 첫째항부터 제5항까지 써라.

   1) 첫째항이 -3, 공차가 4　　　2) 첫째항이 5, 공차가 -5

4. 제15항이 52, 제27항이 16인 등차수열에서 처음으로 음수가 되는 항은 몇 번째 항인가?

5. 다음과 같은 등차수열의 합을 구하여라.

   1) 첫째항이 3, 공차가 -4, 항수가 10

   2) 첫째항이 2, 끝항이 89, 항수가 32

   3) 첫째항이 14, 끝항이 -8, 항수가 15

6. 두 자리의 자연수 중에서 6의 배수의 합을 구하여라.

7. 다음 등비수열의 공비를 구하고 일반항을 구하여라.

   1) 1, 2, 4, ⋯　　　2) 1, -2, 4, ⋯

   3) 27, 9, 3, ⋯　　　4) -4, 2, -1, ⋯

8. 제4항이 384, 제8항이 24인 등비수열의 일반항을 구하여라.

9. 다음 등비수열의 제 n항까지의 합을 구하여라.

1) $\frac{1}{3}$, 1, 3, 9, ⋯ 2) $-\frac{3}{2}$, -3, -6, -12, ⋯

3) $\frac{3}{2}$, $-\frac{1}{2}$, $\frac{1}{6}$, $-\frac{1}{18}$, $\frac{1}{54}$, ⋯

4) $3\sqrt{3}$, -3, $\sqrt{3}$, -1, ⋯

10. $\sum_{k=1}^{10} a_k = 36$, $\sum_{k=1}^{10} b_k = -10$일 때, 다음 값을 구하여라.

1) $\sum_{k=1}^{10}(a_k - b_k)$ 2) $\sum_{k=1}^{10}(3a_k + 2b_k - 1)$

11. 다음 합을 구하여라.

1) $\sum_{k=1}^{n}(k-1)^2$ 2) $\sum_{k=1}^{n+1}(k^3 - k + 2)$

12. 다음 수열의 수렴, 발산을 조사하여라.

1) $\frac{9}{4}$, $-\frac{27}{8}$, $\frac{81}{16}$, ⋯ 2) -1, 0, 1, -1, 0, 1, -1, 0, 1, ⋯

3) $\left\{\frac{3+n^2}{n}\right\}$ 4) $\left\{3 - \frac{2}{\sqrt{n}}\right\}$

13. 다음 극한값을 구하여라.

1) $\lim_{n\to\infty}\frac{(2n-1)(n+3)}{n^2-3}$ 2) $\lim_{n\to\infty}\frac{5n^3}{n(2n-1)(2n+1)}$

3) $\lim_{n\to\infty}\frac{2^n-5^n}{3^n+5^n}$ 4) $\lim_{n\to\infty}\frac{3^n-2^n}{\sqrt{8^n}+3^n}$

14. 다음 무한급수의 합을 구하여라.

1) $\frac{1}{1\cdot2\cdot4}+\frac{1}{2\cdot3\cdot5}+\frac{1}{3\cdot4\cdot5}+\cdots$

2) $\cos\theta+\cos^2\theta+\cos^4\theta+\cdots$(단, $0<\theta<\frac{\pi}{2}$)

3) $-\frac{27}{8}+\frac{9}{4}-\frac{3}{2}+1+\cdots$

4) $0.7+0.07+0.007+0.0007+\cdots$

제4장

극한과 연속

〈 학습내용 〉

4.1 함수의 극한

극한의 개념은 미적분학 연구의 기본이다. 극한에 관한 지식없이 미적분학의 개념을 얻기는 힘들다. 'limit'란 용어는 무엇을 의미하는가? 일상생활에서 속도의 한계, 권투선수의 몸무게의 한계, 인간의 인내의 한계, 현대 과학기술의 한계, 또는 스프링이 늘어나는 한계 등을 자주 대하게 된다.

그러면 수학적 극한 $\lim_{x \to c} f(x)$은 스프링의 극한과 같다. " x가 c에 가까이 접근할 때 $f(x)$의 극한"으로 읽는다. 네 개의 간단한 예를 통해 극한을 알아보자.

(a) $f(x) = x^2 + 1$

x	0.90	0.99	1.00	1.01	1.10
$f(x)$	1.81	1.98	?	2.02	2.21

x가 양쪽에서 1에 가까이 감에 따라 $f(x)$는 2에 가까이 가고, 즉 $f(x)$의 극한이 존재하고 2와 같다 (그림 4.1).

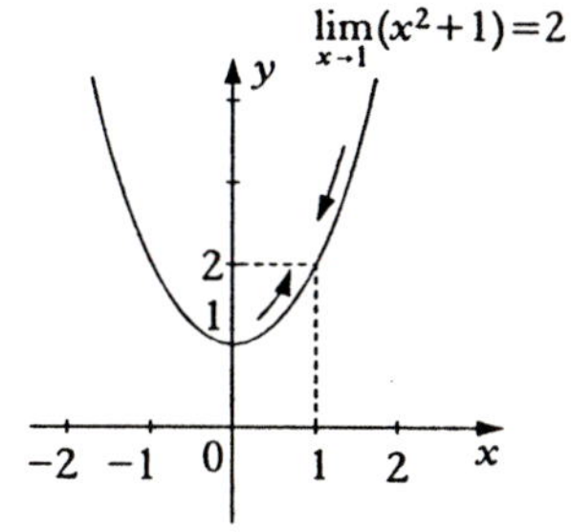

그림 4.1

(b) $f(x) = \dfrac{x^2 - 1}{x - 1}$

x	0.90	0.99	1.00	1.01	1.10
$f(x)$	1.90	1.99	?	2.01	2.10

x가 양쪽에서 1에 가까이 감에 따라 $f(x)$는 2에 가까이 가고, 즉 $f(x)$의 극한이 존재하고 2와 같다 (그림 4.2).

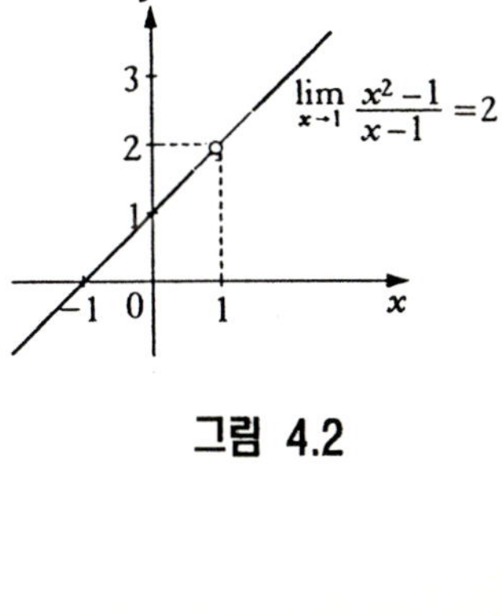

그림 4.2

(c) $f(x)=\dfrac{|x-1|}{x-1}$

x	0.90	0.99	1.00	1.01	1.10
$f(x)$	-1.00	-1.00	?	1.00	1.00

x가 왼쪽에서 1에 가까이 갈 때, $f(x)$는 -1에 가까이 가고, x가 오른쪽에서 1에 가까이 갈 때, $f(x)$는 1에 가까이 간다. 이 경우 극한은 존재하지 않는다(그림 4.3).

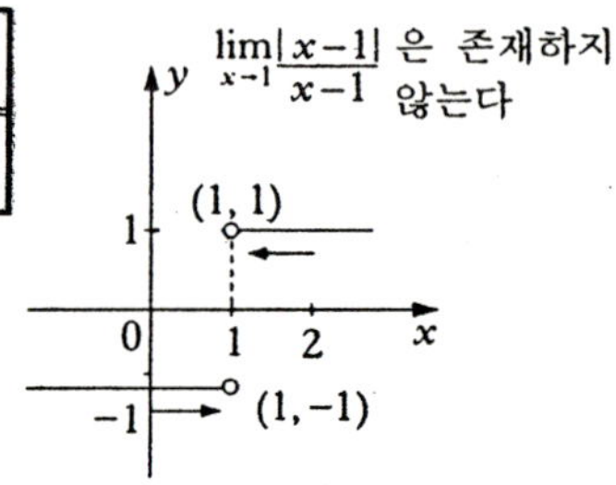

그림 4.3

(d) $f(x)=\begin{cases} x, & x\neq1 \\ 0, & x=1 \end{cases}$

x	0.90	0.99	1.00	1.01	1.10
$f(x)$	0.90	0.99	?	1.01	1.10

x가 양쪽에서 1에 가까이 갈 때, $f(x)$가 1에 가까이 간다. 즉 $f(x)$의 극한이 존재하고 1과 같다(그림 4.4).

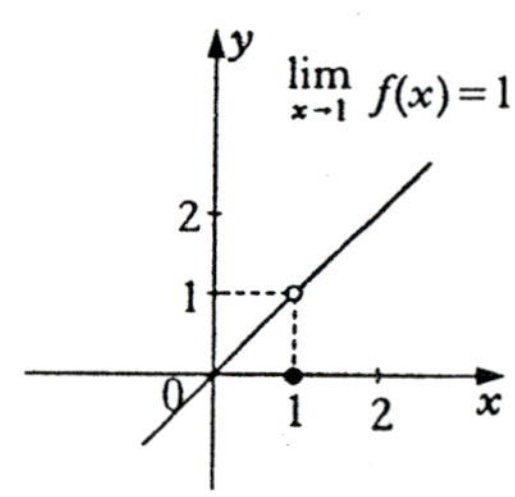

그림 4.4

앞의 예들로부터 배울 중요한 개념들이 있다. 극한 $\lim_{x\to c} f(x)=L$을 생각하자.

(1) 'x가 c에 가까이 갈 때 $f(x)$의 극한은 L이다'라고 할 때, x를 c에 가까이에서 택하면 택할수록 $f(x)$의 값이 L에 임의로 가깝게 할 수 있다는 의미이다.

(2) 극한값이 존재하려면 x는 c의 양쪽에서 c에 가까이 가야 한다.

x가 왼쪽에서 c에 접근할 때와 오른쪽에서 c에 접근할 때의 $f(x)$의 극한이 다르다면 극한은 존재하지 않는다.

(3) $x=c$일 때 $f(x)$의 값은 x가 c에 가까이 갈 때 $f(x)$의 극한의 존재유무에 관계가 없다.

함수의 극한의 정의를 다음과 같이 할 수 있다.

〈함수의 극한의 정의〉

x가 양쪽에서 c에 가까이 감에 따라 $f(x)$가 단 하나의 값 L에 가까이 가면

$$\lim_{x \to c} f(x) = L$$

이라 쓰고 x가 c에 가까이 갈 때 $f(x)$의 극한(극한값)은 L이라고 한다.

□ 극한의 성질

$\lim_{x \to c} f(x) = f(c)$와 같이 직접 대입하여 극한값을 구하는 경우(다음 절 연속함수의 성질에 나타남)를 알아보자. 기본적인 함수의 극한값은 다음과 같다.

〈극한값의 성질〉

b와 c는 실수이고 n은 양의 정수이다.

1. $\lim_{x \to c} b = b$
2. $\lim_{x \to c} x = c$
3. $\lim_{x \to c} x^n = c^n$
4. $\lim_{x \to c} \sqrt[n]{x} = \sqrt[n]{c}$ (n이 짝수이면 $c>0$)

예 (1) $\lim_{x \to 2} x^2 = 2^2 = 4$ (2) $\lim_{x \to 2} 3 = 3$

극한의 연산에 대한 규칙과 극한의 성질로부터 다양한 대수함수에 대한 극

한을 구할 수 있다.

〈 극한값의 성질 〉

b와 c는 실수이고 n은 양의 정수이다.

$\lim_{x\to c} f(x)$, $\lim_{x\to c} g(x)$가 존재하면 다음 연산이 성립한다.

1. 상 수 배: $\lim_{x\to c}[bf(x)] = b[\lim_{x\to c} f(x)]$

2. 덧 셈: $\lim_{x\to c}[f(x) \pm g(x)] = \lim_{x\to c} f(x) \pm \lim_{x\to c} g(x)$

3. 곱 셈: $\lim_{x\to c}[f(x)g(x)] = [\lim_{x\to c} f(x)][\lim_{x\to c} g(x)]$

4. 나 눗 셈: $\lim_{x\to c} g(x) \neq 0 \Rightarrow \lim_{x\to c} \frac{f(x)}{g(x)} = \frac{\lim_{x\to c} f(x)}{\lim_{x\to c} g(x)}$

5. 거 듭 제 곱: $\lim_{x\to c}[f(x)]^{n=[}\lim_{x\to c} f(x)]^n$

6. 거듭제곱근: $\lim_{x\to c} \sqrt[n]{f(x)} = \sqrt[n]{\lim_{x\to c} f(x)}$

예

$$\lim_{x\to 2}(x^2+2x-3) = \lim_{x\to 2} x^2 + \lim_{x\to 2} 2x - \lim_{x\to 2} 3$$

$$= 4+4-3=5$$

위의 예는 다항함수의 극한값을 직접 대입하여 구할 수 있음을 알려주고 있다.

〈 다항함수의 극한값 〉

$P(x)$가 다항함수이고, c가 임의의 실수이면,

$$\lim_{x\to c} P(x) = P(c)$$

□ 극한값 구하는 방법

다항함수의 극한값은 직접 대입하여 구할 수 있음을 알았으므로, 다른 함수의 극한에 대해 이와 같이 고쳐서 구하여 보자. 이러한 방법은 다음의 중요한 정리에 기본을 두고 있다.

두 함수가 단 한점 c를 제외하고 일치한다면 $x=c$에서 극한값은 반드시 같게 된다는 정리이다.

〈 대체(replacement) 정리 〉

> c는 임의의 실수이고, $x\neq c$인 모든 x에 대하여 $f(x)=g(x)$라 하자. $x\to c$일 때 $g(x)$의 극한값이 존재하면 $f(x)$의 극한값도 존재하고
>
> $$\lim_{x\to c} f(x)=\lim_{x\to c} g(x)$$
>
> 이다.

예 $\lim_{x\to 1}\dfrac{x^3-1}{x-1}$에서

$$f(x)=\frac{x^3-1}{x-1}$$

$$=\frac{(x-1)(x^2+x+1)}{x-1}$$

$=x^2+x+1(x\neq 1)$(그림 4.5)

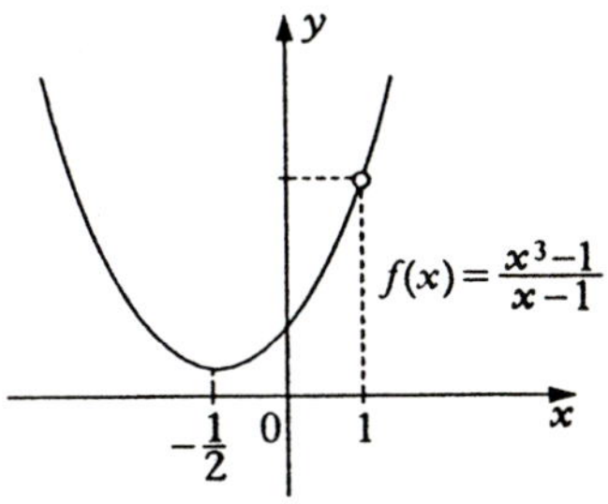

그림 4.5

$g(x)=x^2+x+1$이면, $x\neq 1$인 모든 x에 대하여 $f(x)=g(x)$이다. 따라서 대체정리에 의해

$$\lim_{x\to 1} f(x)=\lim_{x\to 1} g(x)$$

$$= \lim_{x \to 1}(x^2 + x + 1) = 3$$

(그림 4.6)은 이 결과를 그래프로 보여준다. 두 그래프는 점 (1, 3)을 제외하고는 일치한다. 다음 예제에서 극한값을 구하기 위해 약분법을 살펴보자.

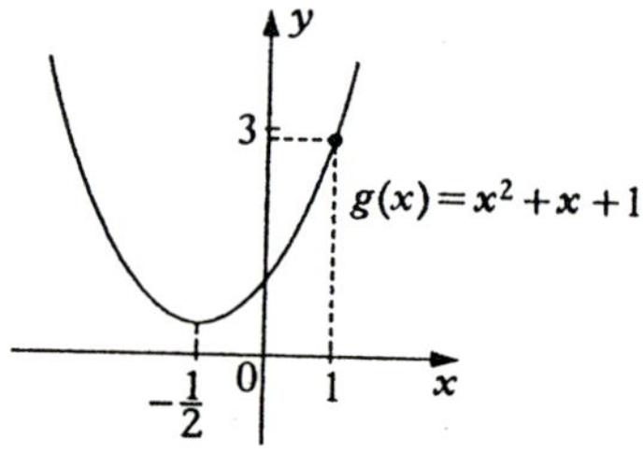

그림 4.6

[예제 1] <약분법 이용>

$\lim_{x \to -3} \dfrac{x^2 + x - 6}{x + 3}$을 구하여라.

풀이 $x = -3$을 분모, 분자에 직접 대입하면 모두 0이 된다.

$$\frac{x^2 + x - 6}{x + 3} = \frac{(x+3)(x-2)}{x+3} = x - 2$$

본래의 유리함수와 다항함수 $x-2$는 $x \neq -3$인 모든 x에 대하여 일치하므로 대체정리에 의해

$$\lim_{x \to -3} \frac{x^2 + x - 6}{x + 3} = \lim_{x \to -3}(x - 2) = -5$$

이다. ▣

[예제 2] <약분법 이용>

다음 극한값을 구하여라.

(1) $\lim_{x \to -2} \dfrac{x^2 + x - 2}{x - 2}$ (2) $\lim_{x \to 0} \dfrac{(x+2)^2 - 4}{x}$

풀이 (1) $\lim_{x \to -2} \dfrac{x^2+x-2}{x-2} = \dfrac{4-2-2}{-2-2} = \dfrac{0}{-4} = 0$

(2) $\lim_{x \to 0} \dfrac{x^2+4x+4-4}{x} = \lim_{x \to 0} \dfrac{x(x+4)}{x} = \lim_{x \to 0}(x+4) = 4$ ▣

[예제 3] <분자를 유리화하여 극한값 구하기>

$\lim_{x \to 0} \dfrac{\sqrt{x+1}-1}{x}$ 을 구하여라.

풀이 $\lim_{x \to 0} \dfrac{\sqrt{x+1}-1}{4} = \lim_{x \to 0} \dfrac{\sqrt{x+1}-1}{x} \cdot \dfrac{\sqrt{x+1}+1}{\sqrt{x+1}+1}$

$= \lim_{x \to 0} \dfrac{(x+1)-1}{x(\sqrt{x+1}+1)}$

$= \lim_{x \to 0} \dfrac{x}{x(\sqrt{x+1}+1} = \lim_{x \to 0} \dfrac{1}{\sqrt{x+1}+1} = \dfrac{1}{1+1} = \dfrac{1}{2}$ ▣

□ 좌 우극한

$\lim_{x \to c} f(x) = L$의 정의는 x가 오른쪽에서는 물론 왼쪽에서 c에 가까이 감을 의미한다. 그러나 x가 오른쪽 또는 왼쪽에서 c에 가까이 가는 경우로 제한할 필요가 있을 때가 있다. 이를테면 $\lim_{x \to 0^+} A(x)$에서처럼 x가 시간의 크기를 나타낸다면 x의 음의 값은 의미가 없을 것이다 기로 $x \to 0^+$는 x가 오른쪽에서 0에 접근함을 의미한다. 일반적으로 $x \to c$는 $x \to c^+$와 $x \to c^-$로 나타내고, 'x가 오른쪽으로부터 c에 가까이 간다', 'x가 왼쪽으로부터 c에 가까이 간다'로 읽는다.

〈 좌 · 우극한 〉

1. $\lim_{x\to c^-} f(x)$를 $x=c$에서 좌극한값이라고 부른다.

2. $\lim_{x\to c^+} f(x)$를 $x=c$에서 우극한값이라고 부른다.

[예제 4] <좌 · 우극한>

$\lim_{x\to 0^+}\frac{|x|}{x}$와 $\lim_{x\to 0^-}\frac{|x|}{x}$를 구하여라.

풀이 (그림 4.7)의 f의 그래프로부터

$$f(x)=\begin{cases} 1\,(x>0) \\ -1\,(x<0) \end{cases}$$

따라서, $\lim_{x\to 0^-}\frac{|x|}{x}=-1$

$$\lim_{x\to 0^+}\frac{|x|}{x}=1$$

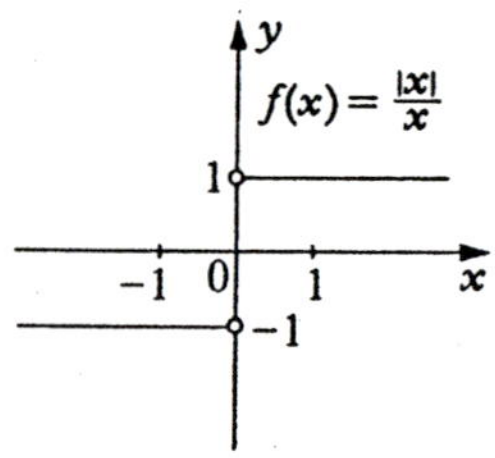

그림 4.7 ▣

위의 예제는 좌 · 우극한값이 다름을 보여준다. 이 경우 $x\to 0$일 때 $f(x)$의 극한값은 존재하지 않는다. $x\to c$일 때 함수의 극한값이 존재하려면 좌 · 우극한값이 각각 같아야 한다.

〈 극한값의 존재 〉

f는 함수이고, c와 L이 실수이면,

$$\lim_{x\to c} f(x)=L \Leftrightarrow \lim_{x\to c^-} f(x)=L\text{이고 } \lim_{x\to c^+} f(x)=L\text{이다.}$$

다항함수의 좌 · 우극한값은 직접 대입함으로써 구할 수 있다.

$$\lim_{x\to 1^+}(x^2+1)=1^2+1=2$$

[예제 5] <좌 · 우극한값 구하기>

$x \to 1$일 때, $f(x)$의 극한값을 구하여라.

$$f(x)=\begin{cases} 4-x & (x<1) \\ 4x-x^2 & (x>1) \end{cases}$$

풀이 (1) $\lim_{x \to 1^-} f(x) = \lim_{x \to 1^-}(4-x) = 4-1 = 3$

(2) $\lim_{x \to 1^+} f(x) = \lim_{x \to 1^+}(4x-x^2) = 4-1 = 3$

$\therefore \lim_{x \to 1} f(x) = 3$

(그림 4.8)로부터 극한값을 확인할 수 있다. ▣

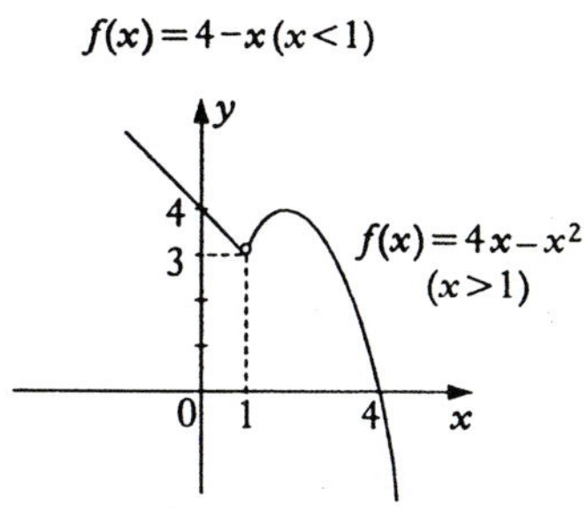

그림 4.8

[예제 6] <좌 · 우극한값이 다른 경우>

우편요금이 처음 10g에 대해서는 25원이고 1g이 늘어남에 따라 5원이 더 부과된다. x는 편지의 무게이고 $f(x)$는 우편요금이다.

$f(x)=25+5n,\ n<x\leqq n+1\ (n=0,\ 1,\ 2,\ \cdots)$

$\lim_{x \to 2} f(x)$가 존재하지 않음을 보여라.

풀이 f의 그래프는 (그림 4.9)와 같다.

$$f(x)=\begin{cases} 30 & (1<x\leqq 2) \\ 35 & (2<x\leqq 3) \end{cases}$$

$\lim_{x \to 2^-} f(x) = 30$

$\lim_{x \to 2^+} f(x) = 35$

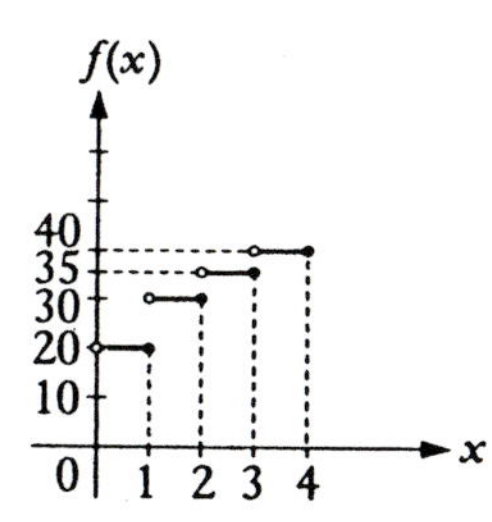

그림 4.9

$x=2$에서 좌·우극한값이 서로 다르므로 $\lim_{x\to2}f(x)$는 존재하지 않는다. ■

□ 유계가 아닌 함수

(예제 6)에서 좌•우극한값이 서로 다르므로 극한값이 존재하지 않는 경우를 보았다. 극한값이 존재하지 않는 또 다른 경우를 알아보자. 즉 $x\to c$일 때 $f(x)$가 한없이 커지거나 또는 작아지는 경우가 일어난다.

다음 예제를 통해 살펴보자.

[예제 7] <유계가 아닌 함수>

극한값 $\lim_{x\to2}\frac{3}{x-2}$을 구하여라.

풀이 (그림 4.10)과 아래의 표로부터

$$\lim_{x\to2^-}\frac{3}{x-2}=-\infty$$

$$\lim_{x\to2^+}\frac{3}{x-2}=\infty$$

$x\to2$일 때, f는 유계가 아니므로 극한값은 존재하지 않는다.

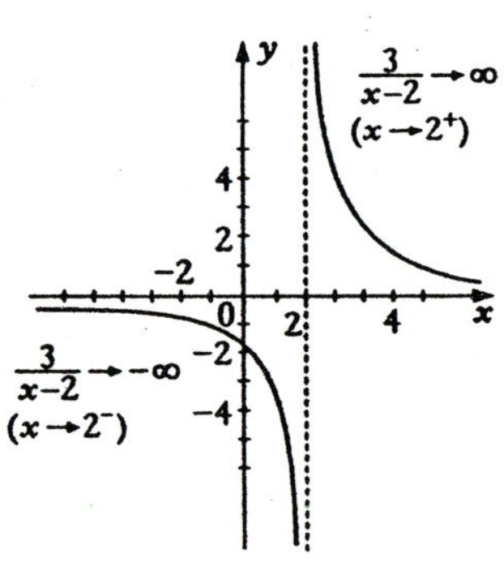

그림 4.10

x	1	1.5	1.9	1.99	1.999	2	2.001	2.01	2.1	2.6	3.0
$f(x)$	-1	-6	-3.0	-3.00	-3.000	?	3.000	3.00	3.0	6	3

x가 왼쪽으로부터 2에 접근 x가 오른쪽으로부터 2에 접근 ■

참고 $\lim_{x \to c^+} f(x) = \infty$에서 기호 $=$은 극한이 존재하는 것을 의미하는 것은 아니다.

기호 ∞는 수가 아니고 함수의 값이 한없이 커진다는 의미이다.

연습문제 4.1

1. 다음 표를 완성하고 극한값을 구하여라.

1) $\lim_{x\to 2}(5x+4)$

x	1.9	1.99	1.999	2	2.001	2.01	2.1
$f(x)$				?			

2) $\lim_{x\to 2}\frac{x-2}{x^2-x-2}$

x	1.9	1.99	1.999	2	2.001	2.01	2.1
$f(x)$				?			

3) $\lim_{x\to 2}\frac{x-2}{x^2-4}$

x	1.9	1.99	1.999	2	2.001	2.01	2.1
$f(x)$				?			

4) $\lim_{x\to 2}\frac{x^5-32}{x-2}$

x	1.9	1.99	1.999	2	2.001	2.01	2.1
$f(x)$				?			

5) $\lim_{x\to 0}\frac{\sqrt{x+3}-\sqrt{3}}{x}$

해답

1.

1) 13.5, 13.95, 13.995, ?, 14.005, 14.05, 14.5

$\lim_{x\to 2}(5x+4)=14$

3) 0.2564, 0.2506, 0.2501, ?, 0.2499, 0.2494, 0.2439

$\lim_{x\to 2}\frac{x-2}{x^2-4}=\frac{1}{4}$

5) 0.2937, 0.2889, 0.2887, ?, 0.2887, 0.2884, 0.2840

$\lim_{x\to 0}\frac{\sqrt{x+3}-\sqrt{3}}{x}$

$=\frac{1}{2\sqrt{3}}\approx 0.2887$

x	-0.2	-0.01	-0.001	0	0.001	0.01	0.2
$f(x)$				?			

6) $\lim_{x\to0}\frac{\sqrt{x+2}-\sqrt{2}}{x}$

x	-0.2	-0.01	-0.001	0	0.001	0.01	0.2
$f(x)$				?			

7) $\lim_{x\to2^-}\frac{2-x}{\sqrt{4-x^2}}$

x	1.5	1.9	1.99	1.999	2
$f(x)$					?

8) $\lim_{x\to0^+}\frac{\frac{1}{2+x}\ \frac{-1}{2}}{2x}$

x	1.5	1.9	1.99	1.999	2
$f(x)$					?

2. 다음 그래프를 보고 극한값을 구하여라.

1)

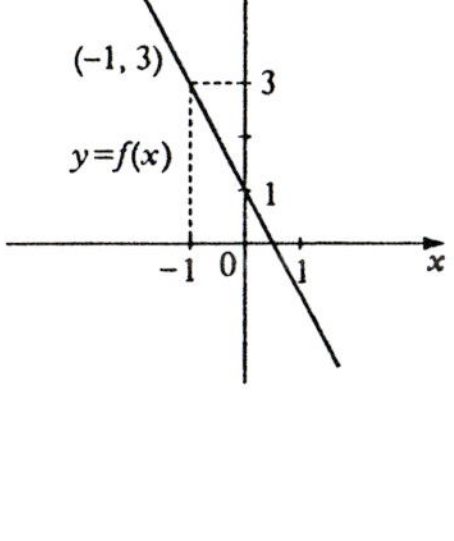

2)

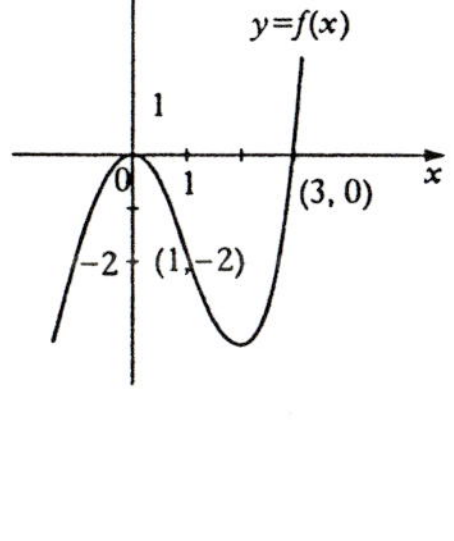

7) 0.3780, 0.1601, 0.0501, 0.0158, ?, $\lim_{x\to2^+}\frac{2-x}{\sqrt{4-x^2}}=0$

2.

1) 1, 3 2) 1, 3

$\lim_{x \to 0} f(x)$ $\lim_{x \to 1} f(x)$

$\lim_{x \to -1} f(x)$ $\lim_{x \to 3} f(x)$

3) 4)

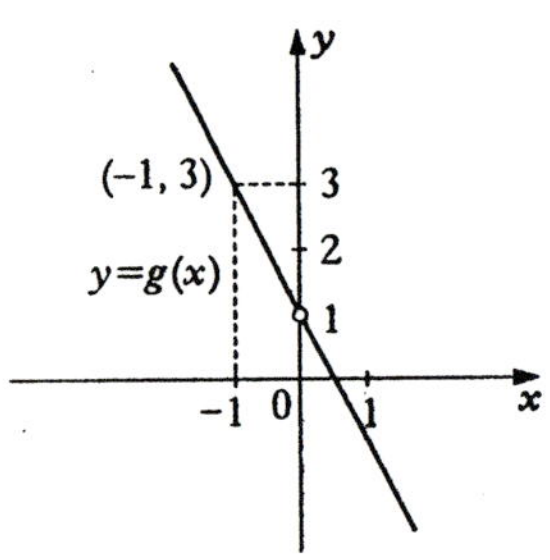

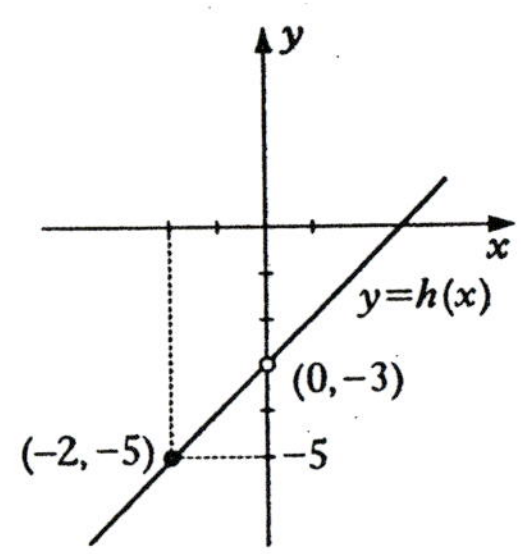

$\lim_{x \to 0} g(x)$ $\lim_{x \to -2} h(x)$

$\lim_{x \to -1} g(x)$ $\lim_{x \to 0} h(x)$

3. 다음 그래프를 보고 다음 극한값을 구하여라.

(a) $\lim_{x \to c^+} f(x)$ (b) $\lim_{x \to c^-} f(x)$ (c) $\lim_{x \to c} f(x)$

1) 2)

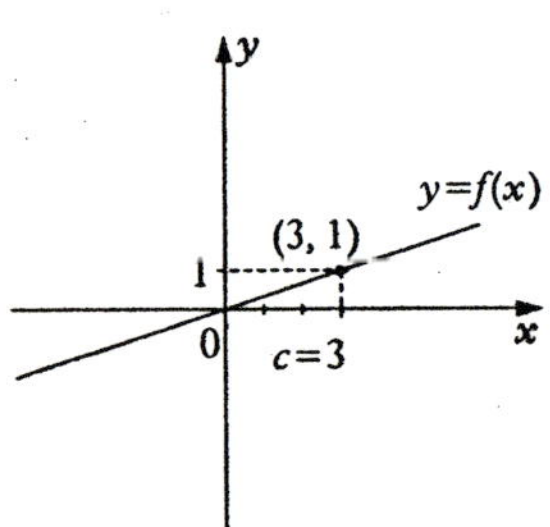

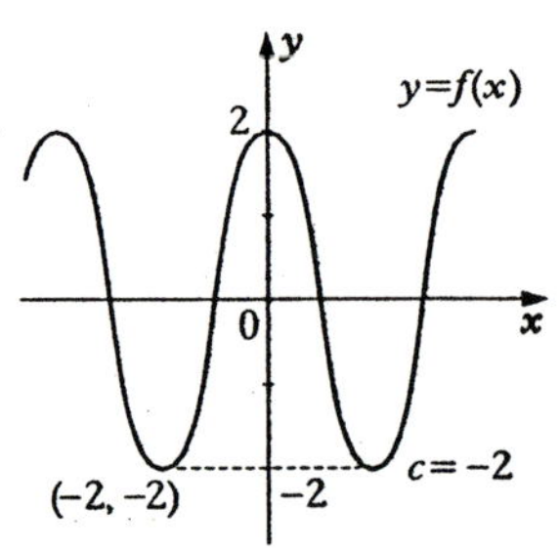

3.

1) (a) 1, (b) 1,

(c) 1

3) (a) 0, (b) 0,

(c) 0

3)

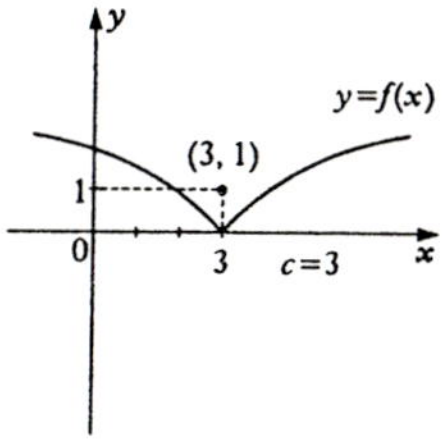

4)

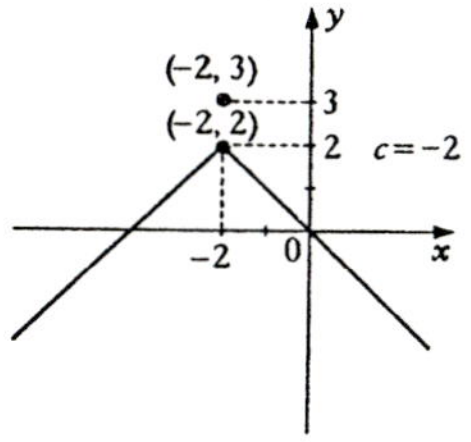

5)

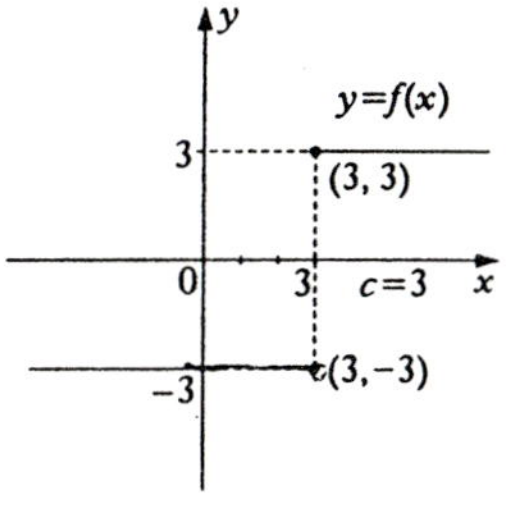

6)

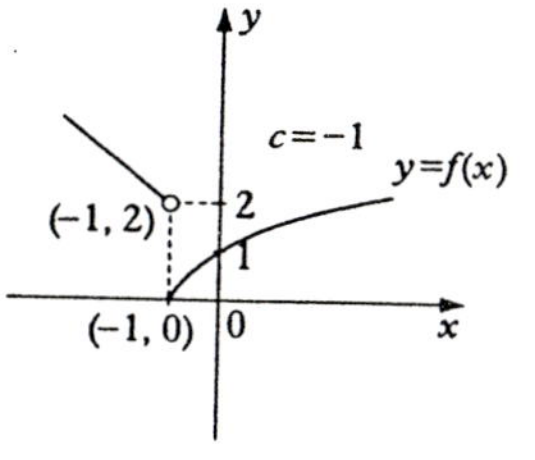

5) (a) 3, (b) -3
(c) 존재하지 않는다.

4. 극한값을 구하여라.

1) $\lim_{x\to 2} x^2$　　2) $\lim_{x\to -3}(3x+2)$

3) $\lim_{x\to 0}(2x-1)$　　4) $\lim_{x\to 2}(1-x^2)$

5) $\lim_{x\to 2}(-x^2+x-2)$

6) $\lim_{x\to 1}(3x^3-2x^2+4)$

7) $\lim_{x\to 3}\sqrt{x+1}$　　8) $\lim_{x\to 4}\sqrt[3]{x+4}$

9) $\lim_{x\to 2}\frac{1}{x}$　　10) $\lim_{x\to -3}\frac{2}{x+2}$

4.

1) 4,　3) -1

5) -4,　7) 2

9) $\frac{1}{2}$

5. 주어진 극한값을 이용하여 다음을 구하여라.

(a) $\lim_{x\to c}[f(x)+g(x)]$ (b) $\lim_{x\to 0}[f(x)g(x)]$

(c) $\lim_{x\to c}\frac{f(x)}{g(x)}$

(1) $\lim_{x\to c}f(x)=2$, $\lim_{x\to c}g(x)=3$

(2) $\lim_{x\to c}f(x)=\frac{3}{2}$, $\lim_{x\to c}g(x)=\frac{1}{2}$

6. 극한값을 구하여라.

1) $\lim_{x\to -1}\frac{x^2-1}{x+1}$ 2) $\lim_{x\to -1}\frac{2x^2-x-3}{x+1}$

3) $\lim_{x\to 3}\frac{x-3}{x^2-9}$ 4) $\lim_{x\to 2}\frac{2-x}{x^2-4}$

5) $\lim_{t\to 5}\frac{t-5}{t^2-25}$ 6) $\lim_{t\to 1}\frac{t^2+t-2}{t^2-1}$

7) $\lim_{x\to -2}\frac{x^3+8}{x+2}$ 8) $\lim_{x\to 2}\frac{|x-2|}{x-2}$

9) $\lim_{x\to 3}f(x)$, $f(x)=\begin{cases}\frac{x+2}{2} & (x\leqq 3)\\ \frac{12-2x}{3} & (x>3)\end{cases}$

10) $\lim_{x\to 2}f(x)$, $f(x)=\begin{cases}x^2-4x+6 & (x<2)\\ -x^2+4x-2 & (x\geqq 2)\end{cases}$

11) $\lim_{\Delta x\to 0}\frac{5(x+\Delta x)-3-(5x-3)}{\Delta x}$

12) $\lim_{\Delta x\to 0}\frac{(1+\Delta x)^3-1}{\Delta x}$ 13) $\lim_{\Delta x\to 0}\frac{x+\Delta x)^3-x^3}{\Delta x}$

5.

1) (a) 5, (b) 6

(c) $\frac{2}{3}$

6.

1) -2

3) $\frac{1}{6}$

5) $\frac{1}{10}$

7) 12

14) $2t$

14) $\lim_{\Delta t \to 0} \frac{(t+\Delta t)^2+3-(t^2+3)}{\Delta t}$

7. 좌 • 우극한값을 구하여라.

1) $\lim_{x \to 1^-} \frac{x}{x^2-x}$

2) $\lim_{x \to 1^+} \frac{5}{1-x}$

3) $\lim_{x \to -2} \frac{1}{x+2}$

4) $\lim_{x \to 0^-} \frac{x+1}{x}$

5) $\lim_{x \to 5^+} \frac{2}{(x-5)^2}$

6) $\lim_{x \to 3^+} \frac{x}{x^2-2x-3}$

7) $4-x^2 \leqq f(x) \leqq 4+x^2$일 때, $\lim_{x \to 0} f(x)$

7.

1) $-\infty$

3) $-\infty$

5) ∞

7) 4

4.2 연속성

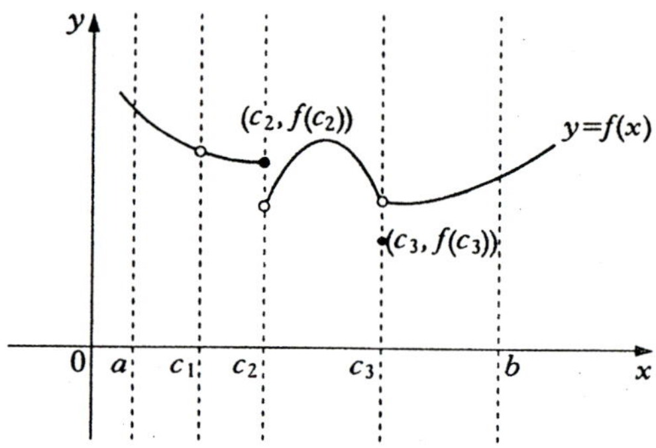

그림 4.11

수학에서 연속이라는 용어는 일상생활에서 사용되는 의미와 같다. 함수 f가 $x=c$에서 연속이라는 것은 c에서 f의 그래프가 끊기지 않은 것을 의미한다. 그래프가 c에서 연속이라는 것을 거칠게 표현하면 연필을 종이로부터 떼지않고 그래프를 그릴 수 있다는 뜻이다. 이 개념이 처음에는 단순해 보일지 모른다. 정확한 정의는 수년동안 만들어지지 않고 1800년대 초에야 조심스럽게 정의가 개발되었다. 이 정의를 보기 전에 (그림 4.11)의 함수의 그래프는 f의 그래프가 연속이 안되는 x의 세 값을 나타내고 있다.

세 점 $(x=c_1,\ c_2,\ c_3)$을 제외한 구간 $(a,\ b)$의 모든 점에서 f의 그래프는 끊기지 않았다. 즉, 이 점들에서 연속(continuous)이다. 그러면 그래프가 불연속(discontinuous)인 다음 경우를 보자.

1. $x=c_1$에서 $f(c_1)$이 정의되지 않는다.
2. $x=c_2$에서 $\lim\limits_{x\to c_2} f(x)$가 존재하지 않는다.
3. $x=c_3$에서 $f(c_3)\neq \lim\limits_{x\to c_3} f(x)$

이들 조건 중 어느 하나 때문에 $x=c$에서 연속이 되지 않는다. 따라서 다음 정의가 유도된다.

〈연속의 정의〉

한 점에서 연속: 다음 세 조건을 만족할 때, 함수 f는 c에서 연속이라고 한다.

(1) $f(x)$가 정의된다. (2) $\lim_{x\to c} f(x)$가 존재한다.

(3) $\lim_{x\to c} f(x)=f(c)$

구간 $(a,\ b)$에서 연속 : 함수가 구간 $(a,\ b)$의 각 점에서 연속이면 함수는 구간 $(a,\ b)$에서 연속이라고 한다.

함수 f가 c에서 연속이 아니면 f는 c에서 불연속(discontinuous)이라고 한다. 앞에서 연속의 세 가지 조건을 만족하는 여러 가지 함수들에 대해 배웠다. 특히 점 c에서 직접 대입하여 함수의 극한값을 계산할 수 있으면 그 함수는 c에서 연속이다. 이런 성질을 갖는 함수는 다항함수와 유리함수이다.

〈다항함수와 유리함수의 연속성〉

1. 다항함수는 모든 점(실수값)에서 연속이다.
2. 유리함수는 정의역에 있는 모든 점(실수값)에서 연속이다.

[예제 1] 〈다항함수의 연속〉

다음 함수의 연속을 조사하여라.

(1) $f(x)=x^2-2x+3$ (2) $f(x)=x^3-x$

풀이 이들 함수는 다항함수이다.

(그림 4.12)에서와 같이 모든 실수값에서 연속이다.

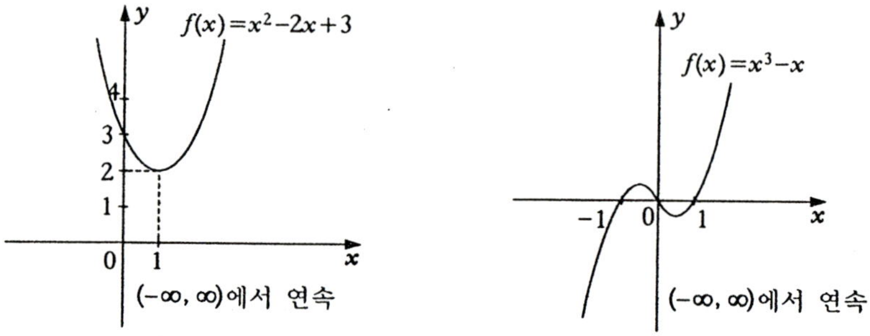

■

그림 4.12

다항함수는 미적분에서 사용되는 가장 중요한 함수들 중의 하나이다.

[예제 2] <유리함수의 연속>

다음 함수의 연속을 조사하여라.

(1) $f(x)=\dfrac{1}{x}, x\neq 0$ (2) $f(x)=\dfrac{x^2-1}{x-1}, x\neq 1$

(3) $f(x)=\dfrac{1}{x^2+1}$

풀이 이들 함수 각각은 유리함수이므로 정의역의 모든 점에서 연속이다(그림 4.13).

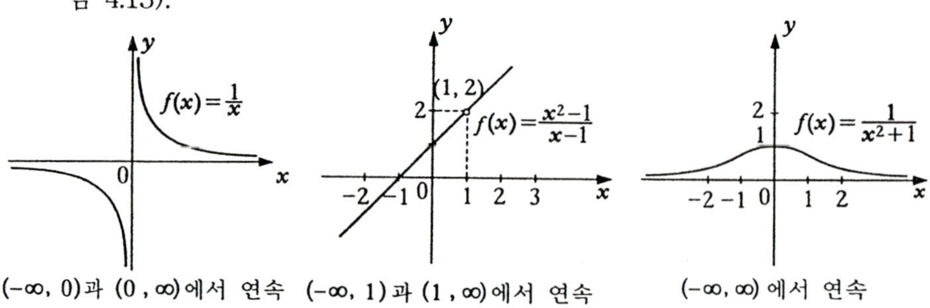

그림 4.13

□ 폐구간에서 연속

폐구간에서 연속을 조사하기 위해 좌•우극한값을 이용한다.

〈폐구간에서 연속의 정의〉

f가 폐구간 $[a,\ b]$에서 정의되고 f가 개구간 $(a,\ b)$에서 연속이고, $\lim_{x\to a^+} f(x)=f(a)$, $\lim_{x\to b^-} f(x)=f(b)$이면 f는 $[a,\ b]$ 위에서 연속이라고 한다.

[예제 3] <구간의 끝점에서 연속>

$f(x)=\sqrt{3-x}$의 연속을 조사하여라.

풀이 우선 f는 $x\leqq 3$에서 정의되고, $\lim_{x\to 3^-} f(x)=0=f(3)$이므로 $x=3$ 왼쪽에서 f는 연속이다. 모든 $x<3$에서 함수 f는 연속에 대한 세 조건을 만족한다. 따라서 f는 구간 $(-\infty,\ 3]$에서 연속이다(그림 4.14).

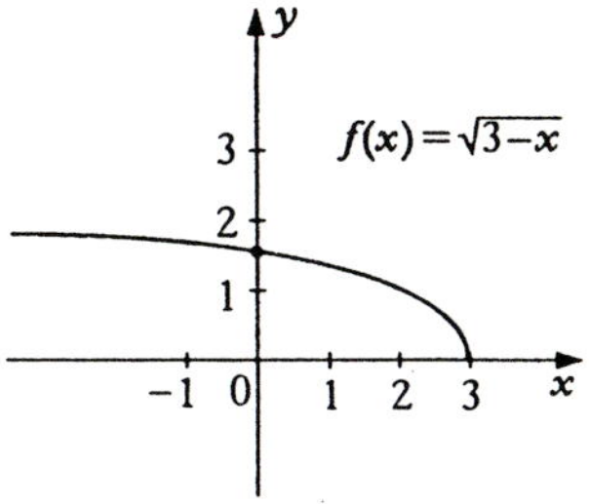

그림 4.14

[예제 4] <폐구간 위에서 연속>

$$g(x)=\begin{cases} 5-x & (-1\leqq x\leqq 2) \\ x^2-1 & (2<x\leqq 3) \end{cases}$$

의 연속을 조사하여라.

풀이 다항함수 $5-x$와 x^2-1은 구간 $[-1,\ 2]$와 $[2,\ 3]$에서 각각 연속이다. $x=2$에서 연속임을 보이면 g는 $[-1,\ 3]$에서 연속이다.

$$\lim_{x \to 2^-} g(x) = \lim_{x \to 2^-} (5 - x) = 3$$

$$\lim_{x \to 2^+} g(x) = \lim_{x \to 2^+} (x^2 - 1) = 3$$

좌 • 우극한값이 같으므로

$$\lim_{x \to 2} g(x) = g(2) = 3$$

따라서 g는 $x = 2$에서 연속이다(그림 4.15). ▣

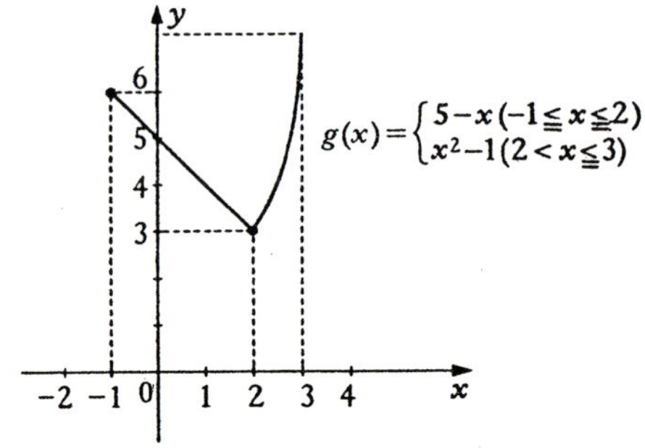

그림 4.15

함수 $f(x) = [x]$에 대해 알아보자. $[x]$는 x를 넘지 않는 최대정수를 나타낸다. 이를테면 $[-2.3] = -3$, $[-3] = -3$, $[1.7] = 1$ (그림 4.16)에서 $[x]$의 그래프는 각 정수점에서 불연속이다.

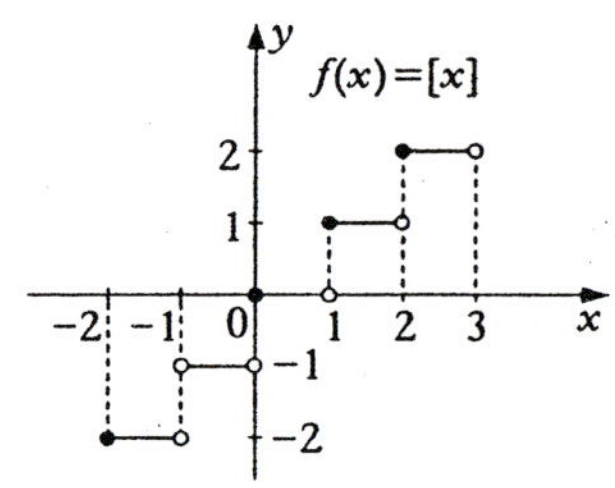

그림 4.16

연속함수들 사이의 연산에서는 다음 관계가 성립한다.

〈연속함수의 성질〉

함수 f, g는 c에서 연속이고 k는 상수이다. 다음 함수들도 c에서 연속이다.

1. 합 또는 차 : $f \pm g$
2. 상수배 : kf
3. 곱 : fg
4. 몫 : $\dfrac{f}{g}$ $(g(c) \neq 0)$
5. 합성 : $f(g(x))$ (단, f는 $g(c)$에서 연속)

연습문제 4.2

1. 다음 함수의 연속, 불연속을 조사하여라.

1) $f(x)=x^2-2x+1$

2) $f(x)=\dfrac{1}{x-1}$

3) $f(x)=\dfrac{x}{x^2-1}$ 4) $f(x)=\dfrac{x}{x^2+1}$

5) $f(x)=\begin{cases} x & (x\leqq 1) \\ x^2 & (x>1) \end{cases}$

6) $f(x)=\begin{cases} -2x+3 & (x<1) \\ x^2 & (x\geqq 1) \end{cases}$

7) $f(x)=\begin{cases} \dfrac{x}{2}+1 & (x\leqq 2) \\ 3-x & (x>2) \end{cases}$

8) $f(x)=\begin{cases} -2x & (x\leqq 2) \\ x^2-4x+1 & (x>2) \end{cases}$

9) $f(x)=\dfrac{|x+2|}{x+2}$ 10) $f(x)=[x-1]$

11) $f(x)=x-[x]$ 12) $f(x)=\dfrac{[x]}{2}+x$

2. 다음 함수의 그래프를 그리고 불연속점을 구하여라.

1) $f(x)=\dfrac{x^2-16}{x-4}$ 2) $f(x)=\dfrac{2x^2+x}{x}$

해답

1.

1) 연속

2) $x=1$의 불연속

4) 연속

5) 연속

7) $x=2$, 불연속

9) $x=-2$, 불연속

10), 11), 12)모든 정수점에서 불연속

2.

3) $f(x)=\dfrac{x^3+x}{x}$ 4) $f(x)=\dfrac{x^4-1}{x^2-1}$

3. 다음 함수가 $(-\infty, \infty)$에서 연속이 되도록 a, b의 값을 정하여라.

1) $f(x)=\begin{cases} x^3 & (x \leqq 2) \\ ax^2 & (x > 2) \end{cases}$

2) $f(x)=\begin{cases} 2 & (x \leqq -1) \\ ax+b & (-1 < x < 3) \\ -2 & (x \geqq 3) \end{cases}$

3.

1) $a=2$

2) $a=-1$
$b=1$

Home Work

1. 극한값을 구하여라.

1) $\lim_{x \to 1}(2x-3)$　　2) $\lim_{x \to -2}(3x-1)$

3) $\lim_{x \to 3}(x-5)(5x+1)$　　3) $\lim_{x \to 3}\frac{2x+3}{x-2}$

5) $\lim_{t \to 0}\frac{t^2-t}{t}$　　6) $\lim_{t \to 1}\frac{t-2}{t+1}$

7) $\lim_{t \to 2}\frac{t^2-2t+2}{t+2}$　　8) $\lim_{t \to -1}\frac{t^2-1}{t+2}$

9) $\lim_{x \to 2}\frac{x-2}{x^2-4}$　　10) $\lim_{x \to 3}\frac{x^3-27}{x-3}$

11) $\lim_{x \to 0}\frac{x^2+2x}{x(x+1)}$　　12) $\lim_{x \to 0.5}\frac{6x-3}{2x-1}$

13) $\lim_{x \to 1}\left(x-\frac{1}{x}\right)$　　14) $\lim_{x \to 0}\frac{1-\sqrt{1+x}}{x\sqrt{1+x}}$

15) $\lim_{\Delta x \to 0}\frac{(x+\Delta x)^3-(x+\Delta x)-(x^3-x)}{\Delta x}$

16) $\lim_{\Delta x \to 0}\frac{1-(x+\Delta x)^2-(1-x^2)}{\Delta x}$

2. 다음 함수의 연속, 불연속을 알아보아라.

1) $f(x)=[x-1]$ ($[x]$는 x를 넘지 않는 최대 정수)

2) $f(x)=\frac{3x^2+x-2}{x+1}$　　3) $f(x)=\frac{3}{x-1}$

4) $f(x)=\frac{2x+1}{x+2}$　　5) $f(x)=\frac{x-1}{2x-3}$

6) $f(x)=\begin{cases} 5-x & (x\leqq 2) \\ 2x-3 & (x>2) \end{cases}$　　7) $f(x)=\begin{cases} \dfrac{3x^2-x-2}{x-1} & (x\neq 1) \\ 0 & (x=1) \end{cases}$

3. 다음 함수가 연속이 되도록 a, b, c의 값을 구하여라.

1) $f(x)=\begin{cases} 2x+1 & (x\leqq 1) \\ ax+3 & (x>1) \end{cases}$　　2) $f(x)=\begin{cases} x+1 & (1<x<3) \\ x^2-bx+c & (|x-2|\geqq 1) \end{cases}$

제 5 장

도함수

〈 학습내용 〉

5.1 도함수

5.2 미분법

5.3 연쇄법칙, 고차도함수,
음함수의 미분법

5.1 도함수

□ 직선의 기울기

직선의 기울기는 x좌표가 1 증가할 때 직선위의 점 y좌표가 변화하는 양이다. (그림 5.1)과 같이 직선위에 두 점 (x_1, y_1)과 (x_2, y_2)가 있을 때, x의 변화량 x_2-x_1, y의 변화량 y_2-y_1의 비를 **기울기**라고 한다.

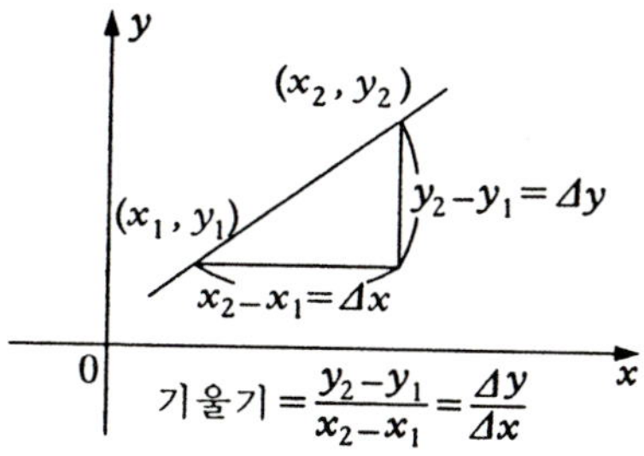

그림 5.1

$$\text{기울기} = \frac{y\text{의 변화량}}{x\text{의 변화량}} = \frac{y_2-y_1}{x_2-x_1}$$

때때로 y_2-y_1 대신에 Δy, x_2-x_1 대신에 Δx를 사용하는 것이 편리하다. Δy는 'delta y'로 Δx는 'delta x'라고 읽는다.

〈 직선의 기울기 〉

두 점 $(x_1, y_1), (x_2, y_2)$를 지나는 직선 $(x_1 \neq x_2)$의 기울기는

$$\text{기울기} = \frac{\Delta y}{\Delta x} = \frac{y_2-y_1}{x_2-x_1}$$

이다.

[예제 1] <직선의 기울기>

두 점 $(-2, 5), (3, -1)$을 지나는 직선의 기울기를 구하여라>

풀이 $\text{기울기} = \dfrac{\Delta y}{\Delta x} = \dfrac{-1-5}{3-(-2)} = -\dfrac{6}{5}$ ■

□ 극한을 이용한 곡선의 기울기 구하기

(그림 5.2)에서 곡선 $y=f(x)$ 위의 두 점 $(a, f(a)), (a+\Delta x, f(a+\Delta x))$를 지나는 직선(곡선의 할선)의 기울기는

$$\frac{f(a+\Delta x)-f(a)}{a+\Delta x-a}=\frac{f(a+\Delta x)-f(a)}{\Delta x}$$

이다.

이 공식을 a에서 $a+\Delta x$까지 변할 때의 또는 구간 $[a, a+\Delta x]$에서 $f(x)$의 **평균변화율**(average rate of change)이라고 한다.

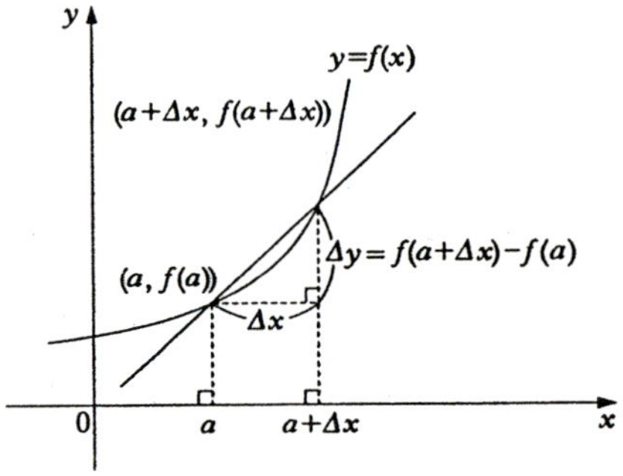

그림 5.2

[예제 2] <평균변화율>

$x=3$에서 $x=5$까지 변할 때, $f(x)=x^2$의 평균변화율을 구하여라.

풀이 $a=3,\ a+\Delta x=5$에서

$$\text{평균변화율 : } \frac{f(5)-f(3)}{5-3}=\frac{25-9}{2}=\frac{16}{2}=8$$

이다. ▣

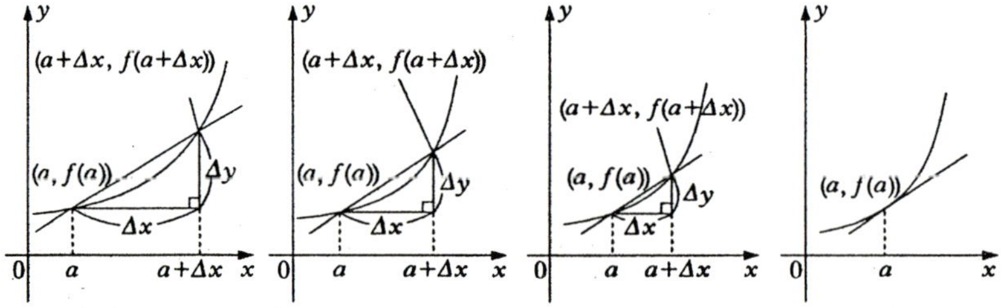

Δx가 0에 가까이 갈 때 할선은 접선에 가까이 간다.

그림 5.3

극한을 이용하여 점 $(a, f(a))$에서 곡선에 그은 접선의 기울기를 구할 수 있다(그림 5.3).

$$\text{접선의 기울기} = \lim_{\Delta x \to 0} \frac{f(a+\Delta x)-f(a)}{\Delta x}$$

곡선에 그은 접선의 기울기를 계산하기 위해 다음 네 단계 과정을 따른다.

〈네 단계 과정〉

점 $(a, f(a))$에서 $y=f(x)$의 그래프의 기울기를 구하기 위해 다음 네 단계 과정을 이용한다.

1. $a+\Delta x$에서 f의 값을 계산한다 : $f(a+\Delta x)$
2. y의 변화량을 구하기 위해 $f(a)$를 뺀다 : $f(a+\Delta x)-f(a)$
3. 평균변화율을 구하기 위해 Δx로 나눈다 : $\dfrac{f(a+\Delta x)-f(a)}{\Delta x}$
4. 기울기를 얻기 위해 $\Delta x \to 0$로 놓는다 : $\displaystyle\lim_{\Delta x \to 0} \frac{f(a+\Delta x)-f(a)}{\Delta x}$

[예제 3] ——<네 단계 과정을 이용하여 기울기 구하기>

임의의 점 (x, y)에서 $f(x)=2x-3$의 그래프에 그은 접선의 기울기를 구하여라.

풀이 네 단계 과정에 의해 다음을 얻는다.

1. $f(x+\Delta x)=2(x+\Delta x)-3$
2. $f(x+\Delta x)-f(x)=(2x+2\Delta x-3)-(2x-3)=2\Delta x$
3. $\dfrac{f(x+\Delta x)-f(x)}{\Delta x}=\dfrac{2\Delta x}{\Delta x}=2$
4. $\displaystyle\lim_{\Delta x \to 0} \frac{f(x+\Delta x)-f(x)}{\Delta x}=\lim_{\Delta x \to 0}=2$

따라서 임의의 점 (x, y)에서 기울기는 2이다(그림 5.4). ▣

앞의 예제에서 f의 그래프의 기울기는 상수이다. f의 그래프가 직선이므로 이것은 놀랄 일은 아니다. 물론 모든 그래프가 다음 예제에서 알겠지만 상수 기울기를 갖는 것은 아니다.

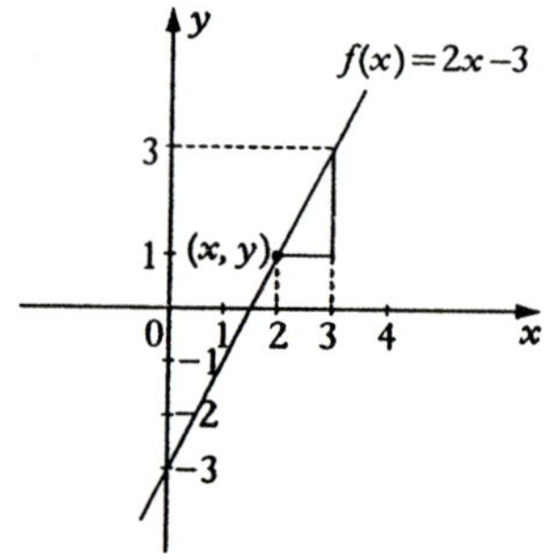

그림 5.4

[예제 4] <네 단계 과정을 이용하여 기울기 구하기>

$f(x) = x^2+1$의 그래프의 기울기를 다음 점들에서 구하여라.

(1) (-2, 5) (2) (0, 1) (3) (2, 5)

풀이 임의의 점 (x, y)에서 네 단계 과정에 의해 다음을 얻는다.

1. $f(x+\Delta x) = (x+\Delta x)^2+1$

2. $f(x+\Delta x)-f(x) = x^2+2x(\Delta x)+(\Delta x)^2+1-x^2-1$

$= 2x\Delta x+(\Delta x)^2$

3. $\dfrac{f(x+\Delta x)-f(x)}{\Delta x} = \dfrac{\Delta x(2x+\Delta x)}{\Delta x} = 2x+\Delta x$

4. $\lim\limits_{\Delta \to 0}\dfrac{f(x+\Delta x)-f(x)}{\Delta x} = \lim\limits_{\Delta \to 0}(2x+\Delta x) = 2x$

따라서, 임의의 점 (x, y)에서

$f(x) = x^2+1$의 그래프의 기울기는

$m = 2x$이다(그림 5.5).

(1) $m = 2(-2) = -4$

(2) $m = 2(0) = 0$ (3) $m = 2(2) = 4$

■

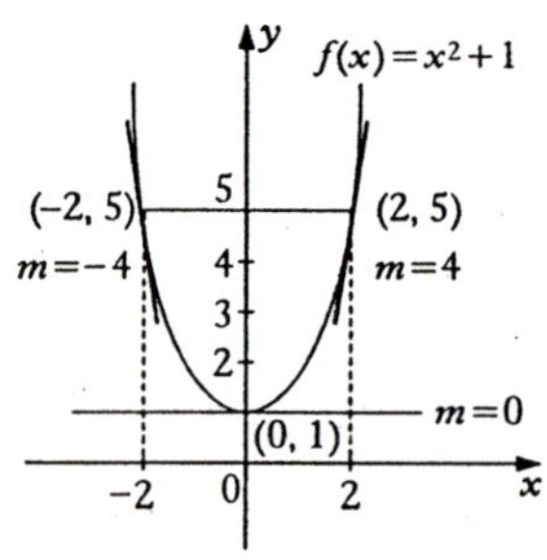

그림 5.5

[예제 5] —<네 단계 과정을 이용하여 접선의 방정식 구하기>

점 (4, 2)에서 $f(x)=\sqrt{x}$의 그래프에 그은 접선의 방정식을 구하여라.

풀이 네 단계 과정을 이용하면,

1. $f(4+\Delta x)=\sqrt{4+\Delta x}$

2. $f(4+\Delta x)-f(4)=\sqrt{4-\Delta x}-\sqrt{4}$

3. $\dfrac{f(4+\Delta x)-f(4)}{\Delta x}=\dfrac{\sqrt{4+\Delta x}-\sqrt{4}}{\Delta x}$

4. $$\lim_{\Delta x\to 0}\frac{4\,(4+\Delta x)-f(4)}{\Delta x}=\lim_{\Delta x\to 0}\frac{\sqrt{4+\Delta x}-\sqrt{4}}{\Delta x}$$
$$=\lim_{\Delta x\to 0}\frac{(4+\Delta x)-4}{\Delta x(\sqrt{4+\Delta x}+\sqrt{4})}$$
$$=\lim_{\Delta x\to 0}\frac{1}{\sqrt{4+\Delta x}+\sqrt{4}}=\frac{1}{2\sqrt{4}}=\frac{1}{4}$$

따라서, 접선의 방정식은

$$y-2=\frac{1}{4}(x-4)$$

$$\therefore y=\frac{1}{4}x+1$$ 이다. ▣

□ 도함수의 정의

$y=f(x)$의 그래프에 점 $(a,\ f(a))$에서 그은 접선의 기울기를 $x=a$에서 $y=f(x)$의 미분계수라 하고

$$f'(a)=\lim_{\Delta x\to 0}\frac{f(a+\Delta x)-f(a)}{\Delta x}$$

로 나타낸다.

또, a의 값이 변할 때마다 $f'(a)$의 값이 정해질 때 새로운 함수 f'가

정의된다. 이 함수를 f의 x에 대한 **도함수**(derivative)라 하고

$$f'(x) = \lim_{\Delta x \to 0} \frac{f(x+\Delta x) - f(x)}{\Delta x}$$

로 나타낸다.

f의 x에서의 도함수가 존재하면 f는 x에서 **미분가능**(differetiable)하다고 한다. 도함수를 구하는 과정을 **미분법**(differentiation)이라고 한다.

자주 사용하는 도함수의 기호는 $\frac{dy}{dx}$, y', $\frac{d}{dx}f(x)$, $D_x(y)\cdots$등이다.

$$\frac{dy}{dx} = \lim_{\Delta x \to 0} \frac{\Delta y}{\Delta x} = \lim_{\Delta x \to 0} \frac{f(x+\Delta x) - f(x)}{\Delta x} = f'(x)$$

도함수 $f'(x)$와 f의 그래프에 그은 접선의 기울기는 둘 다 다음 극한값으로 정의되므로

$$\lim_{\Delta x \to 0} \frac{f(x+\Delta x) - f(x)}{\Delta x}$$

$f'(x)$를 구하는데 네 단계 과정을 이용한다.

[예제 6] —— <네 단계 과정을 이용하여 도함수 구하기>

$f(x) = x^3 + 2x$의 도함수를 구하여라.

풀이 1. $f(x+\Delta x) = (x+\Delta x)^3 + 2(x+\Delta x)$

2. $f(x+\Delta x) - f(x)$

$$= x^3 + 3x^2\Delta x + 3x(\Delta x)^2 + (\Delta x)^3 + 2x + 2\Delta x - (x^3 + 2x)$$

3. $\dfrac{f(x+\Delta x) - f(x)}{\Delta x} = \dfrac{\Delta x\,[3x^2 + 3x\,\Delta x + (\Delta x)^2 + 2]}{\Delta x}$

$$4.\quad \lim_{\Delta \to 0} \frac{f(x+\Delta x)-f(x)}{\Delta x} = \lim_{\Delta x \to 0} [3x^2+3x\Delta x+(\Delta x)^2+2]$$

$$= 3x^2+2$$

따라서, f의 도함수는 $f' = 3x^2+2$이다. ▣

도함수를 구할 경우, 독립변수로 x 이외의 변수를 이용하는 것이 편리할 때가 있다. 다음 예제에서는 독립변수로 t를 이용하는 함수에 대해 생각해 보자.

[예제 7] ──<네 단계 과정을 이용하여 도함수 구하기>

함수 $y = \dfrac{2}{t}$의 t에 대한 도함수를 구하여라.

풀이 $y = f(t)$라 놓으면

$$1.\quad f(t+\Delta t) = \frac{2}{t+\Delta t}$$

$$2.\quad f(t+\Delta t)-f(t) = \frac{2}{t+\Delta t}-\frac{2}{t} = \frac{2t-2t-2\Delta t}{t(t+\Delta t)} = \frac{-2\Delta t}{t(t+\Delta t)}$$

$$3.\quad \frac{f(t+\Delta t)-f(t)}{\Delta t} = \frac{-2\Delta t}{\Delta t[t(t+\Delta t)]}$$

$$4.\quad \lim_{\Delta t \to 0} \frac{f(t+\Delta t)-f(t)}{\Delta t} = \lim_{\Delta t \to 0} \frac{-2}{t(t+\Delta t)} = -\frac{2}{t^2}$$

따라서, y의 t에 대한 도함수는 $\dfrac{dy}{dt} = -\dfrac{2}{t^2}$이다. ▣

□ 미분가능과 연속

모든 함수가 미분가능한 것은 아니다. (그림 5.6)은 미분가능하지 않은 함수의 예를 보여 주고 있다. (그림 5.6)의 각 함수는 $x=0$을 제외한 모든 x에 대해 미분가능하다. 연속함수라고 반드시 미분가능한 함수는 아니다. 한편 함수가 한 점에서 미분가능하면 그것은 반드시 연속이다.

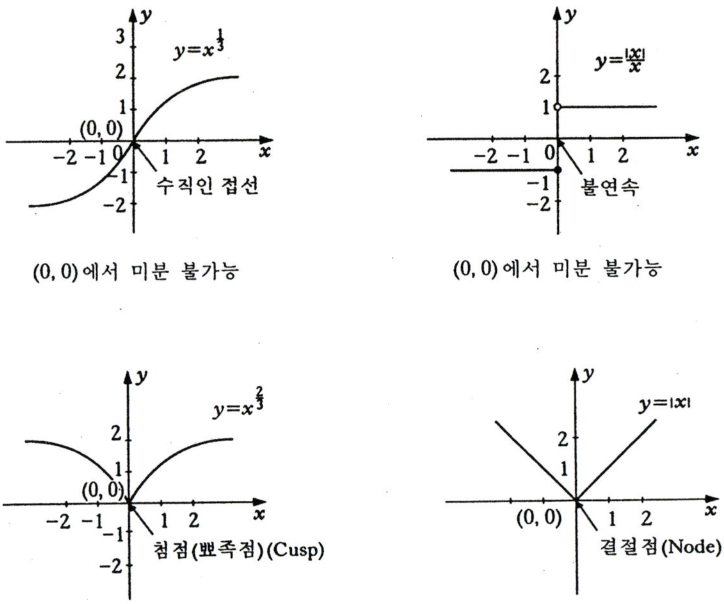

(0, 0)에서 미분 불가능 (0, 0)에서 미분 불가능

(0, 0)에서 미분 불가능 (0, 0)에서 미분 불가능

그림 5.6

미분가능하면 연속

함수가 $x=c$에 미분가능하면 그 함수는 $x=c$에서 연속이다.

연습문제 5.1

1. 주어진 구간에서 평균변화율을 구하여라.

 1) $f(x) = 2x+3$, $[-1, 2]$

 2) $f(x) = x^2+x$, $[-1, 2]$

 3) $g(x) = 1-x^2$, $[0, 2]$

 4) $k(x) = x^2-5$, $[-2, 0]$

 5) $f(t) = t^2-3$, $[2, 2.4]$

 6) $g(x) = x^2-5x-3$, $[-1, 2]$

 7) $f(x) = \frac{2}{x}$, $[2, 4]$

 8) $f(x) = \sqrt{x}$, $[1, 9]$

 9) $g(x) = 2\sqrt{x}$, $[4, 9]$

 10) $g(x) = x^4-2$, $[0, 1]$

2. 다음 함수의 주어진 점에서 그은 접선의 기울기를 구하여라.

 1) $f(x) = 6-2x$, $(3, 0)$

 2) $f(x) = 3$, $(-3, 3)$

 3) $f(x) = x^3-2x$, $(2, 4)$

 4) $f(x) = x^2+2x+1$, $(0, 1)$

 5) $f(x) = x^2-4$, $(2, 0)$

해답

1.

 1) 2

 3) -2

 5) 4.4

 7) $-\frac{1}{4}$

 9) $\frac{2}{5}$

2.

 1) -2

 2) 10

 5) 4

6) $f(x)=x^2+2$, $(2, 6)$

7) $f(x)=\sqrt{x+1}$, $(8, 3)$ — 7) $\frac{1}{6}$

8) $f(x)=\frac{1}{x+2}$, $\left(0, \frac{1}{2}\right)$

3. 네단계 과정을 이용하여 도함수를 구하여라. — 3. 생략

1) $f(x)=4$ 2) $f(x)=-3$

3) $f(x)=-4x+5$ 4) $f(x)=\frac{1}{3}x^2$

5) $f(x)=-2x^2-x+1$ 6) $f(x)=3-x^2+x$

7) $h(t)=\sqrt{t-3}$ 8) $g(s)=\frac{1}{s-2}$

9) $f(t)=t^3-11t$ 10) $f(t)=t^3-t^2+5$

4. 주어진 점에서 곡선에 그은 접선의 방정식을 구하여라. — 4.

1) $f(x)=x^2-2$, $(4, 14)$ — 1) $y=8x-18$

2) $f(x)=2x^2+1$, $(0, 1)$

3) $f(x)=\sqrt{x}+3$, $(1, 4)$ — 3) $y=\frac{1}{2}x+\frac{7}{2}$

4) $f(x)=-\frac{1}{x}$, $(-1, 1)$

5) $y=x^3$, $(2, 8)$ — 5) $y=12x-16$

6) $y=\frac{2}{\sqrt{x}}$, $(4, 1)$

5.2 미분법

□ 상수함수

도함수의 정의에 의해 앞 절에서 도함수를 구하였다. 이 과정은 간단한 함수에 대해 좀 지루한 느낌을 준다. 그러나 다행스럽게 미분하는 과정을 단순하게 하는 방법이 있다. 이 규칙들은 극한의 계산을 직접하지 않고 계산할 수 있게 한다

〈 상수함수의 미분법 〉

상수함수의 도함수는 0이다. 즉

$$\frac{d}{dx}[c] = 0, \quad c\text{는 상수}$$

증명 $f(x) = c$라 하면 도함수의 정의에 의해

$$f'(x) = \lim_{\Delta x \to 0} \frac{f(x+\Delta x) - f(x)}{\Delta x} = \lim_{\Delta x \to 0} \frac{c - c}{\Delta x} = \lim_{\Delta x \to 0} 0 = 0$$

따라서, $\frac{d}{dt}[c] = 0$이다. ▣

예 (상수함수의 도함수 구하기)

(1) $\frac{d}{dt}[7] = 0$ (2) $f(x) = 0$이면 $f'(x) = 0$

(3) $y = 2$이면 $\frac{dy}{dx} = 0$ (4) $g(t) = -\frac{3}{2}$이면 $g'(t) = 0$

□ x^n의 도함수

이항전개식을 알기 위해 다음을 살펴보자.

$$(x+\Delta x)^2 = x^2+2x\Delta x+(\Delta x)^2$$

$$(x+\Delta x)^3 = x^3+3x^2\Delta x+3x(\Delta x)^2+(\Delta x)^3$$

양의 정수 n에 대한 이항전개식은

$$(x+\Delta x)^n = x^n+nx^{n-1}\Delta x+\underbrace{\frac{n(n-1)x^{n-2}}{2}(\Delta x)^2+\cdots+(\Delta x)^n}_{(\Delta x)^2\text{은 이 식의 인수이다.}}$$

다음 도함수를 구하기 위해 이항전개식을 이용한다.

x^n의 도함수

$$\frac{d}{dx}[x^n] = nx^{n-1},\quad n\text{은 임의의 실수}$$

증명 위의 공식은 어떤 실수 n에 대해서도 성립하지만, 이항전개식은 n이 양의 정수인 경우만 적용한다. 따라서 n이 양의 정수인 경우만 증명한다. $f(x) = x^n$이라 하자.

$$f'(x) = \lim_{\Delta x\to 0}\frac{f(x+\Delta x)-f(x)}{\Delta x} = \lim_{\Delta x\to 0}\frac{(x+\Delta x)^n-x^n}{\Delta x}$$

이제 이항전개식을 적용하면,

$$f'(x) = \lim_{\Delta x\to 0}\frac{x^n+nx^{n-1}\Delta x+[n(n-1)x^{n-2}/2](\Delta x)^2+\cdots+(\Delta x)^n-x^n}{\Delta x}$$

$$= \lim_{\Delta x\to 0}\left[nx^{n-1}+\frac{n(n-1)x^{n-2}}{2}\Delta x+\cdots+(\Delta x)^{n-1}\right]$$

$$= nx^{n-1}+0+0+\cdots+0$$

$$= nx^{n-1}$$ ■

$n=1$인 경우, 즉 $\frac{d}{dx}[x] = 1$이다.

[예제 1] < x^n의 도함수 공식 이용 >

다음 함수의 도함수를 구하여라.

(1) $f(x) = x^3$　　　　(2) $y = \frac{1}{x^2}$

풀이 (1) $f(x) = x^3$에서 $f'(x) = 3x^2$

(2) $y = \frac{1}{x^2} = x^{-2}$

$$\frac{dy}{dx} = (-2)x^{-3} = -\frac{2}{x^3}$$ ▣

□ $cf(x)$의 도함수

도함수는 극한값으로 정의되기 때문에 극한의 많은 성질들이 도함수에 대한 성질과 일치하는 것은 놀랄 일이 아니다. $cf(x)$의 도함수를 구할 때, 극한의 성질 $\lim_{x \to a} cg(x) = c[\lim_{x \to a} g(x)]$를 이용한다.

〈 $cf(x)$의 도함수 〉

f가 x의 미분가능한 함수이고 c가 실수이면

$$\frac{d}{dx}[cf(x)] = cf'(x), \quad c\text{는 상수}$$

증명 도함수의 정의를 이용하면,

$$\frac{d}{dx}[cf(x)] = \lim_{\Delta x \to 0} \frac{cf(x+\Delta x) - cf(x)}{\Delta x}$$

$$= \lim_{\Delta x \to 0} c\left[\frac{f(x+\Delta x) - f(x)}{\Delta x}\right]$$

$$= c\left[\lim_{\Delta x \to 0} \frac{f(x+\Delta x) - f(x)}{\Delta x}\right] = cf'(x)$$ ▣

[예제 2] —— < $cf(x)$의 도함수 이용>

다음 함수의 도함수를 구하여라.

(1) $y = 2x^{\frac{1}{2}}$　　　　(2) $f(t) = \frac{4}{5}t^2$

풀이 (1) $\frac{dy}{dx} = \frac{d}{dx}\left[2x^{\frac{1}{2}}\right] = 2\frac{d}{dx}\left[x^{\frac{1}{2}}\right] = 2\left(\frac{1}{2}x^{-\frac{1}{2}}\right) = x^{-\frac{1}{2}} = \frac{1}{\sqrt{x}}$

(2) $f'(t) = \frac{d}{dt}\left[\frac{4}{5}t^2\right] = \frac{4}{5}\left[\frac{d}{dt}(t^2)\right] = \frac{4}{5}(2t) = \frac{8}{5}t$ ▣

앞의 도함수 공식을 결합한 다음 식의 도함수는 자주 이용된다.

$$\frac{d}{dx}[cx^n] = cnx^{n-1} \text{(} n\text{은 실수이고, } c\text{는 상수)}$$

$$\frac{d}{dx}[cx] = c \text{ (} c\text{는 상수)}$$

예 다음 함수를 미분하여라.

(1) $y = -\frac{3}{2}x \to y' = -\frac{3}{2}$　　　　(2) $y = 3\pi x \to y' = 3\pi$

(3) $y = -\frac{x}{2} \to y' = -\frac{1}{2}$

□ 합과 차의 도함수

합과 차의 도함수는 각 항을 미분하여 더하고 빼는 것이다.

〈합과 차의 도함수〉

미분가능한 두 함수의 합(또는 차)의 도함수는 그들의 도함수의 합(또는 차)이다.

$$\frac{d}{dx}[f(x) + g(x)] = f'(x) + g'(x)$$

$$\frac{d}{dx}[f(x)-g(x)] = f'(x)-g'(x)$$

증명 합의 경우만 증명하기로 한다. 차의 경우도 같은 방법으로 하면 된다.

$h(x) = f(x)+g(x)$라 하면 h의 도함수는

$$\begin{aligned} h'(x) &= \lim_{\Delta x \to 0} \frac{h(x+\Delta x)-h(x)}{\Delta x} \\ &= \lim_{\Delta x \to 0} \frac{f(x+\Delta x)+g(x+\Delta x)-f(x)-g(x)}{\Delta x} \\ &= \lim_{\Delta x \to 0} \frac{f(x+\Delta x)-f(x)+g(x+\Delta x)-g(x)}{\Delta x} \\ &= \lim_{\Delta x \to 0} \left[\frac{f(x+\Delta x)-f(x)}{\Delta x} + \frac{g(x+\Delta x)-g(x)}{\Delta x} \right] \\ &= \lim_{\Delta x \to 0} \frac{f(x+\Delta x)-f(x)}{\Delta x} + \lim_{\Delta x \to 0} \frac{g(x+\Delta x)-g(x)}{\Delta x} \\ &= f'(x)+g'(x) \end{aligned}$$

따라서, $\frac{d}{dx}[f(x)+g(x)] = f'(x)+g'(x)$이다. ▣

합과 차의 도함수의 공식은 유한개의 함수의 합과 차의 도함수로 확장된다. 이를 테면, $y = f(x)+g(x)-h(x)-k(x)$일 때,

$$y' = f'(x)+g'(x)-h'(x)-k'(x)$$

위의 도함수 공식을 이용해 임의의 다항함수의 도함수를 구해 보자.

[예제 3] <합과 차의 도함수 이용>

점 (1, -1)에서 다항함수 $f(x) = x^3-4x+2$의 그래프의 기울기를 구하여라.

풀이 $f'(x) = 3x^2 - 4$

점 (1, -1)에서 f의 그래프의 기울기는 다음과 같다.

$$\text{기울기} = f'(1) = 3(1)^2 - 4 = -1$$ ▣

[예제 4] <합과 차의 도함수 이용>

점 $\left(-1, -\frac{3}{2}\right)$에서 $g(x) = -\frac{x^4}{2} + 3x^3 - 2x$의 그래프에 그은 접선의 방정식을 구하여라.

풀이 $g'(x) = -\frac{4}{2}x^3 + 9x^2 - 2 = -2x^3 + 9x^2 - 2$

점 $\left(-1, -\frac{3}{2}\right)$에서 g의 그래프에 그은 접선의 기울기는

$$g'(-1) = -2(-1)^3 + 9(-1)^2 - 2$$
$$= 2 + 9 - 2 = 9$$

따라서, 접선의 방정식은

$$y + \frac{3}{2} = 9(x+1)$$

$$y = 9x + \frac{15}{2}$$ ▣

도함수의 공식 이용에 괄호는 중요한 역할을 한다. 다음 예를 통해 괄호의 이용을 살펴보자.

예 (미분할 때 괄호의 이용)

(1) $y = \frac{5}{2x^3} = \frac{5}{2}(x^{-3}) \to y' = \frac{5}{2}(-3x^{-4}) = -\frac{15}{2x^4}$

(2) $y = \frac{5}{(2x)^3} = \frac{5}{8}(x^{-3}) \to y' = \frac{5}{8}(-3x^{-4}) = -\frac{15}{8x^4}$

(3) $y = \dfrac{7}{3x^{-2}} = \dfrac{7}{3}(x^2) \to y' = \dfrac{7}{3}(2x) = \dfrac{14}{3}x$

(4) $y = \dfrac{7}{(3x)^{-2}} = 63(x^2) \to y' = 63(2x) = 126x$

근호를 포함하는 함수를 미분할 때, 유리지수를 갖는 함수로 고쳐 다음과 같이 도함수를 구한다.

【예】 (거듭제곱근을 포함하는 함수를 미분하기)

(1) $y = \sqrt{x} = x^{\frac{1}{2}} \to y' = \left(\dfrac{1}{2}\right)x^{-\frac{1}{2}} = \dfrac{1}{2\sqrt{x}}$

(2) $y = \dfrac{1}{2\sqrt[3]{x^2}} = \dfrac{1}{2}x^{-\frac{2}{3}} \to y' = \dfrac{1}{2}\left(-\dfrac{2}{3}\right)x^{-\frac{5}{3}} = -\dfrac{1}{3x^{\frac{5}{3}}}$

(3) $y = \sqrt{2x} = \sqrt{2}x^{\frac{1}{2}} \to y' = \dfrac{\sqrt{2}}{2}x^{-\frac{1}{2}} = \dfrac{1}{\sqrt{2x}}$

□ 곱의 도함수

두 함수의 곱이나 몫의 도함수 구하는 공식은 합과 차의 도함수처럼 단순하지는 않다. 공식을 기억하는 것보다 문장을 기억하는 것이 도움이 더 되는 것을 알게 된다.

〈곱의 도함수〉

미분가능한 두 함수의 곱의 도함수는 첫 번째 함수를 두 번째 도함수와 곱하고, 두 번째 함수를 첫 번째 도함수에 곱하여 더한다.

$$\frac{d}{dx}[f(x)g(x)] = f(x)g'(x) + g(x)f'(x)$$

증명 이 증명은 다른 증명처럼 직접적이지 않다. 같은 양을 더하고 빼는 과

정이 더 들어간다.

$F(x) = f(x)g(x)$라 하면

$$f'(x) = \lim_{\Delta x \to 0} \frac{F(x+\Delta x) - F(x)}{\Delta x}$$

$$= \lim_{\Delta x \to 0} \frac{f(x+\Delta x)g(x+\Delta x) - f(x)g(x)}{\Delta x}$$

$$= \lim_{\Delta x \to 0} \frac{f(x+\Delta x)g(x+\Delta x) - f(x+\Delta x)g(x) + f(x+\Delta x)g(x) - f(x)g(x)}{\Delta x}$$

$$= \lim_{\Delta x \to 0} \left[f(x+\Delta x) \frac{g(x+\Delta x) - g(x)}{\Delta x} + g(x) \frac{f(x+\Delta x) - f(x)}{\Delta x} \right]$$

$$= \lim_{\Delta x \to 0} f(x+\Delta x) \cdot \frac{g(x+\Delta x) - g(x)}{\Delta x} + \lim_{\Delta x \to 0} g(x) \cdot \frac{f(x+\Delta x) - f(x)}{\Delta x}$$

$$= f(x)g'(x) + g(x)f'(x)$$

▣

[예제 5] <곱의 도함수 구하기>

$y = (3x - 2x^2)(5 + 4x)$의 도함수를 구하여라.

풀이

$$\frac{dy}{dx} = (3x - 2x^2)\frac{d}{dx}[5 + 4x] + (5 + 4x) \cdot \frac{d}{dx}[3x - 2x^2]$$

$$= (3x - 2x^2)(4) + (5 + 4x)(3 - 4x)$$

$$= (12x - 8x^2) + (15 - 8x - 16x^2)$$

$$= 15 + 4x - 24x^2$$

▣

참고 $(f(x)g(x))' \neq f'(x)g'(x)$

[예제 6] <곱의 도함수 구하기>

$f(x)=\left(\frac{1}{x}+1\right)(x-1)$의 도함수를 구하여라.

풀이 $f(x)=(x^{-1}+1)(x-1)$에서

$$\begin{aligned} f'(x) &= (x^{-1}+1)\frac{d}{dx}[x-1]+(x-1)\frac{d}{dx}[x^{-1}+1] \\ &= (x^{-1}+1)(1)+(x-1)(-x^{-2}) \\ &= \frac{1}{x}+1-\frac{x-1}{x^2}=\frac{x+x^2-x+1}{x^2}=\frac{x^2+1}{x^2} \end{aligned}$$

■

곱의 도함수 공식이 세 함수 이상의 곱에도 적용된다. 이를 테면 f, g, h가 미분가능한 함수이면,

$$\frac{d}{dx}[f(x)g(x)h(x)]$$

$$=f'(x)g(x)h(x)+g'(x)f(x)h(x)+h'(x)f(x)g(x)$$

□ 몫의 도함수

앞에서 배운 도함수 구하는 공식을 이용하여 어떤 다항함수도 미분할 수 있다. 이제 다음 공식에 의해 모든 유리함수의 도함수를 구할 수 있다.

〈몫의 도함수〉

미분가능한 두 함수의 몫의 도함수는 분자의 도함수와 분모를 곱하고, 분모의 도함수와 분자를 곱한 것을 뺀 다음 그 식을 분모의 제곱으로 나눈다.

$$\frac{d}{dx}\left[\frac{f(x)}{g(x)}\right]=\frac{g(x)f'(x)-f(x)g'(x)}{\{g(x)\}^2},\quad g(x)\neq 0$$

증명 곱의 도함수의 증명에서와 같이 같은 양을 더하고 빼는 단계가 있다.

$$F(x) = \frac{f(x)}{g(x)}$$ 라면

$$F'(x) = \lim_{\Delta x \to 0} \frac{F(x+\Delta x) - F(x)}{\Delta x} = \lim_{\Delta x \to 0} \frac{\dfrac{f(x+\Delta x)}{g(x+\Delta x)} - \dfrac{f(x)}{g(x)}}{\Delta x}$$

$$= \lim_{\Delta x \to 0} \frac{g(x)f(x+\Delta x) - f(x)g(x+\Delta x)}{\Delta x \cdot g(x)\, g(x+\Delta x)}$$

$$= \lim_{\Delta x \to 0} \frac{g(x)f(x+\Delta x) - f(x)g(x) + f(x)g(x) - f(x)g(x+\Delta x)}{\Delta x, g(x)g(x+\Delta x)}$$

$$= \frac{\lim\limits_{\Delta x \to 0} \dfrac{g(x)[f(x+\Delta x) - f(x)]}{\Delta x} - \lim\limits_{\Delta x \to 0} \dfrac{f(x)[g(x+\Delta x) - g(x)]}{\Delta x}}{\lim\limits_{\Delta x \to 0} [g(x)g(x+\Delta x)]}$$

$$= \frac{g(x)\left[\lim\limits_{\Delta x \to 0} \dfrac{f(x+\Delta x) - f(x)}{\Delta x}\right] - f(x) \lim\limits_{\Delta x \to 0} \left[\dfrac{g(x+\Delta x) - g(x)}{\Delta x}\right]}{\lim\limits_{\Delta x \to 0} [g(x)g(x+\Delta x)]}$$

$$= \frac{g(x)f'(x) - f(x)g'(x)}{[g(x)]^2}$$ ▣

[예제 7] <몫의 도함수 구하기>

$y = \dfrac{x-1}{2x+3}$ 의 도함수를 구하여라.

풀이

$$\frac{dy}{dx} = \frac{(2x+3)\dfrac{d}{dx}[x-1] - (x-1)\dfrac{d}{dx}[2x+3]}{(2x+3)^2}$$

$$= \frac{(2x+3)(1) - (x-1)(2)}{(2x+3)^2}$$

$$= \frac{2x+3-2x+2}{(2x+3)^2} = \frac{5}{(2x+3)^2}$$ ▣

[예제 8] <몫의 도함수 구하기>

$y = \dfrac{2x^2-4x+3}{2-3x}$ 의 도함수를 구하여라.

풀이

$$y' = \frac{(2-3x)\dfrac{d}{dx}[2x^2-4x+3]-(2x^2-4x+3)\dfrac{d}{dx}[2-3x]}{(2-3x)^2}$$

$$= \frac{(2-3x)(4x-4)-(2x^2-4x+3)(-3)}{(2-3x)^2}$$

$$= \frac{-12x^2+20x-8+(6x^2-12x+9)}{(2-3x)^2}$$

$$= \frac{-6x^2+8x+1}{(2-3x)^2}$$

▣

연습문제 5.2

해답

1. 다음 함수의 도함수를 미분법 공식을 이용하여 구하여라.

1) $y=3$　　2) $f(x) = -2$

3) $f(x) = x+1$　　4) $g(x) = 3x-1$

5) $g(x) = x^2+4$　　6) $y = t^2+2t-3$

7) $f(t) = -2t^2+3t-6$　　8) $y = x^3-9$

9) $s(t) = t^3-2t+4$　　10) $f(x) = 2x^3-x^3+3x-1$

11) $y = 4t^{\frac{3}{4}}$　　12) $h(x) = x^{\frac{5}{2}}$

13) $f(x) = 4\sqrt{x}$　　14) $g(x) = 5\sqrt[3]{x}+2$

15) $y = 4x^{-2}+2x^2$　　16) $s = 4t^{-1}+1$

2. 다음 함수의 도함수를 [예]처럼 구하여라.

1) $y = \frac{1}{3x^3}$　　2) $y = \frac{1}{3x^2}$

3) $y = \frac{1}{(3x)^3}$　　4) $y = \frac{\pi}{(3x)^2}$

5) $y = \frac{\sqrt{x}}{x}$　　6) $y = \frac{4}{x^{-3}}$

3. 주어진 점에서 미분계수를 구하여라.

1) $f(x) = \frac{1}{x}$, (1, 1)

해답

1.

1) 0

3) 1

5) $2x$

7) $-4t+3$

9) $3t^2-2$

11) $\frac{3}{\sqrt[4]{t}}$

13) $\frac{2}{\sqrt{x}}$

15) $4x-8x^{-3}$

2.

1) $-\frac{1}{x^4}$

3) $-\frac{1}{9x^4}$

5) $-\frac{1}{2x^{\frac{3}{2}}}$

3.

1) -1

2) $f(x) = -\frac{1}{2} + \frac{7}{5}x^3$, $\left(0, -\frac{1}{2}\right)$

3) $f(t) = 3 - \frac{3}{5t}$, $\left(\frac{3}{5}, 2\right)$ — 3) $\frac{5}{3}$

4) $y = 3x\left(x^2 - \frac{2}{x}\right)$, $(2, 18)$

5) $y = (2x+1)^2$, $(0, 1)$ — 5) 4

6) $f(x) = 3(5-x)^2$, $(5, 0)$

4. 주어진 점에서 $f'(x)$를 구하여라.

1) $f(x) = x^2 - \frac{4}{x}$ — 1) $\frac{2(x^3+2)}{x^2}$

2) $f(x) = x^2 - 3x - 3x^{-2} + 5x^{-3}$

3) $f(x) = x^3 - 3x - \frac{2}{x^4}$ — 3) $3x^2 - 3 + \frac{8}{x^5}$

4) $f(x) = x^2 + 4x + \frac{1}{x}$

5) $f(x) = \frac{x^3 - 3x^2 + 4}{x^2}$ — 5) $\frac{x^3 - 8}{x^3}$

6) $f(x) = \frac{2x^2 - 3x + 1}{x}$

7) $f(x) = x(x^2+1)$ — 7) $3x^2 + 1$

8) $f(x) = (x^2+2x)(x+1)$

5. 다음 함수를 미분하여라.

1) $f(x) = (x^3 - 3x)(2x^2 + 3x + 5)$ — 1) $10x^4 + 12x^3 - 3x^2 - 18x - 15$

2) $f(x) = (x-1)(x^2 - 3x + 2)$

3) $h(t) = (3t+4)(t^4-5t^2+2)$	3) $15t^4+16t^3$ $-45t^2-40t+6$
4) $g(t) = (t^5-1)(4t^2-7t-3)$	
5) $h(s) = (s^3-2)^2$ 6) $h(x) = (x^2-1)^2$	5) $6s^5-12s^2$
7) $f(x) = \sqrt[3]{x}(\sqrt{x}+3)$ 8) $f(x) = \sqrt[3]{x}(x+1)$	7) $\frac{5}{6x^{\frac{1}{6}}}+\frac{1}{x^{\frac{2}{3}}}$
9) $f(x) = \frac{3x-2}{2x-3}$ 10) $f(x) = \frac{x^3+3x+2}{x^2-1}$	9) $-\frac{5}{(2x-3)^2}$
11) $f(x) = \frac{3-2x-x^2}{x^2-1}$ 12) $f(x) = x^3\left(\frac{x-2}{x+1}\right)$	11) $\frac{2}{(x^2+1)^2}$
13) $f(x) = (x^5-3x)\left(\frac{1}{x^2}\right)$ 14) $f(x) = x\left(1-\frac{2}{x+1}\right)$	13) $\frac{3(x^4+1)}{x^2}$
15) $h(t) = \frac{t+1}{t^2+2t+2}$ 16) $g(s) = \frac{5}{s^2+2s+2}$	15) $-\frac{t^2+2t}{(t^2+2t+2)^2}$
17) $f(x) = \frac{x+1}{\sqrt{x}}$ 18) $f(x) = \frac{\sqrt{x}}{x+1}$	17) $\frac{x-1}{2x^{\frac{3}{2}}}$
19) $g(x) = \left(\frac{x+1}{x+2}\right)(2x-5)$	19) $\frac{2x^2+8x-1}{(x+2)^2}$
20) $f(x) = (3x^3+4x)(x-5)(x+1)$	20) $15x^4-48x^3$
21) $f(x) = (x^2-x)(x^2+1)(x^2+x+1)$	$-33x^2-32x-20$
6. 주어진 점에서 다음 함수의 그래프에 그은 접선의 방정식을 구하여라.	6.
1) $f(x) = \frac{x}{x-1}$, $(2, 2)$	1) $y = -x+4$
2) $f(x) = (x-1)(x^2-2)$, $(0, 2)$	
3) $f(x) = (x^3-3x+1)(x+2)$, $(1, -3)$	3) $y = -x-2$
4) $f(x) = \frac{x-1}{x+1}$, $\left(2, \frac{1}{3}\right)$	

5.3 연쇄법칙, 고차도함수, 음함수의 미분법

□ 연쇄법칙

이제 미분법에서 가장 중요한 것의 하나인 연쇄법칙(chain rule)을 논하려고 한다. 이 미분법은 합성함수에 대해 다루고 앞에서 배운 공식에 융통성을 더해 준다.

〈 연쇄법칙 〉

$y=f(u)$는 u에 대해 미분가능하고, $u=g(x)$는 x에 대해 미분가능하다면, $y=f(g(x))$는 x에 대해 미분가능하고,

$$\frac{dy}{dx}=\frac{dy}{du}\cdot\frac{du}{dx}$$

또는 $\frac{d}{dx}[f(g(x))]=f'(g(x))g'(x)$이다.

연쇄법칙을 적용할 때, 합성함수 $y=f(g(x))$ 를 두 개의 부분으로 생각하는 것이 도움이 된다 ―내부함수와 외부함수, 즉 $y=f(g(x))$에서 내부함수 $u=g(x)$, 외부함수 $y=f(u)$

예 (합성함수의 분해)

(1) $y=\frac{1}{x+1}$ 에서 $u=x+1$, $y=\frac{1}{u}$

(2) $y=\sqrt{3x^2-x+1}$에서 $u=3x^2-x+1$, $y=\sqrt{u}$

[예제 1] <연쇄법칙 이용>

$y=(x^2+1)^3$의 도함수를 구하여라

풀이 $u=x^2+1$, $y=u^3$

$$\frac{dy}{dx} = \frac{dy}{du} \cdot \frac{du}{dx} = \frac{d}{du}[u^3] \cdot \frac{d}{dx}[x^2+1]$$
$$= 3u^2 \cdot (2x) = 3(x^2+1)^2 \cdot (2x)$$
$$= 6x(x^2+1)^2$$ ▣

일반함수 $u(x)$의 멱의 도함수 구하는 공식은 다음과 같다.

〈 $[u(x)]^n$의 도함수(general power rule) 〉

$y=[u(x)]^n$이고, u는 x에 대해 미분가능하고, n이 실수이면,

$$\frac{dy}{dx} = n[u(x)]^{n-1} \cdot \frac{du}{dx}$$

또는 $\frac{d}{dx}[u^n] = nu^{n-1} \cdot u'$이다

증명 $y=u^n$이므로, 연쇄법칙을 이용하면,

$$\frac{dy}{dx} = \left(\frac{dy}{du}\right)\left(\frac{du}{dx}\right) = \frac{d}{du}[u^n]\frac{du}{dx} = nu^{n-1}\frac{du}{dx}$$ ▣

[예제 2] <general power rule>

$f(x) = (3x-2x^2)^3$의 도함수를 구하여라.

풀이 $u=3x-2x^2$이라면 $f(x) = (3x-2x^2)^3 = u^3$

따라서, $f'(x) = nu^{n-1} \cdot u'$

$$= 3(3x-2x^2)^2\frac{d}{dx}[3x-2x^2]$$
$$= 3(3x-2x^2)^2(3-4x)$$
$$= (9-12x)(3x-2x^2)^2$$ ▣

[예제 3] <지수로 고쳐서 이용>

$y = \sqrt[3]{(x^2+2)^2}$의 도함수를 구하여라.

풀이 $y = (x^2+2)^{\frac{2}{3}}$

$$y' = nu^{n-1} \cdot u' = \frac{2}{3}(x^2+2)^{-\frac{1}{3}}(2x) = \frac{4x}{3\sqrt[3]{x^2+2}}$$ ▣

□ 고차 도함수

함수의 도함수 자체가 함수이므로 그것의 도함수를 생각할 수 있다. 계속 미분가능하다면, 이 과정을 반복하여 **고차 도함수**(higher-order derivatives)를 얻는다. 이를 테면 f'의 도함수를 f''라 쓰고, f의 2차 도함수(second derivative)라고 한다.

$$\frac{d}{dx}[f'(x)] = f''(x)$$

마찬가지 방법으로 f의 3차 도함수(third devivative)를 f''의 도함수로 정의하고 f'''라고 쓴다.

$$\frac{d}{dx}[f''(x)] = f'''(x)$$

[예제 4] <고차 도함수 구하기>

$f(x) = 2x^4 - 3x^2$의 5차 도함수를 구하여라.

풀이 연속적으로 미분하면,

$f'(x) = 8x^3 - 6x$ … 1차 도함수

$f''(x) = 24x^2 - 6$ … 2차 도함수

$f'''(x) = 48x$ … 3차 도함수

$$f^{(4)}(x) = 48 \qquad \cdots \text{ 4차 도함수}$$

$$f^{(5)}(x) = 0 \qquad \cdots \text{ 5차 도함수}$$

▣

고차 도함수에 대한 표기는 다음과 같다.

〈 고차 도함수 표기 〉

1. 1차 도함수 : $y'(x), f'(x), \dfrac{dy}{dx}, \dfrac{d}{dx}[f(x)], D_x(y)$
2. 2차 도함수 : $y''(x), f''(x), \dfrac{d^2y}{dx^2}, \dfrac{d^2}{dx^2}[f(x)], D_x^2(y)$
3. 3차 도함수 : $y'''(x), f'''(x), \dfrac{d^3y}{dx^3}, \dfrac{d^3}{dx^3}[f(x)], D_x^3(y)$
4. 4차 도함수 : $y^{(4)}, f^{(4)}(x), \dfrac{d^4y}{dx^4}, \dfrac{d^4}{dx^4}[f(x)], D_x^4(y)$
5. n차 도함수 : $y^{(n)}, f^{(n)}(x), \dfrac{d^ny}{dx^n}, \dfrac{d^n}{dx^n}[f(x)], D_x^n(y)$

[예제 5] <고차 도함수 이용하기>

$g(t) = -t^4 + 2t^3 + t + 4$일 때, $g'''(2)$를 구하여라.

풀이 $g'(t) = 4t^3 + 6t^2 + 1$

$g''(t) = -12t^2 + 12t$

$g'''(t) = -24t + 12$

따라서, $g'''(2) = -24(2) + 12 = -36$ ▣

위의 예제에서 다항함수의 고차 도함수를 구했다. 연속적으로 미분할 때마다 다항식의 차수가 하나씩 줄어든다. 결국 다항함수의 고차 도함수는 상수함수가 된다. 즉 n차 다항함수의 n차 도함수는 다음과 같이 된다.

$$f(x) = a_n x^n + a_{n-1}x^{n-1} + \cdots + a_1 x + a_0$$

$$f^{(n)} = n!a_n \ (n! = n(n-1)(n-2)\cdots 3\cdots 2\cdots 1)$$

n보다 큰 차수의 도함수는 모두 0이 된다. 이것이 다항함수의 유일한 특징이다. 다른 함수의 경우는 연속적으로 미분하여도 상수함수가 될 수 없다. 그러나 다음 예제에서와 같이 어떤 특별한 형태를 보인다.

[예제 6] <고차 도함수 구하기>

$y = \dfrac{1}{x}$의 4차 도함수를 구하여라. 또 n차 도함수를 추정하여라.

풀이 $y = x^{-1}$로 고치고

$$y' = (-1)x^{-2} = -\frac{1}{x^2}$$

$$y'' = (-1)(-2)x^{-3} = -\frac{2}{x^3}$$

$$y''' = (-1)(-2)(-3)x^{-4} = -\frac{6}{x^4}$$

$$y^{(4)} = (-1)(-2)(-3)(-4)x^{-5} = \frac{24}{x^5}$$

여기서 $y^{(n)}$을 추정하면 $y^{(n)} = (-1)^n \dfrac{n!}{x^{n+1}}$이다. ▣

□ 음함수 미분법

$y = f(x)$꼴의 함수의 미분법에 대해 알아보았다. 이제 $f(x, y) = 0$꼴의 함수, 즉 음함수(implicit function)의 미분법에 대해 알아보자. 이를 테면 $x^2 - 2y^3 + 4y = 2$, $xy = 1$을 $y = f(x)$꼴로 고치는 것이 쉬울 수도 있지만 고치기 어

려운 경우도 있다. 이 때에는 y를 x의 미분가능한 함수로 보고, **음함수 미분법**(implicit differentiation)을 이용한다. y를 포함하는 식을 미분할 때 연쇄법칙을 적용해야 한다. 연쇄법칙이 $\frac{dy}{dx}$ 인수를 어떻게 이끌어 내는데 이용되는지 주의깊게 살펴보자.

[예제 7] <연쇄법칙 이용>

다음을 x에 대하여 미분하여라.

(1) $3x^2$　　(2) $2y^3$　　(3) $x+3y$　　(4) xy^2

풀이 (1) $\frac{d}{dx}[3x^2]=6x$

(2) $\frac{d}{dx}[2y^3]=\frac{d}{dy}[2y^3]\cdot\frac{dy}{dx}=2(3)y^2\frac{dy}{dx}=6y^2\frac{dy}{dx}$

(3) $\frac{d}{dx}[x+3y]=\frac{d}{dx}[x]+\frac{d}{dx}[3y]=1+\frac{d}{dy}[3y]\cdot\frac{dy}{dx}=1+3\frac{dy}{dx}$

(4) $\frac{d}{dx}[xy^2]=x\cdot\frac{d}{dx}[y^2]+y^2\frac{d}{dx}[x]=x\cdot\frac{d}{dy}[y^2]\cdot\frac{dy}{dx}+y^2(1)$

$=2xy\frac{dy}{dx}+y^2$ ▣

x, y를 포함하는 방정식에 대해 $\frac{dy}{dx}$를 구하기 위해 다음 과정을 이용한다.

〈음함수 미분법〉

x, y를 포함하는 방정식에서 y가 x에 대해 미분가능하다면 $\frac{dy}{dx}$를 다음과 같이 구할 수 있다.

1. 방정식의 양변을 x에 대하여 미분한다.
2. $\frac{dy}{dx}$를 포함하는 항은 왼쪽으로, 나머지는 오른쪽으로 옮긴다.

3. $\frac{dy}{dx}$로 왼쪽의 항을 묶어 낸다.

4. 방정식의 양변을 $\frac{dy}{dx}$에 대해 푼다.

[예제 8] <음함수꼴로 주어진 곡선의 기울기 구하기>

점 $\left(\sqrt{2},\ -\frac{1}{\sqrt{2}}\right)$에서 타원 $x^2+4y^2=4$에 그은 접선의 기울기를 구하여라.

풀이 (1) 타원 $x^2+4y^2=4$(그림 5.7)의 양변을 x에 대하여 미분한다.

$$\frac{d}{dx}[x^2+4y^2]=\frac{d}{dx}[4]$$

$$2x+8y\left(\frac{dy}{dx}\right)=0$$

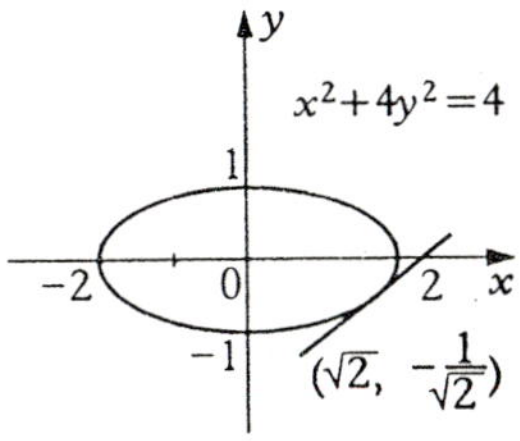

그림 5.7

(2) $8y\left(\frac{dy}{dx}\right)=-2x$

(3) $\frac{dy}{dx}=-\frac{2x}{8y}=-\frac{x}{4y}$

따라서, $\left(\sqrt{2},\ -\frac{1}{\sqrt{2}}\right)$에서의 기울기는 다음과 같다.

$$\frac{dy}{dx}=\frac{-\sqrt{2}}{4\left(-\frac{1}{\sqrt{2}}\right)}=\frac{1}{2}$$ ▣

[예제 9] <음함수 미분법>

방정식 $y^3+y^2-5y-x^2=-4$에서 $\frac{dy}{dx}$를 구하여라.

풀이 방정식의 양변을 x에 대하여 미분하면,

(1) $\frac{d}{dx}[y^3+y^2-5y-x^2]=\frac{d}{dx}[-4]$

$$\frac{d}{dx}[y^3]+\frac{d}{dx}[y^2]-\frac{d}{dx}[5y]-\frac{d}{dx}[x^2]=\frac{d}{dx}[-4]$$

$$3y^2\frac{dy}{dx}+2y\frac{dy}{dx}-5\frac{dy}{dx}-2x=0$$

(2) $3y^2\frac{dy}{dx}+2y\frac{dy}{dx}-5\frac{dy}{dx}=2x$

(3) $\frac{dy}{dx}(3y^2+2y-5)=2x$

(4) $\frac{dy}{dx}=\frac{2x}{3y^2+2y-5}$ ■

[예제 10] <음함수 꼴로 주어진 곡선의 기울기>

점 (3, 1)에서 $3(x^2+y^2)^2=100xy$의 그래프의 기울기를 구하여라.

풀이 (1) $\frac{d}{dx}[3(x^2+y^2)^2]=\frac{d}{dx}[100xy]$

$$3(2)(x^2+y^2)\left(2x+2y\cdot\frac{dy}{dx}\right)$$

$$=100\left[x\frac{dy}{dx}+y(1)\right]$$

(2) $12y(x^2+y^2)\frac{dy}{dx}-100x\frac{dy}{dx}$

$$=100y-12x(x^2+y^2)$$

(3) $[12y(x^2+y^2)-100x]\frac{dy}{dx}$

$$=100y-12x(x^2+y^2)$$

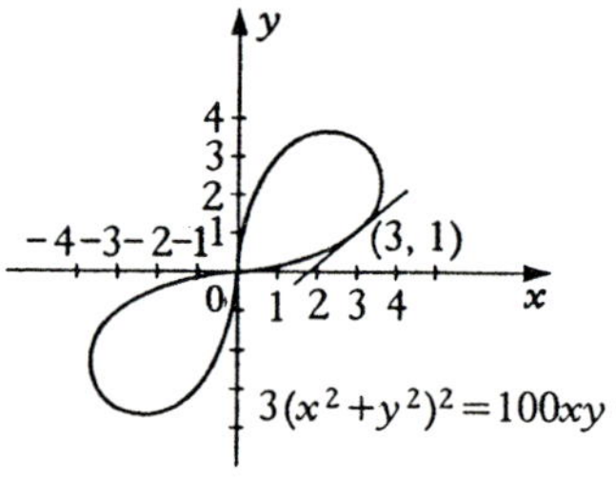

그림 5.8

(4) $\frac{dy}{dx}=\frac{100y-12x(x^2+y^2)}{-100x+12y(x^2+y^2)}=\frac{25y-3x(x^2+y^2)}{-25x+3y(x^2+y^2)}$

점 (3, 1)에서 그래프(그림5.8)의 기울기는

$$\frac{dy}{dx}=\frac{25(1)-3(3)(3^2+1^2)}{-25(3)+3(1)(3^2+1^2)}=\frac{25-90}{-75+30}=\frac{-65}{-45}=\frac{13}{9}$$ ■

연습문제 5.3

1. 다음 함수의 도함수를 구하여라.

1) $y=(2x-7)^3$ 2) $y=(3x^2+1)^4$

3) $f(x)=2(x^2-1)^3$ 4) $g(x)=3(9x-4)^4$

5) $g(x)=(4-2x)^3$ 6) $h(x)=(1-x^2)^4$

7) $h(x)=(6x-x^3)^2$ 8) $f(x)=(4x-x^2)^3$

9) $f(x)=(x^2-9)^{\frac{2}{3}}$ 10) $f(t)=(9t+2)^{\frac{2}{3}}$

11) $f(t)=\sqrt{t+1}$ 12) $g(x)=\sqrt{2x+3}$

13) $s(t)=\sqrt{t^2+2t-1}$ 14) $y=\sqrt[3]{3x^3+4x}$

15) $y=\sqrt[3]{9x^2+4}$ 16) $g(x)=\sqrt{x^2-2x+1}$

2. 주어진 점에서 곡선에 그은 접선의 방정식을 구하여라.

1) $f(x)=\sqrt{3x^2-2}$, (3, 5)

2) $f(x)=x\sqrt{x^2+5}$, (2, 6)

3. 다음 함수의 2차 도함수를 구하여라

1) $f(x)=5-4x$ 2) $f(x)=3x-1$

3) $f(x)=x^2-2x+1$ 4) $f(x)=3x^2+4x$

5) $g(t)=\frac{1}{3}t^3-4t^2+2t-7$

6) $h(t)=5t^4+10t^2+3$

해답

1.

1) $6(2x-7)^2$

3) $12x(x^2-1)^2$

5) $-6(4-2x)^2$

7) $6x(6-x^2)$
$(2-x^2)$

9) $\dfrac{4x}{3(x^2-9)^{\frac{1}{3}}}$

11) $\dfrac{1}{2\sqrt{t+1}}$

13) $\dfrac{t+1}{\sqrt{t^2+2t-1}}$

2.

1) $y=\frac{9}{5}x-\frac{2}{5}$

3.

1) 0

3) 2

5) $2t-8$

7) $g(t)=t^{\frac{1}{3}}$ 8) $f(t)=\frac{3}{4t^2}$

9) $f(x)=4(x^2-1)^2$ 10) $f(x)=3(2-x^2)^3$

4. 다음 함수의 3차 도함수를 구하여라

1) $f(x)=x^5-3x^4$ 2) $f(x)=x^4-2x^3$

3) $f(x)=2x(x-1)^2$ 4) $f(x)=(x-1)^2$

5) $f(x)=\frac{3}{(4x)^2}$ 6) $f(x)=\frac{1}{x^3}$

7) $f(x)=\sqrt{4-x}$ 8) $s(t)=\sqrt{2t+3}$

5. $\frac{dy}{dx}$를 구하고, 주어진 점에서 미분계수를 구하여라.

1) $x^2+y^2=25$, $(3, 4)$ 2) $x^2-y^2=16$, $(4, 0)$

3) $y+xy=4$, $(-5, -1)$ 4) $4xy+x^2=5$, $(1, 1)$

5) $x^2-y^3=3$, $(2, 1)$ 6) $x^3+y^3=8$, $(0, 2)$

6. $\frac{dy}{dx}$를 구하고, 주어진 점에서 곡선에 그은 접선의 방정식을 구하여라.

1) $\sqrt{x}+\sqrt{y}=3$, $(4, 1)$

2) $x^3+y^3-6xy=0$, $(3, 3)$

---

7) $\frac{4}{9t^{\frac{7}{3}}}$

9) $48x^2-16$

4.

1) $60x^2-72x$

3) 12

5) $-\frac{9}{2x^5}$

7) $\frac{3}{8(4-x)^{\frac{5}{2}}}$

5.

1) $-\frac{x}{y}$, $-\frac{3}{4}$

3) $-\frac{y}{x+1}$, $-\frac{1}{4}$

5) $\frac{2x}{3y^2}$, $\frac{4}{3}$

6.

1) $y=-\frac{1}{2}x+3$

Home Work

1. 네 단계 과정을 이용하여 다음 함수의 도함수를 구하여라.

1) $f(x) = 3x - 7$

2) $f(x) = 7 - 2x^2$

3) $g(t) = \sqrt{t+3}$

4) $g(t) = \dfrac{t-2}{t}$

2. 다음 함수의 도함수를 구하여라.

1) $f(x) = 3x^3 - x^2$

2) $f(x) = x^4 - 11x^2 + 5$

3) $f(x) = 5x^3 - 3x^{-2} + 5$

4) $f(x) = \dfrac{3x^3 + 5}{x^2}$

5) $f(x) = x^{\frac{1}{3}} + x^{-\frac{1}{3}}$

6) $f(x) = \dfrac{2x-1}{x+2}$

7) $f(x) = (7x^2 - 3)(3x^2 - x^2 + 2)$

8) $g(x) = (3x-5)(x^3 - 7x - 3x - 4)$

9) $g(t) = \dfrac{5}{2t^3}$

10) $h(x) = \dfrac{3}{(2x)^3}$

11) $g(t) = \dfrac{t^2 - t + 2}{t^2 + 1}$

12) $g(t) = \dfrac{5t-6}{t^2+1}$

13) $g(t) = \dfrac{2}{3t^2 - 4}$

14) $h(t) = \dfrac{5}{2t^2 - 3t}$

15) $f(x) = \dfrac{3}{\sqrt{x-2}}$

16) $f(x) = \dfrac{x^3}{1-2x}$

17) $f(x) = 2(4x^2 - 1)^3$

18) $f(x) = \left(x^2 - \dfrac{1}{x}\right)^4$

19) $h(t) = \{x^2(x^2-3)\}^3$

20) $f(x) = \{(x-3)(x+3)\}^2$

3. 다음 함수의 2차도함수를 구하여라.

1) $f(x) = 9x^2 - 9$

2) $h(x) = x^2(x-1)$

3) $h(t) = \dfrac{3}{(2-t)^2}$

4) $h(t) = t^2 - \dfrac{5}{t}$

5) $f(x) = (3x^2-7)(x^2+2x-3)$

6) $f(x) = \dfrac{2}{\sqrt{x}}$

7) $g(x) = (1+2x^2)^3$

8) $g(x) = 9x^{\frac{1}{2}}$

9) $h(x) = 9\sqrt[3]{x}$

10) $h(x) = \sqrt{3-2x^2}$

4. 음함수 미분법을 이용하여 $\dfrac{dy}{dx}$를 구하여라.

1) $x^3 - 3xy + 3x^2y + y^3 = 9$

2) $x^2 - 9y^2 + 4x - 3y + 9 = 0$

3) $y^2 - x^2 + xy = 5$

4) $x^2 - y^2 + 6x - 2y - 15 = 0$

5) $x^3 + 3xy - 3xy^2 - y^3 = 10$

6) $x^4 + x^2y^2 - 3x^2y + y^4 = 0$

5. 주어진 점에서 다음 곡선의 그래프에 그은 접선의 방정식을 구하여라.

1) $y = (x-3)^3$, $(2, -1)$

2) $y = (2x-1)^2$, $(1, 1)$

3) $x^2 + y^2 = 20$, $(2, 4)$

4) $x^2 - y^2 = 9$, $(4, \sqrt{7})$

5) $y = \sqrt[3]{(x-3)^2}$, $(4, 1)$

6) $y = \dfrac{3x}{1-x^2}$, $(0, 0)$

7) $y = (x+3)^3$, $(-2, 1)$

8) $y = (x-2)^2$, $(2, 0)$

9) $x^3 + y^3 = 2$, $(1, 1)$

10) $y = (x^2-2)^2$, $(2, 4)$

제6장

도함수의 응용

〈 학습내용 〉

6.1 함수의 증가 · 감소
6.2 곡선의 오목
6.3 곡선의 개형
6.4 미분

6.1 함수의 증가 · 감소

□ 증가 · 감소 함수

그래프 x가 오른쪽으로 움직일 때, 위로 올라가면 함수 $y = f(x)$는 증가하고, 그래프 x가 오른쪽으로 움직일 때, 내려가면 감소한다.

다음 정의는 이것을 더 체계적으로 나타낸 것이다.

〈증가 · 감소 함수의 정의〉

> 구간의 임의의 두 점 x_1, x_2에 대하여 $x_1 < x_2$이면 $f(x_1) < f(x_2)$일 때, 함수 f는 그 구간에서 증가(increasing)한다. 구간의 임의의 두 점 x_1, x_2에 대하여 $x_1 < x_2$이면 $f(x_1) > f(x_2)$일 때, 함수 f는 그 구간에서 감소(decreasing)한다.

이를 테면(그림6.1)의 함수는 구간 $(-\infty, a)$에서 감소하고, 구간 (a, b)에서 일정하고, 구간 (b, ∞)에서 증가한다. 도함수가 함수의 구간에서 증가 또는 감소함을 결정하는데 도움을 준다. 특히 그림 6.1에서 양의 미분계수인 경우 그래프의 기울기는 위로 올라가고, 함수는 증가한다. 마찬가지로 음의 미분계수인 경우 함수는 감소한다. 전구간에서 미분계수가 0인 경우의 함수는 전구간에서 상수이다. 도함수가 증가 또는 감소함수를 검사하는데 이용된다.

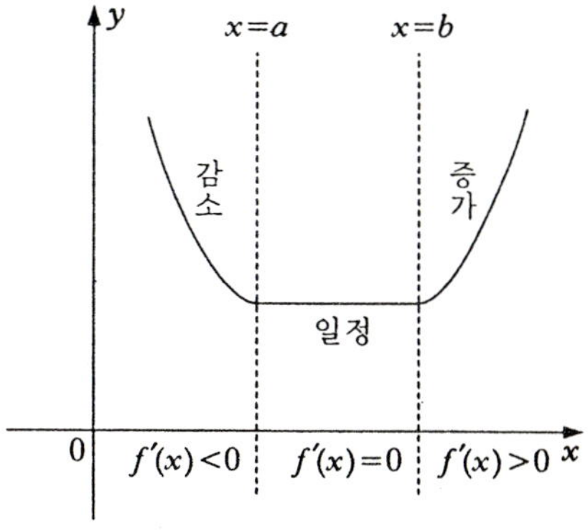

그림 6.1

〈증가 또는 감소함수의 판정〉

f는 구간 (a, b)에서 미분가능하다.

1. 구간 (a, b)의 모든 x에 대하여, $f'(x)>0$이면 $f(x)$는 구간 (a, b)에서 증가한다.
2. 구간 (a, b)의 모든 x에 대하여 $f'(x)<0$이면 f는 구간 (a, b)에서 감소한다.
3. 구간 (a, b)의 모든 x에 대하여 $f'(x)=0$이면 f는 구간 (a, b)에서 일정하다.

[예제 1] <증가 · 감소함수의 판정>

$f(x)=x^2$가 $(-\infty, 0)$에서 감소하고, $(0, \infty)$에서 증가함을 보여라.

풀이 $f'(x)=2x$

$x<0$일 때, $f'(x)<0$이므로 $f(x)$는 감소,

$x>0$일 때, $f'(x)>0$이므로 $f(x)$는 증가.

따라서, (그림 6.2)와 같이 $f(x)$는 $(-\infty, 0)$에서 감소하고, $(0, \infty)$에서 증가한다.

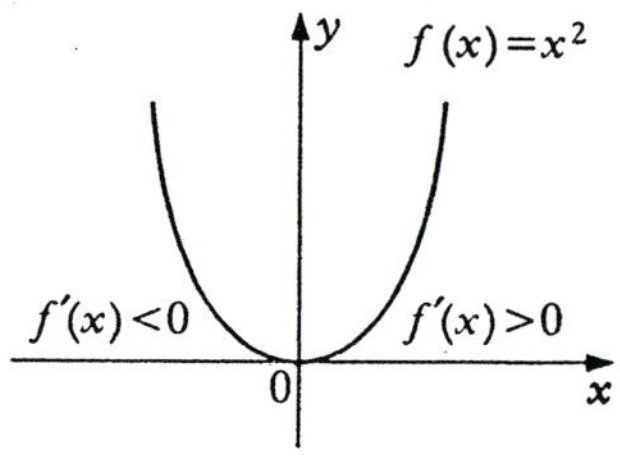

그림 6.2

■

[예제 2] < f가 증가 또는 감소하는 구간>

$f(x)=x^3-\frac{3}{2}x^2$이 증가 또는 감소하는 구간을 구하여라.

풀이 $f'(x)=3x^2-3x=0$

$$3x(x-1)=0$$

$$x=0, 1$$

x	$\cdots$	0	$\cdots$	1	$\cdots$
$f'(x)$	+	0	−	0	+
$f(x)$	↗		↘		↗

위의 표와 같이 변화표를 만들면,

$x<0$, $x>1$에서 $f'(x)>0$이므로 $f(x)$는 증가,

$0<x<1$에서 $f'(x)<0$이므로 $f(x)$는 감소,

따라서, $(-\infty, 0), (1, \infty)$에서 증가, $(0, 1)$에서 감소한다. ▣

[예제 3] < f가 증가 또는 감소하는 구간>

$f(x) = (x^2-4)^{\frac{2}{3}}$의 증가 또는 감소하는 구간을 구하여라.

풀이 $$f'(x) = \frac{2}{3}(x^2-4)^{-\frac{1}{3}}(2x) = \frac{4x}{3(x^2-4)^{\frac{1}{3}}} = 0$$

$$x=0,\ x \neq \pm 2$$

다음과 같이 변화표를 만들면,

x	$\cdots$	-2	$\cdots$	0	$\cdots$	2	$\cdots$
$f'(x)$	−	×	+	0	−	×	+
$f(x)$	↘		↗		↘		↗

$x<-2$, $0<x<2$에서 $f'(x)<0$이므로 $f(x)$는 감소

$-2<x<0$, $x>2$에서 $f'(x)>0$이므로 $f(x)$는 증가

따라서, $(-\infty, -2), (0, 2)$에서 감소, $(-2, 0), (2, \infty)$에서 증가한다.

[예제 4] <불연속함수에 대한 증가, 감소 판정>

$f(x) = \dfrac{x^4+1}{x^2}$ 의 증가 또는 감소구간을 구하여라.

풀이 $f(x) = x^2 + \dfrac{1}{x^2} = x^2 + x^{-2}$에서

$$f'(x) = 2x - 2x^{-3} = 2x - \frac{2}{x^3} = \frac{2(x^4-1)}{x^3}$$

$$= \frac{2(x^2+1)(x-1)(x+1)}{x^3} = 0$$

$x = 1,\ -1$

다음의 변화표에서

x	⋯	-1	⋯	0	⋯	1	⋯
$f'(x)$	-	0	+	×	-	0	+
$f(x)$	↘		↗		↘		↗

$x<-1,\ 0<x<1$에서 $f'(x)<0$이므로 $f(x)$는 감소

$-1<x<0,\ x>1$에서 $f'(x)>0$이므로 $f(x)$는 증가

따라서, $(-\infty,\ -1), (0,\ 1)$에서 감소, $(-1,\ 0), (1,\ \infty)$에서 증가한다. ▣

□ 극대 · 극소

함수가 증가 · 감소하는 구간을 정하는데 함수의 도함수를 이용하였다. 이제 함수가 증가에서 감소로, 감소에서 증가로 변화하는 점들을 조사한다(그림 6.3). 이런 점을 극대점, 극소점이라고 한다.

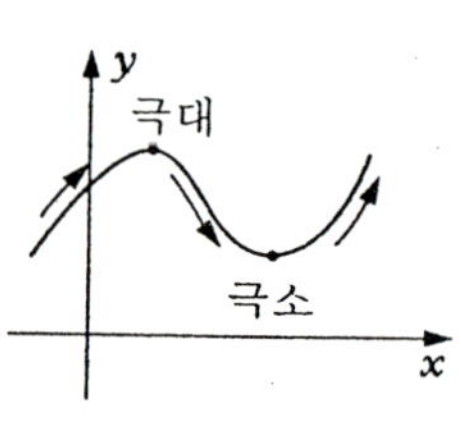

그림 6.3

〈 극값의 정의 〉

함수 f가 c에서 정의된다.

1. c를 포함하는 구간 (a, b)의 임의의 점 x에 대해 $f(x) \leqq f(c)$이면, $f(c)$를 f의 극대값이라고 한다.
2. c를 포함하는 구간 (a, b)의 임의의 점 x에 $f(x) \geqq f(c)$대해이면, $f(c)$를 f의 극소값이라고 한다.

1차 도함수를 이용하여 극대, 극소값을 판정할 수 있다.

〈 1차 도함수의 극값 판정법 〉

f는 구간 (a, b)에서 연속이고, c에서 극값을 갖는다고 하자. f가 구간에서 미분가능하다면 $f'(c) = 0$이고, $f(c)$는 극소값 또는 극대값이 된다.

1. 극소값 :

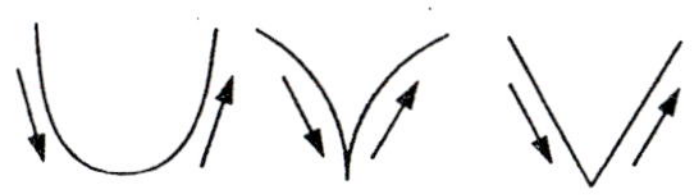

		c	
$f'(x)$	$-$	0	$+$
		$\times$	

2. 극대값 :

		c	
$f'(x)$	$+$	0	$-$
		$\times$	

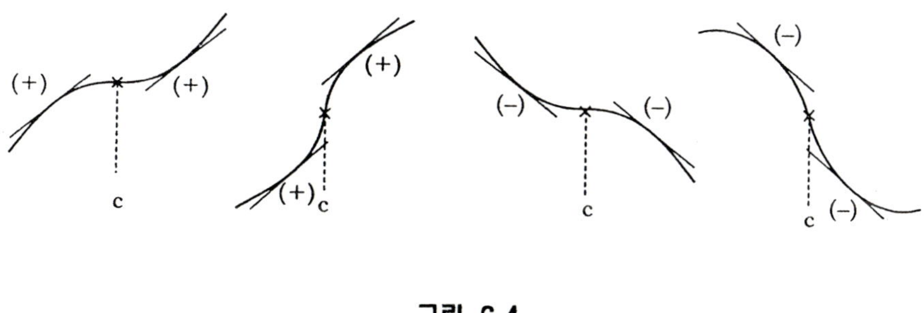

그림 6.4

일반으로 $f'(c)=0$이라도 극값을 갖지 않는 경우는 (그림 6.4)와 같다.

[예제 5] <극값 구하기>

$f(x)=2x^3-3x^2-36x+14$의 극값을 구하여라.

풀이 $f'(x)=6x^2-6x-36=6(x^2-x-6)=6(x-3)(x+2)=0$

$x=-2,\ 3$

증감표를 그리면 다음과 같다.

x	·····	-2	·····	3	·····
$f'(x)$	+	0	−	0	+
$f(x)$	↗	극대	↘	극소	↗

$x=-2$에서 극대값 $f(-2)=58$

$x=3$에서 극소값 $f(3)=-67$ ▣

[예제 6] <극값 구하기>

$f(x)=x^4-x^3$의 극값을 구하여라.

풀이 $f'(x)=4x^3-3x^2=x^2(4x-3)=0$

$x=0,\ \dfrac{3}{4}$

증감표를 그리면 다음과 같다.

x	·····	0	·····	$\dfrac{3}{4}$	·····
$f'(x)$	+	0	−	0	+
$f(x)$	↘		↘	극소	↗

$x=\dfrac{3}{4}$에서 극소값 $f\left(\dfrac{3}{4}\right)=-\dfrac{27}{256}$ ▣

[예제 7] <극값 구하기>

$f(x) = 2x - 3x^{\frac{2}{3}}$의 극값을 구하여라.

풀이 $f'(x) = 2 - 2x^{-\frac{1}{3}} = \dfrac{2(x^{\frac{1}{3}} - 1)}{x^{\frac{1}{3}}} = 0$에서 $x = 1$,

한편 $x = 0$에서 $f'(x)$가 정의되지 않는다. 따라서 증감표를 그리면 다음과 같다.

x	·····	0	·····	1	·····
$f'(x)$	+	×	−	0	+
$f(x)$	↗	극대	↘	극소	↗

$x = 0$일 때 극대값 $f(0) = 0$

$x = 1$일 때 극소값 $f(1) = -1$ ▣

□ 최대 · 최소

극대값, 극소값, 최대값, 최소값의 차이는 (그림 6.5)를 보면 알 수 있다.

〈최대 · 최소값의 정의〉

f가 c를 포함하는 구간 I 에서 정의된다.

1. 구간 I 의 모든 x에 대해 $f(x) \geq f(c)$이면, $f(c)$는 f의 최소값이다.
2. 구간 I 의 모든 x에 대해 $f(x) \leq f(c)$이면 $f(c)$는 f의 최대값이다.

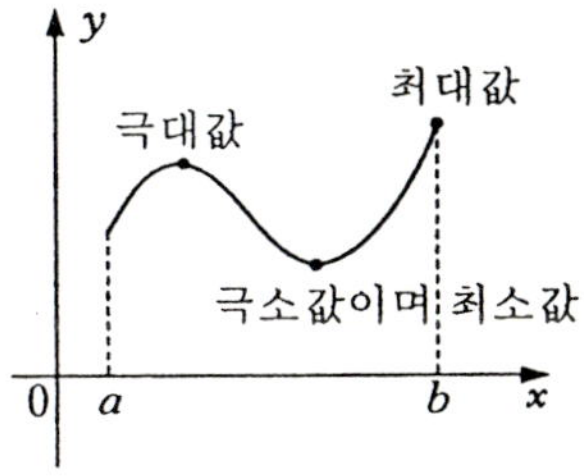

그림 6.5

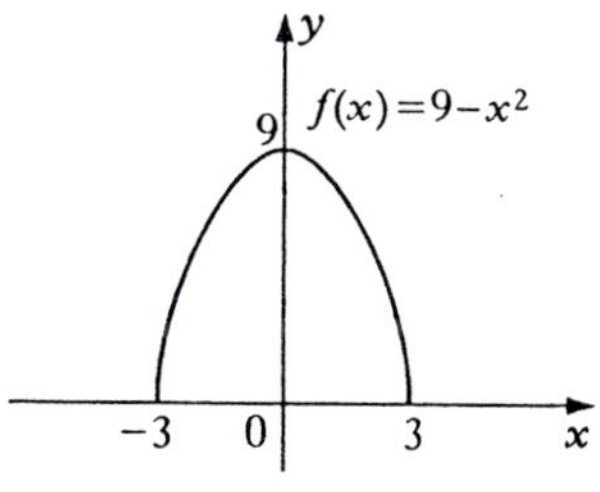

그림 6.6

연속인 함수가 폐구간 $[a, b]$에서 하나의 최대값과 하나의 최소값을 갖더라도, 이 값은 x의 여러 값에 대해 일어날 수 있다. 이를테면 구간 $[-3, 3]$에서 함수 $f(x)=9-x^2$은 $x=-3$과 $x=3$일 때 최소값 0을 갖는다(그림 6.6)

<최대 · 최소값의 정리>

함수 f가 폐구간 $[a, b]$에서 연속이면, f는 폐구간 $[a, b]$에서 최대값과 최소값을 모두 갖는다.

[예제 8] <최대 · 최소값 구하기>

폐구간 $[0, 5]$에서 $f(x)=x^2-6x+2$의 최대값과 최소값을 구하여라.

풀이 $f'(x)=2x-6=2(x-3)=0$에서 $x=3$

$f(0)=2$, $f(3)=-7$, $f(5)=-3$에서 최대값 2, 최소값 -7

(아래표 참조)

x	0	…	3	…	5
$f'(x)$		−	0	+	
$f(x)$	2	↘	극소(-7)	↗	-3

▣

연습문제 6.1

1. 다음 함수의 증가, 감소구간을 구하여라.

1) $f(x) = -2x^2+4x+3$

2) $f(x) = x^2+8x+10$

3) $f(x) = 2x^3+3x^2-12x$

4) $f(x) = (x-1)^2(x+2)$

5) $h(x) = x^{\frac{2}{3}}$

6) $h(x) = \sqrt[3]{x-1}$

7) $f(x) = x^4-2x^3$

8) $f(x) = x\sqrt{x+1}$

9) $f(x) = 2x\sqrt{3-x}$

10) $f(x) = 2(x+2)\sqrt{1-x}$

11) $y = \dfrac{x}{x^2+4}$

12) $y = \dfrac{x^2}{x^2+4}$

2. 다음 함수의 극 값을 구하여라.

1) $f(x) = -2x^2+4x+3$

해답

1.

1) $(-\infty,\ 1)$증가, $(1,\ \infty)$감소

3) $(-\infty,\ -2)$ $(1,\ \infty)$증가 $(-2,\ 1)$감소

5) $(0,\ \infty)$증가 $(-\infty,\ 0)$감소

7) $\left(-\infty,\ \dfrac{3}{2}\right)$감소 $\left(\dfrac{3}{2},\ \infty\right)$ 증가

9) $(-\infty,\ 2)$증가 $(2,\ 3)$감소

11) $(-2,\ 2)$증가. $(-\infty,\ -2)$, $(2,\ \infty)$감소

2.

1) 극대값 $(1,\ 5)$

2) $f(x) = x^2 + 8x + 10$	
3) $f(x) = x^2 - 6x$	3) 극소값 (3, −9)
4) $f(x) = (x-1)^2(x+2)$	
5) $g(x) = 2x^3 + 3x^2 - 12x$	5) 극대값 (−2, 20)
6) $g(x) = \dfrac{x^5 - 5x}{5}$	극소값 (1, −7)
7) $h(x) = -(x+4)^3$　　8) $h(x) = (x-3)^3$	7) 극값 없다.
9) $f(x) = x^3 - 6x^2 + 15$	9) 극대값 (0, 15)
10) $f(x) = x^4 - 1$	극소값 (4, −17)
11) $f(x) = x^4 - 2x^3$	11) 극소값
12) $f(x) = x^4 - 32x + 4$	$\left(\dfrac{3}{2},\ -\dfrac{27}{16}\right)$
13) $f(t) = t^{\frac{1}{3}} + 1$　　14) $f(t) = (t-1)^{\frac{1}{3}}$	13) 극값 없다.
15) $g(t) = t^{\frac{2}{3}}$　　16) $h(t) = (t-1)^{\frac{2}{3}}$	15) 극소값 (0, 0)
17) $f(x) = x + \dfrac{1}{x}$	17) 극대값 (−1, −2)
18) $f(x) = \dfrac{x}{x+1}$	극소값 (1, 2)
19) $h(x) = \dfrac{4}{x^2+1}$　　20) $g(x) = 4\left(1 + \dfrac{1}{x} + \dfrac{1}{x^2}\right)$	19) 극대값 (0, 4)
3. 주어진 구간에서 다음 함수의 최대값,최소값을 구하여라.	3.
1) $f(x) = 2(3-x)$, $[-1, 2]$	1) 최대값 8,
2) $f(x) = \dfrac{2x+5}{3}$, $[0, 5]$	최소값 2
3) $f(x) = -x^2 + 4x$, $[0, 3]$	3) 최대값 4,

4) $f(x) = x^2 + 2x - 4$, $[-1, 1]$	최소값 0
5) $f(x) = x^3 - 3x^2$, $[-1, 3]$	5) 최대값 0,
6) $f(x) = x^3 - 12x$, $[0, 4]$	최소값 -4
7) $f(x) = 3x^{\frac{2}{3}} - 2x$, $[-1, 2]$	7) 최대값 5,
8) $g(t) = \dfrac{t^2}{t^2 + 3}$, $[-1, 1]$	최소값 0
9) $h(s) = \dfrac{1}{s - 2}$, $[0, 1]$	9) 최대값 $-\dfrac{1}{2}$
10) $h(t) = \dfrac{t}{t - 2}$, $[3, 5]$	최소값 -1

6.2 곡선의 오목

□ 오목(Concavity)

함수의 증가 감소구간에 대해 앞 절에서 알아보았다. 이제 이 개념을 확장하여 f'의 증가 또는 감소하는 구간을 알아내어 f의 그래프가 위로 또는 아래로 오목한지를 알아보자.

〈오목의 정의〉

f는 개구간 I에서 미분가능하다.
f의 그래프는
1. f'가 구간에서 증가하면, 위로 오목(concave upward)하다.
2. f'가 구간에서 감소하면, 아래로 오목(concave downward)하다.

위의 정의로부터 오목에 대한 다음 설명을 얻을 수 있다.

(1) 접선 위쪽에 곡선이 있으면 위로 오목하다.

(2) 접선 아래쪽에 곡선이 있으면 아래로 오목하다.

오목에 대한 시각적인 판정은 함수의 그래프가 주어질 때 유용하다.

그래프를 보지 않고 오목을 판정하기 위해 도함수가 증가, 감소하는 구간을 찾는 분석적인 판정법이 필요하다.

〈오목 판정법〉

개구간 I에서 f는 2차 도함수가 존재한다.
1. 구간의 모든 x에 대해 $f''(x)>0$이면, f는 구간 I에서 위로 오목하다.
2. 구간의 모든 x에 대해 $f''(x)<0$이면, f는 구간 I에서 아래로 오목하다.

연속함수 f에 대하여 f의 그래프가 위로 오목, 아래로 오목한 구간을 다음과 같은 방법으로 찾을 수 있다.

<오목 판정의 안내>

1. 2차 도함수를 구한다.
2. $f''(x) = 0$ 또는 $f''(x)$가 정의되지 않는 x값을 구한다.
3. 구간을 정하는데 위의 x값을 이용한다.
4. 각 구간별로 $f''(x)$의 부호를 조사한다.

예 (1) 함수 $f(x) = x^2$은 전 구간 $(-\infty, \infty)$에서 위로 오목하다. x의 모든 값에 대해 $f''(x) = 2$는 양수이기 때문이다(그림 6.7).

(2) 함수 $f(x) = \sqrt{x}$는 $(0, \infty)$에서 아래로 오목하다. x의 모든 양수값에 대해 $f''(x) = -\frac{1}{4}x^{-\frac{2}{3}} = -\frac{1}{4\sqrt[3]{x^2}} < 0$이기 때문이다 (그림 6.8).

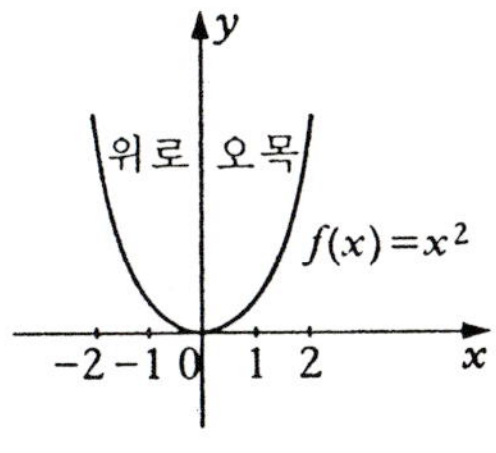

그림 6.7

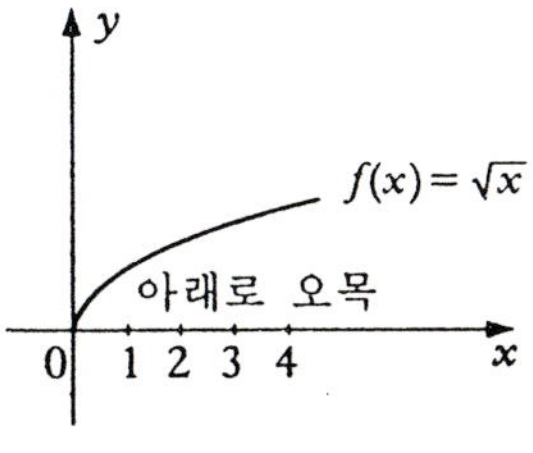

그림 6.8

[예제 1] <오목판정>

$f(x) = \frac{6}{x^2+3}$의 그래프가 아래로 또는 위로 오목한 구간을 구하여라.

풀이 $f(x) = 6(x^2+3)^{-1}$

$$f'(x) = (-6)(2x)(x^2+3)^{-2}$$

$$= \frac{-12x}{(x^2+2)^2}$$

$$f''(x) = \frac{(x^2+3)^2(-12)-(-12x)(2)(2x)(x^2+3)}{(x^2+3)^4}$$

$$= \frac{-12(x^2+3)+48x^2}{(x^2+3)^3} = \frac{36(x^2-1)}{(x^2+3)^3} = 0 \text{ 에서,}$$

$$x = \pm 1$$

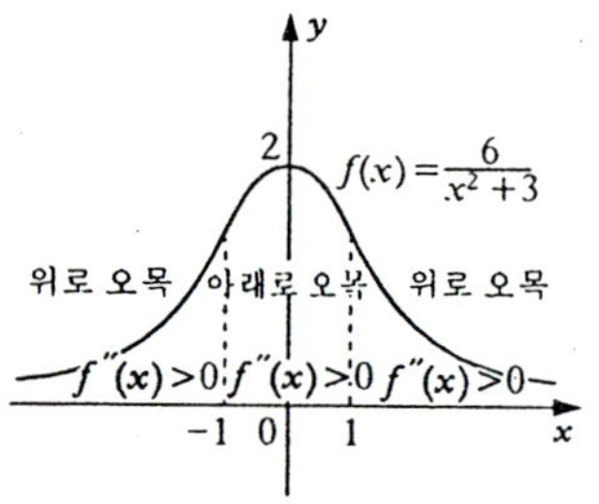

그림 6.9

$f''(x)$의 증감표는 다음과 같다. $(-\infty, -1)$, $(1, \infty)$에서 위로 오목, $(-1, 1)$에서 아래로 오목(그림 6.9).

x	$(-\infty, -1)$	-1	$(-1, 1)$	1	$(1, \infty)$
$f'(x)$	+	0	−	0	+
$f(x)$	↗		↘		↗
f의 그래프	위로 오목		아래로 오목		위로 오목

■

□ 변곡점

(그림 6.9)에는 오목이 변하는 두 점이 있다. 오목이 변하는 점에서 곡선의 접선이 존재한다면 그 점을 **변곡점**(point of inflection)이라고 한다. 변곡점의 세 가지 모양은 (그림 6.10)과 같다.

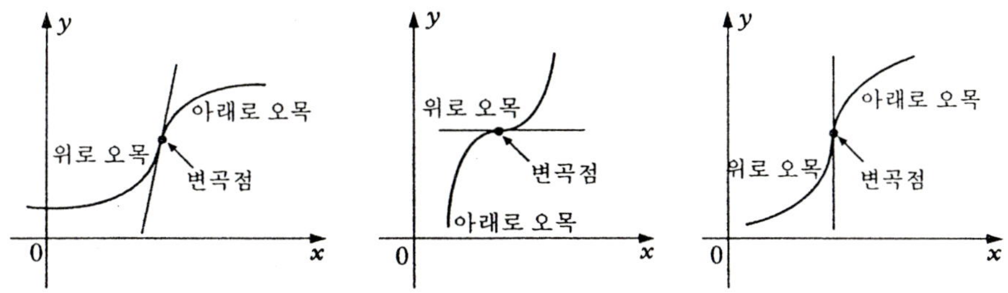

그림 6.10

〈변곡점의 정의〉

> 연속함수의 그래프가 오목이 위로부터 아래로(또는 아래로부터 위로) 변하는 점에서 접선을 갖는다면 그 점이 변곡점이다.

변곡점은 그래프의 오목이 변하는 점이므로 f''의 부호가 바뀌는 점이 된다. 즉 $f''(x)=0$ 또는 $f''(x)$가 존재하지 않는 x에 대해 조사할 필요가 있다.

〈변곡점의 성질〉

> 점 $(c, f(c))$가 f의 그래프의 변곡점이면 $f''(c)=0$이거나 $f''(c)$가 존재하지 않는다.

[예제 2] <변곡점 구하기>

$f(x) = x^4 + x^3 - 3x^2 + 1$의 그래프의 오목을 조사하고 변곡점을 구하여라.

풀이 $f'(x) = 4x^3 + 3x^2 - 6x$

$$f''(x) = 12x^2 + 6x - 6 = 6(2x^2 + x - 1)$$

$$= 6(2x-1)(x+1) = 0 \text{ 에서}$$

$$x = -1, \ \frac{1}{2}$$

f''의 증감표는 다음과 같다.

x	$(-\infty, -1)$	-1	$\left(-1, \frac{1}{2}\right)$	$\frac{1}{2}$	$\left(\frac{1}{2}, \infty\right)$
$f'(x)$	+	0	−	0	+
$f(x)$	↗		↘		↗
f의 그래프	위로 오목		아래로 오목	변곡점	위로 오목

따라서, $(-\infty, -1)$, $\left(\frac{1}{2}, \infty\right)$에서 위로 오목, $\left(-1, \frac{1}{2}\right)$에서 아래로 오목

변곡점 $(-1, -2)$, $\left(\frac{1}{2}, \frac{7}{16}\right)$ ▣

참고 $f''(a) = 0$이라도, $(a, f(a))$가 반드시 f의 변곡점은 아니다.

$f(x) = x^4$의 경우 $f''(x) = 12x^2$에서 $f''(0) = 0$이지만 $(0, 0)$은 변곡점이 아니다.

2차 도함수는 때때로 극대, 극소 판정을 위한 간단한 조사에 이용될 수

있다.

〈2차 도함수를 이용한 극값 판정법〉

f'이 c를 포함한 개구간에서 존재하고 $f'(c)=0$이라 하자.

1. $f''(c)>0$이면 $f(c)$는 극소값이다.
2. $f''(c)<0$이면 $f(c)$는 극대값이다.
3. $f''(c)=0$이면 $f(c)$는 극값이 아니다.

[예제 3] <2차 도함수의 극값 판정법>

$f(x) = -3x^5+5x^3$의 극값을 구하여라.

풀이 $f'(x) = -15x^4+15x^2 = 15x^2(1-x^2) = 15x^2(1-x)(1+x)$

$f'(x)=0$인 $x=0, \ -1, 1$

$f''(x) = 15(-4x^3+12x)$

$f''(0)=0, \ f''(-1)=30>0, \ f''(1) = -30<0$

따라서, $x= -1$에서 극소값 $f(-1)=3-5 = -2$

$x=1$에서 극대값 $f(1) \ -3+5 = 2$ ▣

연습문제 6.2

해답

1. 다음 함수의 위로 오목구간을 구하여라.

1) $y = x^2 - x - 2$ 2) $y = -x^3 + 3x^2 - 2$

3) $f(x) = \dfrac{24}{x^2+12}$ 4) $f(x) = \dfrac{x^2-1}{2x+1}$

5) $f(x) = \dfrac{x^2+1}{x^2-2}$

6) $y = \dfrac{1}{270}(-3x^5 + 40x^3 + 135x)$

2. 2차 도함수의 극값 판정법을 이용하여 극값을 구하여라.

1) $f(x) = 6x - x^2$ 2) $f(x) = x^2 + 3x - 8$

3) $f(x) = (x-5)^2$ 4) $f(x) = -(x-5)^2$

5) $f(x) = x^3 - 3x^2 + 3$ 6) $f(x) = 5 + 3x - x^3$

7) $f(x) = x^4 - 4x^3 + 2$ 8) $f(x) = x^3 - 9x^2 + 27x - 26$

9) $f(x) = x^{\frac{2}{3}} - 3$ 10) $f(x) = \sqrt{x^2+1}$

11) $f(x) = x + \dfrac{4}{x}$ 12) $f(x) = \dfrac{x}{x-1}$

3. 다음 함수의 변곡점을 구하여라.

1) $f(x) = x^3 - 9x^2 + 24x - 18$

2) $f(x) = x(6-x)^2$

3) $f(x) = (x-1)^3(x-5)$

해답

1.

1) $(-\infty, \infty)$

2.

1) 극대값(3, 9)

3) 극소값(5, 0)

3.

1) (3, 54)

4) $f(x) = x^4 - 18x^2 + 5$

4. 그래프의 개형을 그리고 극값, 변곡점을 구하여라.

1) $f(x) = x^3 - 12x$

2) $f(x) = x^3 + 1$

3) $f(x) = x^3 - 6x^2 + 12x - 8$

4) $f(x) = 2x^3 - 3x^2 - 12x + 8$

5) $f(x) = \frac{1}{4}x^4 - 2x^2$

6) $f(x) = 2x^4 - 8x + 3$

7) $g(x) = (x-1)(x+2)^2$

8) $g(x) = (x-6)(x+2)^3$

9) $g(x) = x\sqrt{x+3}$

10) $g(x) = \frac{x^3}{16}(x+4)$

11) $f(x) = \frac{4}{1+x^2}$

12) $f(x) = x - 4\sqrt{x+1}$

4.

(3) 변곡점 (2, 0)

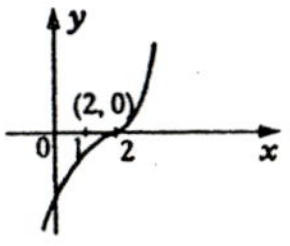

(5) 극대값 (0, 0)
극소값 (±2, −4)
변곡점 $\left(\pm\frac{2}{\sqrt{3}}, -\frac{20}{9}\right)$

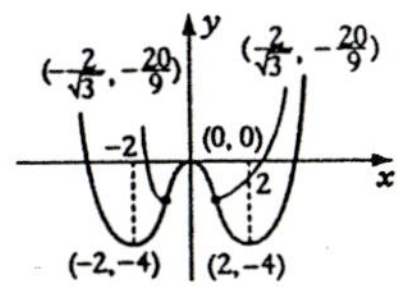

(7) 극대값 (−2, 0)
극소값 (0, −4)
변곡점 (−1, −2)

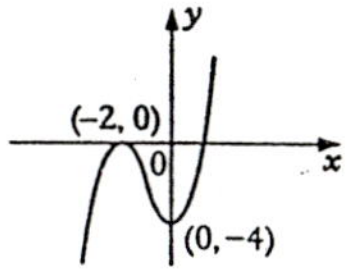

(9) 극소값 (−2, −2)

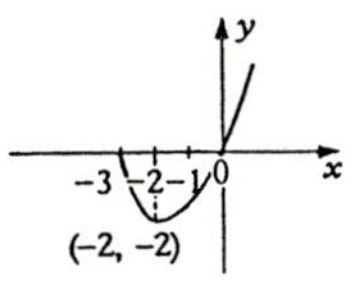

(11) 극대값 (0, 4)
변곡점 $\left(\pm\frac{\sqrt{3}}{3}, 3\right)$

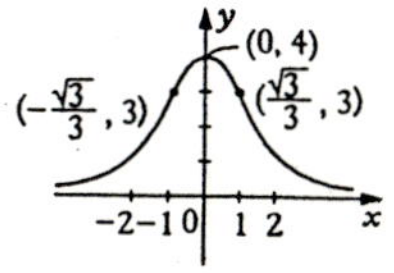

6.3 곡선의 개형

그림이 천마디 단어의 가치가 있다는 말은 수학에서 곡선의 개형의 중요성을 의미하는 것이다. 오늘날 정부, 과학, 산업, 경제, 교육 그리고 사회과학에서 변수 사이의 관계를 예측하고 기술하는데 그래프를 이용한다. 지금까지는 그래프를 그리기 위한 유용한 개념을 배웠다. 즉 정의역, 치역, 연속성, x, y절편, 수직, 수평점근선, 극대, 극소, 오목, 변곡점 등이 있다.

<함수의 그래프를 그리는 절차>

1. 절편, 수직 또는 수평점근선, 불연속점을 알아본다.
2. $f'(x)$, $f''(x)$를 0으로 하는 x값과 정의되지 않는 x값을 구한다.
3. 이들 x값에 대해 극값, 변곡점, 오목을 알아본다.
4. 좌표평면에 필요한 점들을 표시하고 그들을 매끄럽게 연결한다.

다항함수, 유리함수, 제곱근을 포함한 함수의 그래프를 차례로 그려보자.

[예제 1] <그래프 그리기>

$f(x) = x^3+3x^2-9x+5$의 그래프를 그려라.

풀이 $f(x) = (x-1)^2(x+5)$에서 $x=1$, $x=-5$일 때, x축과 만난다.

y 절편은 5

$f'(x) = 3x^2+6x-9 = 3(x-1)(x+3) = 0$에서, $x=-3,\ 1$

$f''(x) = 6x+6 = 0$에서, $x=-1$

x	…	-3	…	1	…
$f'(x)$	+	0	−	0	+
$f(x)$	↗	극대	↘	극소	↗

극값, 변곡점, 오목을 조사하기 위해 다음과 같이 표를 만든다.

따라서,

$x = -3$일 때, 극대값 $f(-3) = 32$

$x = 1$일 때, 극소값 $f(1) = 0$

$x = -1$일 때, $f(-1) = 16$이므로 변곡점 $(-1, 16)$이다.

x	$(-\infty, -1)$	-1	$(-1, \infty)$
$f''(x)$	−	0	+
$f'(x)$	↘		↗
f의 그래프	아래로 오목	변곡점	위로 오목

그래프를 그리면 (그림 6.11)과 같다.

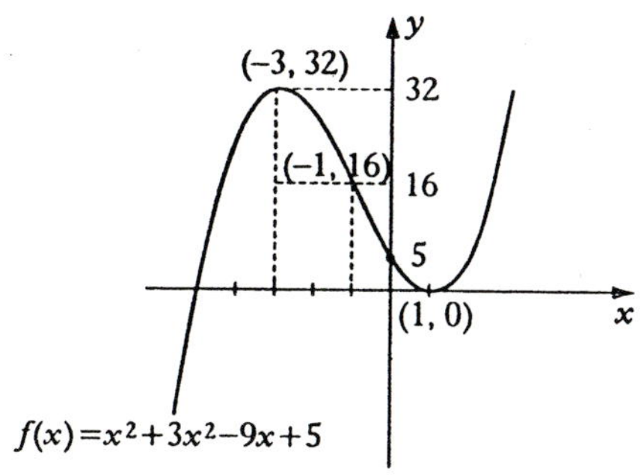

그림 6.11 ▣

[예제 2] <그래프 그리기>

$f(x) = x^4 - 12x^3 + 48x^2 - 64x$의 그래프를 그려라.

풀이 $f(x) = x(x^3 - 12x^2 + 48x - 64x) = x(x-4)^3$

따라서, x절편은 0, 4

y절편은 0

$f'(x) = 4x^3 - 36x^2 + 96x - 64 = 4(x-1)(x-4)^2 = 0$에서,

$x = 1, 4$

$f''(x) = 12x^2 - 72x + 96 = 12(x-4)(x-2) = 0$에서,

$x = 2, 4$

극값, 변곡점, 오목을 조사하기 위해 다음과 같이 표를 만든다.

x	$\cdots$	1	$\cdots$	4	$\cdots$
$f'(x)$	$-$	2	$+$	0	$+$
$f(x)$	↘	극소	↗		↗

x	$(-\infty, 2)$	2	$(2, 4)$	4	$(4, \infty)$
$f''(x)$	$+$	0	$-$	0	$+$
$f'(x)$	↗		↘		↗
f의 그래프	위로 오목	변곡점	아래로 오목	변곡점	위로 오목

$x = 1$일 때, 극소값 $f(1) = -27$

$x = 2$일 때, $f(2) = -16$

$x = 4$일 때, $f(4) = 0$

따라서 변곡점 $(2, -16)$, $(4, 0)$이다.

그래프를 그리면 (그림 6.12)와 같다.

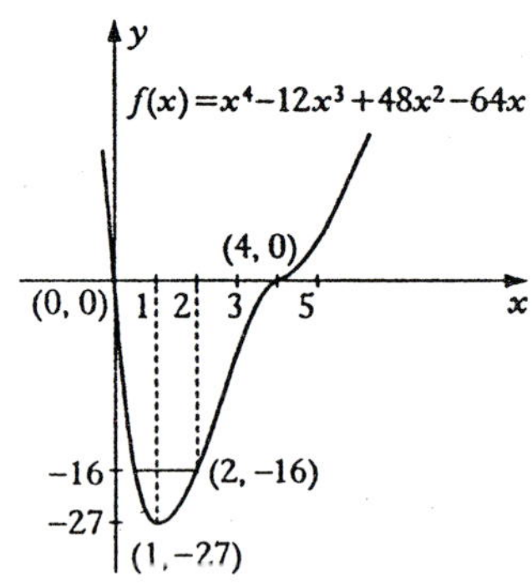

그림 6.12

■

[예제 3] <그래프 그리기>

$f(x) = \dfrac{x^2 - 2x + 4}{x - 2}$의 그래프를 그려라.

풀이 $f(x)$에서 수직점근선은 $x=2$, y절편은 -2

x	$\cdots$	0	$\cdots$	2	$\cdots$	4	$\cdots$
$f'(x)$	$+$	0	$-$	$\times$	$-$	0	$+$
$f(x)$	↗	극대	↘		↘	극소	↗

$$f'(x)=\frac{(x-2)(2x-2)-(x^2-2x+4)}{(x-2)^2}=\frac{x(x-4)}{(x-2)^2}=0\text{에서 } x=0,\ 4$$

$$f''(x)=\frac{(x-2)^2(2x-4)-(x^2-4x)(2)(x-2)}{(x-2)^4}$$

$$=\frac{8}{(x-2)^3}\text{ 에서}$$

변곡점은 없다.

$x>2$에서 $f''(x)>0$이므로 위로 오목

$x<2$에서 $f''(x)<0$이므로 아래로 오목

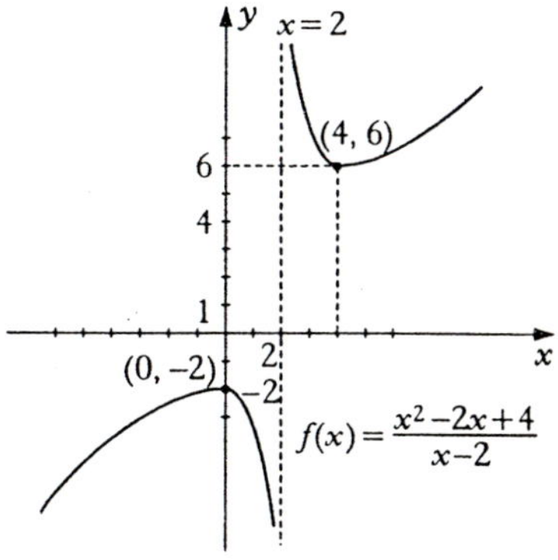

그림 6.13

$x=0$일 때, 극대값 $f(0)=-2$

$x=4$일 때, 극소값 $f(4)=6$

그래프를 그리면 (그림 6.13)과 같다. ▣

[예제 4] <그래프 그리기>

$f(x)=\dfrac{2(x^2-9)}{x^2-4}$ 의 그래프를 그려라.

풀이

x	-2	-----	0	-----	2
$f'(x)$		$-$	0	$+$	
$f(x)$		↘	극소	↗	

x	$(-\infty, -2)$	-2	$(-2, 2)$	2	$(2, \infty)$
$f''(x)$	$-$	×	$+$	×	$-$
$f'(x)$	↘		↗		↘
f의 그래프	아래로 오목	점근선	위로 오목	점근선	아래로 오목

y절편은 $\frac{9}{2}$ 수직점근선은 $x = \pm 2$

$\lim_{x \to \infty} y = 2$이므로, 수평점근선은 $y = 2$

$$f'(x) = 2 \cdot \frac{(x^2-4)(2x)-(x^2-9)(2x)}{(x^2-4)^2}$$

$$= \frac{20x}{(x^2-4)^2} = 0 \text{ 에서, } x=0$$

$$f''(x) = \frac{(x^2-4)^2(20)-(20x)(2)(2x)(x^2-4)}{(x^2-4)^4}$$

$$= -\frac{20(3x^2+4)}{(x^2-4)^3} \text{ 에서, 변곡점은 없다.}$$

$x=0$에서 극소값 $f(0) = \frac{9}{2}$

그래프를 그리면 (그림 6.14)와 같다.

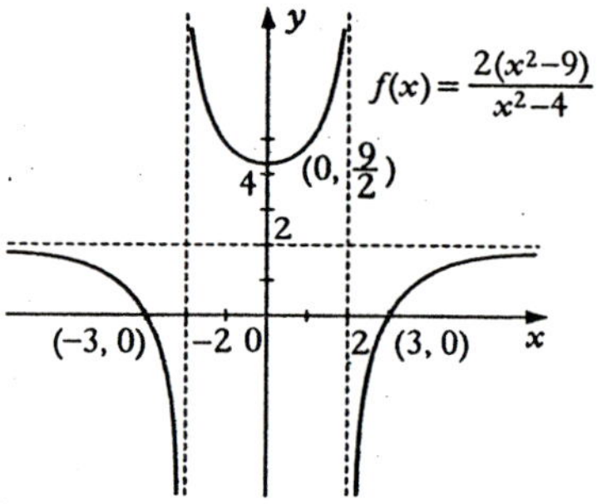

그림 6.14

■

[예제 5] <그래프 그리기>

$f(x) = 2x^{\frac{5}{3}} - 5x^{\frac{4}{3}}$의 그래프를 그려라.

풀이 $f(x) = x^{\frac{4}{3}}(2x^{\frac{1}{3}} - 5) = 0$에서

x절편은 0, $\frac{125}{8}$

$(0, 0)$, $\left(\frac{125}{8}, 0\right)$을 지난다.

$$f'(x) = \frac{10}{3}x^{\frac{2}{3}} - \frac{20}{3}x^{\frac{1}{3}}$$

$$= \frac{10}{3}x^{\frac{1}{3}}(x^{\frac{1}{3}} - 2) = 0\text{에서}$$

$x=0$, $x=8$

$$f''(x) = \frac{20}{9}x^{-\frac{1}{3}} - \frac{20}{9}x^{\frac{20}{3}}$$

$$= \frac{20(x^{\frac{1}{3}} - 1)}{9x^{\frac{2}{3}}} = 0\text{에서 } x = 1$$

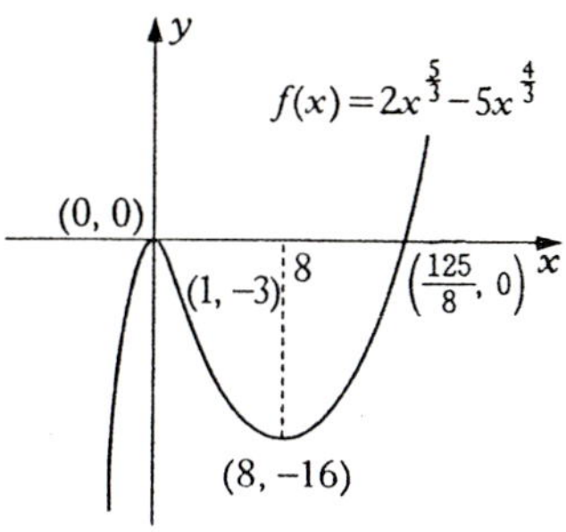

그림 6.15

$x = 0$일 때, 극대값 $f(0) = 0$

$x = 8$일 때, 극소값 $f(8) = -16$

극값, 오목, 변곡점을 조사하기 위해 표를 만든다.

x	$\cdots$	0	$\cdots$	8	$\cdots$
$f'(x)$	+	0	−	0	+
$f(x)$	↗	극대	↘	극소	↗

x	$(-\infty, 0)$	0	$(0, 1)$	1	$(1, \infty)$
$f''(x)$	−	×	−	0	+
$f'(x)$	↘		↘		↗
f의 그래프	아래로 오목	0	아래로 오목	변곡점	위로 오목

변곡점 $(1, -3)$

그래프를 그리면 (그림 6.15)와 같다.

연습문제 6.3

1. 다음 함수의 그래프를 그려라.

1) $y = -x^2 - 2x + 3$　　2) $y = 2x^2 - 4x + 1$

3) $y = x^3 - 3x^2 + 3$　　4) $y = -\frac{1}{3}(x^3 - 3x + 2)$

5) $y = 2 - x - x^3$　　6) $y = x^3 + 3x^2 + 3x + 2$

7) $f(x) = 3x^3 - 9x + 1$

8) $f(x) = (x+1)(x-2)(x-5)$

9) $f(x) = -x^3 + 3x^2 + 9x - 2$

10) $f(x) = \frac{1}{3}(x-1)^2 + 2$

11) $f(x) = 3x^4 + 4x^3$　　12) $y = 3x^4 - 6x^2$

13) $f(x) = x^4 - 4x^3 + 16x$

14) $f(x) = x^4 - 8x^3 + 18x^2 - 16x + 5$

15) $f(x) = x^4 - 4x^3 + 16x - 16$

16) $f(x) = x^5 + 1$　　17) $y = x^5 - 5x$

18) $y = (x-1)^5$　　19) $y = |2x - 3|$

20) $y = |x^2 - 6x + 5|$　　21) $y = \frac{x^2}{x^2 + 3}$

22) $y = \frac{x}{x^2 + 1}$　　23) $y = 3x^{\frac{2}{3}} - 2x$

24) $y = 3x^{\frac{2}{3}} - x^2$　　25) $y = 1 - x^{\frac{2}{3}}$

해답

1. (5)

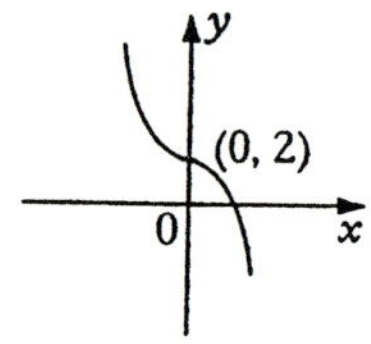

(9)

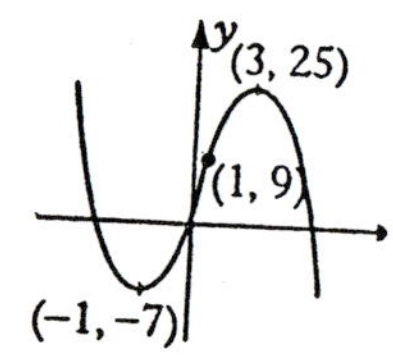

(15)

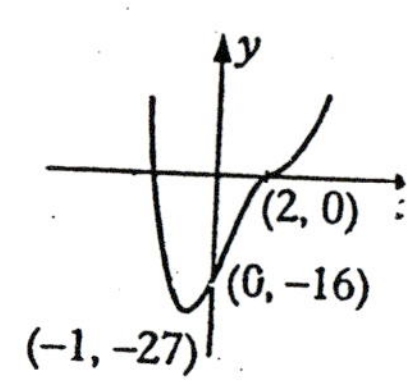

(21)

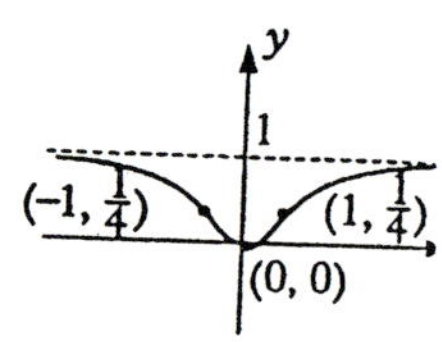

(25)

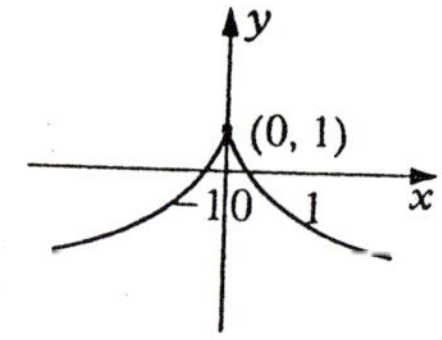

26) $y=(1-x)^{\frac{2}{3}}$　　27) $y=x^{\frac{1}{3}}+1$

28) $y=x^{-\frac{1}{3}}$　　29) $y=x^{\frac{5}{3}}-5x^{\frac{2}{3}}$

30) $y=x^{\frac{4}{3}}$

2. 다음 함수의 그래프를 그려라.

1) $y=\frac{1}{x-2}-3$　　2) $y=\frac{x^2+1}{x^2-2}$

3) $y=\frac{2x}{x^2-1}$　　4) $y=\frac{x^2-6x+12}{x-4}$

5) $y=x\sqrt{4-x}$　　6) $y=x\sqrt{4-x^2}$

7) $y=\frac{x+2}{x}$　　8) $y=x+\frac{32}{x^2}$

2. (3)

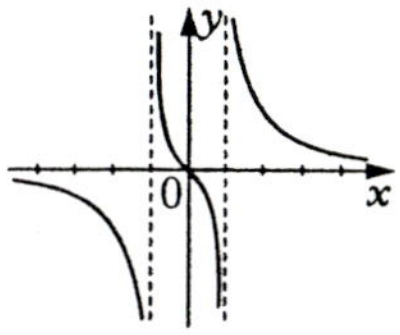

(5)

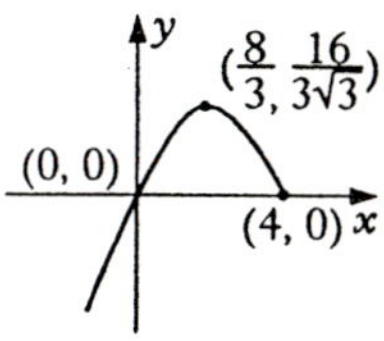

6.4 미분

앞에서 도함수를 $\dfrac{\Delta y}{\Delta x}$의 극한값으로 정의하고, 두 양 dy와 dx의 몫으로 $\dfrac{dy}{dx}$를 생각하지않고 $\dfrac{dy}{dx} = \lim\limits_{\Delta \to 0} \dfrac{\Delta y}{\Delta x}$로 나타냈다. 여기서는 $dx \neq 0$일 때 dy, dx에 다른 의미를 주고 그들의 몫을 y의 x에 대한 도함수와 같은 것으로 본다.

< 미분의 정의 >

> $y = f(x)$는 미분가능한 함수이다. x의 미분(defferential)(dx로 나타낸다)은 0이 아닌 실수이다. y의 미분(dy로 나타낸다)은
>
> $$dy = f'(x)dx$$
>
> 로 주어진다.

주의 정의에서 dx는 0이 아닌 실수값을 갖는다. 그러나 미분의 적용에서 dx는 작은 값으로 보고 $dx = \Delta x$로 여긴다.

미분의 한 가지 이용은 x가 변함에 따라 대응하는 $f(x)$의 변화량의 근사값이다(그림 6.16). 이 변화량을 $\Delta y = f(x + \Delta x) - f(x)$로 나타낸다.

Δy의 근사값 dy를 사용하여 나타나는 오차는 (그림 6.16)에서 $\Delta y - dy$이다. Δx가 작아질수록 오차는 줄어든다. 다음 예제에서 dy와 Δy의 값을 비교해 보자.

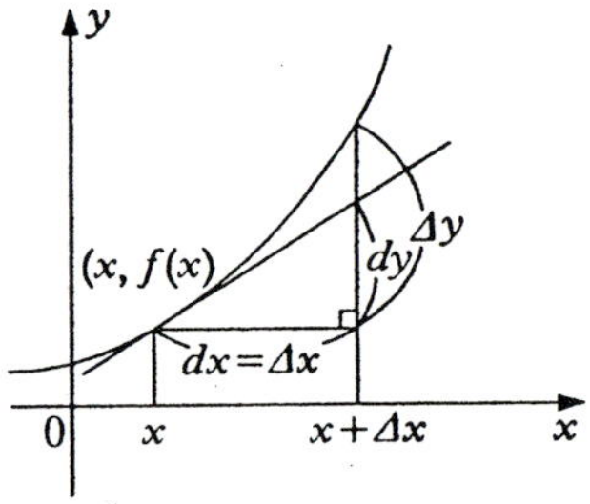

그림 6.16

[예제 1] < dy와 Δy의 비교 >

> $y = x^2$에 대해 $x = 1$이고 $dx = 0.01$일 때 dy를 구하고 $x = 1$이고 $\Delta x = 0.01$일 때 Δy의 값과 비교하여라.

풀이 $y = f(x) = x^2$

$f'(x) = 2x$

$dy = f'(x)dx = f'(1)(0.01) = 2(0.01) = 0.02$

$\Delta x = 0.01$일 때, y의 변화량

$\Delta y = f(x+\Delta x) - f(x)$

$= f(0.01) - f(1) = (1.01)^2 - 1^2 = 0.0201$ ▣

예제 1의 함수에 대해 dx가 0에 가까이 갈수록 dy와 Δy는 차이가 없음을 다음 표에서 알 수 있다.

$dx = \Delta x$	dy	Δy	$\Delta y - dy$
0.1000	0.2000	0.21000000	0.01000000
0.0100	0.0200	0.02010000	0.00010000
0.0010	0.0020	0.00200100	0.00000100
0.0001	0.0002	0.00020001	0.00000001

근사값의 타당함, $\Delta y \approx dy$, $dx \neq 0$은 도함수의 정의로부터 나온다. 즉, 극한값의 존재

$$f'(x) = \lim_{\Delta x \to 0} \frac{f(x+\Delta x) - f(x)}{\Delta x}$$

Δx가 에 가까이 갈 때, $f'(x)$가 $\frac{f(x+\Delta x) - f(x)}{\Delta x}$에 가까이 감을 의미한다.

$$\frac{f(x+\Delta x) - f(x)}{\Delta x} \approx f'(x), \quad \Delta x \neq 0$$

$$f(x+\Delta x) - f(x) \approx f'(x)\Delta x$$

$$\Delta y \approx f'(x)\Delta x$$

$$f(x+\Delta x) \approx f(x) + f'(x)\Delta x$$

Δx 대신에 dx를 대입하면 $\Delta y \approx f'(x)dx = dy,\ dx \neq 0$을 얻는다.

[예제 2] <미분 구하기>

다음 함수의 미분을 구하여라.

(1) $y = x^2$ (2) $y = \dfrac{3x+2}{5}$

(3) $y = 2x^2 - 3x$ (4) $y = \dfrac{1}{x}$

풀이 $dy = f'(x)dx$에서

(1) $dy = 2xdx$ (2) $dy = \dfrac{3}{5}dx$

(3) $dy = (4x-3)dx$ (4) $dy = -\dfrac{1}{x^2}dx$ ▣

[예제 3] (근사값 구하기)

$f(x) = x^5 - 4x^3 + 2x + 8$일 때, $f(1.998)$의 근사값을 구하여라.

풀이 $f(x+\Delta x) \approx f(x) + f'(x)\Delta x \quad x = 2,\ \Delta x = 0.002$

$f(2) = 32 - 32 + 4 + 8 = 12$

$f'(x) = 5x^4 - 12x^2 + 2$

$f'(2) + 80 - 48 + 2 = 34$이므로

$$\begin{aligned} f(1.998) &= f(2-0.002) \\ &= f(2) + f'(2)(-0.002) \\ &= 12 + 34\,(-0.002) \\ &= 12 - 0.068 \\ &= 11.932 \end{aligned}$$

▣

연습문제 6.4

1. 다음 함수의 미분 dy를 구하여라.

1) $y=3x^2-4$　　2) $y=x^{\frac{3}{2}}$

3) $y=(2x+5)^3$　　4) $y=(1-2x^2)^{-2}$

5) $y=\sqrt{x^2+1}$　　6) $y=\sqrt[3]{6x^2}$

7) $y=x\sqrt{1-x^2}$　　8) $y=-4x^{-1}$

9) $y=\dfrac{x+1}{2x-1}$　　10) $y=\dfrac{x}{x^2+1}$

2. 다음 함수에 대해 $x=2$, $dx=\Delta x$일 때 표를 채워라.

$dx=\Delta x$	dy	Δy	$\Delta y-dy$	$\dfrac{dy}{\Delta y}$
1.000				
0.500				
0.100				
0.010				
0.001				

(1) $y=x^2$　　(2) $y=\dfrac{1}{x^2}$

(3) $y=x^5$　　(4) $y=\sqrt{x}$

해답

1.

1) $6x\,dx$

3) $6(2x+5)^2dx$

5) $\dfrac{x}{\sqrt{x^2+1}}dx$

7) $\dfrac{1-2x^2}{\sqrt{1-x^2}}dx$

9) $-\dfrac{3}{(2x-1)^2}dx$

2.

(1) 빈칸을 차례대로 쓰면

4.000, 5.000, 1.000, 0.800

2.000, 2.250, 0.250, 0.889

0.400, 0.410, 0.010, 0.976

0.040, 0.040, 0.000, 0.998

0.004, 0.004, 0.000, 1.000

3. 다음 근사값을 구하는 풀이 과정의 □에 맞는 값을 써라.

1) $\sqrt[3]{65}$

풀이 $f(x) = \sqrt[3]{x}$라 하면

$f(x+\Delta x) = f(x) + f'(x)\Delta x$에서

$x = 64$, $\Delta x = \square$, $f(64) = \square$, $f'(64) = \square$

따라서, $f(65) = f(64 + \Delta x)$

$= f(64) + f'(64) \cdot \Delta x = \square$

2) $\sqrt[4]{81.7}$

풀이 $f(x) = \sqrt[4]{x}$라 하면

$f(x+\Delta x) = f(x) + f'(x)\Delta x$에서

$x = 81$, $\Delta x = \square$, $f(81) = \square$, $f'(81) = \square$

따라서, $f(83.7) = f(81) + f'(81) \cdot \Delta x = \square$

3.

1) 1, 4, $\frac{1}{48}$,

4.2083

Home Work

1. 다음 함수의 그래프를 그려라.

1) $f(x) = \sqrt{5-x^2}$　　2) $f(x) = \sqrt{x^2-8}$

3) $f(x) = \dfrac{2x^2}{x^2+2}$　　4) $f(x) = \dfrac{x^2+2}{x^2}$

5) $f(x) = \dfrac{x}{x^2-9}$　　6) $f(x) = \dfrac{3}{x^2-9}$

7) $f(x) = \dfrac{2}{x^2+3}$　　8) $f(x) = \dfrac{2x}{x^2+5}$

2. 다음 함수의 증가, 감소 구간을 구하여라.

1) $f(x) = (x-1)^3$　　2) $f(x) = \sqrt{x-1}(x-2)$

3) $f(x) = (x-2)(x-3)^2$　　4) $f(x) = -x^2-4x+8$

3. 1차 도함수 판정법을 이용하여 극값을 구하여라.

1) $f(x) = \dfrac{1}{3}x^3-x^2+3x+2$　　2) $f(x) = 2x^4-3x^2+10$

4. 변곡점을 구하여라.

1) $f(x) = (x-2)^2(x+4)$　　2) $f(x) = x^4+6x^3-12x-15$

5. 다음 함수의 수직점근선, 수평점근선을 구하여라.

1) $f(x) = \dfrac{3x-2}{x-3}$　　2) $f(x) = \dfrac{4x^2}{x^2-2}$

3) $f(x) = \dfrac{1}{x}+3$　　4) $f(x) = \dfrac{4x}{\sqrt{x^2+1}}$

제 7 장

적분과 그 응용

〈 학습내용 〉

7.1 부정적분

□ 원시함수

주어진 도함수에 대해 원래의 함수를 구하는 경우를 생각해보자. 이를 테면 $f'(x)=2$, $g'(x)=3x^2$, $s'(t)=4t$일 때, f, g, s를 추정하여 보자.

$\frac{d}{dx}[2x]=2$이므로 $f(x)=2x$

$\frac{d}{dx}[x^3]=3x^2$이므로 $g(x)=x^3$

$\frac{d}{dx}[2t^2]=4t$이므로 $s(t)=2t^2$

도함수로부터 원래의 함수를 찾는 것은 미분의 역연산이다. 이것을 원시함수를 구하는 방법(antidifferentiation)이라고 한다.

〈원시함수의 정의〉

> f의 정의역의 모든 x에 대해, $F'(x)=f(x)$일 때, 함수 F를 함수 f의 원시함수(antiderivative)라고 한다.

$F(x)$가 $f(x)$의 원시함수이면 $F(x)+c$도 역시 $f(x)$의 원시함수이다(c는 상수) 이를 테면, $F(x)=x^3$, $G(x)=x^3-5$이고 $H(x)=x^3+0.3$은 $3x^2$의 원시함수이다. 왜냐하면 $\frac{d}{dx}[x^3]=\frac{d}{dx}[x^3-5]=\frac{d}{dx}[x^3+0.3]=3x^2$이기 때문이다. $3x^2$의 모든 원시함수는 x^3+c의 꼴이다.

□ 원시함수와 부정적분의 기호

원시함수 구하는 법을 적분(integration)이라 하고 기호는 $\int$(적분기호)로 나타낸다. $\int f(x)\,dx$를 $f(x)$의 **부정적분**(indefinite integral)이라 하고 $f(x)$의 원시함수라 한다. 즉 모든 x에 대해 $F'(x)=f(x)$이면 $\int f(x)\,dx=F(x)+c$이고 $f(x)$는 **피적분함수**(integrand), c는 적분상수라고 한다. 부정적분에서 미분 dx는 적분변수와 일치한다. 즉 $\int f(x)\,dx$는 'x에 대한 f의 원시함수'를 나타낸다.

〈원시함수에 대한 적분기호 정의〉

기호 $\int f(x)\,dx=F(x)+c$ (c는 임의의 상수)는 F가 f의 원시함수임을 의미한다. f의 정의역의 모든 x에 대해 즉 $F'(x)=f(x)$이다.

예 **(원시함수의 기호)**

적분기호를 이용하여 앞의 원시함수를 써 보자.

(1) $\int 2\,dx=2x+c$ (2) $\int 3x^2\,dx=x^3+c$ (3) $\int 4t\,dt=2t^2+c$

□ 원시함수 구하기

적분과 미분의 연산 사이에 역관계는 다음과 같다.

$$\frac{d}{dx}\left[\int f(x)\,dx\right]=f(x)$$: 미분은 적분의 역이다.

$$\int f'(x)dx=f(x)+c$$: 적분은 미분의 역이다.

적분과 미분의 이와 같은 역관계는 미분공식으로부터 적분공식을 직접 얻게 한다. 다음은 미분에 대응하는 적분공식이다.

〈적분 기본공식〉

1. $\int k\,dx=kx+c$ (k는상수)

2. $\int kf(x)\,dx = k\int f(x)\,dx$

3. $\int [f(x) \pm g(x)]dx = \int f(x)\,dx \pm \int g(x)\,dx$

4. $\int x^n\,dx = \dfrac{x^{n+1}}{n+1} + c,\ \ n \neq -1$

[예제 1] <부정적분 계산>

부정적분 $\int 3x\,dx$를 계산하여라.

풀이 $\int 3x\,dx = 3\int x\,dx = 3\int x^1\,dx = 3\left(\dfrac{x^2}{2}\right) + c$

$= \dfrac{3}{2}x^2 + c$ ▣

적분과정도 미분과정과 유사하다.

주어진 적분 → 적분하기 쉬운 꼴 → 적분한다 → 정리한다

이 과정이 다음 예에서 쓰인다.

예 **(적분 기본공식 적용)**

	주어진 적분	적분하기 쉬운 꼴	적분한다	정리한다
(1)	$\int \dfrac{1}{x^3}\,dx$	$\int x^{-3}dx$	$\dfrac{x^{-2}}{-2} + c$	$-\dfrac{1}{2x^2} + c$
(2)	$\int \sqrt{x}\,dx$	$\int x^{\frac{1}{2}}\,dx$	$\dfrac{x^{\frac{3}{2}}}{\frac{3}{2}} + c$	$\dfrac{2}{3}x^{\frac{3}{2}} + c$

참고 원시함수를 구하는 문제에 대한 답을 미분함으로써 조사할 수 있다. 이를테면 앞의 [예] (2)에서 $\dfrac{2}{3}x^{\frac{3}{2}}$이 맞는지 원시함수를 미분하여 확인할 수 있다.

$$\frac{d}{dx}\left[\frac{2}{3}x^{\frac{3}{2}}\right] = \left(\frac{2}{3}\right)\left(\frac{3}{2}\right)x^{\frac{1}{2}} = \sqrt{x}$$

앞의 적분 기본공식으로 모든 다항함수를 적분할 수 있다.

[예제 2] <다항함수의 적분>

다음 부정적분을 구하여라.

(1) $\int 1dx$ (2) $\int (x+2)dx$ (3) $\int (3x^4-5x^2+x)dx$

풀이 (1) $\int 1\,dx = x+c$

(2) $\int (x+2)\,dx = \int x\,dx + \int 2\,dx = \frac{x^2}{2}+2x+c$

(3) $\int (3x^4-5x^2+x)dx = 3\left(\frac{x^5}{3}\right)-5\left(\frac{x^3}{3}\right)+\frac{x^2}{2}+c$

$= \frac{3}{5}x^4-\frac{5}{3}x^3+\frac{1}{2}x^2+c$ ▣

참고 $\int 1\,dx = \int dx$

[예제 2] <적분하기 쉬운 꼴 이용>

부정적분 $\int \frac{x+1}{\sqrt{x}}dx$를 구하여라.

풀이 $\int \frac{x+1}{\sqrt{x}}dx = \int (x^{\frac{1}{2}}+x^{-\frac{1}{2}})dx = \frac{x^{\frac{3}{2}}}{\frac{3}{2}}+\frac{x^{\frac{1}{2}}}{\frac{1}{2}}+c$

$= \frac{2}{3}x^{\frac{3}{2}}+2x^{\frac{1}{2}}+c$ ▣

참고 $\int \frac{x+1}{\sqrt{x}}dx \neq \frac{\int (x+1)dx}{\int \sqrt{x}\,dx}$

연습문제 7.1

해답

1. 다음 부정적분을 그 결과를 미분하여 확인하여라.

1) $\int 6\,dx$　　2) $\int -4\,dx$

3) $\int 3t^2\,dt$　　4) $\int t^4\,dt$

5) $\int 3x^{-4}\,dx$　　6) $\int 4y^{-3}\,dy$

7) $\int du$　　8) $\int \pi\,dt$

9) $\int x^{\frac{3}{2}}\,dx$　　10) $\int v^{\frac{1}{2}}\,dv$

2. 본문의 【예】에서와 같이 빈칸을 채워라.

주어진 적분	적분하기 쉬운 꼴	적분한다	정리한다

1) $\int \sqrt[3]{x}\,dx$

2) $\int \frac{1}{x^2}\,dx$

3) $\int \frac{1}{x\sqrt{x}}\,dx$

4) $\int x(x^2+3)\,dx$

5) $\int \frac{1}{2x^3}\,dx$

1.

1) $6x+c$

3) t^3+c

5) $-\frac{1}{x^3}+c$

7) $u+c$

9) $\frac{2}{5}x^{\frac{5}{2}}+c$

2.

1) $\int x^{\frac{1}{3}}\,dx,\ \frac{x^{\frac{4}{3}}}{\frac{4}{3}}+c,$

$\frac{3}{4}x^{\frac{4}{3}}+c$

3) $\int x^{-\frac{3}{2}}\,dx,$

$\frac{x^{-\frac{1}{2}}}{-\frac{1}{2}}+c,\ -\frac{2}{\sqrt{x}}+c$

5) $\frac{1}{2}\int x^{-3}\,dx,$

6) $\int \frac{1}{(2x)^3}dx$

$\frac{1}{2}\left(\frac{x^{-2}}{-2}\right)+c,$

$-\frac{1}{4x^2}+c$

3. 다음 부정적분을 구하여라.

1) $\int(x^3+2)dx$ 2) $\int(x^2-2x+3)dx$

3) $\int(x^{\frac{3}{2}}+2x+1)dx$ 4) $\int\left(\sqrt{x}+\frac{1}{2\sqrt{x}}\right)dx$

5) $\int \sqrt[3]{x^2}dx$ 6) $\int(\sqrt[4]{x^3}+1)dx$

7) $\int\frac{1}{x^3}dx$ 8) $\int\frac{1}{x^4}dx$

9) $\int\frac{1}{4x^2}dx$ 10) $\int(2x+x^{\frac{1}{2}})dx$

11) $\int\frac{t^2+2}{t^2}dt$ 12) $\int\frac{x^2+1}{x^2}dx$

13) $\int u(3u^2+1)du$ 14) $\int\sqrt{x}(x+1)dx$

15) $\int(x+1)(3x-2)dx$ 16) $\int(2t^2-1)^2dt$

17) $\int y^2\sqrt{y}dy$ 18) $\int(1+3t)t^2dt$

3.

1) $\frac{x^4}{4}+2x+c$

3) $\frac{2}{5}x^{\frac{5}{2}}+x^2+x+c$

5) $\frac{3}{5}x^{\frac{5}{3}}+c$

7) $-\frac{1}{2x^2}+c$

9) $-\frac{1}{4x}+c$

11) $t-\frac{2}{t}+c$

13) $\frac{3}{4}u^4+\frac{1}{2}u^2+c$

15) $x^3+\frac{x^2}{2}-2x+c$

17) $\frac{2}{7}y^{\frac{7}{2}}+c$

7.2 치환적분

□ u^n의 적분

앞 절에서 $\int x^n dx = \frac{x^{n+1}}{n+1} + c\,(n \neq -1)$을 배웠다. 이제 더 일반적인 함수에 대한 원시함수를 구하는 방법을 알아보자. 우선 다음 적분을 어떻게 구하는지 생각해 보자.

$$\int 2x\,(x^2+1)^3\,dx$$

피적분함수를 전개하여 다항식으로 고쳐 적분할 수 있다. 그러나 이 보다 더 간단한 적분법이 있다. 이 방법을 알기 위해 다음 도함수의 원시함수를 구해보자. $f'(x) = 2x\,(x^2+1)^3$

$\frac{d}{dx}[(x^2+1)^4] = 4\,(x^2+1)^3(2x)$의 양변을 4로 나누면 $\frac{d}{dx}\left[\frac{(x^2+1)^4}{4}\right] = (x^2+1)^3(2x)$를 얻는다. 이제 구한 도함수를 갖고 $\int 2x\,(x^2+1)^3\,dx = \frac{(x^2+1)^4}{4} + c$를 구할 수 있다. 이 해법의 단서는 피적분함수에 인수 $2x$가 있음을 아는 것이다. 피적분함수의 인수 $2x$는 x^2+1의 도함수이다. 즉,

$$u = x^2+1 \text{이면 } \frac{du}{dx} = 2x$$

원래의 적분을 u의 식으로 쓰면

$$\int 2x\,(x^2+1)^3\,dx = \int u^3 \frac{du}{dx} \cdot dx = \frac{u^4}{4} + c$$

이것이 u^n꼴의 적분의 예이다.

⟨ u^n꼴의 적분공식 ⟩

u가 x의 미분가능한 함수이면

$$\int u^n \frac{du}{dx}\,dx = \frac{u^{n+1}}{n+1} + c,\quad n \neq -1$$

적분에 위의 공식을 이용하는 방법은 다음과 같다.

(1) u의 거듭제곱으로 고친다.

(2) $\frac{du}{dx}$가 피적분함수의 인수임을 조사한다.

[예제 1] ⟨ u^n의 적분공식 ⟩

다음 부정적분을 구하여라.

(1) $\int 3(3x-1)^4\,dx$ (2) $\int (2x+1)(x^2+x)\,dx$

(3) $\int 3x^2\sqrt{x^3-2}\,dx$ (4) $\int \frac{-4x}{(1-2x^2)}\,dx$

풀이 (1) $u = 3x-1$이라 놓으면 $\frac{du}{dx} = 3$

$$\int 3(3x-1)^4\,dx = \int (3x-1)^4(3)\,dx = \int u^4 \cdot \frac{du}{dx}\,dx$$

$$= \frac{u^5}{5} + c = \frac{1}{5}(3x-1)^5 + c$$

(2) $u = x^2+x$라 놓으면 $\frac{du}{dx} = 2x+1$

$$\int (2x+1)(x^2+x)dx = \int u \cdot \frac{du}{dx}\,dx$$

$$= \frac{u^2}{2} + c = \frac{(x^2+x)^2}{2} + c$$

(3) $u = x^3-2$라 놓으면 $\frac{du}{dx} = 3x^2$

$$\int 3x^2\sqrt{x^3-2}\,dx = \int (x^3-2)^{\frac{1}{2}}(3x^2)\,dx$$

$$= \int u^{\frac{1}{2}} \cdot \frac{du}{dx}\,dx = \frac{u^{\frac{3}{2}}}{\frac{3}{2}} + c$$

$$= \frac{2}{3}(x^3-2)^{\frac{3}{2}} + c$$

(4) $u = 1-2x^2$라면 $\frac{du}{dx} = -4x$

$$\int \frac{-4x}{(1-2x^2)^2}\,dx = \int (1-2x^2)^{-2} \cdot (-4x)\,dx$$

$$= \int u^{-2} \cdot \frac{du}{dx} \cdot dx = \frac{u^{-1}}{-1} + c$$

$$= -\frac{1}{1-2x^2} + c$$

▣

[예제 2] <상수로 나누고 곱하기>

부정적분 $\int x(3-4x^2)^2\,dx$를 구하여라.

풀이 $u = 3-4x^2$이라 놓으면 $\frac{du}{dx} = -8x$, 피적분함수를 -8로 나누고 곱한다.

$$\int x(3-4x^2)^2\,dx = \int -\frac{1}{8}(3-4x^2)^2(-8x)\,dx$$

$$= -\frac{1}{8}\int u^2 \cdot \frac{du}{dx}\,dx = \left(-\frac{1}{8}\right)\frac{u^3}{3} + c$$

$$= -\frac{(3-4x^2)^3}{24} + c$$

▣

[예제 3] < u^n의 적분공식을 이용 못하는 경우>

부정적분 $\int -8(3-4x^2)^2\,dx$를 구하여라.

풀이 $u=3-4x^2$이라 놓으면 $\dfrac{du}{dx}=-8x$

$$\int -8(3-4x^2)^2dx = \int\left(\frac{1}{x}\right)(3-4x^2)^2(-8x)\,dx$$

$$\neq \frac{1}{x}\int(3-4x^2)^2(-8x)\,dx$$

이므로 공식을 이용할 수 없다. 따라서,

$$\begin{aligned}\int -8(3-4x^2)^2\,dx &= \int -8(9-24x^2+16x^4)dx\\ &= \int(-72+192x^2-128x^4)dx\\ &= -72x+64x^3-\frac{128}{5}x^5+c\end{aligned}$$

▣

[예제 4] < u^n 공식 이용을 위한 상수 조절>

부정적분 $\int \dfrac{7x^2dx}{\sqrt{4x^3-5}}$를 구하여라.

풀이 $\int \dfrac{7x^2dx}{\sqrt{4x^3-5}}dx = \int 7x^2(4x^3-5)^{-\frac{1}{2}}dx$로 다시 쓰고

$u=4x^3-5$라 놓으면 $\dfrac{du}{dx}=12x^2$

$$\int 7x^2(4x^3-5)^{-\frac{1}{2}}dx = 7\int\frac{1}{12}(4x^3-5)^{-\frac{1}{2}}(12x^2)dx$$

$$= \frac{7}{12}\int(4x^3-5)^{-\frac{1}{2}}(12x^2)dx$$

$$= \left(\frac{7}{12}\right)\frac{(4x^3-5)^{\frac{1}{2}}}{\frac{1}{2}} + c$$

$$= \frac{7}{6}\sqrt{4x^3-5} + c$$ ▣

□ 치환

피적분함수가 복잡하므로 간단한 적분공식에 맞는 꼴로 피적분함수를 고쳐 필요한 단계를 밟는 것이 어려울 수 있다. 이 때 바꾸는 과정을 치환(substitution) 또는 **변수 바꾸기**(change of variable)라 하고 이것이 도움이 될 수 있다. 변수 바꾸기를 통해 u와 du의 식으로 적분을 다시 쓸 수 있다.

$u = f(x)$라 놓고 $du = f'(x)dx$를 이용하면 $\int u^n \frac{du}{dx}\,dx = \int u^n du$로 고쳐진다.

[예제 5] <변수 바꾸기>

부정적분 $\int\sqrt{1-3x}\,dx$를 구하여라.

풀이 다시 쓰면 $\int(1-3x)^{\frac{1}{2}}dx$

$u = 1-3x$라 놓으면 $du = -3dx,\ dx = -\frac{1}{3}du$

$$\int(1-3x)^{\frac{1}{2}}dx = \int u^{\frac{1}{2}}\left(-\frac{1}{3}du\right) = -\frac{1}{3}\int u^{\frac{1}{2}}du$$

$$= -\frac{1}{3}\frac{u^{\frac{3}{2}}}{\frac{3}{2}} + c = -\frac{2}{9}u^{\frac{3}{2}} + c$$

$$= -\frac{2}{9}(1-3x)^{\frac{3}{2}} + c$$ ▣

연습문제 7.2

해답

1. 다음 부정적분에서 u와 $\frac{du}{dx}$를 채워라.

$\int u^n \frac{du}{dx}\,dx$	u	$\frac{du}{dx}$
1) $\int (5x^2+1)^2(10x)\,dx$		
2) $\int (3-4x^2)^3(-8x)\,dx$		
3) $\int \sqrt{1-x^2}(-2x)\,dx$		
4) $\int 3x^2\sqrt{x^3+1}\,dx$		
5) $\int \left(4+\frac{1}{x^2}\right)\left(-\frac{2}{x^3}\right)dx$		
6) $\int \frac{1}{(1+2x)^2}(2)\,dx$		

1.

1) $5x^2+1$, $10x$

3) $1-x^2$, $-2x$

5) $4+\frac{1}{x^2}$, $-\frac{3}{x^3}$

2. 부정적분을 구하고 미분하여 확인하여라.

1) $\int (1+2x)^4(2)\,dx$ 2) $\int (x^2-1)^3(2x)\,dx$

2.

1) $\frac{1}{5}(1+2x)^5+c$

3) $\int \sqrt{3x^2+4}(6x)\,dx$ 4) $\int \sqrt{3-x^3}(3x^2)\,dx$	3) $\frac{2}{3}(3x^2+4)^{\frac{3}{2}}+c$
5) $\int (x-1)^4\,dx$ 6) $\int (x-3)^{\frac{5}{2}}\,dx$	5) $\frac{1}{5}(x-1)^5+c$
7) $\int x(x^2-1)^7\,dx$ 8) $\int x(1-2x^2)^3\,dx$	7) $\frac{1}{16}(x^2-1)^8+c$
9) $\int \frac{x^2}{(1+x^3)^2}\,dx$ 10) $\int \frac{x^2}{(x^3-1)^2}\,dx$	9) $-\frac{1}{3(1+x^3)}+c$
11) $\int \frac{x+1}{\sqrt{(x^2+2x-3)^2}}\,dx$	11) $-\frac{1}{2(x^2+2x-3)}+c$
12) $\int \frac{6x}{(1+x^2)^3}\,dx$ 13) $\int \frac{x-4}{\sqrt{x^2-8x+1}}\,dx$	13) $\sqrt{x^2-8x+1}+c$
14) $\int \frac{4x+6}{(x^2+3x+7)^3}\,dx$	
15) $\int 5x\,\sqrt[3]{1-x^2}\,dx$ 16) $\int u^3\sqrt{u^4+2}\,du$	15) $-\frac{15}{8}(1-x^2)^{\frac{4}{3}}+c$
3. 치환적분법을 이용하여 부정적분을 구하여라.	3.
1) $\int x(3x^2-5)^3\,dx$ 2) $\int x^2(1-x^3)^2\,dx$	1) $\frac{1}{24}(3x^2-5)^4+c$

3) $\int x^2(2-3x^3)^{\frac{3}{2}}dx$ 4) $\int t\sqrt{t^2+1}\,dt$

5) $\int \frac{x}{\sqrt{x^2+25}}dx$ 6) $\int \frac{3}{\sqrt{2x+1}}dx$

7) $\int \frac{x^2+1}{\sqrt{x^3+3x+4}}dx$ 8) $\int \sqrt{x}\left(4-x^{\frac{3}{2}}\right)^2 dx$

3) $-\frac{2}{45}(2-3x^3)^{\frac{5}{2}}+c$

5) $\sqrt{x^2+25}+c$

7) $\frac{2}{3}\sqrt{x^2+3x+4}+c$

7.3 미적분학의 기본정리

□ 넓이

넓이는 직사각형, 정사각형, 삼각형, 원과 같은 기하학적 도형의 공부에서 친숙한 개념이다. 일반으로 넓이는 영역의 크기를 수로서 생각한 것이다. 물론 간단한 기하학적 도형의 넓이를 계산하는 공식은 알고 있다. 여기서 문제는 x축, 직선 $x=a$, $x=b$와 음이 아닌 연속함수 f의 그래프로 둘러싸인 (그림 7.1)과 같은 평면영역 D의 넓이를 계산하는 방법을 개발하는 것이다.

이 문제의 해답은 미적분학의 기본정리(fundamental theorem of calculus)에 의해 주어진다. 이 정리로부터 도함수가 기울기를 구하는데 이용될 수 있는 것처럼 원시함수(부정적분)가 넓이를 구하는데 이용됨을 알 수 있다. 부정적분과 넓이 사이의 관계에서 미리 (그림 7.1)에서 보여준 영역의 넓이를 (넓이) $= \int_a^b f(x)\,dx$로 나타낸다.

기호 $\int_a^b f(x)\,dx$를 a에서 b까지의 $f(x)$의 정적분(definite integral)이라 하고 a는 적분의 아래끝, b는 적분의 위끝이다.

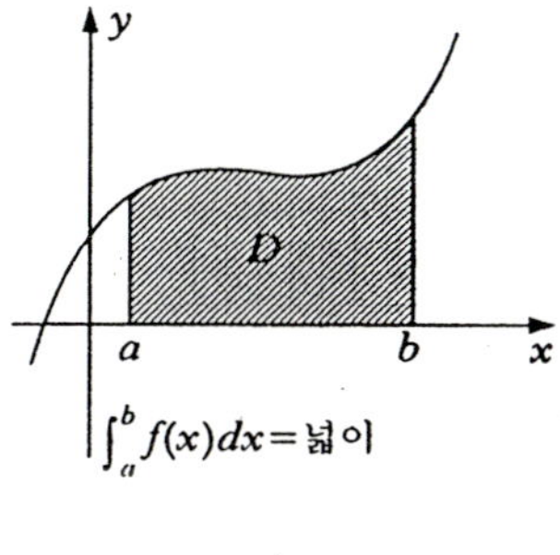

그림 7.1

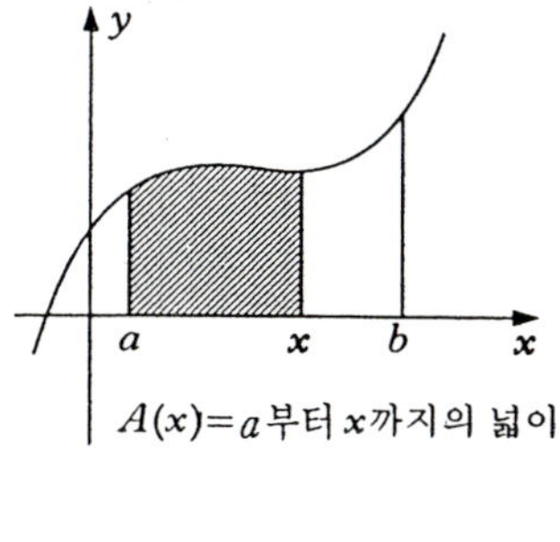

그림 7.2

□ 정적분과 미적분학의 기본정리

미적분학의 기본정리를 설명하는데 우선 (그림 7.2)의 넓이 함수를 소개한다. 특히 f가 폐구간 $[a, b]$에서 음이 아닌 연속함수이면 f의 그래프 아래의 영역의 넓이를 a부터 x까지 $A(x)$로 나타낸다. 이제 x가 Δx만큼 증가하면 f의 그래프 아래 영역의 넓이는 ΔA만큼 증가한다. 더욱이 $f(m)$과 $f(M)$이 구간 $[x, x+\Delta x]$에서 f의 최소값과 최대값을 나타낸다면 다음 관계를 얻을 수 있다(그림 7.3).

$$f(m)\,\Delta x \leqq \Delta A \leqq f(M)\,\Delta x$$

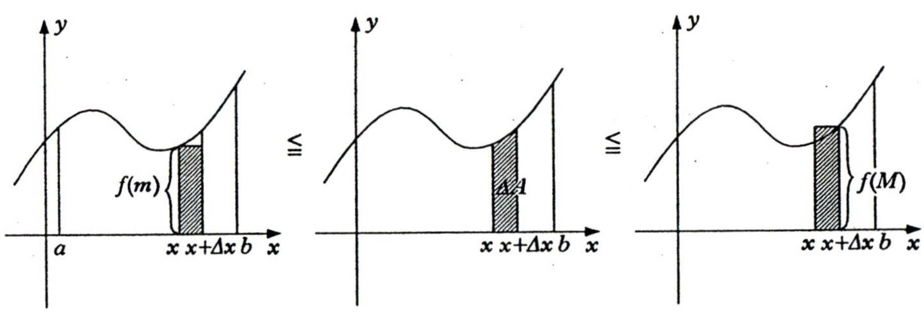

그림 7.3

부등식 $f(m)\,\Delta x \leqq \Delta A \leqq f(M)\,\Delta x$의 각 변을 Δx로 나누면,

$$f(m) \leqq \frac{\Delta A}{\Delta x} \leqq f(M)$$

Δx가 0에 가까이 갈 때 $f(m)$과 $f(M)$은 모두 $f(x)$에 가까이 가고,

$$\lim_{\Delta x \to 0} \frac{\Delta A}{\Delta x} = A'(x)$$이므로, $f(x) \leqq A'(x) \leqq f(x)$가 된다.

즉, $f(x) = A'(x)$이다. 넓이 함수 $A(x)$는 f의 부정적분이다. 따라서 $A(x) = F(x) + c$ ($F(x)$는 f의 임의의 부정적분이다.) c를 구하기 위해 $A(a) = 0$

에서 $c = -F(a)$

$$A(b) = F(b) + c = F(b) - F(a)$$

$A(b)$를 적분으로 나타내면

$$\int_a^b f(x)\,dx = F(b) - F(a)$$

f의 부정적분을 구할 수 있으면 위의 식은 정적분 $\int_a^b f(x)\,dx$를 구하는데 부정적분을 이용할 수 있음을 알려준다. 이 결과를 다음 정리로 요약할 수 있다.

〈 미적분학의 기본정리 〉

> f가 폐구간 $[a, b]$에서 음이 아닌 연속함수이면,
>
> $$\int_a^b f(x)\,dx = F(b) - F(a)$$
>
> F는 구간 $[a, b]$의 모든 x에 대해 $F'(x) = f(x)$인 함수이다.

위의 정리를 다음과 같이 사용한다.

$$\int_a^b f(x)\,dx = [F(x)]_a^b = F(b) - F(a)$$

이를테면

$$\int_1^3 x^3\,dx = \left[\frac{x^4}{4}\right]_1^3 = \frac{3^4}{4} - \frac{1^4}{4} = \frac{81}{4} - \frac{1}{4} = 20$$

적분상수 c는 원시함수로부터 필요 없음을 알 수 있다.

$$\begin{aligned}\int_a^b f(x)\,dx &= [F(x) + c]_a^b \\ &= [F(b) + c] - [F(a) + c] = F(b) - F(a) + c - c \\ &= F(b) - F(a)\end{aligned}$$

미적분학의 기본정리를 설명하는데 함수 f를 폐구간 $[a, b]$에서 음이 아닌 연속함수라 가정하고 정적분을 넓이로서 정의하였다. 이제 이 정리를 갖고 정

적분의 정의를 폐구간 $[a, b]$에서 음수값을 갖는 함수로 확장할 수 있다.

특히 f가 폐구간 $[a, b]$에서 연속이라면 $f(x)$의 a부터 b까지 정적분은 $\int_a^b f(x)\,dx = F(b) - F(a)$로 주어지고 F는 f의 부정적분이다. 이를테면,

$$\int_{-1}^{1}(x^2-1)\,dx = \left[\frac{x^3}{3}-x\right]_{-1}^{1} = \left(\frac{1}{3}-1\right)-\left(-\frac{1}{3}+1\right) = -\frac{4}{3}$$

이 정적분의 값이 음수이므로 이것은 넓이를 나타내지 않는다. 정적분의 유용한 몇가지 성질을 알아보자. 각 경우에 f와 g는 $[a, b]$에서 연속이다.

〈정적분의 성질〉

1. $\int_a^b kf(x)\,dx = k\int_a^b f(x)\,dx$ (k는 상수)
2. $\int_a^b [f(x) \pm g(x)]\,dx = \int_a^b f(x)\,dx \pm \int_a^b g(x)\,dx$
3. $\int_a^b f(x)\,dx = \int_a^c f(x)\,dx + \int_c^b f(x)\,dx,\quad a < c < b$
4. $\int_a^a f(x)\,dx = 0$
5. $\int_b^a f(x)\,dx = -\int_a^b f(x)\,dx$

[예제 1] ─ <기본정리 이용 넓이 구하기>

$f(x) = x^2 - 1\ (1 \leqq x \leqq 2)$의 그래프로 둘러싸인 영역의 넓이를 구하여라.(그림 7.4)

풀이 (넓이) $= \int_1^2 (x^2-1)dx = \left[\frac{x^3}{3}-x\right]_1^2$

$$= \left(\frac{8}{3}-2\right)-\left(\frac{1}{3}-1\right)$$

$$= \frac{4}{3}$$

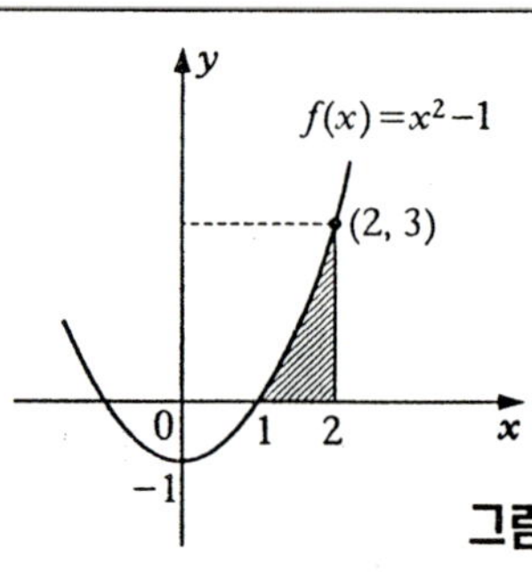

그림 7.4 ▣

[예제 2] <정적분 값>

정적분 $\int_0^1 (4t+1)^2 dt$를 구하여라.

풀이

$$\int_0^1 (4t+1)^2 dt = \frac{1}{4}\int_0^1 (4t+1)^2(4)\,dt$$

$$= \frac{1}{4}\left[\frac{(4t+1)^3}{3}\right]_0^1 = \frac{1}{4}\left[\left(\frac{5^3}{3}\right)-\left(\frac{1}{3}\right)\right]$$

$$= \frac{1}{4}\left[\frac{125}{3}-\frac{1}{3}\right] = \frac{31}{3}$$ ▣

[예제 3] <정적분 값>

정적분 $\int_1^4 -3\sqrt{x}dx$를 구하여라.

풀이

$$\int_1^4 -3\sqrt{x}dx = 3\int_1^4 x^{\frac{1}{2}} dx = -3\left[\frac{x^{\frac{3}{2}}}{\frac{3}{2}}\right]_1^4$$

$$= -2(4)^{\frac{3}{2}} + 2(1)^{\frac{3}{2}} = -16+2 = -14$$ ▣

[예제 4] <절대값을 포함한 식의 정적분>

정적분 $\int_0^2 |2x-1|dx$를 구하여라.

풀이 (그림 7.5)와 절대값의 정의를 이용하면,

$$|2x-1| = \begin{cases} -(2x-1), & x < \frac{1}{2} \\ 2x-1, & x \geq \frac{1}{2} \end{cases}$$

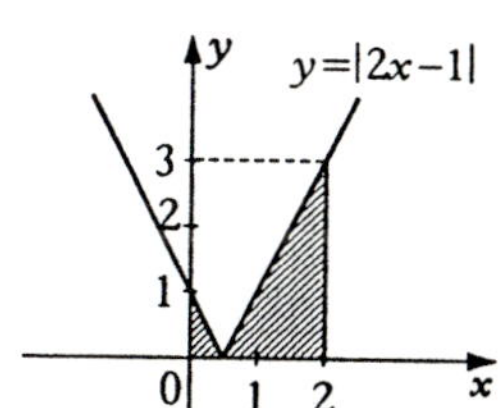

그림 7.5

성질 3을 이용하여 정적분을 두 부분으로 나눈다.

$$\begin{aligned}\int_0^2 |2x-1|dx &= \int_0^{\frac{1}{2}} -(2x-1)dx + \int_{\frac{1}{2}}^2 (2x-1)dx \\ &= [-x^2+x]_0^{\frac{1}{2}} + [x^2-x]_{\frac{1}{2}}^2 \\ &= \left(-\frac{1}{4}+\frac{1}{2}\right)-(0+0)+(4-2)-\left(\frac{1}{4}-\frac{1}{2}\right) \\ &= \frac{5}{2}\end{aligned}$$

▣

□ 함수의 평균값

정적분은 구간 위에서 함수의 평균값을 구하는데 이용될 수 있다.

〈함수의 평균값의 정의〉

f가 구간 $[a, b]$에서 연속이면 주어진 구간에서 f의 평균값(average value)은 ($[a, b]$에서 f의 평균값) $= \dfrac{1}{b-a}\displaystyle\int_a^b f(x)\,dx$ 이다.

[예제 5] <함수의 평균값 구하기>

구간 $[1, 4]$에서 $f(x) = 3x^2-2x$의 평균값을 구하여라.

풀이 $[1, 4]$에서 $f(x) = 3x^2-2x$의 평균값은

$$\begin{aligned}\frac{1}{4-1}\int_1^4 (3x^2-2x)dx &= \frac{1}{3}\left[\frac{3x^3}{3}-\frac{2x^2}{2}\right]_1^4 \\ &= \frac{1}{3}[(64-16)-(1-1)] \\ &= \frac{48}{3} \\ &= 16\end{aligned}$$

▣

□ 우함수 · 기함수의 적분

앞에서 배운 우함수와 기함수의 구간 $[-a, a]$에서 정적분을 알아보자.

〈 우함수와 기함수의 적분 〉

f는 구간 $[-a, a]$에서 연속이다.

1. f가 우함수이면 $\int_{-a}^{a} f(x)\,dx = 2\int_{0}^{a} f(x)\,dx$이다.
2. f가 기함수이면 $\int_{-a}^{a} f(x)\,dx = 0$이다.

[예제 6] <우함수, 기함수의 적분>

다음 정적분을 구하여라.

(1) $\int_{-2}^{2} x^2 dx$　　　　(2) $\int_{-2}^{3} x^2 dx$

풀이 (1) $f(x) = x^2$은 우함수이므로

$$\int_{-2}^{2} x^2\,dx = 2\int_{0}^{2} x^2\,dx = 2\left[\frac{x^3}{3}\right]_0^2 = 2\left(\frac{8}{3} - 0\right) = \frac{16}{3}$$

(2) $f(x) = x^3$은 기함수이므로

$$\int_{-2}^{2} x^3\,dx = 0$$

■

연습문제 7.3

1. 정적분을 구하여라.

1) $\int_0^1 2x\,dx$ 2) $\int_2^7 3\,dv$

3) $\int_{-1}^0 (x-2)\,dx$ 4) $\int_2^5 (-3v+4)dv$

5) $\int_{-1}^1 (t^2-2)dt$ 6) $\int_0^3 (3x^2+x-2)\,dx$

7) $\int_0^1 (2t-1)^2 dt$ 8) $\int_{-1}^1 (t^3-9t)dt$

9) $\int_1^2 \left(\frac{3}{x^2}-1\right)dx$ 10) $\int_0^1 (3x^3-9x+7)dx$

11) $\int_1^2 (5x^4+5)dx$ 12) $\int_{-3}^3 v^{\frac{1}{3}}\,dv$

13) $\int_{-1}^1 (\sqrt[3]{t}-2)dt$ 14) $\int_1^4 \sqrt{\frac{2}{x}}\,dx$

15) $\int_1^4 \frac{u-2}{\sqrt{u}}\,du$ 16) $\int_{-2}^{-1} \left(\frac{-1}{u^2}+u\right)du$

17) $\int_0^1 \frac{x-\sqrt{x}}{3}\,dx$ 18) $\int_0^2 (2-t)\sqrt{t}\,dt$

해답

1.

1) 1

3) $-\frac{5}{2}$

5) $-\frac{10}{3}$

7) $\frac{1}{3}$

9) $\frac{1}{2}$

11) 36

13) -4

15) $\frac{2}{3}$

17) $-\frac{1}{18}$

19) $\int_{-1}^{0}\left(t^{\frac{2}{3}}-t^{\frac{5}{3}}\right)dt$ 20) $\int_{0}^{4}\left(x^{\frac{1}{2}}+x^{\frac{1}{4}}\right)dx$

21) $\int_{0}^{4}\frac{1}{\sqrt{2x+1}}dx$ 22) $\int_{0}^{1}\frac{x}{\sqrt{1+2x^2}}dx$

23) $\int_{-1}^{1}x(x^2+1)^3dx$ 24) $\int_{0}^{2}\frac{x}{\sqrt{1+2x^2}}dx$

25) $\int_{-2}^{2}x\sqrt[3]{4x+x^2}dx$ 26) $\int_{1}^{9}\frac{1}{\sqrt{x}(1+\sqrt{x})^2}dx$

27) $\int_{-1}^{1}|x|dx$ 28) $\int_{0}^{3}|2x-3|dx$

29) $\int_{0}^{4}(2-|x-2|)dx$ 30) $\int_{-4}^{4}(4-|x|)dx$

19) $\frac{39}{40}$

21) 2

23) 0

25) 0

27) 1

29) 4

2. 주어진 구간에서 함수의 평균값을 구하여라.

1) $f(x)=4-x^2$, $[-2, 2]$

2) $f(x)=x^2-2x+1$, $[0, 1]$

3) $f(x)=x\sqrt{4-x^2}$, $[0, 2]$

4) $f(x)=\frac{x^2+1}{x^2}$, $\left[\frac{1}{2}, 2\right]$

2.

1) $\frac{8}{3}$

3) $\frac{4}{3}$

5) $f(x) = x - 2\sqrt{x}$, $[0, 4]$

6) $f(x) = \dfrac{1}{(x-3)^2}$, $[0, 2]$

5) $-\dfrac{2}{3}$

7.4 두 곡선으로 둘러싸인 넓이

□ 두 곡선으로 둘러싸인 영역의 넓이

정적분의 응용을 곡선 아래 영역의 넓이로부터 두 곡선으로 둘러싸인 영역의 넓이로 확장할 수 있다. $y=f(x)$, $y=g(x)$, $x=a$와 $x=b$의 그래프로 둘러싸인 영역을 생각해 보자. (그림 7.6)과 같이 두 함수 f와 g의 그래프가 x축 위에 있으면 두 그래프 사이에 있는 영역의 넓이를 기하학적으로 다음과 같이 즉, f의 그래프 아래 영역의 넓이에서 g의 그래프 아래 영역의 넓이를 뺀 것으로 나타낼 수 있다.

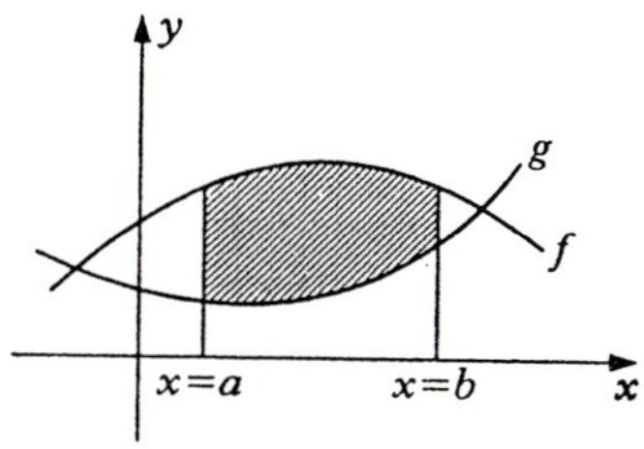

그림 7.6

〈두 곡선으로 둘러싸인 영역의 넓이〉

f와 g는 구간 $[a, b]$에서 연속이고 구간 $[a, b]$의 모든 x에 대해 $g(x) \leq f(x)$이면 $y=f(x)$, $y=g(x)$, $x=a$와 $x=b$로 둘러싸인 영역의 넓이는 $A=\int_a^b [f(x)-g(x)]dx$이다.

[예제 1] <두 곡선으로 둘러싸인 영역의 넓이>

$0 \leq x \leq 1$에서, $y=x^2+2$와 $y=x$의 그래프로 둘러싸인 영역의 넓이를 구하여라.

풀이 (그림 7.7)에서, $x \leq x^2+2$, $[0, 1]$

$$넓이 = \int_a^b [f(x)-g(x)]dx$$

$$= \int_0^1 [(x^2+2)-(x)]\,dx$$

$$= \int_0^1 (x^2-x+2)\,dx$$

$$= \left[\frac{x^3}{3}-\frac{x^2}{2}+2x\right]_0^1$$

$$= \left(\frac{1}{3}-\frac{1}{2}+2\right)-(0) = \frac{11}{6}$$

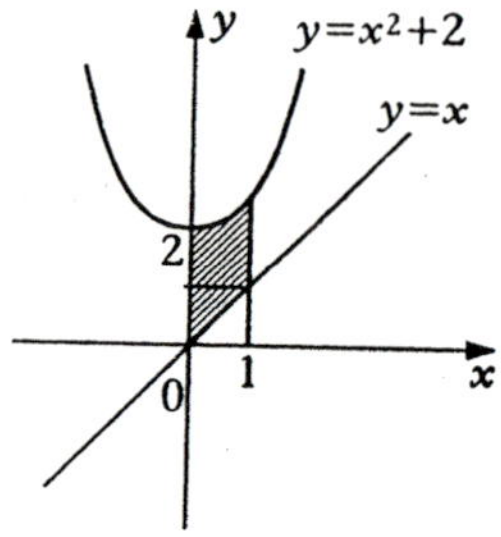

그림 7.7

▣

[예제 2] ——<만나는 두 그래프로 둘러싸인 영역의 넓이>

$y=2-x^2$와 $y=x$의 그래프로 둘러싸인 영역의 넓이를 구하여라.

풀이 $y=x$와 $y=2-x^2$의 교점을 구하려면, $x=2-x^2$을 푼다.

$x^2+x-2=0$, $(x+2)(x-1)=0$에서 $x=-2,\ 1$

(그림 7.8)에서 구하는 영역의 넓이는

$$\text{넓이} = \int_a^b [f(x)-g(x)]\,dx$$

$$= \int_{-2}^1 [(2x-x^2)-(x)]\,dx$$

$$= \int_{-2}^1 (2-x^2-x)\,dx$$

$$= \left[2x-\frac{x^3}{3}-\frac{x^2}{2}\right]_{-2}^1$$

$$= \left(2-\frac{1}{3}-\frac{1}{2}\right)-\left(-4+\frac{8}{3}-2\right) = \frac{9}{2}$$

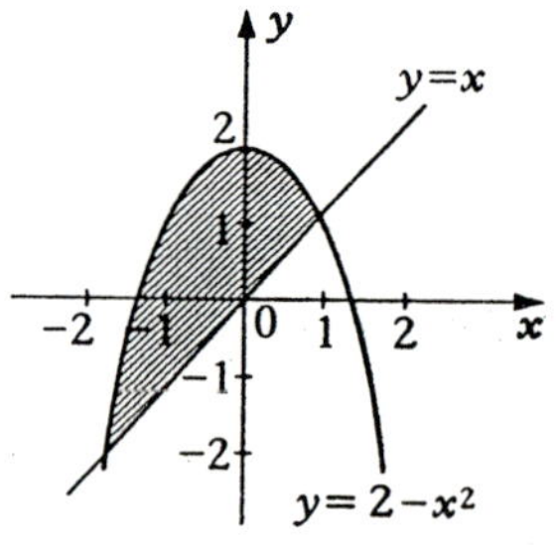

그림 7.8

▣

[예제 3] ──── <x축 아래 영역의 넓이>

$y = x^2 - 3x - 4$의 그래프와 x축으로 둘러싸인 영역의 넓이를 구하여라.

풀이 $y = x^2 - 3x - 4$의 그래프가 x축과 만나는 점의 x좌표는

$x^2 - 3x - 4 = 0$에서,

$(x-4)(x+1) = 0$, $x = -1, 4$

(그림 7.9)에서 $[-1, 4]$의 모든 x에 대해 $x^2 - 3x - 4 \leqq 0$, 따라서

$f(x) = 0$, $g(x) = x^2 - 3x - 4$로 놓으면, 둘러싸인 영역의 넓이는

$$넓이 = \int_a^b [f(x) - g(x)]dx$$

$$= \int_{-1}^4 [(0) - (x^2 - 3x - 4]dx$$

$$= \int_{-1}^4 (-x^2 + 3x + 4)dx$$

$$= \left[-\frac{x^3}{3} + \frac{3x^2}{2} + 4x)\right]_{-1}^4$$

$$= \left(-\frac{64}{3} + 24 + 16\right) - \left(\frac{1}{3} + \frac{3}{2} - 4\right) = \frac{125}{6}$$

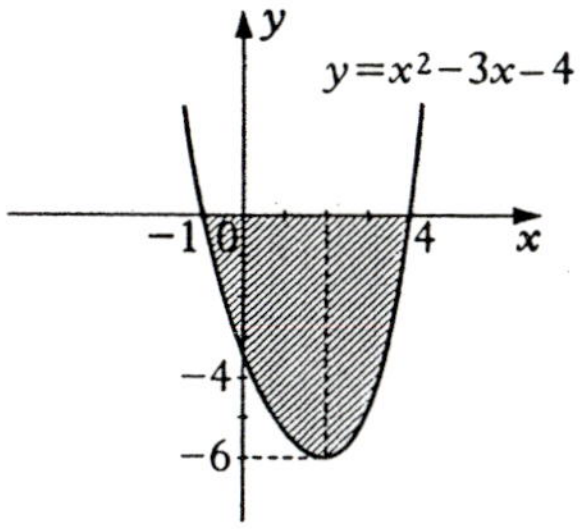

그림 7.9

▣

[예제 4] ──── <교점의 수가 많은 경우>

$f(x) = 3x^3 - x^2 - 10x$와 $g(x) = -x^2 + 2x$의 그래프로 둘러싸인 영역의 넓이를 구하여라.

풀이 두 그래프의 교점을 구하려면 x에 대해 푼다.

$3x^3 - x^2 - 10x = -x^2 + 2x$

$3x^3 - 12x = 0$

$$3x(x^2-4)=0$$

$$3x(x-2)(x+2)=0$$

$$x=0,\ 2,\ -2$$

$[-2, 0]$에서 $g(x) \leqq f(x)$

$[0, 2]$에서 $f(x) \leqq g(x)$이므로

둘러싸인 영역(그림 7.10)의 넓이는

$$넓이 = \int_{-2}^{0}[f(x)-g(x)]\,dx + \int_{0}^{2}[g(x)-f(x)]\,dx$$

$$= \int_{-2}^{0}(3x^3-12x)\,dx + \int_{0}^{2}(-3x^3+12x)\,dx$$

$$= \left[\frac{3}{4}x^4-6x^2\right]_{-2}^{0} + \left[-\frac{3}{4}x^4+6x^2\right]_{0}^{2}$$

$$= -(12-24)+(-12+24) = 24$$

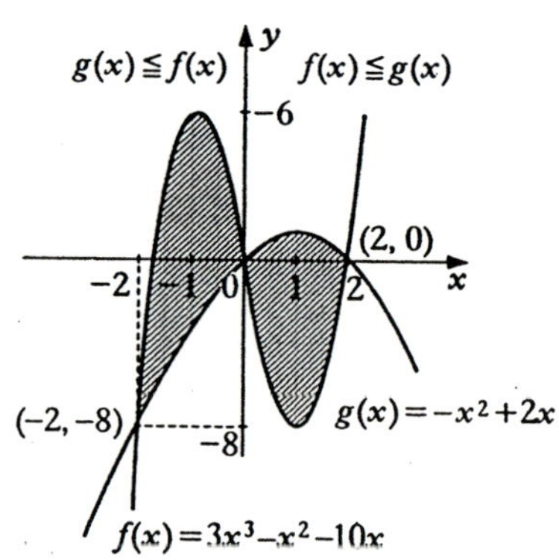

그림 7.10

■

연습문제 7.4

1. 다음 영역의 넓이를 구하여라.

(1) $f(x)=x^2-6x$
$g(x)=0$

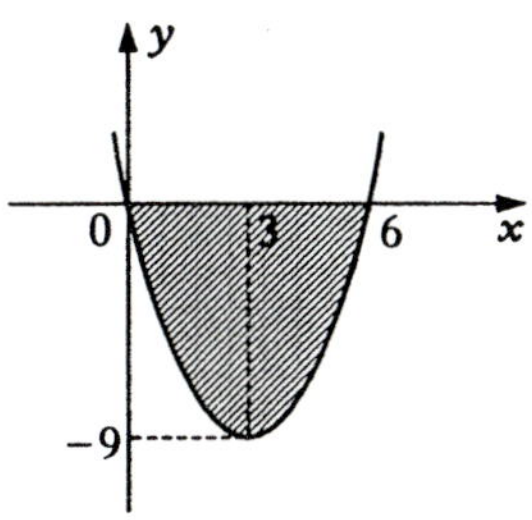

(2) $f(x)=x^2+2x+1$
$g(x)=2x+5$

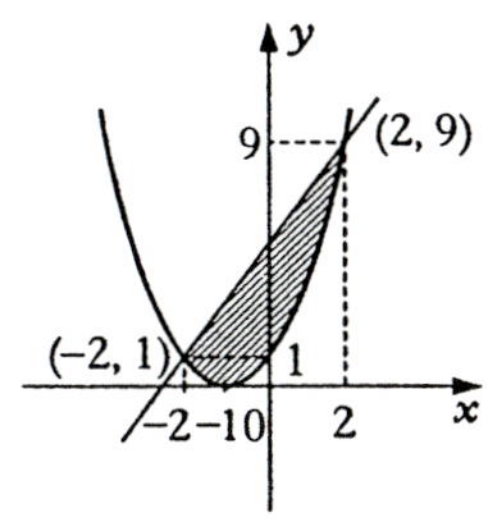

(3) $f(x)=x^2-4x+3$
$g(x)=-x^2+2x+3$

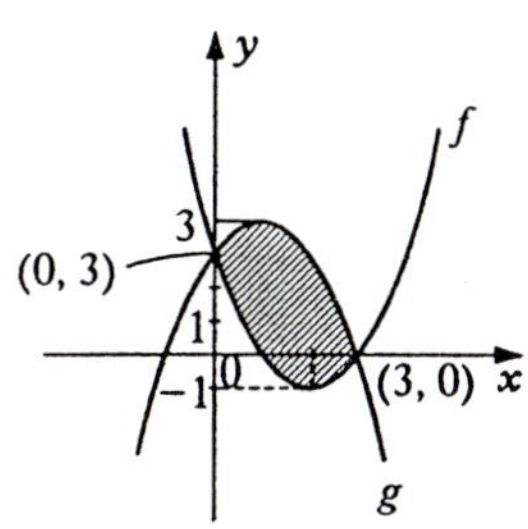

(4) $f(x)=x^2$
$g(x)=x^3$

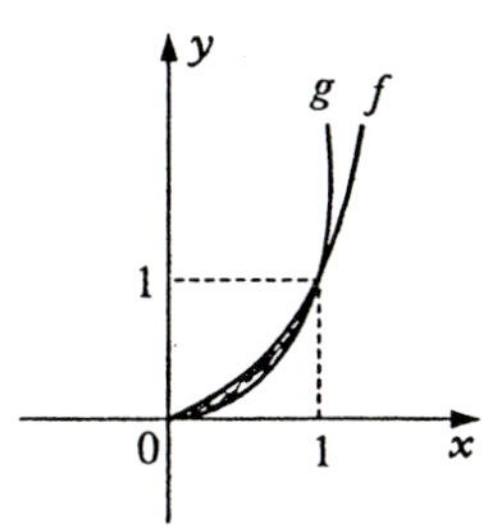

(5) $f(x)=3(x^3-x)$
$g(x)=0$

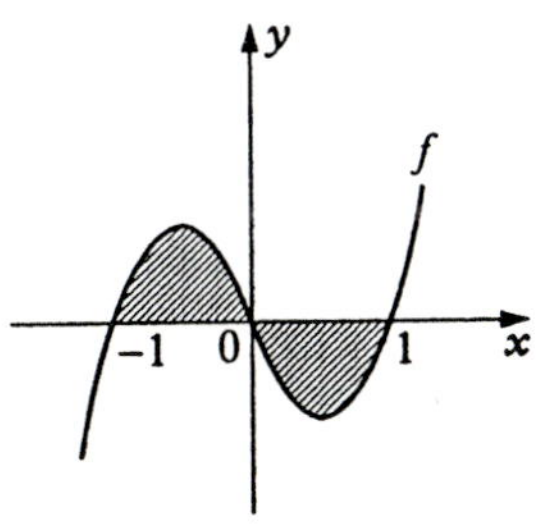

(6) $f(x)=(x-1)^3$
$g(x)=x-1$

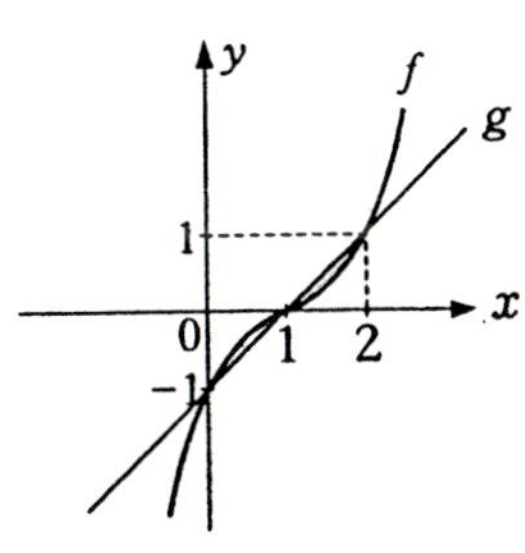

해답

1.

1) 36

2) 9

3) $\frac{3}{2}$

2. 다음 함수의 그래프로 둘러싸인 영역을 그리고 그 영역의 넓이를 구하여라.

1) $f(x) = x^2 - 4x,\ g(x) = 0$

2) $f(x) = 3 - 2x - x^2,\ g(x) = 0$

3) $f(x) = x^2 + 2x + 1,\ g(x) = 3x + 3$

4) $f(x) = -x^2 + 4x + 2,\ g(x) = x + 2$

5) $y = x,\ y = 2 - x,\ y = 0$

6) $y = \frac{1}{x^2},\ y = 0,\ x = 1,\ x = 5$

7) $f(x) = x^2 - x,\ g(x) = 2(x + 2)$

8) $f(x) = x(x^2 - 3x + 3),\ g(x) = x^2$

9) $y = x^3 - 2x + 1,\ y = -2x,\ x = 1$

10) $f(x) = \sqrt[3]{x},\ g(x) = x$

11) $f(x) = \sqrt{3x + 1},\ g(x) = x + 1$

12) $f(x) = x^2 + 5x - 6,\ g(x) = 6x - 6$

13) $y = x^2 - 4x + 3,\ y = 3 + 4x - x^2$

14) $y = x^4 - 2x^2,\ y = 2x^2$

15) $f(y) - y^2,\ g(y) - y + 2$

16) $f(y) = y(2 - y),\ g(y) = -y$

17) $x = y^2 + 1,\ x = 0,\ y = -1,\ y = 2$

18) $f(y) = \sqrt{y},\ y = 9,\ x = 0$

2.

1) $\frac{32}{3}$

3) $\frac{9}{2}$

5) 1

7) $\frac{125}{6}$

9) 2

11) $\frac{3}{2}$

13) $\frac{64}{3}$

15) $\frac{9}{2}$

17) 6

7.5 합의 극한으로 나타낸 정적분

□ 중점으로 나타낸 정적분의 근사값

앞에서 정적분의 개념을 평면영역의 넓이로서 소개했다. 정적분의 또 다른 전개는 합의 극한개념을 포함하고 더 논리적으로 전개한 책에서는 이 점을 강조한다. 여기서는 간단한 정적분을 합의 극한개념으로 소개한다. 중점을 이용한 정적분의 근사값 구하는 방법을 알아볼 것이다.

[예제 1] <평면영역의 넓이의 근사값>

(그림 7.11)에서 5개의 직사각형을 이용하여 $f(x) = -x^2+5$의 그래프와 x축, $x=0$과 $x=2$로 둘러싸인 영역의 넓이의 근사값을 구하여라.

풀이 5개의 직사각형의 높이를 각 구간

$\left[0, \frac{2}{5}\right]$, $\left[\frac{2}{5}, \frac{4}{5}\right]$, $\left[\frac{4}{5}, \frac{6}{5}\right]$, $\left[\frac{6}{5}, \frac{8}{5}\right]$, $\left[\frac{8}{5}, \frac{10}{5}\right]$의 중점에 대한

f의 값으로 정하고 밑변의 길이는 $\frac{2}{5}$로 하면 5개의 직사각형의 넓이

(그림 7.11)의 합은

$$\text{넓이} \approx f\left(\frac{1}{5}\right)\left(\frac{2}{5}\right)+f\left(\frac{3}{5}\right)\left(\frac{2}{5}\right)+f\left(\frac{5}{5}\right)\left(\frac{2}{5}\right)$$

$$+f\left(\frac{7}{5}\right)\left(\frac{2}{5}\right)+f\left(\frac{9}{5}\right)\left(\frac{2}{5}\right)$$

$$=\frac{2}{5}\left[f\left(\frac{1}{5}\right)+f\left(\frac{3}{5}\right)+f\left(\frac{5}{5}\right)+f\left(\frac{7}{5}\right)+f\left(\frac{9}{5}\right)\right]$$

$$=\frac{2}{5}\left[\frac{124}{25}+\frac{116}{25}+\frac{100}{25}+\frac{76}{25}+\frac{44}{25}\right]$$

$$= \frac{2}{125}[124+116+100+76+44]$$

$$= \frac{920}{125} = 7.36$$

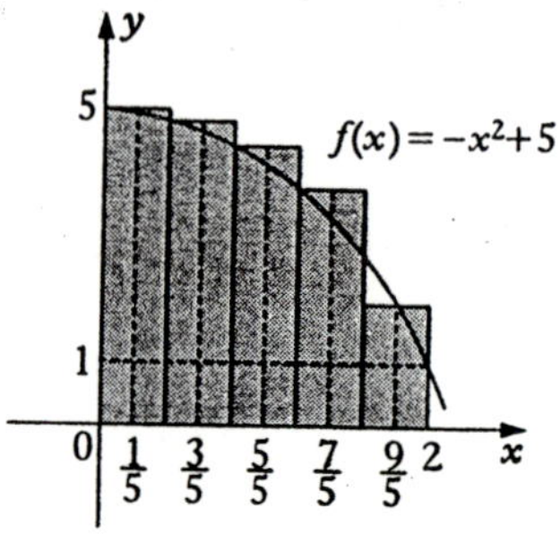

그림 7.11

예제 1의 영역에 대해 정적분으로 정확한 넓이를 구할 수 있다. 즉,

$$(\text{넓이}) = \int_0^2 (-x^2+5)dx = \left[-\frac{x^3}{3}+5x\right]_0^2$$

$$= \left(-\frac{8}{3}+10\right)-(0)$$

$$= \frac{22}{3} \approx 7.3333$$

■

예제 1에서 사용한 근사값 계산을 **중점법칙**(midpoint rule)이라고 한다. 중점법칙은 넓이를 구하는 것이 아니라 정적분의 근사값 구하기에 적용한다. 기본적인 과정은 다음과 같이 요약된다.

〈중점법칙을 이용한 정적분의 근사값〉

중점법칙을 이용하여 정저분 $\int_a^b f(x)\,dx$의 근사값을 구하기 위해 다음 과정을 밟는다.

1. 구간 $[a, b]$를 n개의 부분구간으로 나눈다. 폭은 $\Delta x = \frac{b-a}{n}$

2. 각 부분구간의 중점을 구한다.

   중점의 집합 $= \{x_1, x_2, x_3, \cdots, x_n\}$

3. 이들 중점에 대한 f값을 구하고 합을 다음과 같이 나타낸다.

$$\int_a^b f(x)\,dx \approx \frac{b-a}{n}[f(x_1)+f(x_2)+f(x_3)+\cdots+f(x_n)]$$

□ 합의 극한으로 나타낸 정적분

중점법칙의 중요한 특징은 n이 증가함에 따라 근사값이 참값에 가까워지는 것이다. 아래 표에서 확인할 수 있다. 예제 1의 영역에 대한 넓이는 $n=10$일 때 중점법칙을 이용하면 다음 근사값을 얻는다.

$$\int_0^2 (-x^2+5)\,dx \approx \frac{2}{10}\left[f\left(\frac{1}{10}\right)+f\left(\frac{3}{10}\right)+f\left(\frac{5}{10}\right)+\cdots+f\left(\frac{19}{10}\right)\right]$$

$$\approx 7.3400$$

n	5	10	15	20	25	30
근사값	7.3600	7.3400	7.3363	7.3350	7.3344	7.3341

실제로 $n\to\infty$일 때 근사값은 참값에 가까워 진다.

즉, $\Delta x = \dfrac{b-a}{n}$ 이면

$$\int_a^b f(x)\,dx = \lim_{n\to\infty}[f(x_1)\Delta x + f(x_2)\Delta x + \cdots + f(x_n)\Delta x]$$

중점법칙에서 x_i는 i번째 부분구간의 중점이라고 하자. 그러나 극한에서 x_i는 i번째 구간에서 (그림 7.12)처럼 임의의 값이 될 수 있다. 요약하면 다음과 같다.

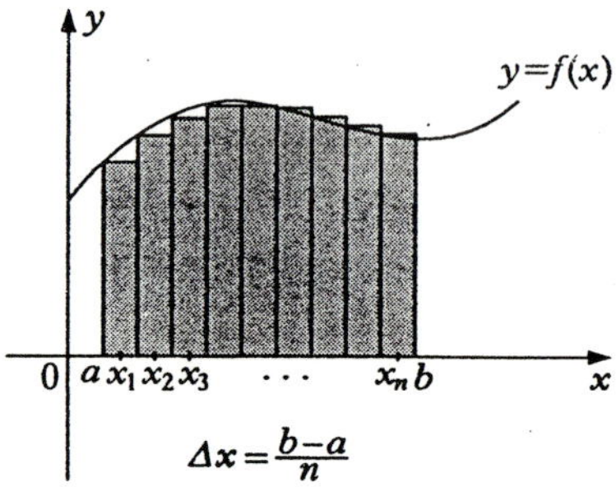

그림 7.12

〈합의 극한으로 나타낸 정적분〉

f가 구간 $[a, b]$에서 연속이면,

$$\int_a^b f(x)\,dx = \lim_{n\to\infty}[f(x_1)\Delta x + f(x_2)\Delta x + \cdots + f(x_n)\Delta x]$$

$\Delta x = \dfrac{b-a}{n}$ 이고 x_i는 i번째 구간의 임의 값

중점법칙을 적분을 계산할 수 없는 경우에 적용해 보자.

[예제 2] 〈중점법칙 이용〉

중점법칙을 이용 $n=4$에 대해 정적분 $\int_1^2 \frac{1}{x}\,dx$의 근사값을 구하여라.

풀이 $\Delta x = \dfrac{2-1}{4} = \dfrac{1}{4}$

구간 $[1, 2]$를 4개의 부분구간으로 나누면 다음과 같다.

$$\left[1, \frac{5}{4}\right], \left[\frac{5}{4}, \frac{3}{2}\right], \left[\frac{3}{2}, \frac{7}{4}\right], \left[\frac{7}{4}, 2\right]$$

각 구간의 중점의 집합은

$$\left\{\frac{9}{8},\ \frac{11}{8},\ \frac{13}{8},\ \frac{15}{8}\right\}$$

이다. 정적분을 근사값으로 나타내보자.

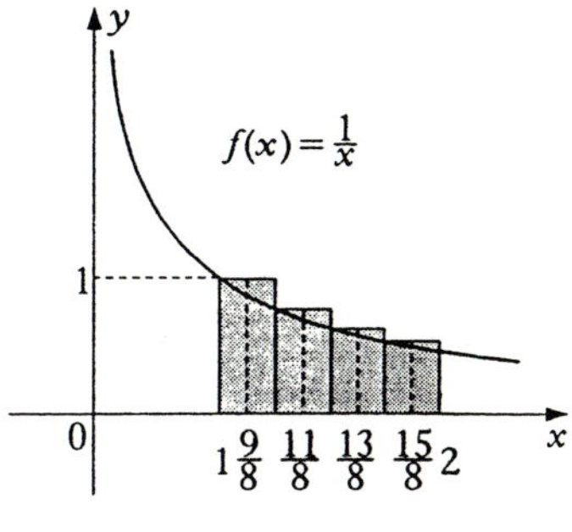

그림 7.13

$$\int_1^2 \frac{1}{x}\,dx \approx \frac{b-a}{n}[f(x_1)+f(x_2)+f(x_3)+f(x_4)]$$

$$=\frac{1}{4}\left[\frac{8}{9}+\frac{8}{11}+\frac{8}{13}+\frac{8}{15}\right]\approx 0.691$$

(그림 7.13)의 넓이를 적분으로 나타낸 것이다. ■

[예제 3] <중점법칙 이용>

중점법칙을 이용 $n=5$에 대해 정적분 $\int_0^1 \frac{1}{x^2+1}\,dx$의 근사값을 구하여라.

풀이 $\Delta x=\frac{1-0}{5}=\frac{1}{5}$

구간 [0, 1]을 5개의 부분으로 나누면 다음과 같다.

$$\left[0,\ \frac{1}{5}\right],\ \left[\frac{1}{5},\ \frac{2}{5}\right],\ \left[\frac{2}{5},\ \frac{3}{5}\right],\ \left[\frac{3}{5},\ \frac{4}{5}\right],\ \left[\frac{4}{5},\ 1\right]$$

각 구간의 중점의 집합은 $\left\{\frac{1}{10},\ \frac{3}{10},\ \frac{5}{10},\ \frac{7}{10},\ \frac{9}{10}\right\}$이다. 정적분을 근사값으로 나타내 보자.

$$\int_0^1 \frac{1}{x^2+1}\,dx \approx \frac{b-a}{n}[f(x_1)+f(x_2)+f(x_3)+f(x_4)+f(x_5)]$$

$$= \frac{1}{5}\left[\frac{1}{1.01}+\frac{1}{1.09}+\frac{1}{1.25}+\frac{1}{1.49}+\frac{1}{1.81}\right]$$

$$\approx 0.786$$

실제로 정적분값은 $\int_0^1 \frac{1}{x^2+1}\,dx = \frac{\pi}{4} \approx 0.785$이다. ▣

연습문제 7.5

1. 중점법칙을 이용 $n=4$에 대해 주어진 구간에서 정적분의 근사값을 구하여라.

(1) $f(x)=-2x+3$, $[0,\ 1]$ (2) $f(x)=1-x^2$, $[-1,\ 1]$

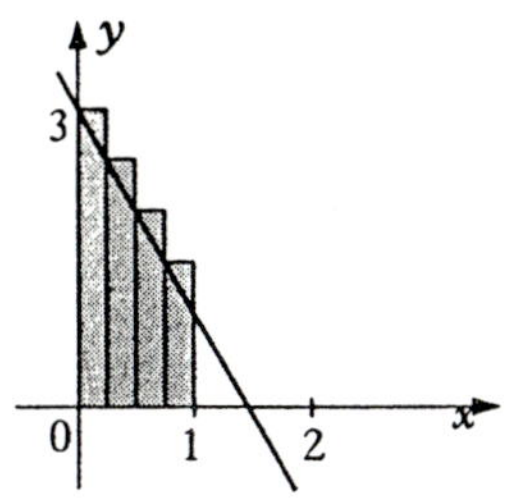

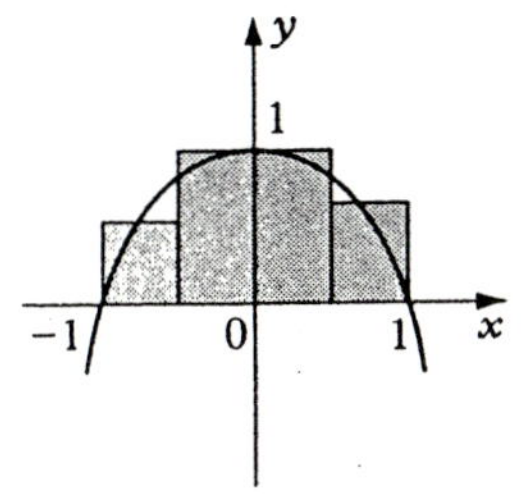

(3) $y=\sqrt{x}$, $[0,\ 1]$ (4) $y=\sqrt{x}+1$, $[0,\ 2]$

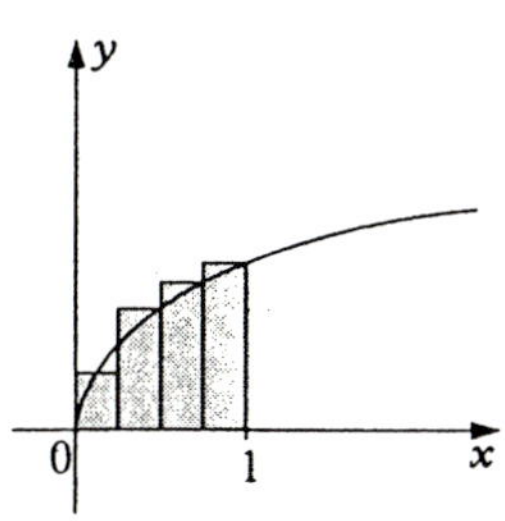

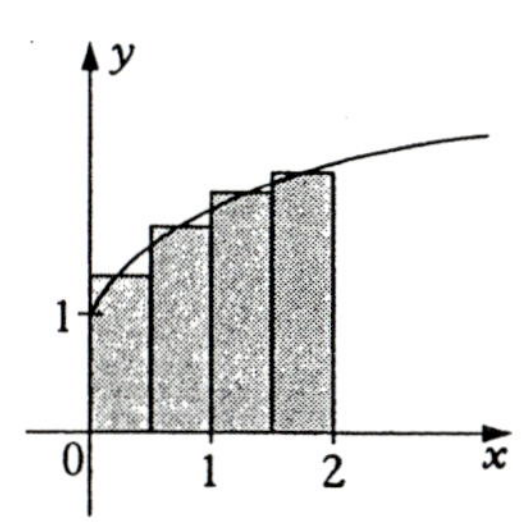

2. 다음 함수의 그래프와 x축과 주어진 구간으로 둘러싸인 부분의 넓이의 근사값을 중점법칙을 이용하여 $n=4$에 대하여 구하여라.

1) $y=x^2+2$, $[-1,\ 1]$ 2) $y=3x-4$, $[2,\ 5]$

3) $g(x)=2x^2$, $[1,\ 3]$

4) $g(x)=2x-x^3$, $[0,\ 1]$

해답

1.

1) 2

3) 0.6730

2.

1) 4.6250

3) 17.2500

5) $f(x) = 1 - x^3$, $[0, 1]$ — 5) 0.7578

6) $f(x) = x^2 - x^3$, $[0, 1]$

7) $y = x^2 - x^3$, $[-1, 0]$ — 7) 0.5703

8) $y = 2x^2 - x + 1$, $[0, 2]$

9) $y = x(1-x)^2$, $[0, 1]$ — 9) 0.0859

10) $y = x^2(3-x)$, $[0, 3]$

3. 다음 표에 중점법칙을 이용하여 정적분의 근사값을 구하여라.

1) $\int_0^4 \sqrt{16 - x^2}\,dx$ 2) $\int_{-1}^1 (3-x)\sqrt{1-x^2}\,dx$

3) $\int_0^2 \sqrt{1+x^3}\,dx$ 4) $\int_0^2 \sqrt{1+x^3}\,dx$

n	2	4	8
(1)			
(2)			
(3)			
(4)			

3.

1) 13.0375 12.7357 12.6267

3) 3.1523 3.2202 3.2361

7.6 회전체의 부피

□ 원반에 의한 방법(Disk Method)

앞에서 정적분이 영역의 넓이와 함수의 평균값을 구하는데 이용될 수 있음을 알았다. 이것은 정적분의 폭넓은 적용 가운데 두 가지일 뿐이다. 이를테면 곡선의 호의 길이, 입체의 표면의 넓이, 입체의 질량 중심과 자연과학에 유용한 많은 양들이 정적분의 이용으로 구해질 수 있다.

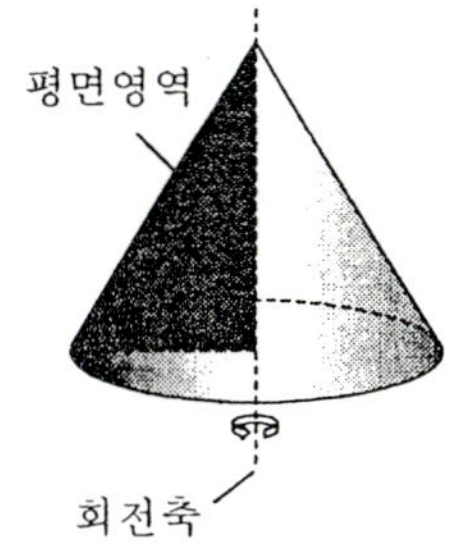

그림 7.14

여기서는 적분이 입체의 부피를 구하는데 어떻게 이용되는지 알게 될 것이다. 특히 축의 둘레로 평면영역을 회전하여 만들어지는 입체를 볼 것이다.

〈회전체의 정의〉

> 평면에 있는 영역을 직선의 둘레로 회전하여 만들어진 입체를 (그림 7.14)와 같은 회전체(solid of revolution)라 하고, 직선을 회전축(axis of revolution)이라 한다.

회전체의 부피를 구하는 공식을 만들기 위해, 구간 $[a, b]$에서 음이 아닌 연속함수 $y=f(x)$를 생각하자. (그림 7.15)는 f의 그래프와 x축 $(a \leqq x \leqq b)$로 둘러싸인 영역의 넓이를 n개의 폭의 길이 $\Delta x = \dfrac{b-a}{n}$인 직사각형의 넓이의 합으로 근사시킬 수 있음을 보여준다.

(그림 7.16)에서 x축의 둘레로 각 직사각형을 회전시키면 부피가 다음과 같은 직원기둥 원반이 만들어진다.

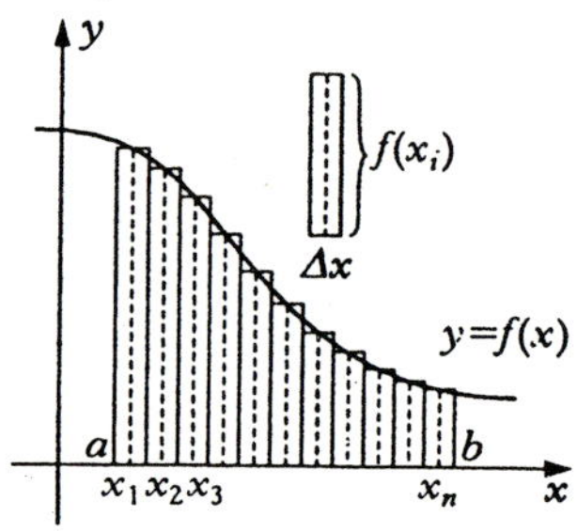

그림 7.15

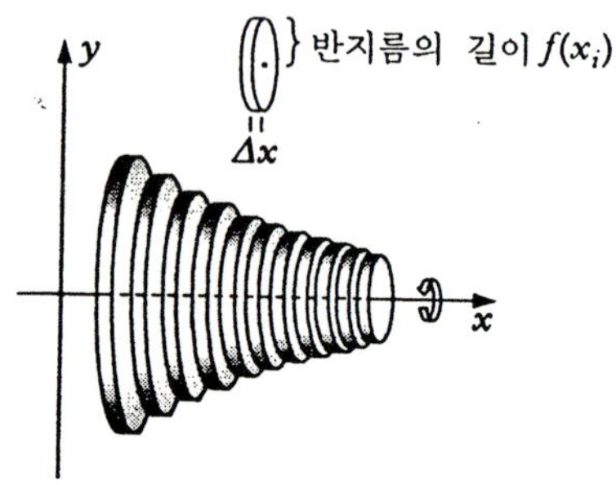

그림 7.16

$$i\text{번째 원반의 부피} = \pi\,(\text{반지름의 길이})^2\,(\text{폭의 길이})$$
$$= \pi[f(x_i)]^2\Delta x$$

n개의 원반의 부피를 더하면 다음과 같다.

$$\text{회전체의 부피} \approx \pi[f(x_1)^2\Delta x + \pi[f(x_2)]^2\Delta x + \cdots + \pi[f(x_n)]^2\Delta x$$

n을 한없이 크게 하면($n \to \infty$),

$$\text{회전체의 부피} = \pi\int_a^b [f(x)]^2\,dx$$

〈 원반에 의한 회전체의 부피 〉

$y = f(x)$와 x축 $(a \leqq x \leqq b)$으로 둘러싸인 영역을 회전하여 만들어진 회전체의 부피 V는

$$V = \pi\int_a^b [f(x)]^2\,dx$$

이다.

(그림 7.17)은 평면영역에서 직사각형의 반지름의 길이 $f(x)$를 알아보는 데 유용하다.

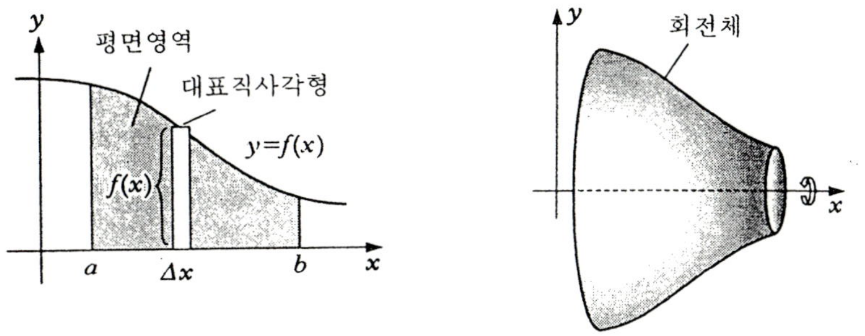

그림 7.17

[예제 1] <회전체의 부피>

$y = -x^2 + x$의 그래프와 $y=0$으로 둘러싸인 영역을 x축의 둘레로 회전하여 만들어진 회전체의 부피를 구하여라.

풀이 (그림 7.18)에서

$$\text{반지름의 길이} = f(x) = -x^2 + x$$

따라서, 구하는 부피 V는

$$\begin{aligned} V &= \pi \int_0^1 [f(x)]^2\, dx \\ &= \pi \int_0^1 (-x^2+x)^2\, dx \\ &= \pi \int_0^1 (x^4 - 2x^3 + x^2)\, dx \\ &= \pi \left[\frac{x^5}{5} - \frac{x^4}{2} + \frac{x^3}{3} \right]_0^1 = \frac{\pi}{30} \end{aligned}$$

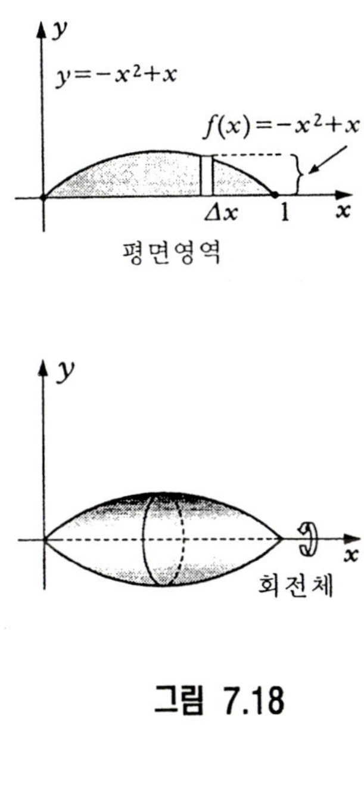

그림 7.18

■

□ Washer Method

원반에 의한 방법을 구멍이 있는 회전체의 부피를 구하는데 확장할 수 있다. $y=f(x)$와 $y=g(x)$로 둘러싸인 영역이 (그림 7.19)와 같다고 하자. 이 영역을 x축의 둘레로 회전하면 (그림 7.19)의 회전체가 만들어지고, 그 부피 V는

$$V=\pi\int_a^b [f(x)]^2\,dx-\pi\int_a^b [g(x)]^2\,dx$$

정리하면,

$$V=\pi\int_a^b ([f(x)]^2-[g(x)]^2)\,dx$$

이 공식을 구멍이 있는 입체의 부피를 구하는 **Washer Method**라고 한다.

$f(x)$를 입체의 바깥쪽 반지름의 길이 $g(x)$를 안쪽의 반지름의 길이라 한다.

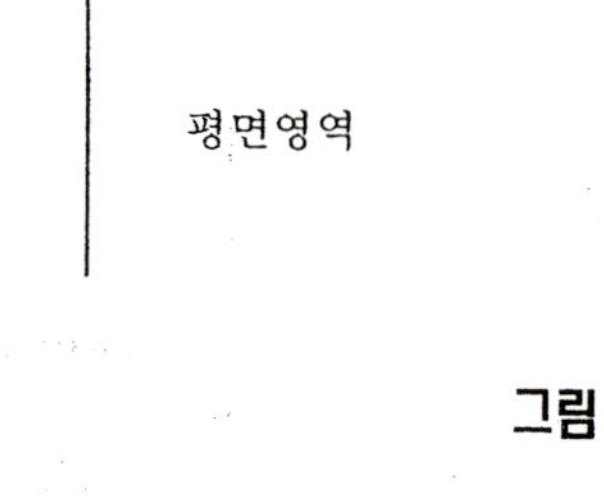

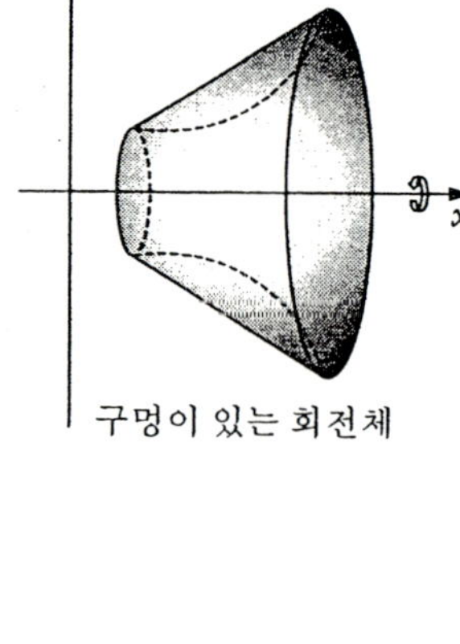

그림 7.19

[예제 2] <구멍이 있는 입체의 부피>

$f(x)=\sqrt{25-x^2}$과 $g(x)=3$의 그래프로 둘러싸인 영역을 x축의 둘레로 회전하여 만들어진 입체의 부피 (그림 7.20)를 구하여라.

풀이 $f(x)=g(x)$에서 $\sqrt{25-x^2}=3$, $25-x^2=9$, $x^2=16$, $x=\pm 4$

따라서 구하는 부피 V는

$$V=\pi\int_{-4}^{4}([f(x)]^2-[g(x)]^2)dx$$

$$=\pi\int_{-4}^{4}([\sqrt{25-x^2}]^2-[3]^2)dx$$

$$=\pi\int_{-4}^{4}(16-x^2)dx=\pi\left[16x-\frac{x^3}{3}\right]_{-4}^{4}=\frac{256\pi}{3}$$

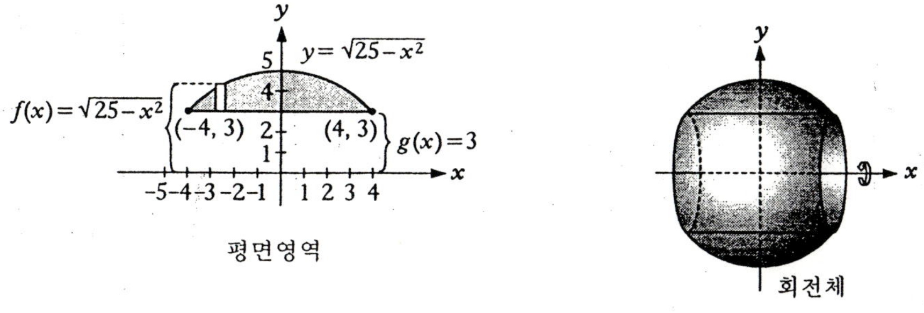

그림 7.20 ▣

연습문제 7.6

1. 주어진 방정식의 그래프로 둘러싸인 영역을 x축 둘레로 회전하여 만들어진 입체의 부피를 구하여라.

(1) $y=-x+1$

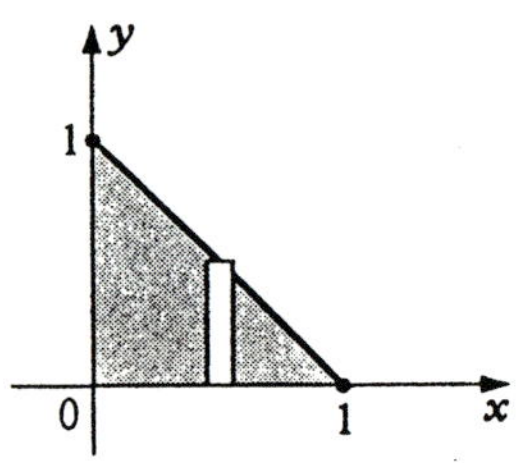

(2) $y=4-x^2$

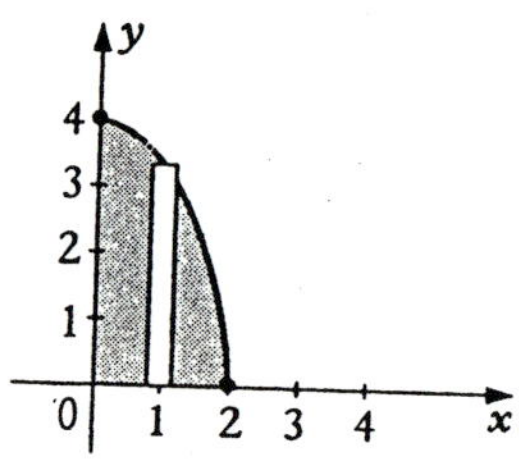

(3) $y=\sqrt{4-x^2}$

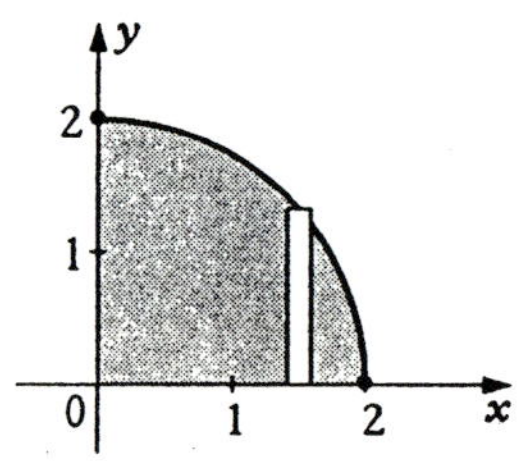

(4) $y=x^2$

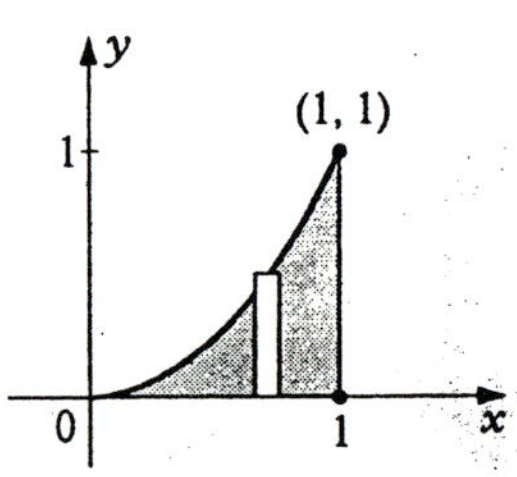

(5) $y=\sqrt{x}$

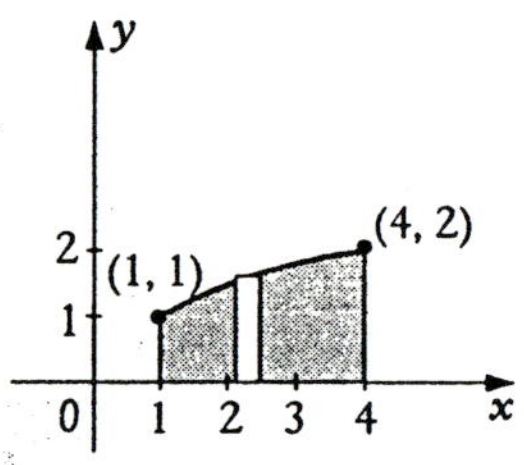

(6) $y=\sqrt{4-x^2}$

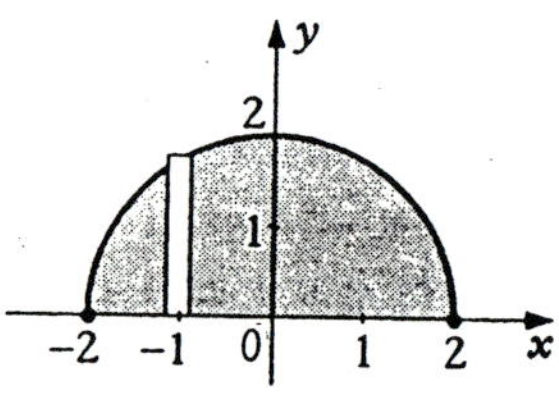

(7) $y=x^2$, $y=x^3$

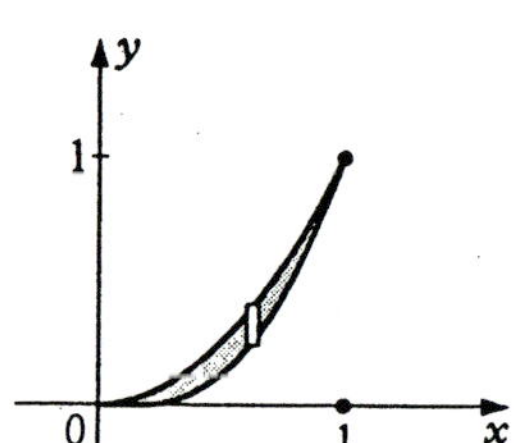

(8) $y=4-\dfrac{x^2}{2}$, $y=2$

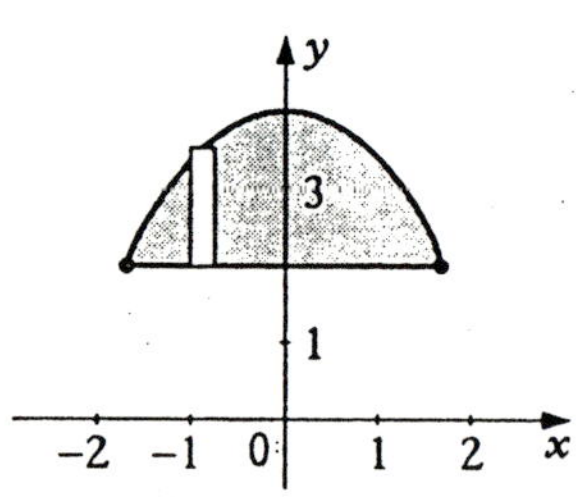

9) $y=x$, $y=0$, $x=4$

10) $y=\sqrt{x}$, $y=0$, $x=4$

11) $y=2x^2$, $y=0$, $x=2$

해답

1.

1) $\dfrac{\pi}{3}$

3) $\dfrac{16}{3}\pi$

5) $\dfrac{15}{2}\pi$

7) $\dfrac{2}{35}\pi$

9) $\dfrac{64}{3}\pi$

11) $\dfrac{128}{5}\pi$

13) $\dfrac{2}{3}\pi$

15) $\dfrac{243}{5}\pi$

12) $y = 1 - \frac{x^2}{4}$, $y = 0$

13) $y = \frac{1}{x}$, $y = 0$, $x = 1$, $x = 3$

14) $y = x^2 + 1$, $y = 5$

15) $y = 6 - 2x - x^2$, $y = x + 6$

16) $y = x^2$, $y = 4x - x^2$

Home Work

1. 부정적분을 구하여라.

1) $\int (3x^2 - x + 2)dx$

2) $\int (-x^3 + x^2 - 5x - 6)\,dx$

3) $\int \frac{3 - x^2}{x^2}\,dx$

4) $\int \frac{3x^3 - 2x + 1}{x^2}\,dx$

5) $\int \frac{2x^2}{(x^3 + 2)^2}\,dx$

6) $\int \left(x - \frac{2}{x}\right)^2 dx$

7) $\int \frac{2x^3 + 3x^2 - x + 4}{x^2}\,dx$

8) $\int \frac{2x - 5}{(x^2 - 5x + 6)}\,dx$

9) $\int \frac{3}{\sqrt[3]{3}}\,dx$

10) $\int \frac{5}{3\sqrt[3]{x}}\,dx$

11) $\int \frac{(2x + 1)^2}{\sqrt{x}}\,dx$

12) $\int 3x^2\sqrt{2x^3 + 3}\,dx$

13) $\int \frac{2x^2}{\sqrt{x^3 + 3}}\,dx$

14) $\int \frac{1}{\sqrt{3x - 2}}\,dx$

15) $\int \frac{-x}{\sqrt{1 - 3x^2}}\,dx$

16) $\int \frac{2}{\sqrt{2 - 3x}}\,dx$

17) $\int (x^2 - 2)^3\,dx$

18) $\int \sqrt{3 - 4x}\,dx$

19) $\int \sqrt{x}\,(2x - 1)\,dx$

20) $\int \sqrt{2x}\,(3x - 1)^2\,dx$

2. 미적분학의 기본정리를 이용하여 정적분을 구하여라.

1) $\int_0^3 (3 + 2x)dx$

2) $\int_{-2}^2 (t^2 + 4)dt$

3) $\int_{-3}^3 (4t^3 + 3t)dt$

4) $\int_3^5 \frac{x}{\sqrt{x^2 + 4}}\,dx$

5) $\int_0^2 \frac{1}{\sqrt{2+x}}\, dx$

6) $\int_0^2 x^2 (x^3+2)^3 dx$

7) $\int_1^4 x\sqrt{x} dx$

8) $\int_1^4 \left(\frac{1}{x^2}+\frac{1}{x^3}\right)dx$

9) $\int_{-1}^0 x^2 (x-1)^2 dx$

10) $\int_0^1 (y-1)^2(y+1)\, dy$

3. $\int_1^5 f(x)\, dx = 8$, $\int_1^5 g(x)\, dx = -3$일 때, 다음을 구하여라.

1) $\int_1^5 [f(x)+g(x)]dx$

2) $\int_1^5 [f(x)-g(x)]dx$

3) $\int_1^5 [3f(x)-2g(x)]dx$

4) $\int_1^5 [2g(x)-3f(x)+2]dx$

4. $\int_0^3 f(x)\, dx = 5$, $\int_3^5 f(x)\, dx = -3$일 때, 다음을 구하여라.

1) $\int_0^5 f(x)\, dx$

2) $\int_5^3 f(x)\, dx$

3) $\int_5^5 f(x)\, dx$

4) $\int_3^5 [-3f(x)]dx$

5. 중점 법칙을 이용 $n=4$에 대해 정적분의 근사값을 구하여라.

1) $\int_0^4 x^3\, dx$

2) $\int_0^2 2x^2\, dx$

3) $\int_0^1 \sqrt{4-x} dx$

4) $\int_0^1 \frac{2}{x+2}\, dx$

6. 주어진 방정식의 그래프로 둘러싸인 영역의 넓이를 구하여라.

1) $y=\frac{1}{x^2}$, $y=0$, $x=1$ $x=4$

2) $y=\frac{1}{x^2}$, $y=\frac{1}{4}$, $x=4$

3) $y = x$, $y = 3 - 2x^2$ 4) $y = 1 - \frac{x}{2}$, $y = x - 2$, $y = 1$

5) $x = y^2 - 3y$, $y = 0$ 6) $x = 2y + 1$, $x = y^2 - 2$

7) $\sqrt{x} + \sqrt{y} = 1$, $x = 0$, $y = 0$

8) $y = \frac{2}{\sqrt{x+1}}$, $y = 0$, $x = 0$ $x = 3$

9) $y = \sqrt{x}(x-1)$, $y = 0$ 10) $y = x$, $y = x^3$

7. 주어진 구간에서 함수의 평균값을 구하여라.

1) $f(x) = \frac{1}{\sqrt{x+1}}$, $[3, 8]$ 2) $f(x) = x^4$, $[0, 1]$

8. 주어진 방정식으로 둘러싸인 영역을 a) x축 b) y축의 둘레로 회전하여 만들어진 입체의 부피를 구하여라.

1) $y = \sqrt{9 - x}$, $x = 0$, $y = 0$ 2) $y = \sqrt{x}$, $x = 0$, $y = 4$

제 8 장

지수-로그함수와 미분적분

〈 학습내용 〉

8.1 지수함수와 그래프

□ 지수 함수

지금까지 다항함수와 유리함수를 포함한 대수함수(algebraic function)에 대해 배웠다. 여기서 두 종류의 지수함수와 로그함수, 비-대수함수를 알아볼 것이다.

이들 함수가 초월함수(transcendental function)이다. 지수함수는 복리이자, 인구증가, 기억력 감퇴와 방사능물질의 쇠퇴와 같은 경제와 물리현상을 기술하는데 이용된다. $f(x)=2^x$ 또는 $g(x)=3^{-x}$와 같다.

〈지수함수의 정의〉

> 밑 a를 갖는 지수함수 f는 $f(x)=a^x$로 나타낸다.
> $a>0$, $a\neq 1$이고 x는 임의의 실수이다.

x의 정수와 유리수 값에 대해 a^x를 어떻게 계산하는지 이미 알고 있다.

예를 들면, $8^3=512$이고 $8^{\frac{2}{3}}=4$이다. 그러나 임의의 실수 x에 대해 a^x를 계산하지 위해 $a^{\sqrt{2}}$와 8^{π}와 같은 무리수 지수를 갖는 꼴에 대해 설명할 필요가 있다.

이와 같은 모양의 기술적 정의는 이 책의 수준을 넘는다. 여기서는 $a^{\sqrt{2}}$에 대해 $a^{1.4}$, $a^{1.41}$, $a^{1.414}$, $a^{1.4142}$, $a^{1.41421}$와 같이 연속적으로 접근하는 값을 생각하는 것으로 충분하다.

지수의 성질이 지수함수 전체에 대해 확장될 수 있다.

[예제 1] <지수식을 구하는데 계산기 이용하기>

(1) 1.085^3 (2) $12^{\frac{5}{7}}$ (3) $2^{-\pi}$

풀이 (1) $1.085^3 = 1.277289125 \approx 1.277$

(2) $12^{\frac{5}{7}} = 5.899887726 \approx 5.900$

(3) $2^{-\pi} = 0.1133147323 \approx 0.113$ ▣

□ 지수함수의 그래프

[예제 2] < $y = a^x$의 그래프 >

같은 좌표평면위에 다음 그래프를 그려라.

(1) $f(x) = 2^x$ (2) $g(x) = 4^x$

풀이 표를 만들어 그래프를 그리면 (그림 8.1)과 같다.

x	-2	-1	0	1	2	3
$f(x) = 2^x$	$\frac{1}{4}$	$\frac{1}{2}$	1	2	4	8
$g(x) = 4^x$	$\frac{1}{16}$	$\frac{1}{4}$	1	4	16	64

▣

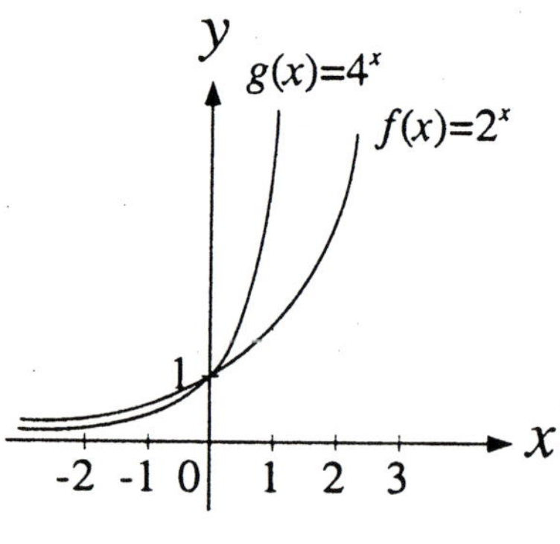

그림 8.1

[예제 3] < $y=a^{-x}$의 그래프>

같은 좌표평면위에 다음 그래프를 그려라.

(1) $F(x)=2^{-x}=\left(\frac{1}{2}\right)^x$ (2) $G(x)=4^{-x}=\left(\frac{1}{4}\right)^x$

풀이 표를 만들어 그래프를 그리면 (그림 8.2)와 같다.

x	-3	-2	-1	0	1	2
$F(x)=2^{-x}$	8	4	2	1	$\frac{1}{2}$	$\frac{1}{4}$
$G(x)=4^{-x}$	64	16	4	1	$\frac{1}{4}$	$\frac{1}{16}$

■

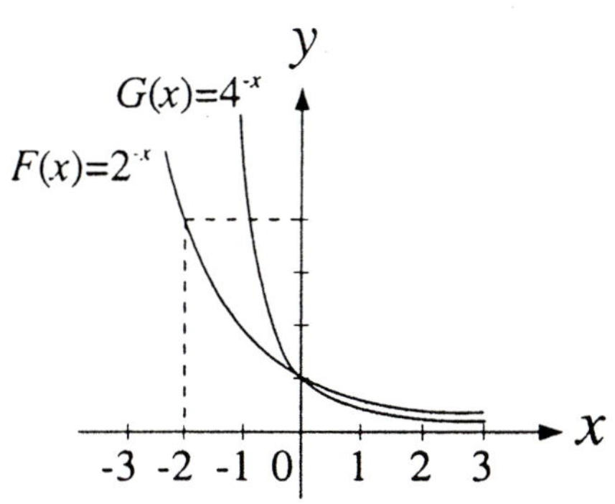

그림 8.2

(그림 8.1), (그림 8.2)의 그래프는 지수함수 a^x, a^{-x}의 전형적인 모델이다. y축과 모두 (0, 1)에서 만나고 수평접근선으로 x축을 갖고 모두 연속이다. 이들 지수함수의 기본특성은 (그림 8.3)에 요약되었다.

< $y = a^x$, $y = a^{-x}$ $(a>1)$의 특성 >

· 정의역 : $(-\infty, \infty)$
· 치역 : $(0, \infty)$
· y축과의 교점 : $(0, 1)$
· 증가함수
· x축은 수평점근선
· 연속함수

· 정의역 : $(-\infty, \infty)$
· 치역 : $(0, \infty)$
· y축과의 교점 : $(0, 1)$
· 감소함수
· x축은 수평점근선
· 연속함수

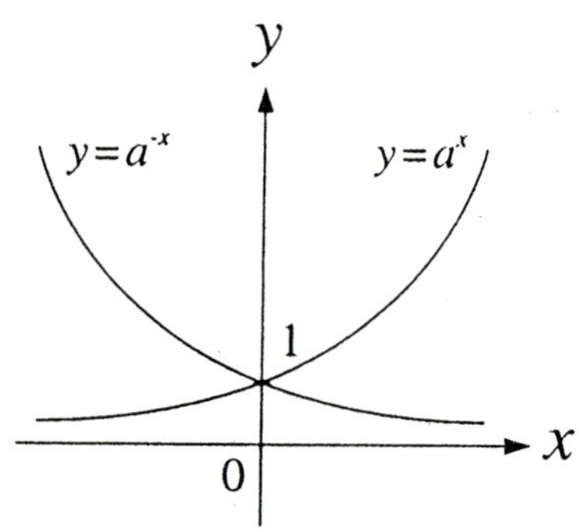

그림 8.3

[예제 4] <지수함수의 그래프 그리기>

$f(x) = 3^x$의 그래프를 가지고 다음 각각의 그래프를 비교하고 정의역과 치역을 구하여라.

(1) $g(x) = 3^{x+1}$ (2) $h(x) = 3^x - 2$

(3) $k(x) = -3^x$

풀이 (1) $g(x) = 3^{x+1} = f(x+1)$이므로 g의 그래프는 f의 그래프를 x축의 방향으로 -1만큼 평행하여 (그림 8.4)와 같다.

정의역은 $(-\infty, \infty)$이고, 치역은 $(0, \infty)$

(2) $h(x) = 3^x - 2 = f(x) - 2$이므로 h의 그래프는 f의 그래프를

y축의 방향으로 -2만큼 평행하여 (그림 8.4)와 같다.

정의역은 $(-\infty, \infty)$이고, 치역은 $(-2, \infty)$이다.

(3) $k(x) = -3^x = -f(x)$이므로 k의 그래프는 f의 그래프를 x축에 대하여 대칭이동하여 (그림 8.4)와 같다.

정의역은 $(-\infty, \infty)$이고, 치역은 $(-\infty, 0)$이다.

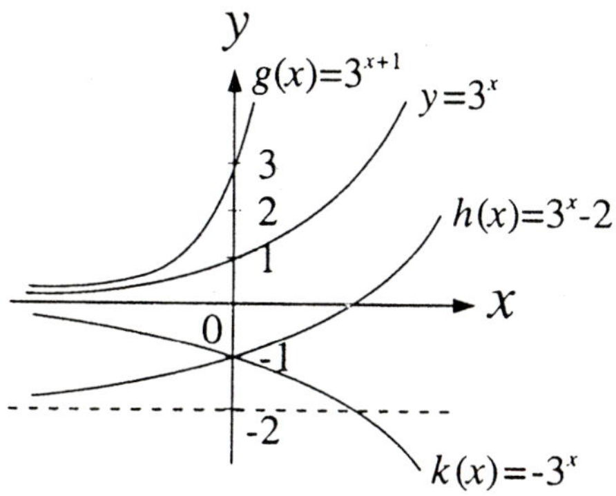

그림 8.4

▣

□ 자연로그의 밑(Natural Base e)

많은 응용에서, 밑(base)으로 편리한 선택은 자연로그의 밑이라고 하는 무리수 $e \approx 2.71828\cdots\cdots$이다.

함수 $f(x) = e^x$는 **자연지수 함수**(natural exponential function)이다.

그래프는 (그림 8.5)와 같다.

e는 상수이고, x는 변수이다.

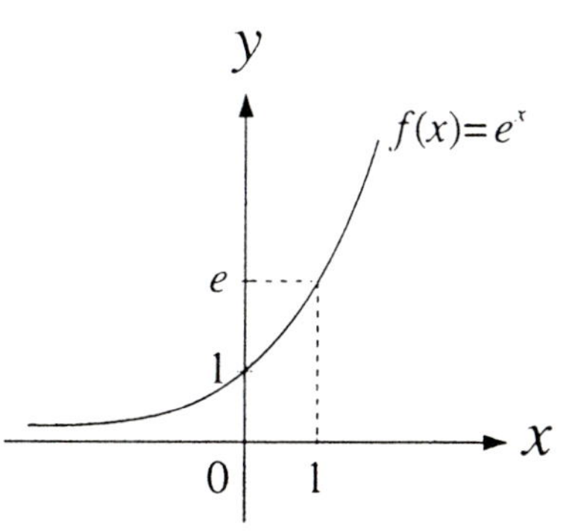

그림 8.5

[예제 5] <자연지수 함수의 값 구하기>

다음 값을 구하여라.

(1) e^2 (2) e^{-1} (3) $e^{0.48}$

풀이 (1) $e^2 = 7.389056099 \approx 7.389$

(2) $e^{-1} = 0.3678794412 \approx 0.368$

(3) $e^{0.48} = 1.616074402 \approx 1.616$ ▣

[예제 6] < e의 근사값>

$e \approx 2.71828$와 x의 여러 가지 값 10, 100, 1,000, 10,000, 100,000, 1,000,000에 대해 $\left(1+\frac{1}{x}\right)^x$의 값을 구하여라.

풀이 계산기를 이용하여 값을 구하고, 표로 나타내면 다음과 같다.

$x \to \infty$일 때, $\left(1+\frac{1}{x}\right)^x \to e$임을 알 수 있다.

x	10	100	1,000	10,000	100,000	1,000,000
$\left(1+\frac{1}{x}\right)^x$	2.59374	2.70481	2.71692	2.71815	2.71827	2.71828

▣

연습문제 8.1

	해답
1. 계산기를 이용하여 다음 값을 소수 셋째자리까지 구하여라.	1.
1) $(3,4)^{5.6}$　　2) $5,000(2^{-1.5})$	1) 946.852
3) $1,000(1.06)^{-5}$　　4) $(1.005)^{400}$	3) 747.528
5) 5^{-x}　　6) $\sqrt[3]{4395}$	5) 0.006
7) $100^{\sqrt{2}}$　　8) $e^{\frac{1}{2}}$	7) 673.639
9) $e^{-\frac{3}{4}}$　　10) $e^{3.2}$	9) 0.472
2. 다음 지수함수의 그래프를 그려라.	2.
1) $f(x) = 3^x$　　2) $f(x) = -3^{-x}$	생략
3) $f(x) = 3^x - 4$　　4) $f(x) = 3^x +$	
5) $f(x) = -3^{x-2}$　　6) $f(x) = 3^{x-2}$	
3. 그래픽 계산기를 이용하여 다음 지수함수의 그래프를 그려라.	3.
1) $y = 1.08^{-5x}$　　2) $y = 1.08^{5x}$	생략
3) $y = 2e^{0.12t}$　　4) $y = 3e^{-0.2t}$	
5) $y = 1 + e^x$　　6) $y = e^{x-2}$	

8.2 로그함수와 그래프

□ 로그함수

앞 절에서 소개한 지수함수의 그래프에서 $f(x) = a^x$꼴의 함수는 역함수를 갖는다는 것을 알 수 있다. 이 역함수가 a를 밑으로 하는 로그함수(logarithmic function)이다.

〈로그함수의 정의〉

$x>0$, $0<a\neq 1$에 대해

$$y = \log_a x \Leftrightarrow a^y = x$$

함수 $f(x) = \log_a x$는 a를 밑으로 하는 로그함수이다.

로그를 계산할 때 로그는 지수임을 기억하라. 이것을 $\log_a x$가 x를 얻는데 a가 지수의 밑이 됨을 의미한다. 예를 들면, $2^3 = 8$이 되므로 $\log_2 8 = 3$이다.

예 로그값을 구해보자.

1) $2^5 = 32$이므로 $\log_2 32 = 5$이다.

2) $3^3 = 27$이므로 $\log_3 27 = 3$이다.

3) $4^{\frac{1}{2}} = \sqrt{4} = 2$이므로 $\log_4 2 = \frac{1}{2}$이다.

4) $10^{-2} = \frac{1}{10^2} = \frac{1}{100}$이므로 $\log_{10} \frac{1}{100} = -2$이다.

5) $3^0 = 1$이므로 $\log_3 1 = 0$이다.

6) $2^1 = 2$이므로 $\log_2 2 = 1$이다.

밑을 10으로 하는 로그함수는 **상용로그함수**(common logarithmic function)이

다. 대부분의 계산기에서, 이 함수는 log로 나타낸다. 이 키는 $\log_{10}$을 계산하는데 밑 10을 나타내고 1이 나타난다.

[예제 1] <계산기로 로그값 구하기>

다음 값을 계산기로 구하여라.

(1) $\log_{10} 54$ (2) $2\log_{10} 2.5$

(3) $\log_{10}(-2)$

풀이 (1) $\log_{10} 54 = 1.73239376 \approx 1.732$

(2) $2\log_{10} 2.5 = 0.7958800173 \approx 0.796$

(3) $\log_{10}(-2) = ERROR$ ▣

$\log_{10}(-2)$를 계산하려는데 대부분의 계산기는 error message를 나타냄을 유의하라. 이러한 이유는 모든 로그함수의 정의역이 양의 실수이기 때문이다.

〈로그의 성질〉

1) $\log_a 1 = 0$ 2) $\log_a a = 1$ 3) $\log_a a^x = x$

□ 로그함수의 그래프

$y = \log_a x$의 그래프를 그리기 위해 역함수의 그래프는 $y = x$에 대칭임을 이용할 수 있다.

[예제 2] <지수와 로그함수의 그래프 그리기>

같은 좌표평면위에 다음 함수의 그래프를 그려라.

(1) $f(x) = 2^x$ (2) $g(x) = \log_2 x$

풀이 (1) $f(x) = 2^x$를 그리기 위해 변화표를 만들면 다음과 같다.

x	-2	-1	0	1	2	3
2^x	$\frac{1}{4}$	$\frac{1}{2}$	1	2	4	8

이들 점을 나타내고 부드러운 곡선으로 연결하면 (그림 8.6)과 같다.

(2) $g(x) = \log_2 x$는 $f(x) = 2^x$의 역함수이므로

g의 그래프는 f의 그래프를 $y = x$에 대하여 대칭이동한 것이다.(그림 8.6)

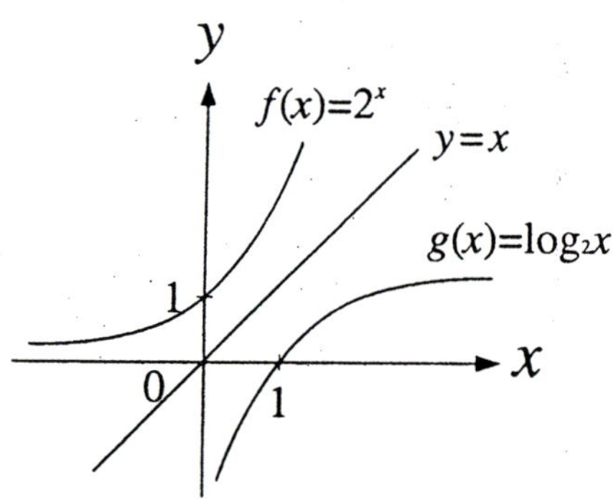

그림 8.6

[예제 3] <로그함수의 그래프 그리기>

$f(x) = \log_{10} x$의 그래프를 그리고 그래픽 계산기로 확인하여라.

풀이 표를 계산기 없이, 계산기를 갖고 만들면 다음과 같다.

	계산기 없이				계산기		
x	$\frac{1}{100}$	$\frac{1}{10}$	1	10	2	5	8
$\log_{10} x$	-2	-1	0	1	0.301	0.699	0.903

그래프를 그리면 (그림 8.7)과 같다.

정의역은 $(0, \infty)$이고 치역은 $(-\infty, \infty)$이다. ▣

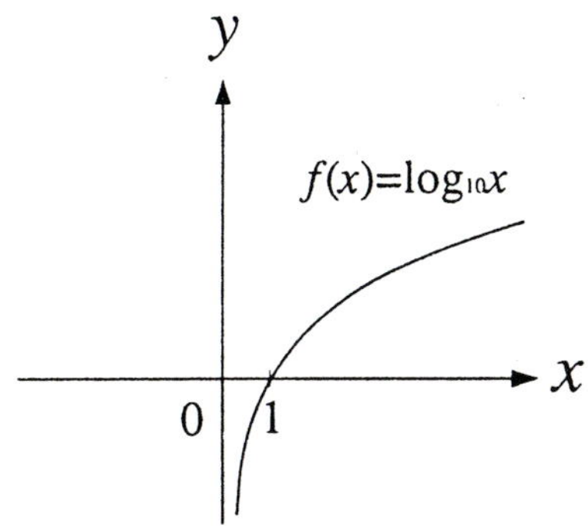

그림 8.7

$a>1$인 $f(x) = \log_a x$의 그래프의 모양은 (그림 8.8)과 같고 정의역은 $(0, \infty)$, 치역은 $(-\infty, \infty)$, x축과의 교점 $(1, 0)$이고 증가함수이며, y축이 수직점근선이고 $y = a^x$의 그래프와 $y = x$에 대하여 대칭이다.(그림 8.8)

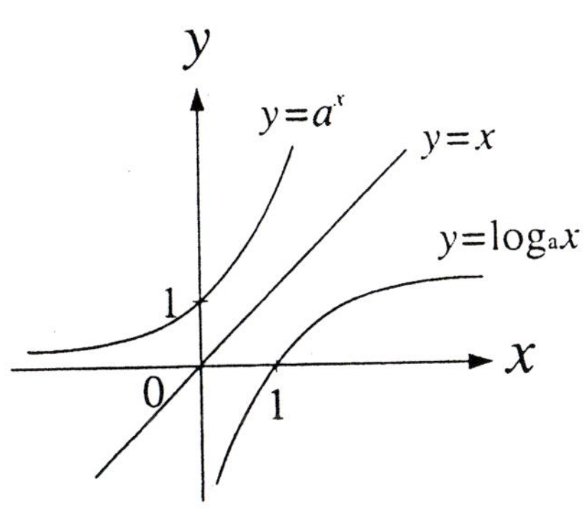

그림8.8

[예제 4] <로그함수의 그래프 그리기>

$f(x) = \log_{10} x$의 그래프와 다음 함수의 그래프를 비교하여라.

(1) $g(x) = \log_{10}(x-1)$ (2) $h(x) = 2 + \log_{10} x$

풀이 (1) (그림 8.9)와 같이 $g(x) = \log_{10}(x-1) = f(x-1)$이므로 g의 그래프는 f의 그래프를 x축의 방향으로 1만큼 평행이동 시킨 것이다.

(2) $h(x) = 2 + \log_{10} x = 2 + f(x)$이므로 h의 그래프는 f의 그래프를 y축의 방향으로 2만큼 평행이동시킨 것이다. ▣

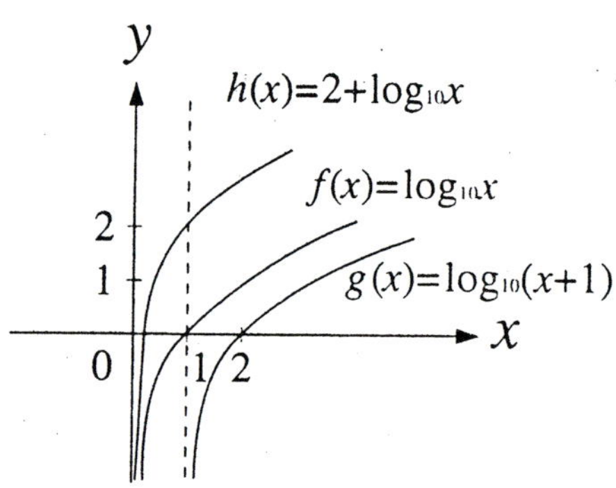

그림 8.9

□ 자연로그 함수

지수함수에 대해서와 같이 로그함수에 대해 가장 넓게 이용되는 밑은 수 e이다.

e를 밑으로 하는 로그함수를 **자연로그함수**(natural logarithmic function)라고 부른다. 기호로 $\ln x$로 나타내고 *eln of x*라고 읽는다.

〈자연로그의 성질〉

(1) $\ln 1 = 0$ (2) $\ln e = 1$ (3) $\ln e^x = x$

자연 로그함수의 그래프는 (그림 8.10)과 같다.

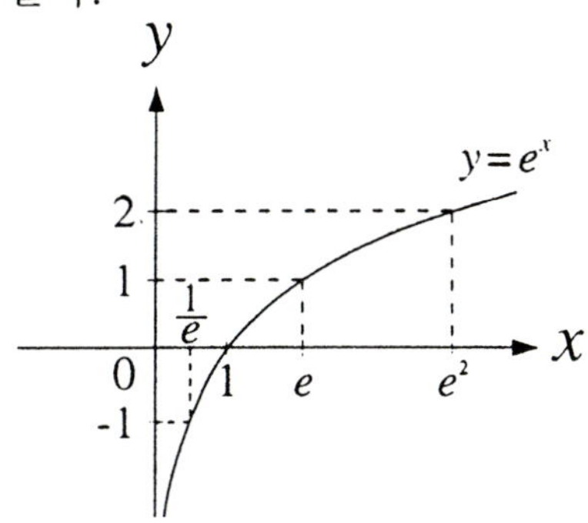

그림 8.10

예 자연로그함수의 값을 구해보자.

(1) $\ln \dfrac{1}{e} = \ln e^{-1} = -1$

(2) $\ln e^2 = 2$

대부분의 계산기에서, 자연로그는 ln으로 나타낸다. 계산기를 이용하여 다음 예제의 식의 값을 구해보자.

【예】

$\ln 2 = 0.6931471806 \approx 0.693$

$\ln 0.3 = -1.203972804 \approx -1.204$

$\ln e = 1$

$\ln (-1) =$ *ERROR*(정의되지 않는다)

[예제 5] <로그함수의 정의역 구하기>

다음 함수의 정의역을 구하여라.

(1) $f(x) = \ln (x-2)$ (2) $g(x) = \ln (2-x)$

(3) $h(x) = \ln x^2$

풀이 (1) $x-2>0$이므로 $x>2$, 따라서 정의역은 $(2, \infty)$

(2) $2-x>0$이므로 $x<2$, 따라서 정의역은 $(-\infty, 2)$

(3) $x^2>0\ (x\neq 0)$이므로 따라서 정의역은 $R-\{0\}$ ▣

연습문제 8.2

1. 다음 값을 구하여라.

1) $\log_2 16$　　2) $\log_2 \frac{1}{8}$

3) $\log_{16} 4$　　4) $\log_{27} 9$

5) $\log_7 1$　　6) $\log_{10} 1000$

7) $\log_{10} 0.01$　　8) $\log_{10} 10$

9) $\ln e^3$　　10) $\ln 1$

11) $\log_a a^2$　　12) $\log_a \frac{1}{a}$

2. 로그의 정의를 이용하여 지수방정식을 로그방정식으로 고쳐라.(예를 들면 $2^3 = 8$은 $\log_2 8 = 3$)

1) $5^3 = 125$　　2) $8^2 = 64$

3) $8|^{\frac{1}{4}} = 3$　　4) $9^{\frac{3}{2}} = 27$

5) $6^{-2} = \frac{1}{36}$　　6) $10^{-3} = 0.001$

7) $e^3 = 20.0855\cdots\cdots$　　8) $e^0 = 1$

3. 다음 함수의 그래프를 그려라.

1) $f(x) = \ln x + 5$

2) $f(x) = -\ln x$

해답

1.

1) 4　　2) -3

3) $\frac{1}{2}$　　4) $\frac{2}{3}$

5) 0　　6) 3

7) -2　　8) 1

9) 3　　10) 0

11) 2　　12) -1

2.

1) $\log_5 125 = 3$

3) $\log_{81} 3 = \frac{1}{4}$

5) $\log \frac{1}{36} = -2$

7) $\log_2 20.0855\cdots = 3$

3.

생략

3) $f(x) = -\ln(x+2)$

4) $f(x) = \ln(x-4)$

5) $f(x) = \ln(1-x)$

6) $f(x) = -\ln(-x)$

7) $f(x) = \log_4 x$

8) $f(x) = -\log_8(x+2)$

8.3 로그의 성질

□ 밑 변환

상용로그나 자연로그가 자주 사용되지만 밑을 바꾸어 로그를 계산할 필요가 있다. 다음 밑변한 공식이 유용하다.

<밑변환 공식>

a, b, x는 양의 실수이고 $a \neq 1$이고, $b \neq 1$이라하면, $\log_a x$는 다음과 같이 고칠 수 있다.

$$\log_a x = \frac{\log_b x}{\log_b a}$$

[예제 1] <밑변환>

상용로그를 이용하여 다음을 구하여라.

(1) $\log_4 30$ 2) $\log_2 14$

풀이 (1) $\log_4 30 = \dfrac{\log_{10} 30}{\log_{10} 4} \approx \dfrac{1.47712}{0.60206} \approx 2.4534$

(2) $\log_4 14 = \dfrac{\log_{10} 14}{\log_{10} 2} \approx \dfrac{1.14613}{0.30103} \approx 3.8074$ ▣

[예제 2] <밑변환>

자연로그를 이용하여 다음을 구하여라.

(1) $\log_4 30$ 2) $\log_2 14$

풀이 (1) $\log_4 30 = \dfrac{\ln 30}{\ln 4} \approx \dfrac{3.40120}{1.38629} \approx 2.4534$

(2) $\log_2 14 = \dfrac{\ln 14}{\ln 2} \approx \dfrac{2.63906}{0.693147} \approx 3.8074$ ▣

위의 두 경우에 얻은 값이 일치함을 확인하여라.

□ 로그의 성질

a를 밑으로 하는 로그함수가 a를 밑으로 하는 지수함수의 역함수라는 것을 알고 있다. 따라서, 이것은 지수의 성질이 로그를 포함하는 대응되는 로그의 성질을 갖고 있음을 의미한다.

이를 테면, 지수의 성질 $a^0 = 1$은 로그의 성질 $\log_a 1 = 0$에 대응된다.

여기서 다음 세가지 지수의 성질에 대응되는 로그의 성질을 어떻게 이용하는지 알아 보자.

1) $a^m a^n = a^{m+n}$

2) $\dfrac{a^n}{a^m} = a^{n-m}$

3) $(a^n)^m = a^{nm}$

〈로그의 성질〉

a는 $a \neq 1$인 양의 실수이고 n은 실수라 하자. u와 v가 양의 실수이면, 다음 성질이 성립한다.

밑이 a인 로그	자연로그
1) $\log_a (uv) = \log_a u + \log_a v$	1) $\ln (uv) = \ln u + \ln v$
2) $\log_a \dfrac{u}{v} = \log_a u - \log_a v$	2) $\ln \dfrac{u}{v} = \ln u - \ln v$
3) $\log_a u^n = n \log_a u$	3) $\ln u^n = n \ln u$

[예제 3] <로그의 성질 이용하기>

$\ln 2 \approx 0.693$, $\ln 3 \approx 1.099$, $\ln 7 \approx 1.946$이 주어질 때, 로그의 성질을 이용하여 다음 값을 구하여라.

(1) $\ln 6$　　(2) $\ln \frac{7}{27}$

풀이 (1) $\ln 6 = \ln(2 \cdot 3) = \ln 2 + \ln 3 \approx 0.693 + 1.099 = 1.792$

(2) $\ln \frac{7}{27} = \ln 7 - \ln 27 = \ln 7 - \ln 3^3 = \ln 7 - 3\ln 3$

$\approx 1.946 - 3(1.099) = -1.351$ ▣

□ 로그식의 정리

로그의 성질은 대수 연산을 간단하게 하는 꼴로 로그식을 다시 고치는데 유용하다. 복잡한 곱, 나눗셈과 지수꼴을 간단한 덧셈, 뺄셈과 상수곱으로 고친다.

[예제 4] <로그성질이용 식을 고쳐쓰기>

로그의 성질을 이용하여 다음식을 고쳐라.

(1) $\log_{10} 5x^3 y$　　(2) $\ln \frac{\sqrt{3x-5}}{7}$

(3) $\frac{1}{2}\log_{10} x - 3\log_{10}(x+1)$　　(4) $2\ln(x+2) - \ln x$

풀이 (1) $\log_{10} 5x^3 y = \log_{10} 5 + \log_{10} x^3 y$

$= \log_{10} 5 + \log_{10} x^3 + \log_{10} y$

$= \log_{10} 5 + 3\log_{10} x + \log_{10} y$

(2) $\ln \frac{\sqrt{3x-5}}{7} = \ln(3x-5)^{\frac{1}{2}} - \ln 7$

$= \frac{1}{2}\ln(3x-5) - \ln 7$

(3) $\frac{1}{2}\log_{10} x - 3\log_{10}(x+1) = \log_{10} x^{\frac{1}{2}} - \log_{10}(x+1)^3$

$$= \log_{10} \frac{\sqrt{x}}{(x+1)^3}$$

(4) $2\ln(x+2) - \ln x = \ln(x+2)^2 - \ln x$

$$= \ln \frac{(x+2)^2}{x}$$

▣

연습문제 8.3

해답

1. 다음식을 밑변환 공식을 이용하여 상용로그의 몫으로 나타내어라.

1) $\log_3 5$

2) $\log_4 10$

3) $\log_2 x$

4) $\ln 5$

해답 1.

1) $\dfrac{\log_{10} 5}{\log_{10} 3}$

2) $\dfrac{1}{\log_{10} 4}$

3) $\dfrac{\log_{10} x}{\log_{10} 2}$

4) $\dfrac{\log_{10} 5}{\log_{10} e}$

2. 다음식을 밑변환 공식을 이용하여 자연로그의 몫으로 나타내어라.

1) $\log_3 5$ 2) $\log_4 10$

3) $\log_2 x$ 4) $\log_{10} 5$

해답 2.

1) $\dfrac{\ln 5}{\ln 3}$ 2) $\dfrac{\ln 10}{\ln 4}$

3) $\dfrac{\ln x}{\ln 2}$ 4) $\dfrac{\ln 5}{\ln 10}$

3. 다음값을 소수 셋째자리까지 구하여라.

1) $\log_3 7$ 2) $\log_{\frac{1}{2}} 4$

3) $\log_9 0.4$ 4) $\log_{15} 1250$

해답 3.

1) 1.771 2) -2.000

3) -0.417 4) 2.6333

4. 로그의 성질을 이용하여 합, 차, 상수곱으로 고쳐라.

1) $\log_{10} 5x$

2) $\log_{10} \dfrac{5}{x}$

3) $\log_5 x^4$

4) $\ln \sqrt{x}$

5) $\ln xyz$

6) $\ln \sqrt{a-1}$

7) $\ln z(z-1)^2$

8) $\ln \sqrt[3]{\dfrac{x}{y}}$

9) $\ln \dfrac{x^4\sqrt{y}}{z^5}$

10) $\log_b \dfrac{x^2}{y^2 z^3}$

5. 하나의 로그식으로 고쳐라.

1) $\ln x - 3\ln(x+1)$

2) $2\ln 3 - \dfrac{1}{2}\ln(x^2+1)$

3) $\dfrac{3}{2}\log_7(z-2)$

4) $-4\log_5 2x$

4.

1) $\log_{10} 5 + \log_{10} x$

2) $\log_{10} 5 - \log_{10} x$

3) $4\log_5 x$

4) $\dfrac{1}{2}\ln x$

5) $\ln x + \ln y + \ln z$

6) $\dfrac{1}{2}\ln(a-1)$

7) $\ln z + 2\ln(z-1)$

8) $\dfrac{1}{3}(\ln x - \ln y)$

9) $4\ln x + \dfrac{1}{2}$

$\ln y - 5\ln z$

10) $2\log_b x - 2$

$\log_b y - 3\log_b z$

5.

1) $\ln \dfrac{x}{(x+1)^3}$

2) $\ln \dfrac{9}{\sqrt{x^2+1}}$

3) $\log_7 \sqrt{(z-2)^3}$

4) $\log_5 \dfrac{1}{(2x)^4}$

8.4 지수 · 로그방정식

□ 지수 방정식

지금까지 지수와 로그함수의 정의, 그래프와 성질들을 알아보았다. 이제부터 지수와 로그함수를 포함하는 방정식의 풀이에 대해 알아보려고 한다. 간단한 예로서 지수방정식 $2^x = 32$를 생각하자. $2^x = 2^5$와 같이 다시 써서 $x = 5$라고 이 방정식을 풀 수 있다. 어떤 경우에는 이 방법이 잘들어 맞지만 $e^x = 7$과 같은 방정식에 대해서는 잘들어 맞지 않는다. 이 경우에 x에 대해 풀기 위해, 다음과 같이 양변에 자연로그를 취할 수 있다.

$$e^x = 7, \quad \ln e^x = \ln 7, \quad x = \ln 7$$

□ 지수 방정식 풀이

[예제 1] <지수방정식 풀이>

다음 지수 방정식을 풀어라.

(1) $e^x = 72$ (2) $e^x + 5 = 60$ (3) $4e^{2x} = 5$

(4) $e^{2x} - 3e^x + 2 = 0$ (5) $2^x = 10$

풀이 (1) $e^x = 72, \quad \ln e^x = \ln 72, \quad x = \ln 72 \approx 4.277$

(2) $e^x + 5 = 60, \quad e^x = 55, \quad x = \ln 55 \approx 4.007$

(3) $e^{2x} = \dfrac{5}{4}, \quad 2x = \ln \dfrac{5}{4}, \quad x = \dfrac{1}{2} \ln \dfrac{5}{4} \approx 0.112$

(4) $e^{2x} - 3e^x + 2 = 0, \ (e^x - 2)(e^x - 1) = 0, \quad e^x = 2, \ e^x = 1$

$\therefore \quad x = \ln 2 \approx 0.693, \ x = 0$

(5) $2^x = 10, \quad \ln 2^x = \ln 10, \quad x \ln 2 = \ln 10$

$$x = \frac{\ln 10}{\ln 2} \approx 3.32 \quad \text{또는} \quad x = \log_2 10$$ ▣

□ 로그 방정식 풀이

$\ln x = 3$과 같은 로그 방정식을 풀기 위해 다음과 같이 지수꼴로 방정식을 쓸 수 있다.

$\ln x = 3, \quad e^{\ln x} = e^3, \quad x = e^3$

방정식의 양변에 지수를 취한다고 한다.

[예제 2] ― <로그방정식 풀이>

다음 로그 방정식을 풀어라.

(1) $5 + 2\ln x = 4$ (2) $2\ln 3x = 4$

풀이 (1) $5 + 2\ln x = 4, \quad 2\ln 3x = -1, \quad \ln x = -\frac{1}{2},$

$$e^{\ln x} = e^{-\frac{1}{2}}, \quad x = e^{-\frac{1}{2}} \approx 0.607$$

(2) $2\ln 3x = 4, \quad \ln 3x = 2, \quad e^{\ln 3x} = e^2$

$$3x = e^2, \quad x = \frac{1}{3}e^2 \approx 2.463$$ ▣

[예제 3] ― <로그방정식 풀이>

다음 로그 방정식을 풀어라.

(1) $\ln(x-2) + \ln(2x-3) = 2\ln x$

(2) $\ln x + \ln(x+2) = \ln(x+6)$

풀이 (1) $\ln(x-2) + \ln(2x-3) = 2\ln x$

$$\ln(x-2)(2x-3) = \ln x^2$$

$\ln(2x^2-7x+6) = \ln x^2$

$e^{\ln(2x^2-7x+6)} = e^{\ln x^2}$

$2x^2-7x+6 = x^2$

$x^2-7x+6 = 0$

$(x-1)(x-6) = 0$

$x=1$, $x=6$ 진수조건에서, $x>2$ 이므로 $x=6$이 해이다.

(2) $\ln x+(x+2) = \ln(x+6)$

$e^{\ln x(x+2)} = e^{\ln(x+6)}$

$x^2+2x = x+6$

$x^2+x-6=0$, $(x+3)(x-2)=0$

$x=-3$, $x=2$ 진수조건에서 $x>0$이므로 $x=2$가 해이다.

▣

연습문제 8.4

1. x를 구하여라.

1) $4^x = 16$ 2) $3^x = 243$

3) $7^x = \frac{1}{49}$ 4) $8^x = 4$

5) $\left(\frac{3}{4}\right)^x = \frac{27}{64}$ 6) $3^{x-1} = 27$

7) $\log_4 x = 3$ 8) $\log_5 5x = 2$

9) $\log_{10} x = -1$ 10) $\ln(2x-1) = 0$

2 x를 구하여라.

1) $e^{2x} - 4e^x - 5 = 0$

2) $\ln\sqrt{x+2} = 1$

3) $\ln x + \ln(x-2) = 1$

4) $\log_{10}(x-3) = 2$

5) $\log_{10}(x+4) - \log_{10} x = \log_{10}(x+2)$

6) $\log_3 x + \log_3(x^2 - 8) = \log_3 8x$

7) $\ln(x+5) = \ln(x-2) - \ln(x+1)$

해답

1.

1) 2 2) 5

3) -2 4) $\frac{2}{3}$

5) 3 6) 4

7) 64 8) 5

9) $\frac{1}{10}$ 10) 1

2.

1) $\ln 5 \approx 1.609$

2) $e^2 - 2 \approx 5.389$

3) $1 + \sqrt{1+2} \approx 2.928$

4) 103

5) $\frac{-1+\sqrt{17}}{2} \approx 1.562$

6) 4

7) 해없음

8.5 지수함수의 미분 · 적분

□ e의 극한

지수, 로그함수의 미분적분의 공식을 유도하는데 다음 e의 정의에 사용되는 극한을 자주 대하게 된다.

〈 e의 극한의 정의 〉

$$e = \lim_{x \to 0}(1+x)^{\frac{1}{x}}$$

e를 소수 11자리까지 구하면 $e \approx 2.71828182846$

□ 지수함수의 미분

지수의 밑으로 e를 택하는 것이 가장 편리하다. 그 이유는 $y = e^x$의 도함수는 그 자신이다. 이것이 참이라는 것을 알기 위해 도함수의 정의에 의해 구해보자.

$$f'(x) = \lim_{\Delta x \to 0} \frac{f(x+\Delta x) - f(x)}{\Delta x}$$

따라서 $f(x) = e^x$의 도함수는

$$\frac{d}{dx}[e^x] = \lim_{\Delta x \to 0} \frac{e^{x+\Delta x} - e^x}{\Delta x} = \lim_{\Delta x \to 0} \frac{e^x(e^{\Delta x} - 1)}{\Delta x}$$

이제 e의 극한의 정의는

$$e = \lim_{\Delta x \to 0}(1+\Delta x)^{\frac{1}{\Delta x}}$$

이다. Δx의 작은값에 대해

$$e \approx (1+\Delta x)^{\frac{1}{\Delta x}} \Rightarrow e^{\Delta x} \approx 1 + \Delta x$$

따라서

$$\frac{d}{dx}[e^x] = \lim_{\Delta x \to 0} \frac{e^x[(1+\Delta x)-1]}{\Delta x} = \lim_{\Delta x \to 0} \frac{e^x(\Delta x)}{\Delta x} = e^x$$

$$\therefore \quad \frac{d}{dx}[e^x] = e^x$$

〈 지수함수의 도함수 〉

$\frac{d}{dx}[e^x] = e^x$이고 $\frac{d}{dx}[e^u] = e^u \cdot \frac{du}{dx}$

[예제 1] <지수함수 미분하기>

다음 함수를 미분하여라.

(1) $y = e^{2x-1}$ (2) $y = e^{-\frac{3}{x}}$

풀이 (1) $u = 2x-1$, $\frac{du}{dx} = 2$이고, 따라서

$$\frac{dy}{dx} = e^u \cdot \frac{du}{dx} = e^{2x-1} \cdot (2) = 2e^{2x-1}$$

(2) $u = -\frac{3}{x}$, $\frac{du}{dx} = \frac{3}{x^2}$이고, 따라서

$$\frac{dy}{dx} = e^u \frac{du}{dx} = e^{-3x}\left(\frac{3}{x^2}\right) = \frac{3e^{-\frac{3}{x}}}{x^2}$$ ▣

[예제 2] <미분공식 이용>

$f(x) = e^2 + \frac{e^{-2x}}{x^3}$를 미분하여라.

풀이 e^2은 상수이므로

$$f'(x) = 0 + \frac{d}{dx}\left[\frac{e^{-2x}}{x^3}\right]$$

몫의 도함수 구하는 공식에 의해

$$\begin{aligned} f'(x) &= \frac{x^3[e^{-2x}(-2)] - e^{-2x}[3x^2]}{(x^3)^2} \\ &= \frac{-2x^3e^{-2x} - 3x^2e^{-2x}}{x^6} \\ &= \frac{-x^2e^{-2x}(2x+3)}{x^6} \\ &= \frac{-e^{-2x}(2x+3)}{x^4} \end{aligned}$$

■

□ 지수함수의 적분

지수함수의 미분에 대한 공식은 대응하는 적분공식을 갖는다.

〈지수함수의 적분〉

$$\int e^x dx = e^x + c$$

u가 x에 대해 미분가능하면,

$$\int e^u \frac{du}{dx} dx = \int e^u du = e^u + c$$

[예제 3] <지수함수 적분>

부정적분 $\int e^{3x+1} dx$를 구하여라.

풀이 $u = 3x+1$이라면 $\frac{du}{dx} = 3$

$$\int e^{3x+1}dx = \frac{1}{3}\int e^{3x+1}(3)\,dx = \frac{1}{3}\int e^{u}\cdot\frac{du}{dx}dx$$

$$= \frac{1}{3}e^{u} + c = \frac{e^{3x+1}}{3} + c$$

▣

[예제 4] <지수함수 적분>

부정적분 $\int 5xe^{(-x^2)}dx$를 구하여라.

풀이 $u = -x^2$이라면 $\frac{du}{dx} = -2x$

$$\int 5xe^{(-x^2)}dx = 5\int e^{-x^2}(x)\,dx = 5\left(-\frac{1}{2}\right)\int e^{-x^2}(-2x)\,dx$$

$$= -\frac{5}{2}\int e^{u}\frac{du}{dx}dx = -\frac{5}{2}e^{-x^2} + c$$

▣

[예제 5] <지수함수 적분>

부정적분 $\int \frac{e^{\frac{1}{x}}}{x^2}dx$를 구하여라.

풀이 $u = \frac{1}{x}$이라면 $\frac{du}{dx} = -\frac{1}{x^2}$

따라서 $\int \frac{e^{\frac{1}{x}}}{x^2}dx = -\int e^{\frac{1}{x}}\left(-\frac{1}{x^2}\right)dx - -e^{\frac{1}{x}} + c$ ▣

연습문제 8.5

해답

1. 다음 함수의 도함수를 구하여라.

1) $y = e^{2x}$ 2) $y = e^{1-x}$

3) $y = e^{-2x+x^2}$ 4) $y = e^{-x^2}$

5) $f(x) = e^{\frac{1}{x}}$ 6) $f(x) = e^{\left(-\frac{1}{x^2}\right)}$

7) $g(x) = e^{\sqrt{x}}$ 8) $g(x) = e^{x^3}$

9) $f(x) = (x+1)e^{3x}$ 10) $y = x^2 e^{-x}$

11) $y = (e^{-x} + e^{x})^3$ 12) $y = (1 - e^{x})^2$

13) $f(x) = \dfrac{2}{e^{x} + e^{-x}}$ 14) $f(x) = \dfrac{e^{x} - e^{-x}}{2}$

15) $y = xe^{x} - e^{x}$ 16) $y = x^2 e^{x} - 2xe^{x} + 2e^{x}$

1.

1) $2e^{2x}$

3) $2(x-1)e^{-2x+x^2}$

5) $-\dfrac{e^{\frac{1}{x}}}{x^2}$

7) $\dfrac{e^{\sqrt{x}}}{2\sqrt{x}}$

9) $(3x+4)e^{3x}$

11) $3(e^{x} - e^{-x})$

$(e^{-x} + e^{x})^2$

13) $-\dfrac{2(e^{x} - e^{-x})}{(e^{x} + e^{-x})^2}$

15) xe^{x}

2. 음함수 미분법을 이용하여 $\dfrac{dy}{dx}$를 구하여라.

1) $xe^{x} - 10x + 37 = 0$ 2) $e^{xy} + x^2 - y^2 = 10$

2.

1) $\dfrac{1}{3}(10 - xe^{x} - e^{x})$

3. 다음 함수의 2차 도함수를 구하여라.

1) $f(x) = 2e^{3x} + 3e^{-2x}$ 2) $f(x) = 5e^{-x} - 2e^{-5x}$

3) $g(x) = (1+2)e^{4x}$ 4) $g(x) = (3+2x)e^{-3x}$

3.

1) $6(ee^{3x} + 2e^{-2x})$

3) $32(x+1)e^{4x}$

4. 다음 함수의 그래프를 그리고 극값, 변곡점을 구하여라.

1) $f(x)=\dfrac{2}{1+e^{-x}}$　　2) $f(x)=\dfrac{e^{x}-e^{-x}}{2}$

3) $f(x)=x^{2}e^{-x}$　　4) $f(x)=xe^{-x}$

5. 다음 적분을 구하여라.

1) $\int e^{5x}(5)\,dx$　　2) $\int e^{-3x}(-3)\,dx$

3) $\int e^{-x^4}(-4x^3)dx$　　4) $\int e^{\frac{x}{2}}\left(\frac{1}{2}\right)dx$

5) $\int_0^1 e^{-2x}dx$　　6) $\int_1^2 e^{1-x}dx$

7) $\int_0^2 (x^2-1)\,e^{x^3-3x+1}dx$　　8) $\int x^2 e^{x^3}dx$

9) $\int xe^{ax^2}dx$　　10) $\int_0^1 xe^{-\frac{x^2}{2}}\,dx$

11) $\int_1^3 \dfrac{e^{\frac{3}{x}}}{x^2}\,dx$　　12) $\int (e^x-e^{-x})^2dx$

13) $\int \dfrac{e^{2x}+2e^x+1}{e^x}$　　14) $\int (3^2-5^2)dx$

15) $\int e^{x}\sqrt{1-e^x}\,dx$　　16) $\int \dfrac{2\,(e^x-e^{-x})}{(e^x+e^{-x})^2}\,dx$

4.

1) 변곡점 (0, 1)

극값은 없다.

3) 극소값 (0, 0)

극대값 $(2, 4e^{-2})$

변곡점

$(2-\sqrt{2},\ 0.191)$

$(2+\sqrt{2},\ 0.384)$

5.

1) $e^{5x}+c$

3) $e^{-x^4}+c$

5) $\frac{1}{2}(1-e^{-2})$

7) $\dfrac{e^3-2}{3}$

9) $\dfrac{1}{2a}e^{ax^2}+c$

11) $\dfrac{e^3-e}{3}$

13) $e^x+2x-e^{-x}+c$

15) $-\frac{2}{3}(1-e^x)^{\frac{3}{2}}+c$

6. 다음 방정식의그래프를 둘러싸인 영역의 넓이를 구하여라.	6.
1) $y=e^x$, $y=0$, $x=0$, $x=5$	1) e^5-1
2) $y=e^{-x}$, $y=0$, $x=a$, $x=b$	
3) $y=xe^{-x^2}$, $y=0$, $x=0$, $x=4$	3) $\frac{1}{2}(1-e^{-16})$
4) $y=3e^{-\frac{x}{2}}$, $y=0$, $x=0$, $x=4$	
7. 다음 방정식의 그래프로 둘러싸인 영역을 x축의 둘레로 회전하여 만들어진 회전체의 부피를 구하여라.	7.
1) $y=e^x$, $y=0$, $x=0$, $x=1$	1) $\frac{\pi}{2}(e^2-1)$
2) $y=e^{-\frac{x}{2}}$, $y=0$, $x=0$, $x=4$	

8.6 로그함수의 미분 · 적분

□ 로그 함수의 미분

자연로그함수의 도함수를 구하기 위해 도함수의 정의를 이용하여 극한값을 구하면 된다.

$$\frac{d}{dx}[\ln x] = \lim_{\Delta x \to 0} \frac{\ln(x+\Delta x) - \ln x}{\Delta x}$$

그러나 이미 e^x의 도함수를 알기 때문에 e^x와 $\ln x$ 사이의 역함수 관계와 음함수 미분법을 이용하면 쉽게 구할 수 있다. $y = \ln x$에서 $e^y = x$, 양변을 x에 대하여 미분하면,

$$\frac{d}{dx}[e^y] = \frac{d}{dx}[x]$$

$$e^y \cdot \frac{dy}{dx} = 1 \qquad \therefore \quad \frac{dy}{dx} = \frac{1}{e^y} = \frac{2}{x}$$

〈자연로그함수의 도함수〉

$$\frac{d}{dx}[\ln x] = \frac{1}{x} \text{ 이고 } \frac{d}{dx}[\ln u] = \frac{1}{u}\frac{du}{dx}$$

[예제 1] <로그함수의 도함수>

$f(x) = \ln 2x$의 도함수를 구하여라.

풀이 $u = 2x$라 놓으면,

$$f'(x) = \frac{1}{u} \cdot \frac{du}{dx} = \frac{1}{2x}(2) = \frac{1}{x}$$ ▣

[예제 2] <로그함수의 도함수>

다음 함수의 도함수를 구하여라.

(1) $f(x) = \ln(2x^2+4)$　　　(2) $f(x) = x\ln x$

풀이 (1) $y = 2x^2+4$라 놓으면,

$$f'(x) = \frac{1}{u}\frac{du}{dx} = \frac{1}{2x^2+4} = \frac{2x}{x^2+2}$$

(2) 곱의 미분법을 이용하면,

$$f'(x) = x\cdot\frac{d}{dx}[\ln x] + \ln x\cdot\frac{d}{dx}[x]$$

$$= x\left(\frac{1}{x}\right) + (\ln x)(1) = 1 + \ln x$$

▣

로그함수를 미분할 때, 미분하기 전에 로그의 성질을 이용하여 다음 예제와 같이 다시 쓴다.

[예제 3] <로그의 성질을 이용하여 도함수 구하기>

$f(x) = \ln\sqrt{x+1}$의 도함수를 구하여라.

풀이 $f(x) = \ln\sqrt{x+1} = \frac{1}{2}\ln(x+1)$

따라서, $f'(x) = \frac{d}{dx}[\ln\sqrt{x+1}] = \frac{d}{dx}\left[\frac{1}{2}\ln(x+1)\right]$

$$= \frac{1}{2}\left(\frac{1}{x+1}\right) = \frac{1}{2(x+1)}$$

▣

다음 예제는 로그미분법의 이용이 편리하다는 것을 알려준다.

[예제 4] <로그의 성질을 이용하여 도함수 구하기>

$f(x) = \ln \dfrac{x(x^2+1)^2}{\sqrt{2x^3-1}}$ 의 도함수를 구하여라.

풀이 $f(x)$의 식을 고쳐 쓰지 않고,

$$f'(x) = \frac{1}{[x(x^2+1)/\sqrt{2x^3-1}]}\frac{d}{dx}\left[\frac{x(x^2+1)^2}{\sqrt{2x^3-1}}\right]$$

물론 몫의 도함수를 구하는 것은 피하고 싶다. 따라서 로그의 성질을 이용하여 $f(x)$를 다음과 같이 다시 쓰면,

$$f(x) = \ln \frac{x(x^2+1)^2}{\sqrt{2x^3-1}} = \ln x + 2\ln(x^2+1) - \frac{1}{2}\ln(2x^3-1)$$

이 식을 미분하면

$$f'(x) = \frac{1}{x} + \frac{4x}{x^2+1} - \frac{3x^2}{2x^3-1}$$ ▣

□ 로그 함수의 적분

앞에서 $n=-1$일 때 $\int x^n dx$를 구할 수 없었다.

이제 $n=-1$에 대해 로그 도함수로부터 적분공식을 얻을 수 있다.

〈적분에 대한 log 공식〉

$$\int \frac{1}{x}dx = \ln|x| + c$$

u가 x에 대하여 미분가능하면,

$$\int \frac{1}{u}\frac{du}{dx}dx = \int \frac{1}{u}du = \ln|u| + c$$

이다.

[예제 5] <log 공식을 이용 넓이 구하기>

$y = \frac{1}{x}$의 그래프, x축과 직선 $x = 1$, $x = 2$로 둘러싸인 도형의 넓이를 구하여라(그림 8.11)

풀이 정적분으로 영역의 넓이를 구하면,

$$넓이 = \int_1^2 \frac{1}{x}\,dx$$

$$= [\ln|x|]_1^2 = \ln 2 - \ln 1 = ln2$$

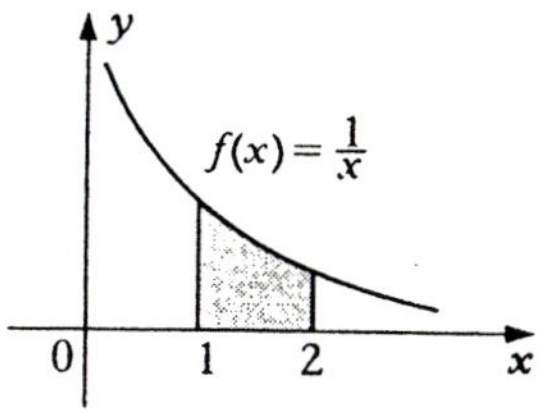

그림 8.11 ▣

[예제 6] <log 공식을 이용 적분>

부정적분 $\int \frac{dx}{2x-1}$를 구하여라.

풀이 $u = 2x - 1$이라 놓으면, $\frac{du}{dx} = 2$

따라서, $\int \frac{dx}{2x-1} = \frac{1}{2}\int \frac{1}{2x-1}(2)\,dx$

$$= \frac{1}{2}\int \frac{1}{u} \cdot \frac{du}{dx}\,dx = \frac{1}{2}\ln|u| + c$$

$$= \frac{1}{2}\ln|2x-1| + c$$

▣

[예제 7] <log 공식을 이용 적분>

부정적분 $\int \frac{x^2}{1-x^3}\,dx$를 구하여라.

풀이 $u = 1 - x^3$이라 놓으면 $\frac{du}{dx} = -3x^2$

$$\text{따라서} \quad \int \frac{x^2}{1-x^3}\,dx = -\frac{1}{3}\int \frac{1}{1-x^3}(-3x^2)dx$$

$$= -\frac{1}{3}\int \frac{1}{u} \cdot \frac{du}{dx}\,dx = -\frac{1}{3}\ln|u| + x$$

$$= -\frac{1}{3}\ln|1-x^3| + c$$

▣

[예제 8] <log 공식을 이용 넓이 구하기>

$y = \dfrac{x}{x^2+1}$, $y=0$과 $x=3$의 그래프로 둘러싸인 영역의 넓이를 구하여라.

풀이 (그림 8.12)에서 구하는 넓이를 정적분으로 나타내면,

$$\text{넓이} = \int_0^3 \frac{x}{x^2+1}\,dx$$

$u = x^2+1$이라 놓으면, $\dfrac{du}{dx} = 2x$

$$\int_0^3 \frac{x}{x^2+1}\,dx = \frac{1}{2}\int_0^3 \frac{2x}{x^2+1}\,dx$$

$$= \frac{1}{2}\left[\ln(x^2+1)\right]_0^3$$

$$= \frac{1}{2}(\ln 10 - \ln 1)$$

$$= \frac{1}{2}\ln 10$$

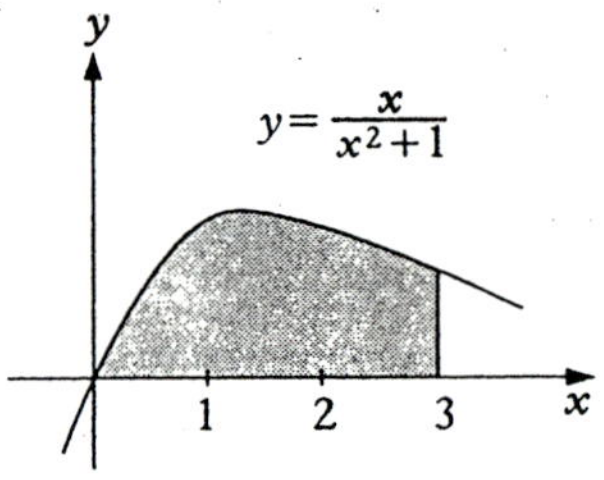

그림 8.12

▣

[예제 9] <적분하기 전에 다시 정리하기>

부정적분 $\displaystyle\int \frac{x^2+x+1}{x^2+1}\,dx$를 구하여라.

풀이 우선 $\dfrac{x^2+x+1}{x^2+1}=1+\dfrac{x}{x^2+1}$ 로 고쳐쓰고,

$$\int\frac{x^2+x+1}{x^2+1}dx=\int\left(1+\frac{x}{x^2+1}\right)dx$$

$$=\int(1)\,dx+\frac{1}{2}\int\frac{2x}{x^2+1}dx$$

$$=x+\frac{1}{2}\ln(x^2+1)+c$$

▣

마지막 예제는 피적분함수를 다시 정리하여 적분하기 쉬운 꼴로 고친다. 이 예제를 주의깊에 관찰해 보자.

[예제 10] <로그공식 이용을 위한 분해>

다음 부정적분을 구하여라.

1) $\displaystyle\int\frac{3x^2+2x-1}{x^2}dx$ 2) $\displaystyle\int\frac{1}{1+e^{-x}}dx$ 3) $\displaystyle\int\frac{x^2+x+1}{x-1}dx$

풀이 (1) 피적분함수를 세 분수식으로 고치면,

$$\int\frac{3x^2+2x-1}{x^2}dx=\int\left(\frac{3x^2}{x^2}+\frac{2x}{x^2}-\frac{1}{x^2}\right)dx$$

$$=\int\left(3+\frac{2}{x}-\frac{1}{x^2}\right)dx$$

$$=3x+2\ln|x|+\frac{1}{x}+c$$

(2) 피적분함수에 e^x를 곱하고 나누면,

$$\int\frac{1}{1+e^{-x}}dx=\int\left(\frac{e^x}{e^x}\right)\frac{1}{1+e^{-x}}dx$$

$$= \int \frac{e^x}{e^x+1}\,dx$$

$$= \ln\,(e^x+1)+c$$

(3) 피적분함수의 분자를 분모로 나누면,

$$\int \frac{x^2+x+1}{x-1}\,dx = \int \left(x+2+\frac{3}{x-1}\right)dx$$

$$= \frac{x^2}{2}+2x+3\ln\,|x-1|+c$$

▣

연습문제 8.6

1. 다음 함수의 도함수를 구하여라.

1) $y = \ln x^2$　　2) $y = \ln (x^2 + 3)$

3) $y = \ln 2x$　　4) $f(x) = \ln (x - x^2)$

5) $y = \ln \sqrt{x^4 - 4x}$　　6) $y = \ln (1-x)^{\frac{3}{2}}$

7) $y = (\ln x)^4$　　8) $y = (\ln x^2)^2$

9) $y = x \ln x$　　10) $y = x^2 \ln x$

11) $y = \ln \dfrac{x}{x^2+1}$

12) $g(x) = \ln [(2x+1)(3x-2)]$

13) $y = \ln (x\sqrt{x^2-1})$　　14) $y = \ln \dfrac{x}{x+1}$

15) $y - \dfrac{\ln x}{x^2}$　　16) $y = \ln \sqrt{x^2 - 4}$

17) $y = e^{-x} \ln x$　　18) $f(x) = \ln \dfrac{1+e^x}{1-e^x}$

2. 음함수 미분법을 이용하여 $\dfrac{dy}{dx}$를 구하여라.

1) $x^2 - 3 \ln y + y^2 = 10$　　2) $\ln xy + 5x = 30$

해답

1.

1) $\dfrac{2}{x}$

3) $\dfrac{1}{x}$

5) $\dfrac{2(x^3-1)}{x(x^3-4)}$

7) $\dfrac{4(\ln x)^3}{x}$

9) $1 + \ln x$

11) $\dfrac{2x^2-1}{x(x^2-1)}$

13) $\dfrac{1-x^2}{x(x^2+1)}$

15) $\dfrac{1-2\ln x}{x^3}$

17) $e^{-x}\left(\dfrac{1}{x} - \ln x\right)$

2.

1) $\dfrac{2xy}{3-2y^2}$

3. 주어진 점에서 곡선의 그래프에 그은 접선의 방정식을 구하여라.

1) $f(x) = x \ln x + 1$, (1, 1)

2) $f(x) = 2 \ln x^3$, $(e, 6)$

3) $f(x) = 2 \ln \frac{5(x-4)}{x}$, (5, 0)

4) $f(x) = \ln x\sqrt{x+3}$, (1.20, 0.90)

4. $f'(x)$를 구하여라.

1) $f(x) = x\ln x - 4x$ 2) $f(a) = 2\ln x + 3$

5. 함수의 그래프를 그리고, 극값과 변곡점을 구하여라.

1) $y = x - \ln x$ 2) $y = \frac{x^2}{2} - \ln x$

3) $y = \frac{\ln x}{x}$ 4) $y = x \ln x$

5) $y = x^2 \ln x$ 6) $y = (\ln x)^2$

6. 적분을 구하여라.

1) $\int \frac{1}{x+1}\, dx$ 2) $\int \frac{1}{x-5}\, dx$

3.

1) $x - y = 0$

3) $4x - 5y - 20 = 0$

4.

1) $\frac{1}{x}$

5.

1) 극소값 (1, 1)

3) 극대값 $\left(e, \frac{1}{e}\right)$

변곡점 $\left(e^{\frac{3}{2}}, \frac{3}{2e^{\frac{3}{2}}}\right)$

5) 극소값 $\left(\frac{1}{\sqrt{e}}, -\frac{1}{2e}\right)$

변곡점 $\left(\frac{1}{e^{\frac{3}{2}}}, \frac{-3}{2e^3}\right)$

6.

1) $\ln|x+1| + c$

3) $\int \frac{1}{3-2x}\,dx$ 4) $\int \frac{1}{6x+1}\,dx$

5) $\int \frac{x}{x^2+1}\,dx$ 6) $\int \frac{x^2}{3-x^3}\,dx$

7) $\int_0^1 \frac{x^2}{x^3+1}\,dx$ 8) $\int_0^2 \frac{x}{x^2+4}\,dx$

9) $\int \frac{x^2-4}{x}\,dx$ 10) $\int \frac{x+5}{x}\,dx$

11) $\int_1^e \frac{(x+\ln x)^2}{x}\,dx$ 12) $\int_0^1 \frac{x-1}{x+1}\,dx$

13) $\int_0^2 \frac{x^2-2}{x+1}\,dx$ 14) $\int \frac{1}{(x+1)^2}\,dx$

15) $\int \frac{1}{\sqrt{x+1}}\,dx$ 16) $\int \frac{x+3}{x^2+6x+7}\,dx$

17) $\int \frac{x^2+2x+3}{x^3+3x^2+9x+1}\,dx$

18) $\int \frac{(\ln x)^2}{x}\,dx$ 19) $\int \frac{e^x+e^{-x}}{e^x-e^{-x}}\,dx$

20) $\int \frac{e^{2x}}{1+e^{2x}}\,dx$

7. 주어진 구간에서 곡선으로 둘러싸인 영역의 넓이를 구하여라.

1) $y=\frac{x^2+4}{x}$, $[1, 4]$

2) $y=\frac{x+5}{x}$, $[1, 5]$

3) $-\frac{1}{2}\ln|3-2x|+c$

5) $\ln\sqrt{x^2+1}+c$

7) $\frac{1}{3}\ln 2$

9) $\frac{x^2}{2}-4\ln|x|+c$

11) $\frac{7}{3}$

13) $-\ln 3$

15) $2\sqrt{x+1}+c$

17) $\frac{1}{3}\ln|x^3+3x^2+9x+1|+c$

19) $\ln|e^x-e^{-x}|+c$

7.

1) $\frac{15}{2}+8\ln 2$

Home Work

1. 다음 식의 값을 구하여라.

1) $5(5^3)$ 2) $27^{\frac{2}{3}}$ 3) $64^{\frac{3}{4}}$ 4) $81^{\frac{1}{2}}$ 5) $25^{\frac{3}{2}}$

6) $32^{\frac{2}{5}}$ 7) $\left(\frac{1}{5}\right)^3$ 8) $\left(\frac{1}{8}\right)^{\frac{1}{3}}$ 9) $63^{\frac{2}{3}}$ 10) $\left(\frac{5}{8}\right)^2$

11) $100^{\frac{3}{2}}$ 12) $4^{\frac{5}{2}}$

2. 다음 식을 간단히 하여라.

1) $(5^2)(5^3)$ 2) $(5^2)(5^{-3})$ 3) $(5^2)^2$

4) 5^{-3} 5) $\frac{5^3}{5^6}$ 6) $\left(\frac{1}{5}\right)^{-2}$

7) $(8^{\frac{1}{2}})(2^{\frac{1}{2}})$ 8) $(32^{\frac{3}{2}})\left(\frac{1}{2}\right)^{\frac{3}{2}}$ 9) $\frac{5^3}{25^2}$

10) $(9^{\frac{2}{3}})(3)(3^{\frac{2}{3}})$ 11) $\left\{(25^{\frac{1}{2}})(25^2)\right\}^{\frac{1}{5}}$ 12) $(8^2)(4^3)$

13) $(4^3)(4^2)$ 14) $\left(\frac{1}{4}\right)^2(4^2)$ 15) $(4^6)^{\frac{1}{2}}$

16) $\left\{(8^{-1})(8^{\frac{2}{3}})\right\}^3$ 17) $e^2(e^4)$ 18) $(e^3)^4$

19) $(e^3)^{-2}$ 20) $\frac{e^5}{e^3}$ 21) $\left(\frac{1}{e}\right)^{-2}$

22) $\left(\frac{e^{15}}{e^2}\right)^{-1}$ 23) e^0 24) $\frac{1}{e^{-3}}$

3. x를 구하여라.

1) $3^x = 81$　2) $5^{x+1} = 125$　3) $\left(\frac{1}{3}\right)^{x-1} = 27$

4) $\left(\frac{1}{5}\right)^{2x} = 625$　5) $4^3 = (x+2)^3$　6) $4^2 = (x+2)^2$

7) $x^{\frac{3}{4}} = 8$　8) $(x+3)^{\frac{4}{3}} = 16$　9) $e^{-2x} = e^5$

10) $e^x = 1$

4. 다음 지수함수의 그래프를 그려라.

1) $f(x) = 5^x$　2) $f(x) = 4^x$

3) $f(x) = \left(\frac{1}{5}\right)^x = 5^{-x}$　4) $f(x) = \left(\frac{1}{4}\right)^x = 4^{-x}$

5) $f(x) = 3^{-x^2}$　6) $y = 2^{-x^2}$

7) $y = 3^{-|x|}$　8) $y = 3^{|x|}$

9) $y = \frac{3^{-x}}{4}$　10) $y = 2^{-x} + 3$

5. 다음 로그함수의 그래프를 그려라.

1) $y = \ln(x-1)$　2) $y = \ln|x|$

3) $y = \ln 2x$　4) $y = 5 + \ln x$

5) $y = 3\ln x$　6) $y = \frac{\ln x}{4}$

6. $\ln x$와 e^x의 역함수 관계를 이용하여 다음 식을 간단히 하여라.

1) $\ln e^{x^2}$　2) $\ln e^{2x-1}$

3) $e^{\ln(5x+2)}$　4) $-1 + \ln e^{2x}$

5) $e^{\ln\sqrt{x}}$　6) $-8 + e^{\ln x^3}$

7. 로그의 성질과 $\ln 2 = 0.6931$, $\ln 3 = 1.0986$임을 이용하여 다음 log의 값을 구하여라.

1) $\ln 6$ 2) $\ln \frac{2}{3}$ 3) $\ln 81$ 4) $\ln \sqrt{3}$

5) $\ln 0.25$ 6) $\ln 24$ 7) $\ln \sqrt[3]{12}$ 8) $\ln \frac{1}{72}$

8. 로그의 성질을 이용하여 로그의 합, 차, 곱으로 나타내어라.

1) $\ln xyz$ 2) $\ln \frac{xy}{z}$ 3) $\ln \sqrt{a-1}$

4) $\ln \sqrt{2^3}$ 5) $\ln \frac{2x}{\sqrt{x^2-1}}$ 6) $\ln \frac{1}{e}$

7) $\ln \left(\frac{x^2-1}{x^3}\right)^2$ 8) $\ln z(z-1)^2$

9. 다음 식을 하나의 로그식으로 나타내어라.

1) $\ln (x-2) - \ln (x+2)$

2) $\ln (2x+1) + \ln (2x-1)$

3) $3 \ln x + 2 \ln y - 4 \ln z$

4) $\frac{1}{3}\{2 \ln (x+3) + \ln x - \ln (x^2-1)\}$

5) $2\{\ln x - \ln (x+1) - \ln (x-1)\}$

6) $2 \ln 3 - \frac{1}{2} \ln (x^2+1)$

7) $\frac{3}{2}\{\ln x(x^2+1) - \ln (x+1)\}$

8) $2 \ln x + \frac{1}{2} \ln (x+1)$

10. $\dfrac{dy}{dx}$를 구하여라.

1) $y = \ln e^{-x^2}$

2) $y = \ln \dfrac{e^x}{1+e^x}$

3) $y = x^2 e^x$

4) $y = e^{x^2/2}$

5) $y = \sqrt{e^{2x} + e^{-2x}}$

6) $y = \sqrt[3]{x} e^{3x}$

7) $y = \dfrac{e^{2x}}{x}$

8) $y = \dfrac{x^2}{e^x}$

9) $ye^x = xy + 1$

10) $y = \ln xy$

11) $y = \ln \sqrt{x}$

12) $y = \ln \dfrac{x(x-1)}{x-2}$

13) $y = x\sqrt{\ln x}$

14) $y = \ln [x(x^2-2)^{2/3}]$

15) $y \ln x + y^2 = 1$

16) $\ln (x+y) = x$

17) $\ln y = x \ln x$

18) $\ln y = xy$

19) $y = \dfrac{1}{b^2} \left[\ln (a+bx) + \dfrac{a}{a+bx} \right]$

20) $y = \dfrac{1}{b^2} [a + bx - a \ln (a+bx)]$

21) $y = -\dfrac{1}{a} \ln \dfrac{a+bx}{x}$

22) $y = -\dfrac{1}{ax} + \dfrac{b}{a^2} \ln \dfrac{a+bx}{x}$

11. 다음을 적분하여라.

1) $\int xe^{-3x^2} dx$

2) $\int x^2 e^{x^3+1} dx$

3) $\int \dfrac{e^{4x} - e^{2x} + 1}{e^x} dx$

4) $\int \dfrac{e^{1/x}}{x^2} dx$

5) $\int \frac{e^x}{e^x - 1}\, dx$

6) $\int \frac{e^{2x} - e^{-2x}}{e^{2x} + e^{-2x}}\, dx$

7) $\int \frac{e^{-2x}}{1 + e^{-2x}}\, dx$

8) $\int \frac{x-1}{3x^2 - 6x - 1}\, dx$

9) $\int \frac{x}{1 - x^2}\, dx$

10) $\int \frac{x}{16 + x^2}\, dx$

11) $\int \frac{x}{\sqrt{1 - x^2}}\, dx$

12) $\int \frac{x}{(16 + x^2)^{3/2}}\, dx$

13) $\int \frac{1}{7x - 2}\, dx$

14) $\int \frac{x}{x^2 - 1}\, dx$

15) $\int \frac{1}{(7x - 2)^3}\, dx$

16) $\int \frac{x}{(x^2 - 1)^2}\, dx$

17) $\int \frac{\ln x^2}{x}\, dx$

18) $\int \frac{\ln 2x}{x}\, dx$

19) $\int \frac{x^2 + 3}{x}\, dx$

20) $\int \frac{x^3 + 1}{x^2}\, dx$

21) $\int \frac{x^2}{x^3 - 1}\, dx$

22) $\int \left(x + \frac{1}{x}\right)^2 dx$

23) $\int \frac{x}{x + 1}\, dx$

24) $\int \frac{x + 2}{2x + 3}\, dx$

25) $\int_1^2 \frac{e^{1/x}}{x^2}\, dx$

26) $\int_0^2 \frac{1}{1 + x}\, dx$

27) $\int_1^4 \frac{x + 1}{x}\, dx$

28) $\int_1^e \frac{\ln x}{x}\, dx$

제 9 장

복잡한 적분

〈 학습내용 〉

9.1 치환적분

9.2 부분적분

9.3 부분분수 분해

9.4 적분표의 이용

9.5 특이적분

9.1 치환적분

적분문제를 풀 때 기본공식의 적용이 중요하다. 많은 연습을 통해 이것을 기억하고 익숙하도록 하고 피적분함수를 고쳐 기본공식을 이용하도록 준비해야 한다.

예를 들면 $\int \frac{x}{(x+1)^2}dx$를 적분하는데 피적분함수에 직접 기본공식을 사용할 수 없으므로 다음과 같이 고쳐 적분한다.

$$\int \frac{x}{(x+1)^2}dx = \int \frac{x+1-1}{(x+1)^2}dx = \int \left[\frac{x+1}{(x+1)^2} - \frac{1}{(x+1)^2}\right]dx$$

$$= \int \left[\frac{1}{(x+1)} - (x+1)^{-2}\right]dx = \ln|x+1| + \frac{1}{x+1} + c$$

어떻게 1을 더하고 빼서 적분을 해야 되는가를 알 수 있는가?

다행히 직접적인 방법으로 이 문제를 해결할 수 있는 적분법이 있으며, 이를 **치환적분법**(integration by substitution)이라고 한다. 변수를 바꿔 적분공식을 이용할 수 있는 꼴로 피적분함수를 바꾸어 적분하는 방법이다.

□ 치환적분

치환의 결정적인 한 단계는 dx를 새로운 변수로 바꾸는 것이다.

일반으로 $u = f(x)$라 치환하면, $\frac{du}{dx} = f'(x)$이고 $du = f'(x)dx$이다.

[예제 1] <치환적분>

$u = x+1$로 치환하여 부정적분 $\int \frac{x}{(x+1)^2}dx$를 구하여라.

풀이 $u = x+1$에서 $x = u-1$, $\frac{dx}{du} = 1$이고 $dx = du$

x와 dx의 식들을 u의 식으로 고쳐 쓴다.

$$\int \frac{x}{(x+1)^2}\,dx = \int \frac{u-1}{u^2}\,du = \int\left(\frac{u}{u^2} - \frac{1}{u^2}\right)du$$

$$= \int\left(\frac{u}{u^2} - \frac{1}{u^2}\right)du = \ln|u| + \frac{1}{u} + c$$

마지막으로 $u = x+1$을 이용, x의 식으로 다시 고치면

$$\int \frac{x}{(x+1)^2}\,dx = \ln|x+1| + \frac{1}{x+1} + c$$ ▣

치환적분의 기본 단계는 다음과 같다.

〈 치환적분법 〉

1. u를 x의 함수로 놓는다.
2. x와 dx를 u와 du로 고친다.
3. 피적분함수를 u에 관한 식으로 고쳐 기본 적분공식을 이용한다.
4. 적분한 다음 x의 식으로 다시 고쳐 쓴다.

[예제 2] <치환적분>

부정적분 $\int x\sqrt{x^2-1}\,dx$를 구하여라.

풀이 $u = x^2-1$이라 놓으면 $du = 2x\,dx$

$$\int x\sqrt{x^2-1}\,dx = \frac{1}{2}\int (x^2-1)^{\frac{1}{2}} 2x\,dx = \frac{1}{2}\int u^{\frac{1}{2}}du$$

$$= \frac{1}{2}\cdot\frac{u^{\frac{3}{2}}}{\frac{3}{2}}+c$$

$$= \frac{1}{3}u^{\frac{3}{2}}+c = \frac{1}{3}(x^2-1)^{\frac{3}{2}}+c$$

▣

[예제 3] <치환적분>

부정적분 $\int \frac{e^{2x}}{1+e^{2x}}dx$를 구하여라.

풀이 $u=1+e^{2x}$라 놓으면 $du=2e^{2x}dx$

$$\int \frac{e^{2x}}{1+e^{2x}}dx = \frac{1}{2}\int \frac{1}{1+e^{2x}}2e^{2x}dx$$

$$= \frac{1}{2}\int \frac{1}{u}du = \frac{1}{2}\ln|u|+c$$

$$= \frac{1}{2}\ln(1+e^{2x})+c$$

▣

$1+e^{2x}>0$이므로 절대값 기호가 필요하지 않다.

[예제 4] <치환적분>

부정적분 $\int x\sqrt{x-1}\,dx$를 구하여라.

풀이 $u=x-1$이라 놓으면, $du=dx$이고 $x=u+1$

$$\int x(x-1)^{\frac{1}{2}}dx = \int (u+1)u^{\frac{1}{2}}du$$

$$= \int \left(u^{\frac{3}{2}} + u^{\frac{1}{2}}\right) du$$

$$= \frac{u^{\frac{5}{2}}}{\frac{5}{2}} + \frac{u^{\frac{3}{2}}}{\frac{3}{2}} + c$$

$$= \frac{2}{5}(x-1)^{\frac{5}{2}} + \frac{2}{3}(x-1)^{\frac{3}{2}} + c$$

위의 식은 다음과 같이 더 간단한 식으로 정리할 수 있다.

$$\frac{2}{5}(x-1)^{\frac{5}{2}} + \frac{2}{3}(x-1)^{\frac{3}{2}} + c = \frac{6}{15}(x-1)^{\frac{5}{2}} + \frac{10}{15}(x-1)^{\frac{3}{2}} + c$$

$$= \frac{2}{15}(x-1)^{\frac{3}{2}}[3(x-1)+5] + c = \frac{2}{15}(x-1)^{\frac{3}{2}}(3x+2) + c$$

▣

[예제 5] <상수의 처리>

부정적분 $\int \frac{1}{\sqrt{x}+1} dx$를 구하여라.

풀이 $u = \sqrt{x}+1$이라 놓으면 $\sqrt{x} = u-1$, $x = (u-1)^2$이고

$dx = 2(u-1)du$

치환하여 다음과 같이 적분한다.

$$\int \frac{1}{\sqrt{x}+1} dx = \int \frac{1}{u} 2(u-1)du = 2\int \frac{u-1}{u} du$$

$$= 2\int \left(1 - \frac{1}{u}\right) du$$

$$= 2(u - \ln|u| + c_1$$

$$= 2[\sqrt{x}+1 - \ln(\sqrt{x}+1)] + c_1$$

$$= 2\sqrt{x} - 2\ln(\sqrt{x}+1) + c \quad (c = c_1 + 2)$$

▣

□ 치환과 정적분

치환적분법 4단계에서 변수를 x로 다시 고치라고 되어 있다. 그러나 정적분의 계산에서는 변수 u에 대한 적분의 구간(아래끝, 위끝)으로 계산하는 것이 편리하다.

다음 예제를 보고 확인해 보자.

[예제 6] <정적분에 대한 적분구간의 변환>

$y = \dfrac{x}{\sqrt{2x-1}}$와 x축 $x=1$, $x=5$로 둘러싸인 영역의 넓이 A를 구하여라.

풀이 (그림 9.1)에서 영역의 넓이 A는

$$A = \int_1^5 \frac{x}{\sqrt{2x-1}}\,dx$$

적분을 구하기 위해 $u=\sqrt{2x-1}$이라 놓으면, $u^2=2x-1$, $x=\dfrac{u^2+1}{2}$이고 $dx = u\,du$ 치환하기 전에 적분구간을 고치면

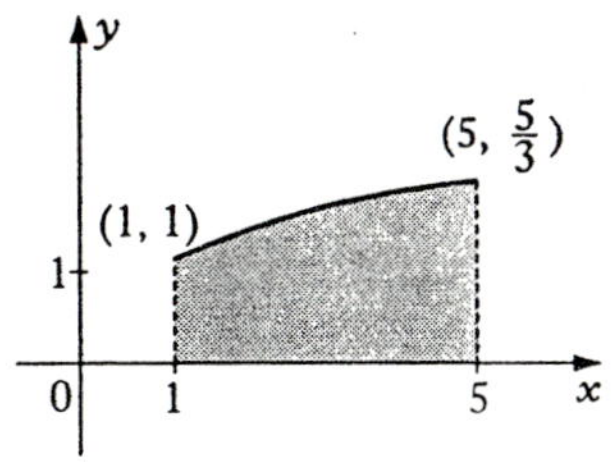

그림 9.1

x	$1 \to 5$
u	$1 \to 3$

이 된다.

$$\text{따라서}\quad \int_1^5 \frac{x}{\sqrt{2x-1}}\,dx = \int_1^3 \frac{1}{u}\left(\frac{u^2+1}{2}\right)u\,du$$

$$= \frac{1}{2}\left[\frac{u^3}{3}+u\right]_1^3 = \frac{1}{2}\left(9+3-\frac{1}{3}-1\right)$$

$$= \frac{16}{3}$$

▣

정적분을 치환에 의해 풀 경우 u변수로 고칠 때 아래끝이 위끝보다 크더라도 놀랄 필요는 없다. 그대로 적분하면 된다.

예를 들면 $\int_0^1 x^2 (1-x)^{\frac{1}{2}} dx$의 적분에서 $u=\sqrt{1-x}$라 치환하면 적분구간은

x	$0 \to 1$
u	$1 \to 0$

이 된다.

따라서 주어진 적분은 $-2\int_1^0 (1-u^2)^2 u^2 du$를 계산하면 된다.

연습문제 9.1

1. 다음 부정적분을 구하여라.

1) $\int (x-2)^4 dx$ 2) $\int (x+5)^{\frac{3}{2}} dx$

3) $\int \frac{2}{(t-9)^2} dt$ 4) $\int \frac{2t-1}{t^2-t+2} dt$

5) $\int \sqrt{1+x}dx$ 6) $\int (3+x)^5 dx$

7) $\int \frac{12x+2}{3x^2+x} dx$ 8) $\int \frac{6x^2+2}{x^3+x} dx$

9) $\int \frac{1}{(5x+1)^3} dx$ 10) $\int \frac{1}{\sqrt{5x+1}} dx$

11) $\int \frac{\ln 2x^2}{x} dx$ 12) $\int \frac{x\ln (2x^2+2)}{x^2+1} dx$

13) $\int \frac{e^{3x}}{1-e^{3x}} dx$ 14) $\int 2x(e^{x^2})^3 dx$

15) $\int \frac{x^2}{x-1} dx$ 16) $\int \frac{2x}{x-4} dx$

17) $\int x\sqrt{4-2x^2} dx$ 18) $\int \frac{t}{\sqrt{1-t^2}} dt$

19) $\int e^{5x} dx$ 20) $\int \frac{e^x}{1+e^x} dx$

21) $\int \frac{x}{(x+1)^3} dx$ 22) $\int \frac{x^2}{(x+1)^3} dx$

23) $\int \frac{x}{(3x-1)^2} dx$ 24) $\int \frac{5x}{(x-4)^3} dx$

해답

1.

1) $\frac{1}{5}(x-2)^5+c$

3) $\frac{2}{9-t}+c$

5) $\frac{2}{3}(1+x)^{\frac{3}{2}}+c$

7) $\ln (3x^2+x)^2+c$

9) $-\frac{1}{10(5x+1)^2}+c$

11) $\frac{1}{4}(\ln 2x^2)^2+c$

13) $-\frac{1}{3}\ln|1-e^{3x}|+c$

15) $\frac{1}{2}x^2+x+\ln |x-1|+c$

17) $-\frac{1}{6}(4-2x^2)^{\frac{3}{2}}+c$

19) $\frac{1}{5}e^{5x}+c$

21) $-\frac{2x+1}{2(x+1)^2}+c$

23) $\frac{1}{9}\left[\ln|3x-1| - \frac{1}{3x-1}\right]+c$

25) $\int x(1-x)^4 dx$ 26) $\int x^2(1-x)^3 dx$

27) $\int \frac{x-1}{x^2-2x} dx$ 28) $\int \frac{x}{(x^2-1)^2} dx$

29) $\int x\sqrt{x-3}\, dx$ 30) $\int x\sqrt{2x+1}\, dx$

25) $\frac{1}{6}(1-x)^6 - \frac{1}{5}(1-x)^5 - \frac{1}{4}(1-x)^4 + c$

27) $\frac{1}{2}\ln|x^2-2x| + c$

29) $\frac{2}{5}(x-3)^{\frac{5}{2}} + 2(x-3)^{\frac{3}{2}} + c$

2. 다음 정적분을 구하여라.

1) $\int_0^4 \sqrt{2x+1}\, dx$ 2) $\int_2^4 \frac{1-3x^2}{2(x-x^2)} dx$

3) $\int_0^1 3xe^{x^2} dx$ 4) $\int_1^{e^2} \frac{3(\ln x)^2}{x} dx$

5) $\int_0^5 \frac{x}{(x+5^2} dx$ 6) $\int_0^1 x(x+5)^4 dx$

7) $\int_0^{0.5} x(1-x)^3 dx$ 8) $\int_0^{0.5} x^2(1-x)^3$

9) $\int_3^7 x\sqrt{x-3}\, dx$ 10) $\int_0^4 \frac{x}{\sqrt{2x+1}} dx$

11) $\int_0^7 x\sqrt[3]{x+1}\, dx$ 12) $\int_1^2 (x-1)\sqrt{2x-x}\, dx$

2.

1) $\frac{26}{3}$

3) $\frac{3}{2}(e-1)$

5) $\ln 2 - \frac{1}{2}$

7) $-\frac{13}{320}$

9) $\frac{144}{5}$

11) $\frac{1209}{28}$

3. 주어진 방정식의 그래프로 둘러싸인 영역의 넓이를 구하여라.

1) $y = x\sqrt{x+1}$, $y = 0$

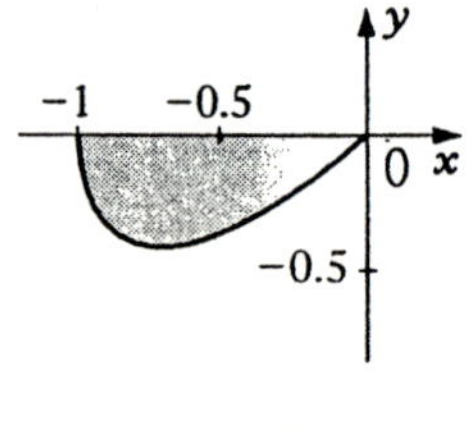

3.

1) $\frac{4}{15}$

2) $y = x\sqrt[3]{1-x}$, $y = 0$

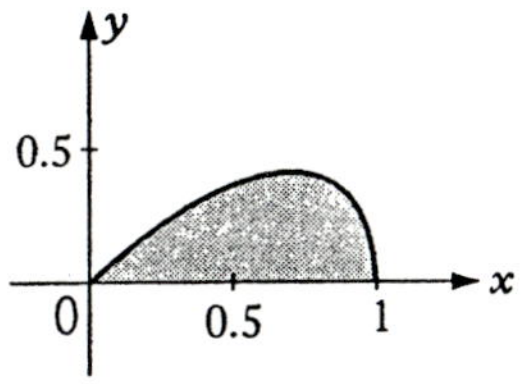

3) $y^2 = x^2(1-x^2)$

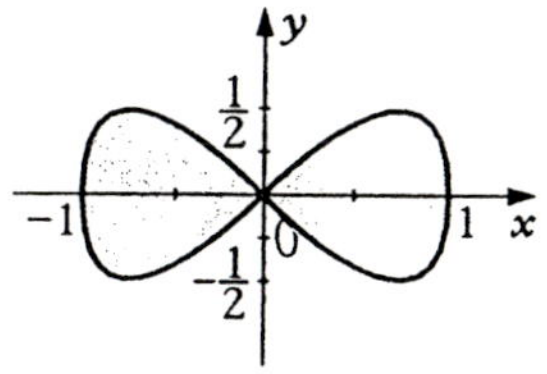

4) $y = \dfrac{1}{1+\sqrt{x}}$, $y = 0$, $x = 4$

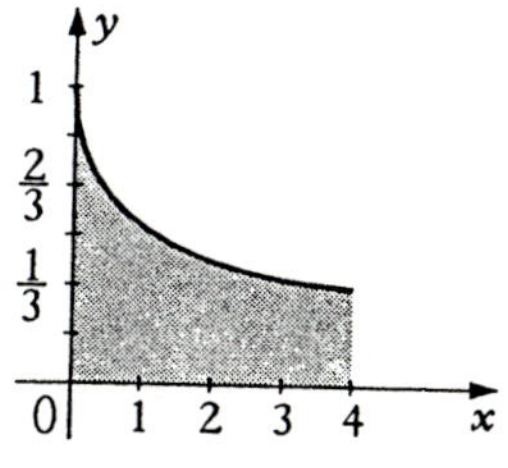

3) $\dfrac{16}{15}$

9.2 부분적분

□ 부분적분

앞 절에서는 치환적분법에 대해 배웠다. 이제 또 다른 적분법인 부분적분법 (integration by parts)을 소개한다. 이 적분법은 폭넓게 이용되고 특히 대수함수와 지수함수의 곱을 포함하는 피적분함수에 대해 유용하다. 이를 테면, $x \ln x$와 x^2e^x와 같은 곱에 부분적분이 유용하다.

부분적분은 곱의 도함수의 공식에 바탕을 두고 있다.

$$\frac{d}{dx}[uv] = u\frac{du}{dx} + v\frac{du}{dx} = uv' + vu'$$

(u와 v는 x에 대해 미분가능하다.)

이 방정식의 양변을 x에 대해 적분하면,

$$uv = \int uv'\,dx + \int vu'\,dx = \int u\,dv + \int v\,du$$

이 식을 다시 쓰면 부분적분법의 공식을 얻는다. 이 공식도 기억해야 한다.

〈 부분적분법 〉

$$\int u\,dv = uv - \int v\,du$$

부분적분법 공식은 주어진 적분을 또 다른 적분의 식으로 나타내는 것이다. u와 v의 선택에 따라 두 번째 적분이 원래의 적분보다 쉬워질 수 있다.

다음 예제들을 통해 부분적분법을 익혀 보자.

[예제 1] <부분적분법>

부정적분 $\int xe^x dx$를 구하여라.

풀이 부분적분법을 이용하기 위해 $\int udv$꼴로 다시 쓴다.

$u = x,\ dv = e^x dx$이라 놓으면 $v = \int dv = \int e^x dx = e^x,\ du = dx$

$\int udv = uv - \int vdu$에서

$\int xe^x dx = xe^x - \int e^x dx = xe^x - e^x + c$ ▣

[예제 2] <부분적분법>

부정적분 $\int x^2 \ln x dx$를 구하여라.

풀이 $dv = x^2 dx$에서 $v = \int x^2 dx = \dfrac{x^3}{3}$

$u = \ln x$에서 $du = \dfrac{1}{x} dx$

따라서
$$\begin{aligned}\int x^2 \ln x dx &= \frac{x^3}{3}\ln x - \int\left(\frac{x^3}{3}\right)\left(\frac{1}{x}\right)dx \\ &= \frac{x^3}{3}\ln x - \frac{1}{3}\int x^2 dx \\ &= \frac{x^3}{3}\ln x - \frac{x^3}{9} + c\end{aligned}$$
▣

다음 예제와 같이 부분적분법을 반복하여 사용하는 경우도 있다.

[예제 3] <부분적분법의 반복 사용>

부정적분 $\int x^2 e^x dx$를 구하여라.

풀이 $dv = e^x dx$에서 $v = \int e^x dx = e^x$

$u = x^2$에서 $du = 2x dx$

$$\int x^2 e^x dx = x^2 e^x - \int 2xe^x dx$$

다시 $\int xe^x dx$에 부분적분법을 적용하면

$dv = e^x dx$에서 $v = \int e^x dx = e^x$

$u = 2x$에서 $du = 2dx$

따라서
$$\begin{aligned}\int x^2 e^x dx &= x^2 e^x - \int 2xe^x dx \\ &= x^2 e^x - \left[2xe^x - \int 2e^x dx\right] \\ &= x^2 e^x - 2xe^x + 2e^x + c \\ &= e^x (x^2 - 2x + 2) + c\end{aligned}$$

■

[예제 4] <몫으로 주어진 식에 부분적분법 이용>

부정적분 $\int \frac{xe^x}{(x+1)^2} dx$를 구하여라

풀이 $dv = \frac{1}{(x+1)^2} dx$에서 $v = \int \frac{1}{(x+1)^2} dx = -\frac{1}{x+1}$

$u = xe^x$에서 $du = (xe^x + e^x)dx = e^x (x+1)dx$

따라서
$$\int \frac{xe^x}{(x+1)^2} dx = xe^x \left(\frac{-1}{x+1}\right) - \int (x+1) e^x \left(\frac{-1}{x+1}\right) dx$$

$$= \frac{-xe^x}{x+1} + \int e^x\,dx$$

$$= -\frac{xe^x}{x+1} + e^x + c = \frac{e^x}{x+1} + c$$ ■

부분적분법의 묘한 적용은 피적분함수가 단 하나의 식으로 되어 있을 때, $\int \ln x\,dx$와 같은 경우이다. 이 때, $dv = dx$라 놓고 다음 예제와 같이 푼다.

[예제 5] <하나로 된 식에 부분적분법 적용>

정적분 $\int_1^e \ln x\,dx$를 구하여라

풀이 처음에는 부분적분법을 이용하지 않아도 될 것처럼 보인다. 그러나 $dv = dx$라 놓으면 $dv = dx$에서 $v = \int dx = x$ $u = \ln x$에서

$$du = \frac{1}{x}\,dx$$

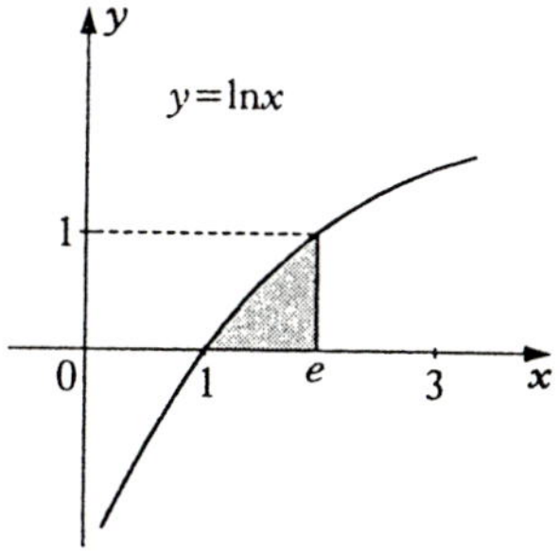

그림 9.2

따라서 부정적분은

$$\begin{aligned}\int \ln x\,dx &= x\ln x - \int \frac{1}{x}\cdot x\,dx\\ &= x\ln x - \int 1\,dx\\ &= x\ln x - x + c\end{aligned}$$

이제 원시함수를 이용하여 정적분을 구하면,

$$\begin{aligned}\int_1^e \ln x\,dx &= [x\ln x - x]_1^e = [e\ln e - e] - [1\ln 1 - 1]\\ &= (e-e) - (0-1) = 1\end{aligned}$$ ■

(그림 9.2)의 어두운 부분의 넓이를 구한 것이다.

부분적분법을 연습하게 되면 u와 dv를 정하는 능력이 향상될 것이다. 다음 요약에서 u와 dv의 선택요령을 알아본다.

⟨ u와 dv의선택 ⟩

1. $\int x^n e^{ax} dx$: $u = x^n$, $\quad dv = e^{ax} dx$
2. $\int x^n \ln x\, dx$: $u = \ln x$, $\quad dv = x^n dx$

연습문제 9.2

1. 부정적분을 구하여라.

1) $\int xe^{3x}dx$ 2) $\int xe^{-x}dx$

3) $\int x^2e^{-x}dx$ 4) $\int x^2e^{2x}dx$

5) $\int \ln 2x\,dx$ 6) $\int ln\,x^2\,dx$

7) $\int x^2e^{-2x}dx$ 8) $\int \frac{x}{e^x}\,dx$

9) $\int x^3e^xdx$ 10) $\int \frac{e^{1/t}}{t^2}\,dt$

11) $\int x^3\ln x\,dx$ 12) $\int x^2\ln x\,dx$

13) $\int t\ln(t+1)\,dt$ 14) $\int \frac{1}{x(\ln x)^3}\,dx$

15) $\int (\ln x)^2dx$ 16) $\int \ln 3x\,dx$

17) $\int \frac{(\ln x)^2}{x}\,dx$ 18) $\int \frac{\ln x}{x^2}\,dx$

해답

1.

1) $\frac{1}{3}xe^{3x}-\frac{1}{9}e^{3x}+c$

3) $-x^2e^{-x}-2xe^{-x}$
$-2e^{-x}+c$

5) $x\ln 2x-x+c$

7) $-\frac{1}{2}x^2e^{-2x}-\frac{1}{2}xe^{-2x}$
$-\frac{1}{4}e^{-2x}+c$

9) $x^3e^x-3x^3e^x$
$+6xe^x-6e^x+c$

11) $\frac{1}{4}x^4\ln x-\frac{1}{16}x^4+c$

13) $\frac{1}{2}t^2\ln(t+1)$
$-\frac{1}{2}\ln(t+1)$
$-\frac{1}{4}(t-1)^2+c$

15) $x[(\ln x)^2-2$
$\ln x+2]+c$

17) $\frac{1}{3}(\ln x)^3+c$

19) $\int (x^2-1)e^x dx$ 20) $\int \frac{x}{\sqrt{2+3x}}dx$

19) $(x-1)^2e^x+c$

2. 다음 정적분을 구하여라.

1) $\int_0^1 x^2e^x dx$ 2) $\int_0^2 \frac{x^2}{e^x}dx$

3) $\int_1^e x^4 \ln x dx$ 4) $\int_0^1 \ln(1+2x)dx$

2.

1) $e-2$

3) $\frac{1}{25}(4e^5+1)$

3. $\int x^n \ln x dx = \frac{x^{n+1}}{(n+1)^2}[-1+(n+1)\ln x]+c(n\neq -1)$

$\int x^n e^{ax}dx = \frac{x^n e^{ax}}{a} - \frac{n}{a}\int x^{n-1}e^{ax}dx$를 이용하여 부정적분을 구하여라.

1) $\int x^2e^{5x}dx$ 2) $\int xe^{-3x}dx$

3) $\int x^5 \ln x dx$ 4) $\int x^3 \ln x dx$

3.

1) $\frac{e^{5x}}{125}(25x^2-10x+2)+c$

3) $\frac{x^6}{36}(6\ln x-1)+c$

9.3 부분분수 분해

□ 부분분수 분해

이 절에서는 유리함수를 적분기본공식을 적용할 수 있는 꼴로 고치는 또 다른 적분법을 생각하자. 이것을 부분분수 분해(partial fractions)라고 한다. 즉 유리함수를 분해하여 둘 또는 그 이상의 간단한 식의 합으로 나타내는 것이다. 이러한 방법이 필요하다는 것은 다음 문제에서 알게 될 것이다.

다음 적분을 어떻게 할 것인가?

$$\int \frac{x+7}{x^2-x-6}\,dx$$

우선 $\dfrac{x+7}{x^2-x-6} = \dfrac{2}{x-3} - \dfrac{1}{x+2}$ 이 된다는 것을 안다면

$$\begin{aligned}\int \frac{x+7}{x^2-x-6}\,dx &= \int\left(\frac{2}{x-3} - \frac{1}{x+2}\right)dx \\ &= 2\int \frac{dx}{x-3} - \int \frac{1}{x+2}\,dx \\ &= 2\ln|x-3| - \ln|x+2| + c\end{aligned}$$

이 방법의 이용은 분모 x^2-x-6을 인수분해하고 부분분수 $\dfrac{2}{x-3}$와 $\dfrac{-1}{x+2}$을 찾는 능력에 달려 있다. 이 절에서의 목표는 유리식을 어떻게 부분분수로 분해하는가를 배우는 것이다. 대수식의 기본관심 중의 하나는 다항식의 인수분해이다.

즉, 다항식 x^3+x^3-x-1은 $x^3+x^2-x-1 = (x-1)(x+1)^2$과 같이 쓸 수 있다. $\dfrac{N(x)}{x^3+x^2-x-1}$의 부분분수 분해는

$$\frac{N(x)}{x^3+x^2-x-1}=\frac{N(x)}{(x-1)(x+1)^2}=\frac{A}{x-1}+\frac{B}{x+1}+\frac{C}{(x+1)^2}$$

(A, B, C는 상수)

분자에 있는 상수의 값을 구하는 방법은 다음 예제에서 알아보자.

[예제 1] <부분분수 분해>

유리함수 $\dfrac{x+7}{x^2-x-6}$을 부분분수로 분해하여라.

풀이 $x^2-x-6=(x-3)(x+2)$이므로 $\dfrac{x+7}{x^2-x-6}=\dfrac{A}{x-3}+\dfrac{B}{x+2}$

양변에 분모의 최소공배수 $(x-3)(x+2)$를 곱하면

$$x+7=A(x+2)+B(x-3)$$

이 식은 모든 x에 대해 성립하므로, x 대신에 편한 값을 대입하여 A, B를 구한다.

$x=-2$일 때, $5=-5B$, $B=-1$

$x=3$일 때, $10=5A$, $A=2$

따라서 $\dfrac{x+7}{x^2-x-6}=\dfrac{2}{x-3}+\dfrac{-1}{x+2}$이다. ▣

[예제 2] <제곱인수가 있는 경우 부분분해>

부정적분 $\displaystyle\int\frac{5x^2+20x+6}{x^3+2x^2+x}\,dx$를 구하여라.

풀이 $x^3+2x^2+x=x(x^2+2x+1)=x(x+1)^2$이므로

$$\frac{5x^2+20x+6}{x(x+1)^2}=\frac{A}{x}+\frac{B}{x+1}+\frac{C}{(x+1)^2}$$

분모의 최소공배수 $x(x+1)^2$을 양변에 곱하면,

$$5x^2+20x+6=A(x+1)^2+Bx(x+1)+Cx$$

$x=-1$을 대입하면, $5-20+6=-C,\ C=9$

$x=0$일 때, $6=A$

$x=1$일 때, $5+20+6=4A+2B+C$

$31=24+2B+9,\ 2B=-2,\ B=-1$

따라서, $\dfrac{5x^2+20x+6}{x(x+1)^2}=\dfrac{6}{x}-\dfrac{1}{x+1}+\dfrac{9}{(x+1)^2}$

$$\begin{aligned}\int\frac{5x^2+20x+6}{x^3+2x^2+x}dx &= \int\frac{6}{x}dx-\int\frac{1}{x+1}dx+\int 9(x+1)^{-2}dx \\ &= 6\ln|x|-\ln|x+1|+9\frac{(x+1)^{-1}}{-1}+c \\ &= \ln\left|\frac{x^6}{x+1}\right|-\frac{9}{x+1}+c\end{aligned}$$

■

분자의 차수가 분모의 차수보다 크거나 같은 경우의 유리함수 부분분해에 대해 다음 예제에서 다룬다.

[예제 3] <분자의 차수가 분모의 차수보다 큰 경우>

부정적분 $\displaystyle\int\frac{x^5+x-1}{x^4-x^3}dx$를 구하여라.

풀이 분자는 5차, 분모는 4차식이므로 다음과 같이 고친 다음 부분분해한다.

$$\int\frac{x^5+x-1}{x^4-x^3}dx=\int\left(x+1+\frac{x^3+x-1}{x^4-x^3}\right)dx$$

$$\frac{x^3+x-1}{x^4-x^3}=\frac{A}{x}+\frac{B}{x^2}+\frac{C}{x^3}+\frac{D}{x-1}$$

앞에서와 같은 방법으로 A,B,C,D를 구하면,

$A=0,\ B=0,\ C=1,\ D=1$

따라서, $\int \frac{x^5+x-1}{x^4-x^3}dx = \int\left(x+1+\frac{1}{x^3}+\frac{1}{x-1}\right)dx$

$$= \frac{x^2}{2}+x-\frac{1}{2x^2}+\ln|x-1|+c$$ ▣

적분문제를 풀기 위해 여러 가지 방법을 이용할 경우가 있다. 이를 테면 다음 예제에서 치환적분법, 부분분수 분해법을 동시에 이용하게 된다.

[예제 4] <치환해서 부분분수로 분해한다>

부정적분 $\int \frac{1}{x\sqrt{x+1}}dx$를 구하여라.

풀이 $u=\sqrt{x+1}$라 놓으면 $x=u^2-1$이고 $dx=2u\,du$

따라서, $\int \frac{1}{x\sqrt{x+1}}dx = \int \frac{1}{(u^2-1)u}2u\,du = \int \frac{2}{u^2-1}du$

$u^2-1=(u+1)(u-1)$이므로 $\frac{2}{u^2-1} = \frac{A}{u+1}+\frac{B}{u-1}$

$2=A(u-1)+B(u+1)$

$u=-1$이면 $-2A=2,\ A=-1$

$u=1$이면 $2B=2,\ B=1$

따라서, $\int \frac{2}{u^2-1}du = \int\left(\frac{-1}{u+1}+\frac{1}{u-1}\right)du$

$$= -\ln|u+1|+\ln|u-1|+c$$

$u=\sqrt{x+1}$을 대입하면

$$\int \frac{1}{x\sqrt{x+1}}dx = -\ln|\sqrt{x+1}+1|+\ln|\sqrt{x+1}-1|+c$$

$$= \ln\left|\frac{\sqrt{x+1}-1}{\sqrt{x+1}+1}\right|+c$$ ▣

연습문제 9.3

1. 부분분수로 분해하여라.

1) $\dfrac{2(x+20)}{x^2-25}$　2) $\dfrac{10x+3}{x^2+x}$

3) $\dfrac{8x+3}{x^2-3x}$　4) $\dfrac{3x+11}{x^2-2x-3}$

5) $\dfrac{4x-13}{x^2-3x-10}$　6) $\dfrac{7x+5}{6(2x^2+3x+1)}$

7) $\dfrac{2x^2-2x-3}{x^3+x^2}$　8) $\dfrac{3x^2-x+1}{x(x+1)^2}$

9) $\dfrac{x+1}{3(x-2)^2}$　10) $\dfrac{8x^2+15x+9}{(x+1)^3}$

2. 다음 부정적분을 구하여라.

1) $\int \dfrac{1}{x^2-1}\,dx$　2) $\int \dfrac{9}{x^2-9}\,dx$

3) $\int \dfrac{-2}{x^2-16}\,dx$　4) $\int \dfrac{-4}{x^2-4}\,dx$

5) $\int \dfrac{1}{x^2+x}\,dx$　6) $\int \dfrac{3}{x^2-3x}\,dx$

7) $\int \dfrac{1}{2x^2+x}\,dx$　8) $\int \dfrac{5}{x^2+x-6}\,dx$

9) $\int \dfrac{3}{x^2+x-2}\,dx$　10) $\int \dfrac{1}{4x^2-9}\,dx$

11) $\int \dfrac{5-x}{2x^2+x-1}\,dx$　12) $\int \dfrac{x+1}{x^2+4x+3}\,dx$

해답

1.

1) $\dfrac{5}{x-5}-\dfrac{3}{x+5}$

3) $\dfrac{9}{x-3}-\dfrac{1}{x}$

5) $\dfrac{1}{x-5}+\dfrac{3}{x+2}$

7) $\dfrac{1}{x}-\dfrac{3}{x^2}+\dfrac{1}{x+1}$

9) $\dfrac{1}{3(x-2)}+\dfrac{1}{(x-2)^2}$

2.

1) $\dfrac{1}{2}\ln\left|\dfrac{x-1}{x+1}\right|+c$

3) $-\dfrac{1}{4}\ln\left|\dfrac{x-4}{x+4}\right|+c$

5) $\ln|x|-\ln|x+1|+c$

7) $\ln|x|-\ln|2x+1|+c$

9) $\ln|x-1|-\ln|x+2|+c$

11) $\dfrac{3}{2}\ln|2x-1|$

$-2\ln|x+1|+c$

13) $\int \frac{x^2+12x+12}{x^3-4x}\,dx$ 14) $\int \frac{3x^2-7x-2}{x^3-x}\,dx$

15) $\int \frac{x+2}{x^2-4x}\,dx$ 16) $\int \frac{4x^2+2x-1}{x^3+x^2}\,dx$

17) $\int \frac{2x-3}{(x-1)^2}\,dx$ 18) $\int \frac{x^4}{(x-1)^3}\,dx$

19) $\int \frac{4x^2-1}{2x(x^2+2x+1)}\,dx$

20) $\int \frac{3x}{x^2-6x+9}\,dx$

13) $5\ln|x-2| - \ln|x+2| - 3\ln|x| + c$

15) $\frac{1}{2}[3\ln|x-4| - \ln|x|] + c$

17) $2\ln|x-1| + \frac{1}{x-1} + c$

19) $\frac{1}{2}\left[5\ln|x+1| - \ln|x| + \frac{3}{x+1}\right] + c$

3. 다음 정적분을 구하여라.

1) $\int_3^4 \frac{1}{x^2-4}\,dx$ 2) $\int_0^1 \frac{3}{2x^2+5x+2}\,dx$

3) $\int_1^5 \frac{x-1}{x^2(x+1)}\,dx$ 4) $\int_0^1 \frac{x^2-x}{x^2+x+1}\,dx$

3.

1) $\frac{1}{4}\ln\frac{5}{3}$

3) $-\frac{4}{5}+2\ln\frac{5}{3}$

4. 다음 부정적분을 치환을 이용하여 구하여라.

1) $\int \frac{e^x}{(e^x-1)(e^x+4)}\,dx \ (u=e^x)$

2) $\int \frac{e^x}{(e^{2x}-1)(e^x+1)}\,dx \ (u=e^x)$

3) $\int \frac{1}{x\sqrt{4+x^2}}\,dx \ (u=\sqrt{4+x^2})$

4) $\int \frac{1}{x\sqrt{4+x}}\,dx \ (u=\sqrt{4+x})$

4.

1) $\frac{1}{5}\ln|e^x-1| - \frac{1}{5}\ln|e^x+4| + c$

3) $\frac{1}{4}\ln(\sqrt{4+x^2}-2) - \frac{1}{4}\ln(\sqrt{4+x^2}) + c$

9.4 적분표의 이용

□ 표를 이용한 적분

지금까지 미적분학의 기본정리와 여러 가지 적분법을 이용하여 적분을 구했다. 부정적분을 찾는 모든 방법을 다 생각하지는 않았지만 가장 중요하다고 여기는 것은 몇 가지 다루었다.

이 절에서는 적분공식을 표로 만들어 이용하려 한다. 새로운 적분공식을 이미 알고 있는 기본적인 공식에 첨가하므로 두 가지 문제가 일어난다.

첫째는 모든 공식에 친숙하더라도 기억하기에 너무 많은 양이 되고, 둘째는 기계적인 표의 이용으로 기능적인 능력의 향상만 따를까 걱정되는 것이다.

표를 이용한 적분공식은 많게는 수 백가지일 수 있으나 여기서는 그 일부만 사용한다. 적분표를 이용하는데 도움을 주기 위해 적분의 형태에 따라 다음과 같이 묶어 놓는다.

u^n을 포함한 식, $a+bu$를 포함한 식, $\sqrt{a+bu}$를 포함한 식, (u^2-a^2)를 포함한 식, $\sqrt{u^2\pm a^2}$을 포함한 식, $\sqrt{a^2-u^2}$를 포함한 식, e^u를 포함한 식, $\ln u$를 포함한 식.

〈 적분표(table of integrals) 〉

· **u^n을 포함한 식**

1. $\int u^n du = \frac{u^{n+1}}{n+1} + c,\ n \neq -1$

2. $\int \frac{1}{u} du = \ln|u| + c$

· **$a+bu$를 포함한 식**

3. $\int \frac{u}{a+bu} du = \frac{1}{b^2}[bu - a\ln|a+bu|] + c$

4. $\int \frac{u}{(a+bu)^2}\,du = \frac{1}{b^2}\left[\frac{a}{a+bu} + \ln|a+bu|\right] + c$

5. $\int \frac{u}{(a+bu)^n}\,du = \frac{1}{b^2}\left[\frac{-1}{(n-2)(a+bu)^{n-2}}\right.$

$\left. + \frac{a}{(n-1)(a+bu)^{n-1}}\right] + c, \ (n \neq 1, 2)$

6. $\int \frac{u^2}{a+bu^2}\,du = \frac{1}{b^3}\left[-\frac{bu}{2}(2a-bu) + a^2\ln|a+bu|\right] + c$

7. $\int \frac{u^2}{(a+bu)^2}\,du = \frac{1}{b^3}\left[bu - \frac{a^2}{a+bu} - 2a\ln|a+bu|\right] + c$

8. $\int \frac{u^2}{(a+bu)^3}\,du = \frac{1}{b^3}\left[\frac{2a}{a+bu} - \frac{a^2}{2(a+bu)^2} + \ln|a+bu|\right] + c$

9. $\int \frac{u^2}{(a+bu)^n}\,du = \frac{1}{b^3}\left[\frac{-1}{(n-3)(a+bu)^{n-3}}\right.$

$\left. + \frac{2a}{(n-2)(a+bu)^{n-2}} - \frac{a^2}{(n-1)(a+bu)^{n-1}}\right] + c, \ (n \neq 1, 2, 3)$

10. $\int \frac{1}{u(a+bu)}\,du = \frac{1}{a}\ln\left|\frac{u}{a+bu}\right| + c$

11. $\int \frac{1}{u(a+bu)}\,du = \frac{1}{a}\left[\frac{1}{a+bu} + \frac{1}{a}\ln\left|\frac{u}{a+bu}\right|\right] + c$

12. $\int \frac{1}{u(a+bu)}\,du = -\frac{1}{a}\left[\frac{1}{u} + \frac{b}{a}\ln\left|\frac{u}{a+bu}\right|\right] + c$

13. $\int \frac{1}{u(a+bu)^2}\,du = \frac{1}{a^2}\left[\frac{a+2bu}{u(a+bu)} + \frac{2b}{a}\ln\left|\frac{u}{a+bu}\right|\right] + c$

· $\sqrt{a+bu}$를 포함한 식

14. $\int u^n\sqrt{a+bu}\,du = \frac{2}{b(2n+3)}$

$\left[u^n(a+bu)^{\frac{3}{2}} - na\int u^{n-1}\sqrt{a+bu}\,du\right]$

15. $\int \frac{1}{u\sqrt{a+bu}}\,du = \frac{1}{\sqrt{a}}\,ln\left|\frac{\sqrt{a+bu}-\sqrt{a}}{\sqrt{a+bu}+\sqrt{a}}\right| + c, \ a>0$

16. $\int \frac{1}{u^n\sqrt{a+bu}}\,du = \frac{-1}{a(n-1)}\left[\frac{\sqrt{a+bu}}{u^{n-1}} + \frac{(2n-3)b}{2}\right.$

$$\int \frac{1}{u^{n-1}\sqrt{a+bu}}\,du\Big],\ (n\neq 1)$$

17. $\int \frac{\sqrt{a+bu}}{u}\,du = 2\sqrt{a+bu} + a\int \frac{1}{u\sqrt{a+bu}}\,du$

18. $\int \frac{\sqrt{a+bu}}{u^n}\,du = \frac{-1}{a(n-1)}\Big[\frac{(a+bu)^{\frac{3}{2}}}{u^{n-1}}$

$$+\frac{(2n-5)b}{2}\int \frac{\sqrt{a+bu}}{u^{n-1}}\,du\Big],\ (n\neq 1)$$

19. $\int \frac{u}{\sqrt{a+bu}}\,du = -\frac{2(2a-bu)}{3b^2}\sqrt{a+bu} + c$

20. $\int \frac{u^n}{\sqrt{a+bu}}\,du = \frac{2}{(2u+1)b}\Big[u^n\sqrt{a+bu} - na\int \frac{u^{n-1}}{\sqrt{a+bu}}\,du\Big]$

· u^2-a^2을 포함한 식 $(a>0)$

21. $\int \frac{1}{u^2-a^2}\,du = -\int \frac{1}{a^2-u^2}\,du = \frac{1}{2a}\ln\Big[\frac{u-a}{u+a}\Big] + c$

22. $\int \frac{1}{(u^2-a^2)^n}\,du = \frac{-1}{2a^2(n-1)}\Big[\frac{u}{(u^2-a^2)^{n-1}}$

$$+(2n-3)\int \frac{1}{(u^2-a^2)^{n-1}}\,du\Big],\ (n\neq 1)$$

· $\sqrt{u^2\pm a^2}$을 포함한 식 $(a>0)$

23. $\int \sqrt{u^2\pm a^2}\,du = \frac{1}{2}[u\sqrt{u^2\pm a^2} \pm a^2\ln|u+\sqrt{u^2\pm a^2}|] + c$

24. $\int u^2\sqrt{u^2\pm a^2}\,du = \frac{1}{8}[u(2u^2\pm a^2)\sqrt{u^2\pm a^2}$

$$-a^4\ln|u+\sqrt{u^2\pm a^2}|] + c$$

25. $\int \frac{\sqrt{u^2+a^2}}{u}\,du = \sqrt{u^2+a^2} - a\ln\left|\frac{a+\sqrt{u^2+a^2}}{u}\right| + c$

26. $\int \frac{\sqrt{u^2+a^2}}{u^2}\,du = -\frac{\sqrt{u^2\pm a^2}}{u} + \ln|u+\sqrt{u^2\pm a^2}| + c$

27. $\int \frac{1}{\sqrt{u^2 \pm a^2}}\, du = \ln|u + \sqrt{u^2 \pm a^2}| + c$

28. $\int \frac{1}{u\sqrt{u^2 + a^2}}\, du = -\frac{1}{a} \ln\left|\frac{a + \sqrt{u^2 + a^2}}{u}\right| + c$

29. $\int \frac{u^2}{\sqrt{u^2 \pm a^2}}\, du = \frac{1}{2}[u\sqrt{u^2 \pm a^2} \mp a^2 \ln|u + \sqrt{u^2 \pm a^2}|] + c$

30. $\int \frac{1}{u^2\sqrt{u^2 \pm a^2}}\, du = \mp \frac{\sqrt{u^2 \pm a^2}}{a^2 u} + c$

31. $\int \frac{1}{u^2 \pm a^2}\, du = \frac{\sqrt{u^2 \pm a^2}}{a^2\sqrt{u^2 \pm a^2}} + c$

· $\sqrt{a^2 - u^2}$을 포함한 식 $(a>0)$

32. $\int \frac{\sqrt{a^2 - u^2}}{u}\, du = \sqrt{a^2 - u^2} - a \ln\left|\frac{a + \sqrt{a^2 - u^2}}{u}\right| + c$

33. $\int \frac{1}{u\sqrt{a^2 - u^2}}\, du = -\frac{1}{a} \ln\left|\frac{a + \sqrt{a^2 - u^2}}{u}\right| + c$

34. $\int \frac{1}{u^2\sqrt{a^2 - u^2}}\, du = -\frac{\sqrt{a^2 - u^2}}{a^2 u} + c$

35. $\int \frac{1}{(a^2 - u^2)^{\frac{3}{2}}}\, du = \frac{u}{a^2\sqrt{a^2 - u^2}} + c$

· e^u를 포함한 식

36. $\int e^u du = e^u + c$

37. $\int ue^u du = (u-1)e^u + c$

38. $\int u^n e^u du = u^n e^u - n\int u^{n-1} e^u du$

39. $\int \frac{1}{1+e^u}\, du = u - \ln(a + e^u) + c$

40. $\int \frac{1}{1+e^\nu}\, du = u - \frac{1}{n} \ln(l + e^{nu}) + c$

· $\ln u$를 포함한 식

41. $\int \ln u du = u[-1+\ln u]+c$

42. $\int u \ln u du = \frac{u^2}{4}[-1+2\ln u]+c$

43. $\int u^n \ln u du = \frac{u^{n+1}}{(n+1)^2}[-1+(n+1)\ln u]+c, \ (n\neq -1)$

44. $\int (\ln u)^2 du = u[2-2\ln u+(\ln u)^2]+c$

45. $\int (\ln u)^n du = u(\ln u)^n - n\int (\ln u)^{n-1} du$

다음 예제들은 원시 함수를 구하기 위해 앞의 적분표를 이용한 것이다.

[예제 1] <적분표 이용>

부정적분 $\int \frac{x}{\sqrt{x-1}}dx$를 구하여라.

풀이 공식 19의 $\sqrt{a+bu}$를 포함한 식을 보면,

$$\int \frac{u}{\sqrt{a+bu}}du = -\frac{2(2a-bu)}{3b^2}\sqrt{a+bu}+c$$

$a=-1, \ b=1, \ u=x$라면 $du=dx$

따라서 $\int \frac{x}{\sqrt{x-1}}dx = -\frac{2(-2-x)}{3}\sqrt{x-1}+c$

$$= \frac{2}{3}(2+x)\sqrt{x-1}+c$$

▣

[예제 2] <적분표 이용>

부정적분 $\int x\sqrt{x^4-9}dx$를 구하여라.

풀이 $u=x^2$이고 $a=3$이라 놓으면 $du=2xdx$이고 공식 23을 이용할 수 있다.

$$\int\sqrt{u^2-a^2}\,du=\frac{1}{2}\left[u\sqrt{u^2-a^2}-a^2\ln|u+\sqrt{u^2-a^2}|\right]+c$$

따라서 $\displaystyle\int x\sqrt{x^4-9}\,dx=\frac{1}{2}\int\sqrt{(x^2)^2-(3)^2}(2x)\,dx$

$$=\frac{1}{4}\left[x^2\sqrt{x^4-9}-9\ln\left(x^2+\sqrt{x^4-9}\right)\right]+c$$ ▣

[예제 3] <적분표 이용>

부정적분 $\displaystyle\int\frac{dx}{x\sqrt{x+1}}$를 구하여라.

풀이 $\sqrt{a+bu}$를 포함하는 식에서 $a=1,\ b=1,\ u=x$라 놓으면 공식 15를 이용할 수 있다.

$$\int\frac{1}{u\sqrt{a+bu}}\,du=\frac{1}{\sqrt{a}}\ln\left|\frac{\sqrt{a+bu}-\sqrt{a}}{\sqrt{a+bu}+\sqrt{a}}\right|+c,\ \ a>0$$

따라서 $\displaystyle\int\frac{du}{x\sqrt{x-1}}=\ln\left|\frac{\sqrt{x+1}-1}{\sqrt{x+1}+1}\right|+c$ ▣

[예제 4] <적분표 이용>

부정적분 $\displaystyle\int\frac{x}{1+e^{-x^2}}\,dx$를 구하여라.

풀이 e^u를 포함하는 식에서 공식 39를 이용한다.

$\displaystyle\int\frac{1}{1+e^u}\,du=u-\ln(1+e^u)+C$에서 $u=-x^2$이고

$du=-2x\,dx$이다.

따라서 $\int \frac{x}{1+e^{-x^2}}dx = -\frac{1}{2}\int \frac{-2x}{1+e^{-x^2}}dx$

$= -\frac{1}{2}[-x^2 - \ln(l+e^{-x^2})]+c$

$= \frac{1}{2}[x^2 + \ln(l+e^{-x^2})]+c$ ▣

□ 공식의 변형(Reduction Formulas)

적분표에 있는 많은 공식들이 $\int f(x)dx = g(x) + \int h(x)dx$ 같은 모양이다. 이와 같은 적분공식은 우변의 적분이 조금 더 간단한 모양이다.

다음 두 예제에서 이 공식을 이용하겠다.

[예제 5] <공식의 변형>

부정적분 $\int x^2 e^x dx$를 구하여라.

풀이 공식 38을 이용하면,

$$\int u^n e^u du = u^n e^n - n\int u^{n-1} e^u du$$

$u = x,\ n = 2$라 놓으면,

$$\int x^2 e^x dx = x^2 e^x - 2\int xe^x dx$$

또, 공식 37로부터

$$\int ue^u du = (u-1)e^u + c$$

따라서, $\int x^2 e^x dx = x^2 e^x - 2(x-1)e^x + c$

$= e^x(x^2 - 2x + 2) + c$ ▣

[예제 6] <공식의 변형>

부정적분 $\int \frac{\sqrt{3-5x}}{2x}dx$를 구하여라.

풀이 공식 17에 의해,

$$\int \frac{\sqrt{a+bu}}{u}du = 2\sqrt{a+bu} + a\int \frac{1}{u\sqrt{a+bu}}du$$

에서 $a=3,\ b=-5,\ u=x$라 놓으면

$$\frac{1}{2}\int \frac{\sqrt{3-5x}}{x}dx = \frac{1}{2}\left[2\sqrt{3-5x} + 3\int \frac{dx}{x\sqrt{3-5x}}\right]$$

$$= \sqrt{3-5x} + \frac{3}{2}\int \frac{dx}{x\sqrt{3-5x}}$$

이제 공식 15에서 $u=x,\ a=3,\ b=-5$라 놓으면,

$$\int \frac{\sqrt{3-5x}}{2x}dx = \sqrt{3-5x} + \frac{3}{2}\left[\frac{1}{\sqrt{3}}\ln\left|\frac{\sqrt{3-5x}-\sqrt{3}}{\sqrt{3-5x}+\sqrt{3}}\right|\right] + c$$

$$= \sqrt{3-5x} + \frac{\sqrt{3}}{2}\ln\left|\frac{\sqrt{3-5x}-\sqrt{3}}{\sqrt{3-5x}+\sqrt{3}}\right| + c$$

▣

□ 완전제곱식 변형

적분표에 있는 여러 공식들은 완전제곱식의 합이나 차를 포함한다. 완전제곱식으로 변형한 공식의 이용은 이차다항식을 완전제곱식으로 고치는 방법을 알면 도움이 된다.

[예제 7] <완전제곱식 변형>

부정적분 $\int \frac{dx}{x^2-4x+1}$를 구하여라.

풀이 $x^2-4x+1 = (x^2-4x+4)-4+1 = (x-2)^2-3$에서

$$\int \frac{dx}{x^2-4x+1} = \int \frac{dx}{(x-2)^2-3}$$

$u=x-2$, $a=\sqrt{3}$이라 놓고 공식 21을 적용하면,

$$\int \frac{1}{u^2-a^2}\,du = \frac{1}{2a}\ln\left|\frac{u-a}{u+a}\right| + c$$

따라서, $\displaystyle\int \frac{dx}{x^2-4x+1} = \frac{1}{2\sqrt{3}}\ln\left|\frac{x-2-\sqrt{3}}{x-2+\sqrt{3}}\right| + c$ ▣

[예제 8] <완전제곱식 변형>

부정적분 $\displaystyle\int \frac{dx}{\sqrt{x^2+2x}}$를 구하여라.

풀이 제곱근호 안을 완전제곱식으로 고치면,

$$\int \frac{dx}{\sqrt{x^2+2x}} = \int \frac{dx}{\sqrt{(x^2+2x+1)-1}} = \int \frac{dx}{\sqrt{(x+1)^2-1}}$$

$u=x+1$, $a=1$이라 놓고 공식 27을 이용하면,

$\displaystyle\int \frac{1}{\sqrt{u^2+a^2}}\,du = \ln\left|u+\sqrt{u^2-a^2}\right| + c$에서

$$\begin{aligned}\int \frac{1}{\sqrt{x^2+2x}}\,dx &= \ln\left|(x+1)+\sqrt{(x+1)^2-1}\right| + c \\ &= \ln\left|(x+1)+\sqrt{x^2+2x}\right| + c\end{aligned}$$ ▣

연습문제 9.4

1. 주어진 적분표의 공식을 이용하여 부정적분을 구하여라.

1) $\int \frac{x}{(2+3x)^2}dx$ (공식 4)

2) $\int \frac{1}{x(2+3x)^2}dx$ (공식 11)

3) $\int \frac{x}{\sqrt{2+3x}}dx$ (공식 19)

4) $\int \frac{4}{\sqrt{x^2-9}}dx$ (공식 21)

5) $\int \frac{2x}{\sqrt{x^4-9}}dx$ (공식 27)

6) $\int \frac{x}{1+e^x}dx$ (공식 39)

7) $\int x^3 e^{x^2} dx$ (공식 37)

8) $\int x^2\sqrt{x^2+9}\,dx$ (공식 24)

9) $\int x\ln(x^2+1)dx$ (공식 41)

10) $\int x^3 \ln x\,dx$ (공식 43)

2. 적분표를 이용하여 부정적분을 구하여라.

1) $\int \frac{1}{x(1+x)}dx$ 2) $\int \frac{1}{x(1+x)^2}dx$

3) $\int \frac{1}{x\sqrt{x^2+1}}dx$ 4) $\int \frac{1}{\sqrt{x^2-1}}dx$

해답

1.

1) $\frac{1}{9}\left(\frac{2}{2+3x}++c\right.$

$\left.\ln|2+3x|\right)$

3) $\frac{2(3x-4)}{27}$

$\sqrt{2+3x}+c$

5) $\ln(x^2+\sqrt{x^4-9})+c$

7) $\frac{1}{2}(x^2-1)e^{x^2}+c$

2.

1) $\ln\left|\frac{x}{1+x}\right|+c$

3) $-\ln\left|\frac{1+\sqrt{x^2+1}}{x}\right|+c$

5) $\int \frac{1}{x\sqrt{4-x^2}}dx$ 6) $\int \frac{\sqrt{x^2-9}}{x^2}dx$

7) $\int x\ln x dx$ 8) $\int x^2(\ln x^3)^2 dx$

9) $\int \frac{e^x}{e^{2x}(l+e^x)}dx$ 10) $\int \frac{1}{1+e^x}dx$

11) $\int x\sqrt{x^4-4}dx$ 12) $\int \frac{x}{x^4-9}dx$

13) $\int \frac{t^2}{(2+3t)^3}dt$ 14) $\int \frac{\sqrt{3+4t}}{t}dt$

15) $\int \frac{s}{s^2\sqrt{3+s}}ds$ 16) $\int \sqrt{3+x^2}dx$

17) $\int \frac{x^2}{1+x}dx$ 18) $\int \frac{1}{x^2\sqrt{x^2-4}}dx$

19) $\int \frac{1}{x^2\sqrt{1-x^2}}dx$ 20) $\int \frac{2x}{(1-3x)^2}dx$

21) $\int x^2\ln x dx$ 22) $\int xe^{x^2}dx$

23) $\int \frac{x^2}{(3x-5)^2}dx$ 24) $\int \frac{1}{2x^2(2x-1)^2}dx$

25) $\int x^2\sqrt{x^2+4}dx$ 26) $\int \frac{1}{\sqrt{x}(1+2\sqrt{x})}dx$

5) $-\frac{1}{2}ln\left|\frac{2+\sqrt{4-x^2}}{x}\right|+c$

7) $\frac{1}{4}x^2(-1+2\ln x)+c$

9) $-e^{-x}-\ln\left(\frac{e^x}{1+e^x}\right)+c$

11) $\frac{1}{4}(x^2\sqrt{x^4-4}$
$-4\ln|x^2+\sqrt{x^4-4}|+c$

13) $\frac{1}{27}\left[\frac{4}{2+3t}\right.$
$\left.-\frac{4}{2(2+3t)^2}\right]$
$+\ln|2+3t|]+c$

15) $\frac{1}{\sqrt{3}}\ln$
$\left|\frac{\sqrt{3+s}-\sqrt{3}}{\sqrt{3+s}+\sqrt{3}}\right|+c$

17) $\frac{1}{2}x(x-2)$
$+\ln|x+1|+c$

19) $-\frac{\sqrt{1-x^2}}{x}+c$

21) $\frac{1}{9}x^3(-1+3\ln x)+c$

23) $\frac{1}{27}\left[3x-\frac{25}{3x-5}\right.$
$+10\ln|3x-5|]+c$

25) $\frac{1}{4}[x(x^2+2)\sqrt{x^2+4}]$
$-8\ln|x$
$+\sqrt{x^2+4}|]+c$

27) $\int \frac{1}{1+e^{2x}}dx$ 28) $\int \frac{e^x}{(1-e^{2x})^{\frac{3}{2}}}dx$

29) $\int \frac{\ln x}{x(3+2\ln x)}dx$ 30) $\int (\ln x)^3 dx$

3. 다음 정적분을 구하여라.

1) $\int_0^5 \frac{x}{\sqrt{4+x}}dx$ 2) $\int_0^5 \frac{x}{(4+x)^2}dx$

3) $\int_0^4 \frac{6}{1+e^{0.5x}}dx$ 4) $\int_1^4 x\ln x\,dx$

4. 완전제곱식 변형을 이용하여 부정적분을 구하여라.

1) $\int \frac{1}{x^2-2x-3}dx$

2) $\int \frac{1}{(x^2+4x-5)^{\frac{3}{2}}}dx$

3) $\int \frac{1}{(x-1)\sqrt{x^2-2x+2}}dx$

4) $\int \sqrt{x^2-6x}dx$

5) $\int \frac{1}{2x^2-4x-6}dx$

6) $\int \frac{\sqrt{7-6x-x^2}}{x+3}dx$

27) $x-\frac{1}{2}\ln(1-e^{2x})+c$

29) $\frac{1}{4}[2\ln x - 3\ln|3+2\ln x|]+c$

3.

1) $\frac{14}{3}$

3) $12\ln\left(\frac{2e^2}{1+e^2}\right)$

4.

1) $\frac{1}{4}\ln\left|\frac{x-3}{x+1}\right|+c$

3) $-\ln\left|\frac{1+\sqrt{x^2-2x+2}}{x-1}\right|+c$

5) $\frac{1}{8}\ln\left|\frac{x-3}{x+1}\right|+c$

9.5 특이적분

정적분 $\int_a^b f(x)dx$의 정의는 적분구간이 유계(bounded)인 폐구간 $[a, b]$에서 함수 f가 유계인 경우만 생각했었다. 더욱이 미적분학의 기본정리는 f가 $[a, b]$에서 연속인 함수의 정적분을 구했다. 이 절에서는 적분구간이 유계가 아니거나 폐구간에서 연속이 아니고 무한값을 갖는 함수의 정적분을 구하는 문제를 살펴보자. 이와 같은 정적분을 특이적분(improper integral)이라고 한다. 이를테면 적분 $\int_0^\infty e^{-x}dx$와 $\int_{-\infty}^\infty \frac{dx}{x^2+1}$는 적분구간의 한쪽 또는 양쪽이 무한이므로 특이적분이다(그림 9.3).

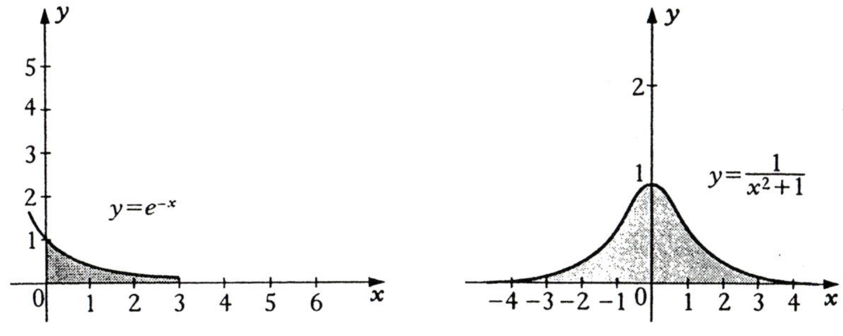

그림 9.3

마찬가지로 적분 $\int_1^5 \frac{dx}{\sqrt{x-1}}$와 $\int_{-2}^2 \frac{dx}{(x+1)^2}$는 피적분함수가 적분구간의 어떤점에서 연속이 아니고 무한값을 갖기 때문에 특이적분이다(그림 9.4).

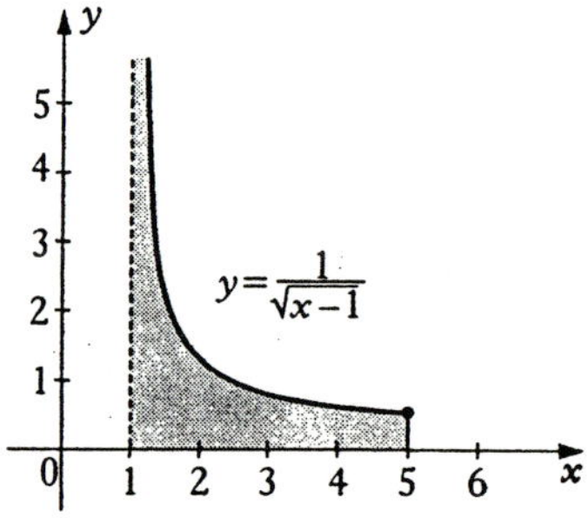

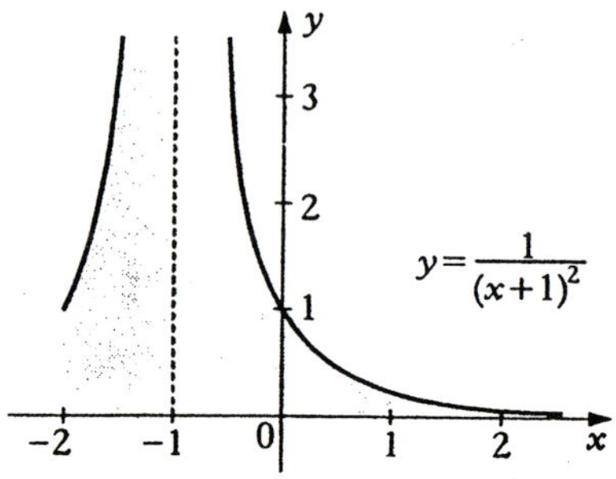

그림 9.4

□ 무한 적분 구간을 갖는 특이적분

특이적분값을 구하기 위해 적분 $\int_1^b \frac{1}{x^2}\,dx$를 생각해 보자. b가 1보다 큰 실수값이면 특이적분이 아니고 정적분이므로 다음과 같이 계산한다.

$$\int_1^b \frac{1}{x^2}\,dx = \left[-\frac{1}{x}\right]_1^b = -\frac{1}{b}+1 = 1-\frac{1}{b}$$

(그림 9.5)는 적분으로 영역의 넓이를 나타낸 것이고, 표는 b의 여러 값에 대해 영역의 넓이를 나타낸 것이다.

b	2	5	10	100	1,000	10,000
$\int_1^b \frac{1}{x^2}\,dx$	0.5	0.8	0.9	0.99	0.999	0.9999

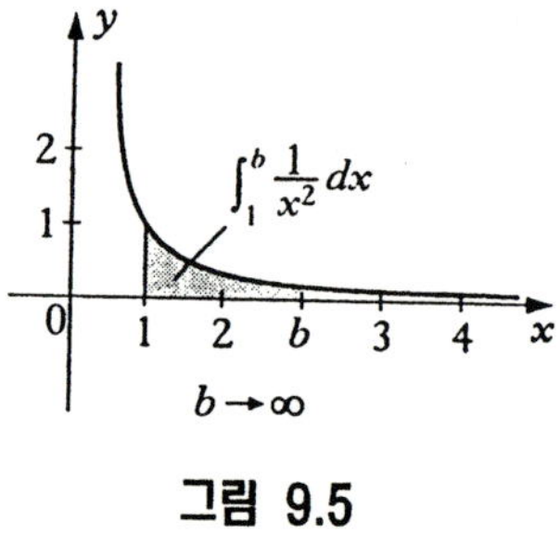

그림 9.5

이제 $b \to \infty$일 때, $\lim_{b\to\infty}\int_1^b \frac{1}{x^2}\,dx = \lim_{b\to\infty}\left[-\frac{1}{x}\right]_1^b = \lim_{b\to\infty}\left(1-\frac{1}{b}\right) = 1$이고, 이 극한값을 특이적분 $\int_1^{\infty}\frac{1}{x^2}\,dx = 1$이라고 쓴다. $y = \frac{1}{x^2}$ 아래쪽과 x축 위의 $x = 1$의 오른쪽 유계가 아닌 영역의 넓이라고 설명할 수 있다.

일반으로, 무한적분 구간을 갖는 특이적분을 다음과 같이 정의한다.

〈 특이적분(Infinite limits of Integration) 〉

1. f가 구간 $[a, \infty)$에서 연속이면, $\int_a^{\infty} f(x)\,dx = \lim_{b\to\infty}\int_a^b f(x)\,dx$
2. f가 구간 $(-\infty, b]$에서 연속이면, $\int_{-\infty}^{b} f(x)\,dx = \lim_{a\to\infty}\int_a^b f(x)\,dx$
3. f가 구간 $[-\infty, \infty)$에서 연속이면,

$$\int_{-\infty}^{\infty} f(x)\,dx = \int_{-\infty}^{c} f(x)\,dx + \int_c^{\infty} f(x)\,dx \ (\ c\text{는 임의의 실수})$$

위의 경우에 극한이 존재하면 특이적분은 수렴(converge)한다고 하고, 존재하지 않으면 발산(diverge)한다고 한다. 세 번째 경우는 오른쪽 적분중 하나라도 발산하면 특이적분은 발산하는 것이다.

[예제 1] <발산하는 특이적분>

특이적분 $\int_1^{\infty}\frac{1}{x}\,dx$의 수렴, 발산을 알아보아라.

풀이 $\int_1^{\infty}\frac{1}{x}\,dx = \lim_{b\to\infty}\int_1^b \frac{1}{x}\,dx = \lim_{b\to\infty}[\ln x]_1^b = \lim_{b\to\infty}(\ln b - 0) = \infty$

따라서 극한이 존재하지 않으므로 적분은 발산한다. ▣

1에 수렴하는 특이적분 $\int_1^{\infty}\frac{1}{x^2}\,dx$와 발산하는 특이적분 $\int_1^{\infty}\frac{1}{x}\,dx$의 비교

는 특이적분들에 대하여 다소 예견할 수 없음을 알려준다. (그림 9.6)에서 적분된 함수의 그래프는 유사해 보인다. 그러나 $y=\frac{1}{x^2}$ 아래 영역의 $x=1$ 오른쪽의 어두운 영역은 유한값의 넓이를 갖고 $y=\frac{1}{x}$ 아래의 대응하는 영역은 무한의 넓이를 갖는다.

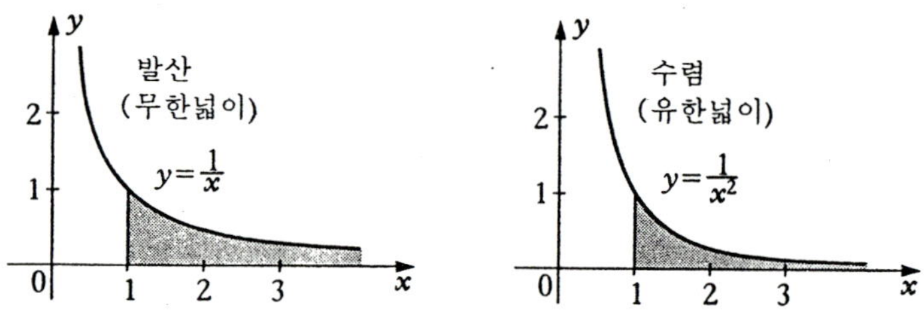

그림 9.6

[예제 2] <수렴하는 특이적분>

특이적분 $\int_{-\infty}^{0}\frac{dx}{(1-2x)^{\frac{3}{2}}}$ 을 구하여라.

풀이

$$\int_{-\infty}^{0}\frac{dx}{(1-2x)^{\frac{3}{2}}} = \lim_{b\to\infty}\frac{dx}{(1-2x)^{\frac{3}{2}}}$$

$$= \lim_{b\to\infty}\left[\frac{1}{\sqrt{1-2x}}\right]_b^0$$

$$= \lim_{b\to\infty}\left[1-\frac{1}{\sqrt{1=2b}}\right]$$

$$=1-0=1$$

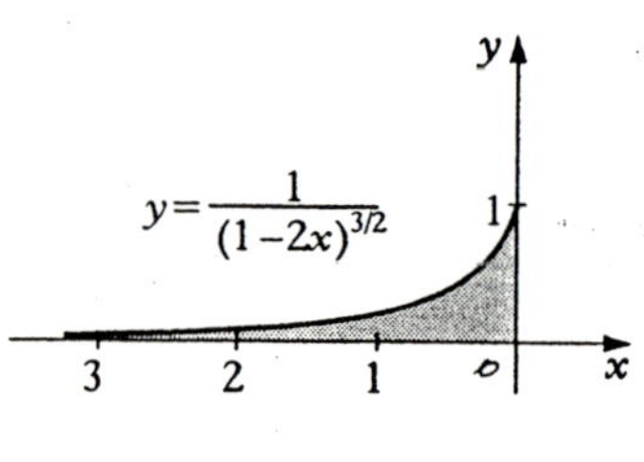

그림 9.7

따라서, 특이적분은 수렴한다(그림 9.7) ▣

[예제 3] <수렴하는 특이적분>

특이적분 $\int_0^\infty 2xe^{-x^2}dx$을 구하여라.

풀이

$$\int_0^\infty 2xe^{-x^2}dx = \lim_{b\to\infty}\int_0^b 2xe^{-x^2}dx$$
$$= \lim_{b\to\infty}\left[-e^{-x^2}\right]_0^b$$
$$= \lim_{b\to\infty}\left[-e^{-b^2}+1\right]$$
$$= 0+1 = 1$$

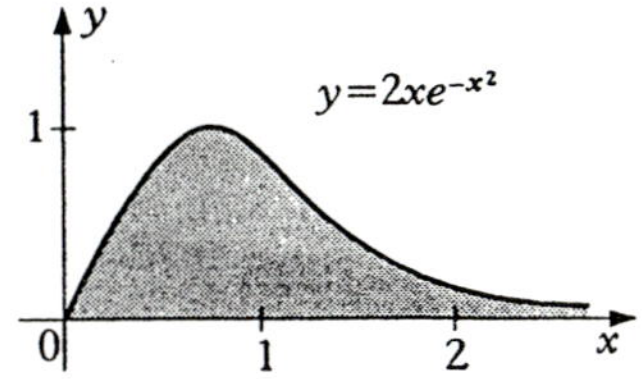

그림 9.8 ▣

□ 무한값을 갖는 피적분함수의 특이적분

두 번째 종류의 특이적분은 적분구간 $[a, b]$에 있는 한 점에서 무한값을 갖는 피적분함수의 경우로 다음과 같이 적분을 정의한다.

〈특이적분〉

1. f가 구간 $[a, b)$에서 연속이고 b에서 무한값을 갖는 경우
$$\int_a^b f(x)\,dx = \lim_{c\to b^-}\int_a^c f(x)\,dx$$
2. f가 구간 $(a, b]$에서 연속이고 a에서 무한값을 갖는 경우
$$\int_a^b f(x)\,dx = \lim_{c\to a^+}\int_c^b f(x)\,dx$$
3. f가 c를 제외한 구간 $[a, b]$에서 연속이고 $c\,(a<c<b)$에서 f가 무한값을 갖는 경우
$$\int_a^b f(x)\,dx = \int_a^c f(x)\,dx + \int_c^b f(x)\,dx$$

[예제 4] <수렴하는 특이적분>

특이적분 $\int_1^2 \frac{dx}{\sqrt[3]{x-1}}$ 를 구하여라.

풀이 피적분함수가 $x=1$에서 무한값을 갖기 때문에

$$\int_1^2 \frac{dx}{\sqrt[3]{x-1}} = \lim_{b\to1^+}\int_b^2 \frac{dx}{\sqrt[3]{x-1}}$$

$$= \lim_{b\to1^+}\left[\frac{3}{2}(x-1)^{\frac{2}{3}}\right]_b^2$$

$$= \lim_{b\to1^+}\left[\frac{3}{2}-\frac{3}{2}(b-1)^{\frac{2}{3}}\right]$$

$$= \frac{3}{2}-0=\frac{3}{2}$$

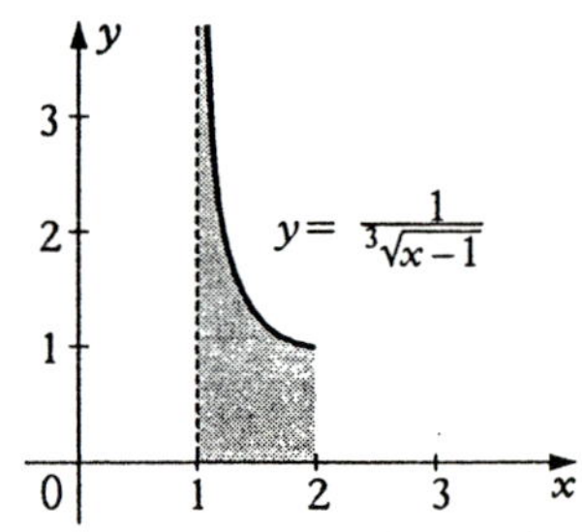

그림 9.9

따라서, 적분은 수렴한다(그림 9.9) ▣

[예제 5] <발산하는 특이적분>

$\int_1^2 \frac{2}{x^2-2x}\,dx$를 구하여라.

풀이 피적분함수를 부분분수로 분해하면>

$$\int \frac{2dx}{x^2-2x} = \int\left(\frac{1}{x-2}-\frac{1}{x}\right)dx$$

다음과 같이 특이적분을 구한다.

$$\int_1^2 \frac{2}{x^2-2x}\,dx = \int_1^2\left(\frac{1}{x-2}-\frac{1}{x}\right)dx$$

$$= \lim_{b\to2^-}\int_1^b\left(\frac{1}{x-2}-\frac{1}{x}\right)dx$$

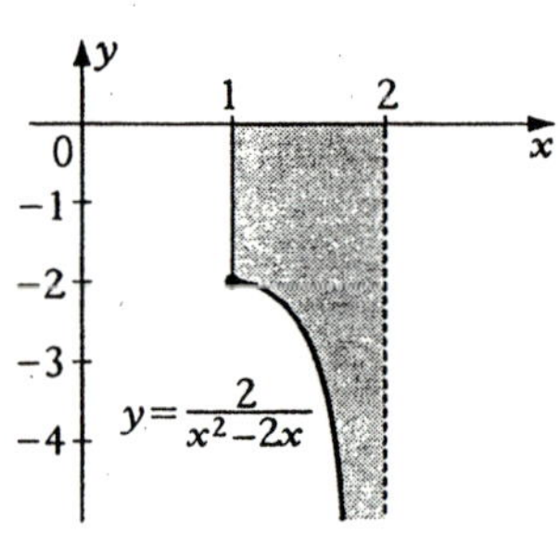

그림 9.10

$$= \lim_{b \to 2^-} [\ln|x-2| - \ln|x|]_1^b$$

$$= -\infty - 0 = -\infty$$

따라서, 적분은 발산한다(그림 9.10). ■

[예제 6] <발산하는 특이적분>

특이적분 $\int_0^2 \frac{1}{x^3}\,dx$를 구하여라.

풀이 피적분함수가 $x=0$에서 무한값을 가지므로,

$$\int_0^2 \frac{1}{x^3}\,dx = \lim_{b \to 0^+} \int_b^2 \frac{1}{x^3}\,dx = \lim_{b \to 0^+} \left[-\frac{1}{2x^2}\right]_b^2$$

$$= \lim_{b \to 0^+} \left[-\frac{1}{8} + \frac{1}{2b^2}\right] = -\frac{1}{8} + \infty = \infty$$

따라서, 적분은 발산한다. ■

[예제 7] <구간 안에서 불연속인 특이적분>

특이적분 $\int_{-1}^2 \frac{1}{x^3}\,dx$를 구하여라.

풀이 피적분함수가 $x=0$에서 무한값을 갖는 불연속이므로 이 적분은 특이적분이다.(그림 9.11)

따라서, $\int_{-1}^2 \frac{1}{x^3}\,dx = \int_{-1}^0 \frac{1}{x^3}\,dx + \int_0^2 \frac{1}{x^3}\,dx$

예제 6에서 두 번째 적분이 발산한다는 것을 알았다. 따라서 주어진 특이적분은 발산한다. ■

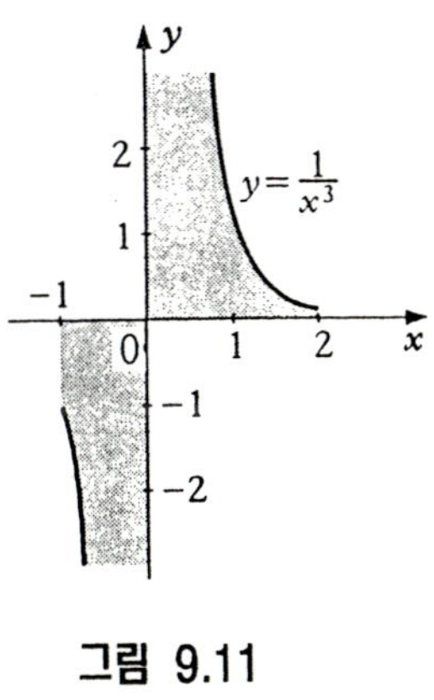

그림 9.11

주의 예제 7에서 적분이 특이적분이 아니라면, 결과는 다음과 같다.

$$\int_{-1}^{2} \frac{1}{x^3}\,dx = \left[-\frac{1}{2x^2}\right]_{-1}^{2} = -\frac{1}{8}+\frac{1}{2} = \frac{3}{8} \text{ (틀림)}$$

피적분함수가 적분구간의 어떤 점에서 무한값을 갖는 특이적분은 흔히 지나치게 되므로 이런 가능성에 주의해야 한다.

연습문제 9.5

1. 주어진 특이적분의 수렴, 발산을 판정하여라, 수렴하면 값을 구하여라.

1) $\int_0^{\infty} e^{-x}dx$ 2) $\int_{-\infty}^{0} e^{2x}dx$

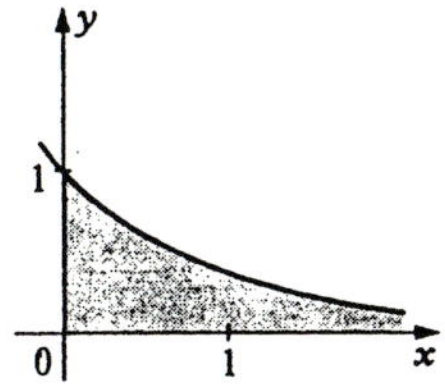

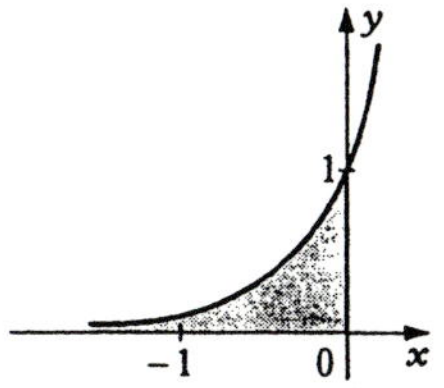

3) $\int_1^{\infty} \frac{1}{x^2}\,dx$ 4) $\int_1^{\infty} \frac{1}{\sqrt{x}}\,dx$

5) $\int_0^{\infty} e^{x/2}dx$ 6) $\int_0^{\infty} \frac{5}{e^{2x}}\,dx$

7) $\int_5^{\infty} \frac{x}{\sqrt{x^2-16}}\,dx$ 8) $\int_{1/2}^{\infty} \frac{1}{\sqrt{2x-1}}\,dx$

9) $\int_{-\infty}^{0} e^{-x}dx$ 10) $\int_{-\infty}^{-1} \frac{1}{x^2}\,dx$

11) $\int_{-\infty}^{\infty} e^{|x|}dx$ 12) $\int_{-\infty}^{\infty} \frac{|x|}{x^2+1}\,dx$

13) $\int_{-\infty}^{\infty} xe^{-x^2}dx$ 14) $\int_{-\infty}^{\infty} x^2e^{-x^3}dx$

2. 주어진 특이적분의 수렴, 발산을 판정하여라, 수렴하면 값을 구하여라.

1) $\int_0^{4} \frac{1}{\sqrt{x}}\,dx$ 2) $\int_3^{4} \frac{1}{\sqrt{x-3}}\,dx$

해답

1.

1) 1

3) 1

5) 발산

7) 발산

9) 발산

11) 발산

13) 0

2.

1) 4

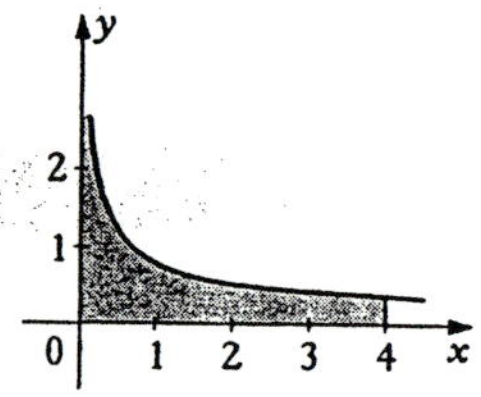
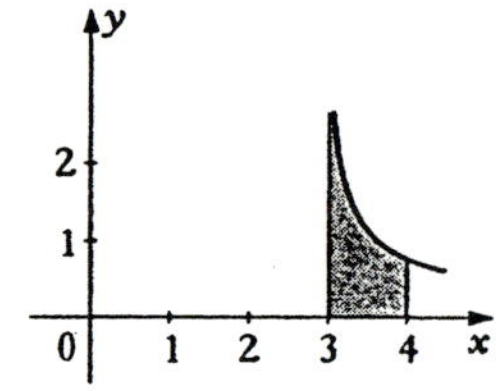

3) $\int_0^2 \frac{1}{(x-1)^{2/3}}\,dx$ 4) $\int_0^2 \frac{1}{(x-1)^2}\,dx$

3) 6

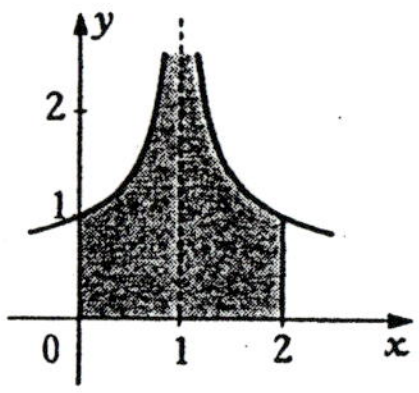
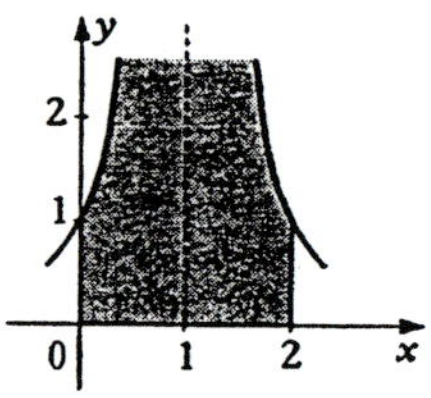

5) $\int_0^{-1} \frac{1}{1-x}\,dx$ 6) $\int_0^{27} \frac{5}{\sqrt[3]{x}}\,dx$

7) $\int_0^8 \frac{1}{\sqrt[3]{8-x}}\,dx$ 8) $\int_0^2 \frac{1}{\sqrt{4-x^2}}\,dx$

9) $\int_0^1 \frac{1}{x^2}\,dx$ 10) $\int_0^1 \frac{1}{x}\,dx$

11) $\int_0^2 \frac{1}{\sqrt[3]{x-1}}\,dx$ 12) $\int_0^2 \frac{1}{(x-1)^{4/3}}\,dx$

5) 발산

7) 6

9) 발산

11) 0

Home Work

1. 다음 부정적분을 구하여라.

1) $\int x(2-x)^3 dx$
2) $\int x^2(1-x)^2 dx$
3) $\int x(x+1)^{\frac{3}{2}} dx$
4) $\int 2x\sqrt{x-3}\,dx$
5) $\int x\sqrt{x+3}\,dx$
6) $\int x^2\sqrt{1+x}\,dx$
7) $\int x^2\sqrt{1-x}\,dx$
8) $\int (y+1)\sqrt{1-y}\,dy$
9) $\int \frac{\sqrt{x}}{1+\sqrt{x}} dx$
10) $\int \frac{1}{\sqrt{x}(1+\sqrt{x})} dx$
11) $\int \frac{\ln 2x}{\sqrt{x}} dx$
12) $\int \frac{\ln x}{x} dx$
13) $\int (x-1)e^x dx$
14) $\int \frac{e^x}{1+e^x} dx$
15) $\int \sqrt{x}\ln x\,dx$
16) $\int \ln \frac{x}{x+1} dx$
17) $\int \frac{9}{x^2-9} dx$
18) $\int \frac{x^2}{x^2+2x-15} dx$
19) $\int \frac{1}{x(x+5)} dx$
20) $\int \frac{4x^2-x-5}{x^2(x+5)} dx$
21) $\int \frac{4x-2}{3(x-1)^2} dx$
22) $\int \frac{4x^3+4x}{(x^2+1)^2} dx$

2. 다음 정적분을 구하여라.

1) $\int_2^{\sqrt{5}} x(x^2-4)^{\frac{3}{2}} dx$
2) $\int_0^1 \frac{x}{(x-2)(x-4)} dx$

3) $\int_1^4 \frac{\ln x}{x} dx$ 4) $\int_0^2 xe^{3x} dx$

3. 다음 방정식으로 둘러싸인 영역의 넓이를 구하여라.

1) $y = x\sqrt{4-x}$, $y=0$ 2) $y = x\sqrt{x+1}$, $y=0$

3) $y = \frac{1}{8}e^{-\frac{x}{8}}$, $y=0$, $x \geqq 0$ 4) $y = \frac{1}{25-x^2}$, $y=0$, $x=0$, $x=4$

4. 주어진 방정식의 그래프를 x축 둘레로 회전하여 얻어진 회전체의 부피를 구하여라.

1) $y = \sqrt{x}(1-x)^2$, $y=0$ 2) $y = xe^{-x}$, $y=0$, $x \geqq 0$

5. 적분표를 이용하여 부정적분, 정적분을 구하여라.

1) $\int \frac{\sqrt{x^2+9}}{x} dx$ 2) $\int \frac{1}{(9-x^2)^{\frac{3}{2}} dx}$

3) $\int \frac{1}{(x^2-4)^2} dx$ 4) $\int x(\ln x^2)^2 dx$

5) $\int_1^3 \frac{1}{x^2\sqrt{16-x^2}} dx$ 6) $\int_0^3 \frac{x}{\sqrt{1+x}} dx$

6. 특이적분의 수렴, 발산을 판정하고, 수렴하면 그 값을 구하여라.

1) $\int_0^{16} \frac{1}{\sqrt[4]{x}} dx$ 2) $\int_0^1 \frac{6}{x-1} dx$

3) $\int_1^\infty x^2 \ln x\, dx$ 4) $\int_1^\infty \frac{\ln x}{x} dx$

5) $\int_0^4 \frac{x}{\sqrt{16-x^2}} dx$ 6) $\int_0^\infty \frac{e^{-\frac{1}{x}}}{x^2} dx$

제 10 장

삼각함수와 미분 · 적분

〈 학습내용 〉

10.1 삼각함수

□ 호도법

다음 (그림 10.1)과 같이 반지름의 길이가 r인 원에서, 길이가 r인 호에 대한 중심각의 크기를 $\alpha°$라 하면, 호의 길이는 중심각이 크기에 비례하므로

$$\frac{\alpha}{360} = \frac{r}{2\pi r} \qquad \therefore\ \alpha = \frac{180}{\pi}(\text{일정})$$

즉 길이가 반지름의 길이와 같은 호에 대한 중심각의 크기는 반지름의 길이에 관계없이 일정하다. 이 일정한 각의 크기를 **1라디안**(radian)이라 한다.

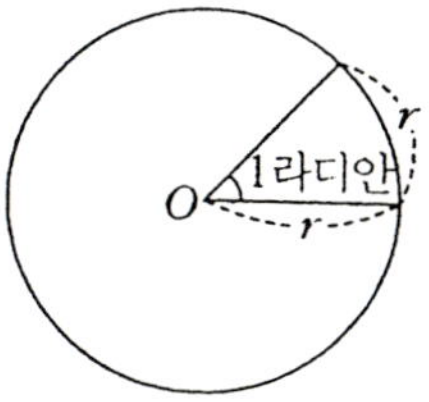

그림 10.1

$$1\text{라디안} = \frac{180°}{\pi}, \quad 1° = \frac{\pi}{180}\text{라디안}$$

예 다음 각의 크기를 육십분법으로 나타내어진 것을 호도법으로, 호도법으로 나타내어진 것을 육십분법으로 고쳐라.

1) $30°$ 2) $135°$ 3) $\frac{\pi}{4}$ 4) $\frac{3}{2}\pi$

풀이 1) $30° = \frac{\pi}{180} \times 30 = \frac{\pi}{6}$ 2) $135° = \frac{\pi}{180} \times 135 = \frac{3}{4}\pi$

3) $\frac{\pi}{4} = \frac{180°}{\pi} \times \frac{\pi}{4} = 45°$ 4) $\frac{3}{2}\pi = \frac{180°}{\pi} \times \frac{3}{2}\pi = 270°$

□ 부채꼴의 호의 길이와 넓이

반지름의 길이가 r인 원에서, 중심각의 크기가 θ인 부채꼴의 호의 길이를 l, 넓이를 S라 하면, 호의 길이 l (그림 10.2)은 중심각의 크기에 비례하므로,

$$\frac{l}{2\pi r} = \frac{\theta}{2\pi} \qquad \therefore \quad l = r\theta$$

또, 넓이 S도 중심각의 크기에 비례하므로,

$$\frac{S}{\pi r^2} = \frac{\theta}{2\pi} \qquad \therefore \quad S = \frac{1}{2}r^2\theta = \frac{1}{2}rl$$

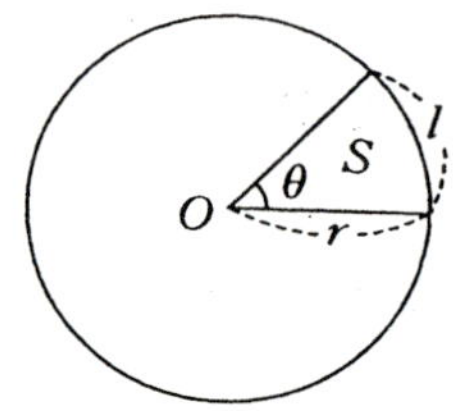

그림 10.2

예 반지름의 길이가 6㎝, 중심각의 크기가 120°인 부채꼴의 호의 길이 l과 넓이 S를 구하여라.

풀이 $120° = \frac{\pi}{180} \times 120 = \frac{2}{3}\pi$이므로

$$l = 6 \times \frac{2}{3}\pi = 4\pi(\text{cm}), \quad l = \frac{1}{2} \times 6^2 \times \frac{2}{3}\pi = 12\pi(\text{cm}^2)$$

[예제 1] <중심각의 크기>

호의 길이가 4㎝, 넓이가 4㎠인 부채꼴의 반지름의 길이와 중심각의 크기를 구하여라.

풀이 반지름의 길이를 r, 중심각의 크기를 θ라 하면,

$$r\theta = 4 \quad \cdots\cdots \text{①}$$

$$\frac{1}{2}r^2\theta = 4 \quad \cdots\cdots \text{②}$$

식 ②를 ①로 변끼리 나누면, $\frac{1}{2}r = 1 \quad \therefore \quad r = 2$

①에서 $\theta = \frac{4}{r} = 2$ ▣

ㄱ 일반각

$\angle XOP$의 크기는 반직선 OP가 고정되어 있는 반직선 OX의 위치에서 점 O를 중심으로 회전하여 OP의 위치까지 회전한 양으로 정의한다(그림 10.3). 이 때 OX를 시초선, OP를 동경이라 하고, O를 $\angle XOP$의 꼭지점이라 한다.

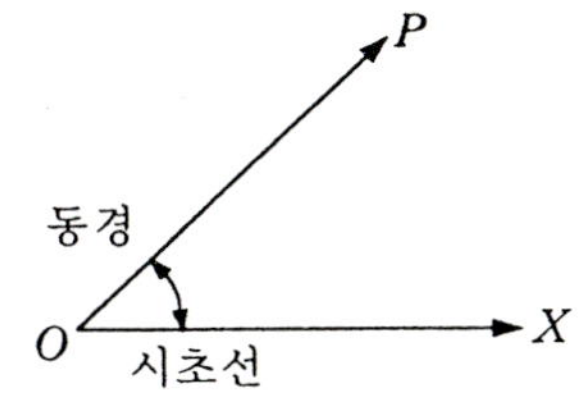

그림 10.3

동경 OP가 점 O를 중심으로 회전하는 방법에는 두 가지가 있다. 즉

$$\begin{cases} \text{시계바늘이 도는 방향} \rightarrow \text{음의 방향} \\ \text{시계바늘이 도는 반대방향} \rightarrow \text{양의 방향} \end{cases}$$

각의 크기는 동경이 양의 방향으로 회전했을 때는 양의 값, 음의 방향으로 회전했을 때는 음의 값을 갖는 것으로 한다.

예 다음 각을 나타내는 동경을 그려라(그림10.4)

1) 30° 2) 240° 3) −45° 4) −150°

풀이

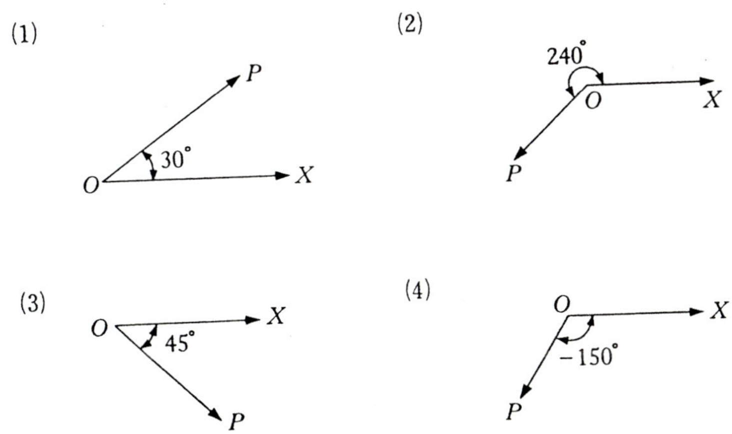

그림 10.4

$\angle XOP$에서 동경 OP는 꼭지점 O의 둘레는 양 또는 음의 방향으로 한바퀴 이상 회전할 수 있으므로, 360°보다 큰 각, −360°보다 작은 각을 생각할 수 있다. 이를테면 405°, 765°, −315°, −675°를 나타내는 동경 OP는 (그림 10.5)와 같이 시초선 OX와 45°의 위치에 있다.

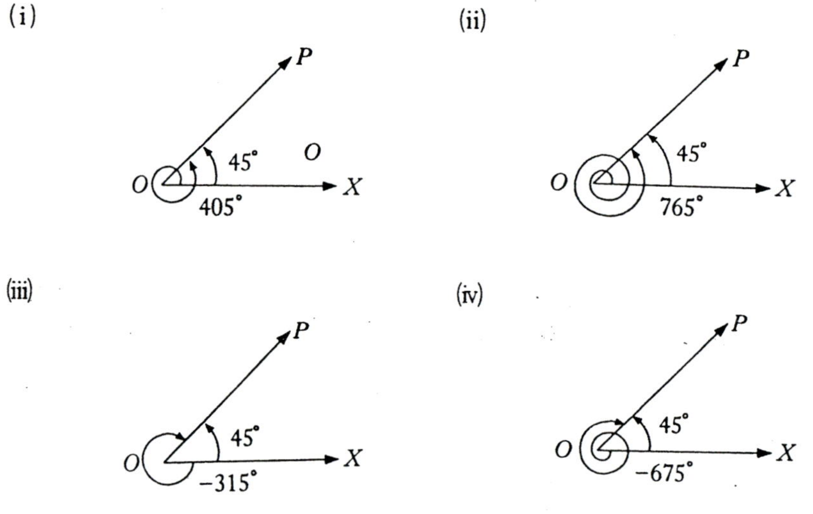

그림 10.5

이 때 (i)은 $360° + 45°$, (ii)는 $360° \times 2 + 45°$, (iii)은 $360° \times (-1) + 45°$, (iv)는 $360° \times (-2) + 45°$로 나타낼 수 있다.

일반으로, $\alpha°$를 나타내는 동경을 OP라 할 때, OP를 동경으로 하는 각은 무수히 많고, 이 각들은 $360° \times n + \alpha°$(n은 정수) … ①로 나타낼 수 있다. 이것을 호도법으로 나타내면 $\alpha° = \beta$ rad이라 할 때, $2n\pi + \beta$(n은 정수) …②가 된다. 식 ① 또는 ②로 나타낼 수 있는 각을 통틀어 동경 OP가 나타내는 **일반각**이라 한다.

예 다음 각각의 동경이 나타내는 일반각을 구하여라.

1) $780°$ 2) $-480°$ 3) 15π 4) $-\frac{14}{3}\pi$

풀이 1) $780° = 360° \times 2 + 60°$이므로 $360° \times n + 60°$(n은 정수)

2) $-480° = 360° \times (-2) + 240°$이므로 $360° \times n + 240°$(n은 정수)

3) $15\pi = 2\pi \times 7 + \pi$이므로 $2n\pi + \pi$(n은 정수)

4) $-\frac{14}{3}\pi = 2\pi \times (-3) + \frac{4}{3}\pi$이므로 $2n\pi + \frac{4}{3}\pi$(n은 정수)

각의 꼭지점을 좌표평면의 원점에 잡고 시초선을 x축의 양의 방향으로 할 때, 동경 OP가 제1, 제2, 제3, 제4 사분면에 있으면, 동경 OP가 나타내는 각을 각각 **제1, 제2, 제3 제4 사분면의 각**이라 한다(그림 10.6).

주의 동경이 좌표축과 일치할 때는, 그 각은 어느 사분면에도 속하지 않는다.

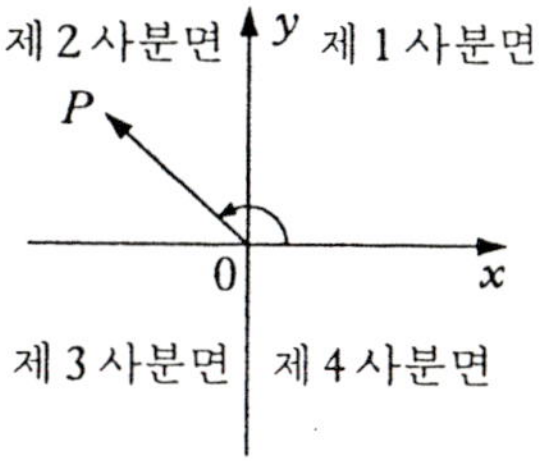

그림 10.6

예 크기가 다음과 같은 각은 몇 사분면의 각인가?

1) $120°$ 2) $-45°$ 3) $\frac{14}{3}\pi$ 4) $-\frac{7}{4}\pi$

풀이 동경을 그려본다.

1) 제2 사분면의 각 2) 제4 사분면의 각

3) 제2 사분면의 각 4) 제1 사분면의 각

[예제 2] <일반각의 표시>

θ의 동경과 3θ의 동경이 반대방향으로 일직선이 될 때, θ의 값을 구하여라. 단, $0 < \theta < \pi$이다.

풀이 $3\theta - \theta = 2n\pi + \pi$ (n은 정수) (그림 10.7)

$\therefore \quad \theta = n\pi + \frac{\pi}{2}$

$\therefore \quad 0 < n\pi + \frac{\pi}{2} < \pi$

$\therefore \quad -\frac{1}{2} < n < \frac{1}{2} \qquad \therefore \quad n = 0$

$\therefore \quad \theta = \frac{\pi}{2}$

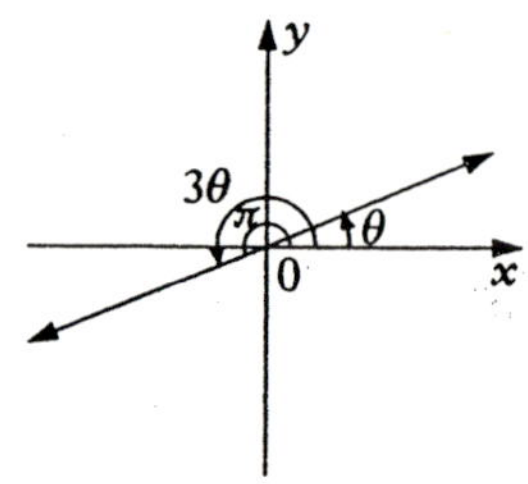

그림 10.7

□ 일반각의 삼각함수

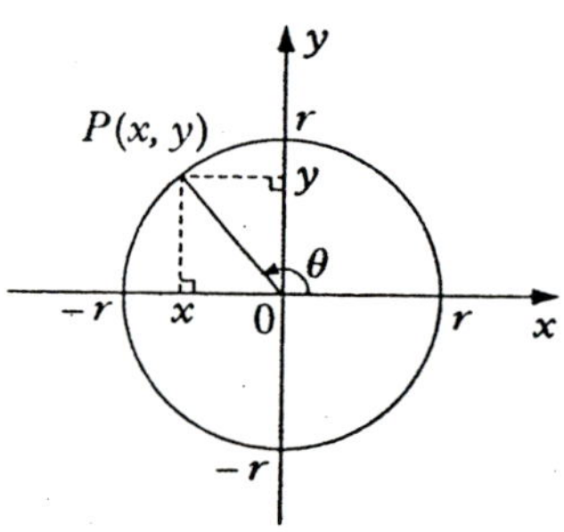

그림 10.8

(그림 10.8)과 같이 OP가 나타내는 일반각의 크기를 θ, $OP = r$, P의 좌표를 (x, y)라 하면, $\frac{y}{r}$, $\frac{x}{r}$, $\frac{y}{x}$ $(x \neq 0)$의 값은 r의 크기에 관계없이 θ의 값에 따라 하나로 결정된다. 따라서 $\theta \to \frac{y}{r}$, $\theta \to \frac{x}{r}$, $\theta \to \frac{y}{x}$의 대응은 각각 함수이다. 이것을 각각 일반각 θ**의 사인함수, 코사인함수, 탄젠트함수**라 하고, 기호로 $\sin\theta = \frac{y}{r}$, $\cos\theta = \frac{x}{r}$, $\tan\theta = \frac{y}{x}$와 같이 나타난다. 마찬가지로 대응 $\theta \to \frac{r}{y}$, $\theta \to \frac{r}{x}$, $\theta \to \frac{x}{y}$ $(x \neq 0,\ y \neq 0)$도 함수이고 이것을 θ의 코시컨트함수, 시컨트함수, 코탄젠트함수라 하고, 기호로 $\operatorname{cosec}\theta = \frac{r}{y}$, $\sec\theta = \frac{r}{x}$, $\cot\theta = \frac{x}{y}$와 같이 나타낸다. 이들 6가지의 함수를 통틀어 θ의 **삼각함수**라 한다.

예 다음 각 값을 구하여라.

1) $\cos 135°$ 2) $\sec 135°$ 3) $\sin(-60°)$

4) $\operatorname{cosec}(-60°)$ 5) $\tan 240°$ 6) $\cot 240°$

풀이 1), 2) $OP = 1$로 잡으면 $\angle AOP = 45°$이므로(그림 10.9)

$OA = \sin 45° = \dfrac{1}{\sqrt{2}}$,

$AP = \sin 45° = \dfrac{1}{\sqrt{2}}$

$\therefore\ x = -\dfrac{1}{\sqrt{2}},\ y = \dfrac{1}{\sqrt{2}}$

$\therefore\ \cos 135° = \dfrac{x}{1} = -\dfrac{1}{\sqrt{2}}$,

$\sec 135° = \dfrac{1}{x} = -\sqrt{2}$

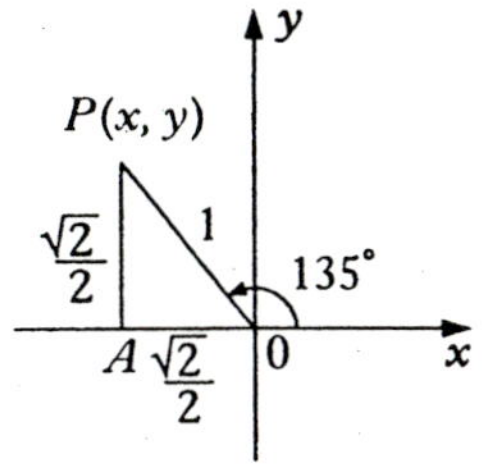

그림 10.9

3), 4) $OP = 2$로 잡으면 $\angle AOP = 60°$이므로(그림 10.10)

$OA = 2\cos 60° = 1,\ AP = 2\sin 60° = \sqrt{3}$

$\therefore\ x = 1,\ y = -\sqrt{3}$

$\therefore\ \sin(-60°) = \dfrac{y}{2} = -\dfrac{\sqrt{3}}{2}$,

$\operatorname{cosec}(-60°) = \dfrac{2}{y} = -\dfrac{2}{\sqrt{3}}$

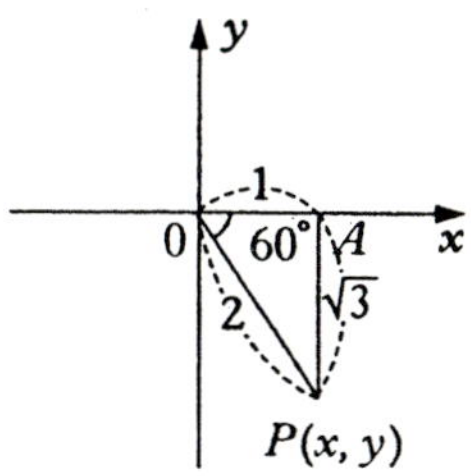

그림 10.10

5), 6) $OP = 2$로 잡으면 $\angle AOP = 60°$이므로(그림 10.11)

$OA = 2\cos 60° = 1,\ AP = 2\sin 60° = \sqrt{3}$

$\therefore\ x = -1,\ y = -\sqrt{3}$

$\therefore\ \tan 240° = \dfrac{y}{x} = \sqrt{3}$

$\therefore\ \cos 240° = \dfrac{-1}{-\sqrt{3}} = \dfrac{\sqrt{3}}{3}$

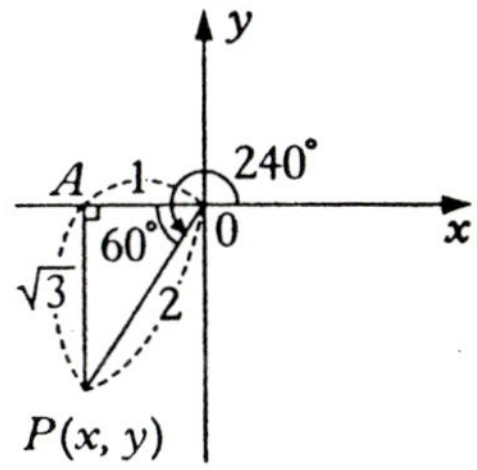

그림 10.11

삼각함수의 정의로부터 삼각함수의 값의 부호를 구하면 다음과 같다.

〈 삼각함수의 값의 부호 〉

사분면 / 삼각함수	제 1	제 2	제 3	제 4
$\sin\theta$, $\mathrm{cosec}\,\theta$	+	+	−	−
$\cos\theta$, $\sec\theta$	+	−	−	+
$\tan\theta$, $\cot\theta$	+	−	+	−

예 다음 각 값의 부호를 말하여라.

1) $\sin 760°$ 2) $\cos(-280°)$ 3) $\tan(-30°)$

4) $\mathrm{cosec}\,640°$ 5) $\sec 850°$ 6) $\cot(-420°)$

풀이 1) 양 2) 양 3) 음 4) 음 5) 음 6) 음

[예제 3] <삼각함수의 값의 부호>

$\sin\theta\tan\theta < 0$, $\cos\theta > 0$일 때, θ는 몇 사분면의 각인가?

풀이 $\sin\theta\tan\theta < 0$에서 $\sin\theta$와 $\tan\theta$는 다른 부호이므로 θ는 제2 또는 제3 사분면의 각이다. 또 $\sin\theta\cos\theta > 0$에서 $\sin\theta$와 $\cos\theta$는 같은 부호이므로 θ는 제1 또는 제3 사분면의 각이다. 따라서 θ는 제3 사분면의 각이다. ▣

[예제 4] <삼각함수의 값>

다음 값을 구하여라.

1) $\sin 840°$ 2) $\cos 765°$ 3) $\tan(-1110°)$

풀이 1) $840° = 360 \times 2 + 120°$

따라서 840°의 동경과 120°의 동경은 일치한다.

$\therefore \quad \sin 840° = \sin 120° = \frac{\sqrt{3}}{2}$

2) $765° = 360 \times 2 + 45°$

$\therefore \quad \cos 765° = \cos 45° = \frac{1}{\sqrt{2}}$

3) $-1110° = 360° \times (-3) - 30°$

$\therefore \quad \tan(-1110°) = \tan(-30°) = -\frac{1}{\sqrt{3}}$ ▣

삼각함수 사이의 관계를 정리하면 다음과 같다.

〈삼각함수의 기본성질〉

1. 역수관계

$\mathrm{cosec}\,\theta = \frac{1}{\sin\theta},\quad \sec\theta = \frac{1}{\cos\theta},\quad \cot\theta = \frac{1}{\tan\theta}$

2. 상제관계

$\tan\theta = \frac{\sin\theta}{\cos\theta},\quad \cot\theta = \frac{\cos\theta}{\sin\theta}$

3. 제곱관계

$\sin^2\theta + \cos^2\theta = 1,\quad \tan^2\theta + 1 = \sec^2\theta,\quad \cot^2\theta + 1 = \mathrm{cosec}^2\theta$

[예제 5] <삼각함수의 관계>

다음 식을 간단히 하여라.

1) $(\sin\theta + \cos\theta)^2 + (\sin\theta - \cos\theta)^2$

2) $(1 - \sin^2\theta)(1 + \tan^2\theta)$

풀이 1) 준식 $= (\sin^2\theta + 2\sin\theta\cos\theta + \cos^2\theta)$

$$+(\sin^2\theta - 2\sin\theta\cos\theta + \cos^2\theta)$$

$$= 2(\sin^2\theta + \cos^2\theta) = 2$$

2) 준식 $= \cos^2\theta \cdot \sec^2\theta = \cos^2\theta \cdot \dfrac{1}{\cos^2\theta} = 1$ ▣

[예제 6] <삼각함수의 기본공식>

$\cos\theta = \dfrac{4}{5}$ $(0° < \theta < 90°)$일 때, $\sin\theta$, $\tan\theta$의 값을 구하여라.

풀이 $0° < \theta < 90°$이므로, $0 < \sin\theta$, $\tan\theta > 0$

$$\sin^2\theta = 1 - \cos^2\theta = 1 - \left(\frac{4}{5}\right)^2 = \frac{9}{25}$$

$$\therefore\ \sin\theta = \sqrt{\frac{9}{25}} = \frac{3}{5}$$

$$\tan^2\theta = \sec^2\theta - 1 = \left(\frac{5}{4}\right)^2 - 1 = \frac{9}{16}$$

$$\therefore\ \tan\theta = \sqrt{\frac{9}{16}} = \frac{3}{4}$$

▣

각의 크기가 θ, $-\theta$, $\dfrac{\pi}{2} \pm \theta$, $\pi \pm \theta$, $2n\pi + \theta$일 때, 삼각함수의 등식은 다음과 같다.

< $\frac{\pi}{2}\times n\pm\theta$의 삼각함수 >

1. $2n\pi+\theta$의 삼각함수(단, n은 정수)

   ① $\sin(2n\pi+\theta)=\sin\theta$　　② $\cos(2n\pi+\theta)=\cos\theta$

   ③ $\tan(2n\pi+\theta)=\tan\theta$

2. 음각의 삼각함수

   ① $\sin(-\theta)=-\sin\theta$　　② $\cos(-\theta)=\cos\theta$

   ③ $\tan(-\theta)=-\tan\theta$

3. $\pi\pm\theta$의 삼각함수

   ① $\sin(\pi\pm\theta)=\pm\sin\theta$(복호동순)

   ② $\cos(\pi\pm\theta)=-\cos\theta$　　③ $\tan(\pi\pm\theta)=\pm\tan\theta$

4. $\frac{\pi}{2}\pm\theta$의 삼각함수

   ① $\sin\left(\frac{\pi}{2}\pm\theta\right)=\cos\theta$

   ② $\cos\left(\frac{\pi}{2}\pm\theta\right)=\mp\sin\theta$(복호동순)

   ③ $\tan\left(\frac{\pi}{2}\pm\theta\right)=\mp\cot\theta$(복호동순)

[예제 7] <삼각함수 각의 변환>

다음을 예각의 삼각함수로 나타내어라

1) $\sin 120°$　　2) $\cos 700°$　　3) $\tan(-740°)$

4) $\sin\left(-\frac{5}{4}\pi\right)$　　5) $\cos\frac{14}{3}\pi$

풀이　1) $\sin 120°=\sin(180°-60°)=\sin 60°$

또는 $\sin 120°=\sin(90°+30°)=\cos 30°$

2) $\cos 700°=\cos(360°\times 2-20°)=\cos(-20°)=\cos 20°$

또는 $\cos 700°=\cos(90°\times 7+70°)=\sin 70°$

3) $\tan(-740°)=\tan\{360°\times(-2)-20°\}$

$$= \tan(-20°) = -\tan 20°$$

또는 $\tan(-740°) = \tan\{90°\times(-8)-20°\} = -\tan 20°$

4) $\sin\left(-\frac{5}{4}\pi\right) = -\sin\frac{5}{4}\pi = -\sin\left(\pi+\frac{\pi}{4}\right) = \sin\frac{\pi}{4}$

또는 $\sin\left(-\frac{5}{4}\pi\right) = \sin\left\{\frac{\pi}{2}\times(-3)+\frac{\pi}{4}\right\} = \cos\frac{\pi}{4}$

5) $\cos\frac{14}{3}\pi = \cos\left(2\pi\times 2+\frac{2}{3}\pi\right) = \cos\left(\pi-\frac{2}{3}\pi\right) = -\cos\frac{\pi}{3}$

또는 $\cos\frac{14}{3}\pi = \cos\left(\frac{\pi}{2}\times 9+\frac{\pi}{6}\right) = -\sin\frac{\pi}{6}$ ▣

□ 삼각함수의 그래프

$y=\sin x$의 그래프는 x의 모든 실수값에 대하여 정의되고 $-1\leqq\sin x\leqq 1$이므로 정의역은 $\{x|x$는 실수$\}$, 치역은 $\{y|-1\leqq y\leqq 1\}$이다. 그래프는 (그림 10.12)와 같다.

$y=\cos x$의 그래프는 정의역은 $\{x|x$는 실수$\}$, 치역은 $\{y|-1\leqq y\leqq 1\}$이다. 그래프를 그리면 (그림 10.13)과 같다.

$y=\tan x$의 그래프는 동경이 y축과 일치할 때는 탄젠트의 값이 정의되지 않는다. 즉 $y=\tan x$는 $x\neq n\pi+\frac{\pi}{2}$ (n은 정수)인 모든 실수 x에 대하여 정의되고, y는 모든 실수값을 취한다. 정의역은 $\left\{x|\text{는 실수},\ x\neq n\pi+\frac{\pi}{2}\right\}$, 치역은 $\{y|y$는 실수$\}$이다. 그래프를 그리면 (그림 10.14)와 같다.

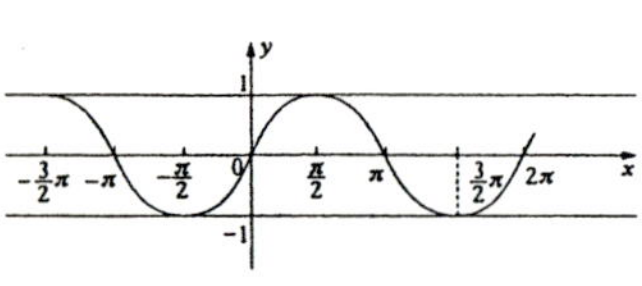

그림 10.12

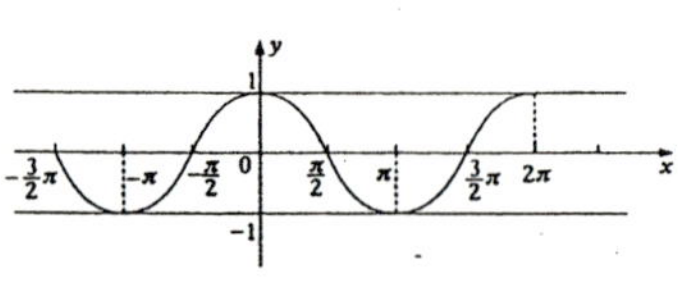

그림 10.13

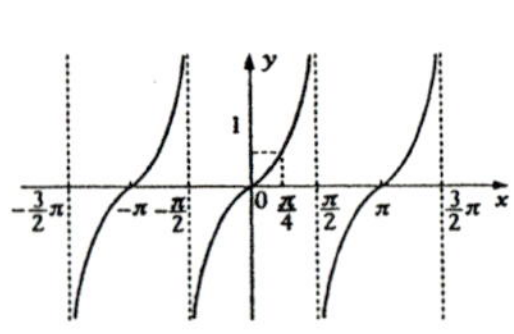

그림 10.14

[예제 8] <삼각함수의 그래프>

다음 함수의 그래프를 그려라.

1) $y=2\sin x$ 2) $y=\cos 2x$ 3) $y=\tan\frac{x}{2}$

풀이 1) $-1\leqq \sin x\leqq 1$이므로, $-2\leqq 2\sin x\leqq 2$

따라서, $y=2\sin x$의 그래프는 $y=\sin x$의 그래프를 y축의 방향으로 2배 확대한 것이다(그림 10.15)

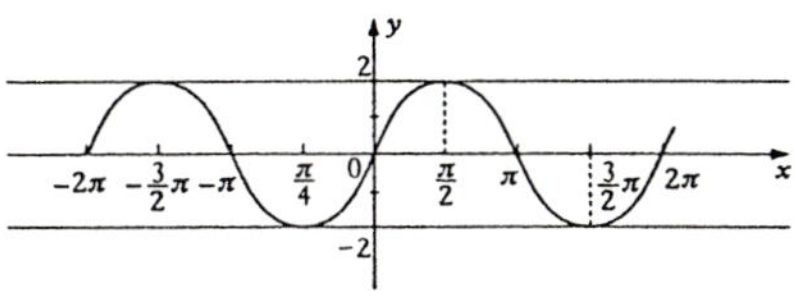

그림 10.15

2) 임의의 각 α에 대하여 $x=\alpha$일 때의 $\cos x$의 값과 $x=\frac{\alpha}{2}$일 때의 $\cos 2x$의 값이 같다. 따라서 $y=\cos 2x$의 그래프는 $y=\cos x$의 그래프를 x축 방향으로 $\frac{1}{2}$배 확대한 것이다(그림 10.16).

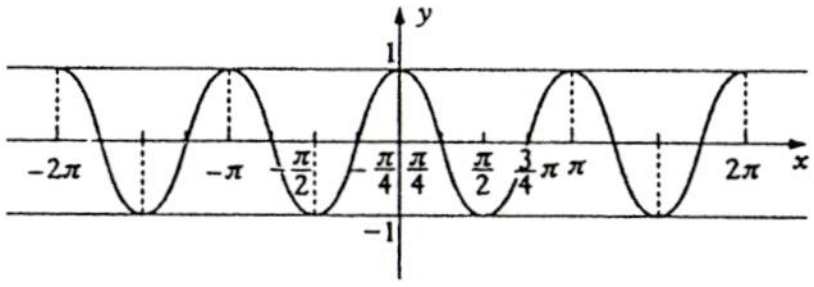

그림 10.16

3) $y = \tan\frac{x}{2}$의 그래프는 $y = \tan x$의 그래프를 x축 방향으로 2배 확대한 것이다(그림 10.17)

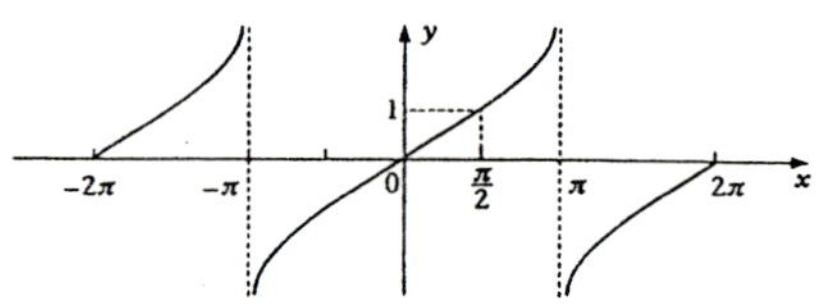

그림 10.17 ▣

□ 사인법칙

삼각형 ABC의 세 내각의 크기 A, B, C와 세 변의 길이 a, b, c 및 외접원의 반지름의 길이 R사이에는 다음 관계가 성립한다(그림 10.18).

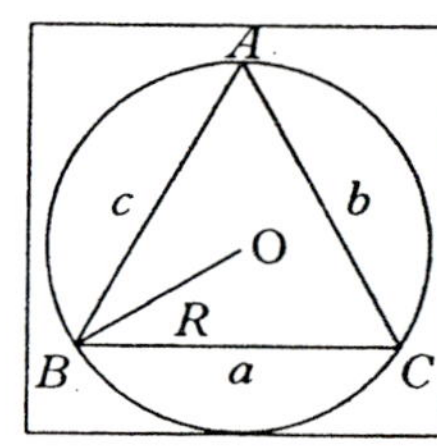

그림 7.18

$$\frac{a}{\sin A} = \frac{b}{\sin B} = \frac{c}{\sin C} = 2R$$

[예제 9] <사인법칙 이용하기>

$\triangle ABC$에서 세 내각의 크기를 A, B, C 세 변의 길이 a, b, c 외접원의 반지름의 길이 R이라 할 때, 다음 각 값을 구하여라.

1) $A = 60°$, $R = 2$㎝일 때 a의 값은?

2) $a = 2$㎝, $R = \sqrt{2}$㎝일 때, A의 값은?

풀이 $\frac{a}{\sin A} = 2R$에서

1) $a = 2R \cdot \sin A = 2 \times 2\sin 60° = 2\sqrt{3}$(㎝)

2) $\sin A = \frac{a}{2R} = \frac{2}{2\sqrt{2}} = \frac{1}{\sqrt{2}}$

$\therefore \quad A = 45°$ 또는 $135°$ ▣

□ 제일코사인 법칙

$\triangle ABC$에서 다음 관계가 성립한다(그림 10.19).

$$a = b\cos C + c\cos B$$

$$b = c\cos A + a\cos C$$

$$c = a\cos B + b\cos A$$

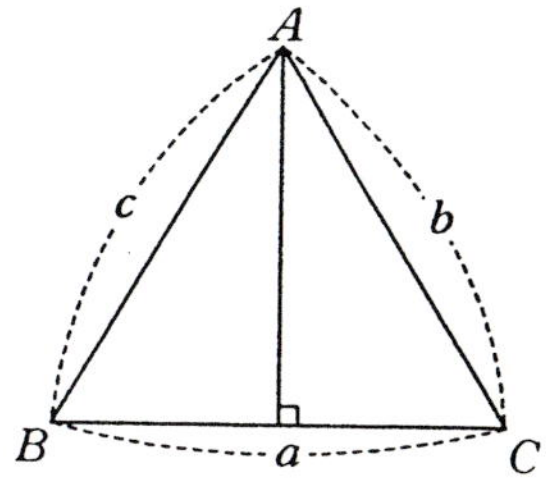

그림 10.19

[예제 10] <제일코사인 법칙 이용하기>

$\triangle ABC$에서 $b = 3$, $c = 6$, $A = 105°$, $B = 45°$ 일 때, a를 구하여라.

풀이 $C = 180° - (105° + 45°) = 30°$이므로

$$a = b\cos C + c\cos B = 3\cos 30° + 6\cos 45°$$

$$= \frac{3\sqrt{3}}{2} + 3\sqrt{2} = \frac{3}{2}(\sqrt{3} + 2\sqrt{2})$$ ▣

□ 제이코사인 법칙

제일코사인 법칙으로부터 다음 제이코사인 법칙이 유도된다.

$$a^2 = b^2 + c^2 - 2bc\cos A$$

$$b^2 = c^2 + a^2 - 2ca\cos B$$

$$c^2 = a^2 + b^2 - 2ab\cos C$$

[예제 11] <제이코사인 법칙 이용하기>

두 변의 길이가 2㎝, 3㎝이고, 그 끼인각의 크기가 60° 일 때, 나머지 변의 길이를 구하여라(그림 10.20).

풀이 $A = 60°$, 나머지 변의 길이를 a라 하면,

$$a^2 = b^2 + c^2 - 2bc\cos A$$

$$a^2 = 2^2 + 3^2 - 2 \cdot 2 \cdot 3 \cdot 60° = 7$$

$$\therefore\ a = \sqrt{7}(\text{cm})$$

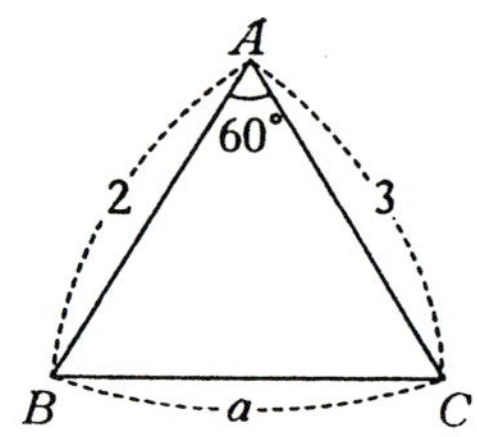

그림 10.20

[예제 12] <제이코사인 법칙 이용하기>

$\triangle ABC$에서 $a = 7$, $b = 8$, $c = 13$일 때, C를 구하여라.

풀이 $c^2 = a^2 + b^2 - 2bc\cos C$에서

$$\cos C = \frac{a^2 + b^2 - c^2}{2ab} = \frac{7^2 + 8^2 - 13^2}{2 \cdot 7 \cdot 8} = -\frac{1}{2}$$

$$\therefore\ C = 120°$$

▣

□ 삼각형의 넓이

두 변의 길이와 그 끼인 각의 크기를 알 때 삼각형의 넓이 구하는 공식은 다음과 같다(그림 10.21)

$$S = \frac{1}{2}bc\sin A$$

$$= \frac{1}{2}ca\sin B$$

$$= \frac{1}{2}ab\sin C$$

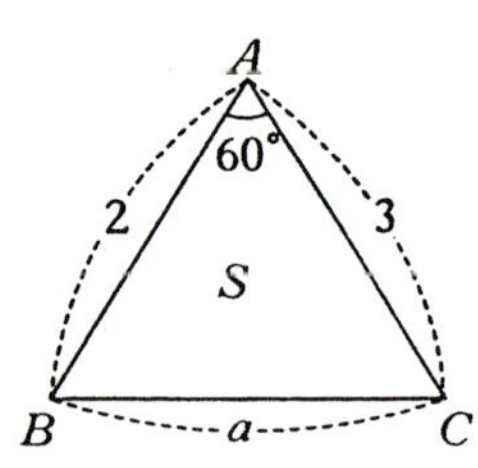

그림 10.21

[예제 13] <두 변의 길이와 그 끼인각의 크기 이용>

한 변의 길이가 a인 정삼각형의 넓이를 구하여라.

풀이 $S=\frac{1}{2}\cdot a\cdot a\cdot\sin 60°=\frac{\sqrt{3}}{4}a^2$ ▣

세 변의 길이를 알 때의 삼각형의 넓이 구하는 공식을 헤론의 공식이라 한다. $2p=a+b+c$라 할 때, $S=\sqrt{p(p-a)(p-b)(p-c)}$이다.

[예제 14] <헤론의 공식 이용하기>

세 변의 길이가 5cm, 7cm, 8cm인 삼각형의 넓이를 구하여라.

풀이 $p=\frac{1}{2}(a+b+c)=10\text{cm}$이므로

헤론의 공식에 의하여

$$S=\sqrt{p(p-a)(p-b)(p-c)}=\sqrt{10(10-5)(10-7)(10-8)}$$

$$=\sqrt{300}=10\sqrt{3}(\text{cm}^2)$$ ▣

□ 삼각함수의 여러 가지 공식

<삼각함수의 덧셈 정리>

1. $\begin{cases}\sin(\alpha+\beta)=\sin\alpha\cos\beta+\cos\alpha\sin\beta\\ \sin(\alpha-\beta)=\sin\alpha\cos\beta-\cos\alpha\sin\beta\end{cases}$

2. $\begin{cases}\cos(\alpha+\beta)=\cos\alpha\cos\beta-\sin\alpha\sin\beta\\ \cos(\alpha-\beta)=\cos\alpha\cos\beta+\sin\alpha\sin\beta\end{cases}$

3. $\begin{cases}\tan(\alpha+\beta)=\dfrac{\tan\alpha+\tan\beta}{1-\tan\alpha\tan\beta}\\ \tan(\alpha-\beta)=\dfrac{\tan\alpha-\tan\beta}{1+\tan\alpha\tan\beta}\end{cases}$

[예제 15] —— <사인, 코사인의 덧셈 정리 이용하기>

α는 제1 사분면, β는 제2 사분면의 각이고 $\sin\alpha = \frac{4}{5}$, $\cos\beta = -\frac{5}{13}$ 일 때, $\sin(\alpha - \beta)$, $\cos(\alpha + \beta)$이 값을 구하여라.

풀이 α는 제1 사분면의 각이므로 $\cos\alpha > 0$

β는 제2 사분면의 각이므로 $\sin\beta > 0$

$$\therefore\ \cos\alpha = \sqrt{1 - \sin^2\alpha} = \sqrt{1 - \frac{16}{25}} = \frac{3}{5}$$

$$\sin\beta = \sqrt{1 - \cos^2\beta} = \sqrt{1 - \frac{25}{169}} = \frac{12}{13}$$

$$\begin{aligned}\therefore\ \sin(\alpha - \beta) &= \sin\alpha\cos\beta - \cos\alpha\sin\beta \\ &= \frac{4}{5}\left(-\frac{5}{13}\right) - \frac{3}{5}\cdot\frac{12}{13} = -\frac{56}{65}\end{aligned}$$

$$\begin{aligned}\cos(\alpha + \beta) &= \cos\alpha\cos\beta - \sin\alpha\sin\beta \\ &= \frac{3}{5}\left(-\frac{5}{13}\right) - \frac{4}{5}\cdot\frac{12}{13} = -\frac{63}{65}\end{aligned}$$

▣

〈 2배각의 공식 〉

1. $\sin 2\alpha = 2\sin\alpha\cos\alpha$
2. $\cos 2\alpha = \cos^2 - \sin^2\alpha = 2\cos^2\alpha - 1 = 1 - 2\sin^2\alpha$
3. $\tan 2\alpha = \frac{2\tan\alpha}{1 - \tan^2\alpha}$

[예제 16] —— <사인, 코사인의 2배각의 공식 이용하기>

α가 제2 사분면의 각이고 $\sin\alpha = \frac{1}{3}$일 때, $\sin 2\alpha$, $\cos 2\alpha$의 값을 각각 구하여라.

풀이 $\cos^2\alpha = 1-\sin^2\alpha = 1-\frac{1}{9} = \frac{8}{9}$

α는 제2 사분면의 각이므로 $\cos\alpha<0$ $\quad\therefore\ \cos\alpha = \frac{-2\sqrt{2}}{3}$

$\therefore\ \sin 2\alpha = 2\sin\alpha\cos\alpha = 2\times\frac{1}{3}\times\left(\frac{-2\sqrt{2}}{3}\right) = -\frac{4}{9}\sqrt{2}$

$\therefore\ \cos 2\alpha = 1-2\sin^2\alpha = 1-2\times\frac{1}{9} = \frac{7}{9}$ ▣

〈반각의 공식〉

1. $\sin^2\frac{\alpha}{2} = \frac{1-\cos\alpha}{2}$ 2. $\cos^2\frac{\alpha}{2} = \frac{1+\cos\alpha}{2}$
3. $\tan^2\frac{\alpha}{2} = \frac{1-\cos\alpha}{1+\cos\alpha}$

[예제 17] <사인, 코사인의 반각의 공식 이용하기>

$\pi<\alpha<2\pi$이고 $\cos\alpha = \frac{1}{4}$일 때, $\sin\frac{\alpha}{2}$, $\cos\frac{\alpha}{2}$의 값을 구하여라.

풀이 $\sin^2\frac{\alpha}{2} = \frac{1-\cos\alpha}{2} = \frac{1-\frac{1}{4}}{2} = \frac{3}{8}$

$\cos^2\frac{\alpha}{2} = \frac{1+\cos\alpha}{2} = \frac{1+\frac{1}{4}}{2} = \frac{5}{8}$

한편, $\frac{\pi}{2}<\frac{\alpha}{2}<\pi$이므로, $\sin\frac{\alpha}{2}>0$, $\cos\frac{\alpha}{2}<0$

$\therefore\ \sin\frac{\alpha}{2} = \sqrt{\frac{3}{8}} = \frac{\sqrt{6}}{4}$, $\cos\frac{\alpha}{2} = -\sqrt{\frac{5}{8}} = -\frac{\sqrt{10}}{4}$ ▣

〈곱을 합.차로 고치는 방법〉

1. $\sin\alpha\cos\beta = \frac{1}{2}\{\sin(\alpha+\beta)+\sin(\alpha-\beta)\}$
2. $\cos\alpha\sin\beta = \frac{1}{2}\{\sin(\alpha+\beta)-\sin(\alpha-\beta)\}$
3. $\cos\alpha\cos\beta = \frac{1}{2}\{\cos(\alpha+\beta)+\cos(\alpha-\beta)\}$
4. $\sin\alpha\sin\beta = -\frac{1}{2}\{\cos(\alpha+\beta)-\cos(\alpha-\beta)\}$

[예제 18] <곱을 합·차로 고치기>

다음 식을 합·차의 꼴로 고쳐라.

1) $2\sin 3\theta\cos 7\theta$ 　　 2) $\sin 4\theta\cdot\sin 2\theta$

풀이 1) 준식 $= 2\times\frac{1}{2}\{\sin(3\theta+7\theta)+\sin(3\theta-7\theta)\}$

$= \sin 10\theta - \sin 4\theta$

2) 준식 $= -\frac{1}{2}\{\cos(4\theta+2\theta)-\cos(4\theta-2\theta)\}$

$= -\frac{1}{2}(\cos 6\theta - \cos 2\theta)$ ▣

〈합.차를 곱으로 고치는 방식〉

1. $\sin A+\sin B = 2\sin\frac{A+B}{2}\cdot\cos\frac{A-B}{2}$
2. $\sin A-\sin B = 2\cos\frac{A+B}{2}\cdot\sin\frac{A-B}{2}$
3. $\cos A+\cos B = 2\cos\frac{A+B}{2}\cdot\cos\frac{A-B}{2}$
4. $\cos A-\cos B = -2\sin\frac{A+B}{2}\cdot\sin\frac{A-B}{2}$

[예제 19] <합·차를 곱으로 고치기>

다음 식을 곱의 꼴로 고쳐라.

1) $\sin 7\theta + \sin\theta$ 2) $\cos 5\theta + \cos 3\theta$ 3) $\cos 9\theta - \cos 5\theta$

풀이 1) 준식 $= 2\sin\dfrac{7\theta+\theta}{2}\cdot\cos\dfrac{7\theta-\theta}{2} = 2\sin 4\theta\cos 3\theta$

2) 준식 $= 2\cos\dfrac{5\theta+3\theta}{2}\cdot\cos\dfrac{5\theta-3\theta}{2} = 2\cos 4\theta\cos\theta$

3) 준식 $= -2\sin\dfrac{9\theta+5\theta}{2}\cdot\sin\dfrac{9\theta-5\theta}{2} = -2\sin 7\theta\cdot\sin 2\theta$ ▣

연습문제 10.1

해답

1. 반지름의 길이가 12㎝, 호의 길이가 2π㎝인 부채꼴의 중심각의 크기와 넓이를 구하여라.

2. θ가 제3 사분면의 각일 때, $\frac{\theta}{2}$는 몇 사분면의 각인가?

3. θ가 제2 사분면의 각일 때, $\sqrt{(\cos\theta - \sin\theta)^2} - \sqrt{\cos^2\theta}$를 간단히 하여라.

4. 다음 값을 구하여라.

   1) $\sin\frac{13}{4}\pi$ 2) $\cos\left(-\frac{16}{3}\pi\right)$ 3) $\tan\frac{19}{4}\pi$

5. 다음 식을 간단히 하여라.

   1) $\frac{\cos\theta}{1-\tan\theta} + \frac{\sin\theta}{1-\cot\theta}$

   2) $\tan^2\theta + (1-\tan^4\theta)\cos^2\theta$

6. θ가 제4 사분면의 각이고, $\operatorname{cosec}\theta = -\frac{5}{3}$일 때, $\cot\theta$의 값을 구하여라.

7. $0° < \theta < 90°$이고 $2\sin\theta - \cos\theta = 1$일 때, $\tan\theta$ 값을 구하여라.

해답

1. $\frac{\pi}{6}$, 12π㎠

2. 제2, 4사분면

3. $\sin\theta$

4. 1) $-\frac{1}{\sqrt{2}}$ 2) $-\frac{1}{2}$ 3) -1

5. 1) $\cos\theta + \sin\theta$ 2) 1

6. $-\frac{4}{3}$

7. $\frac{4}{3}$

8. 다음 식을 간단히 하여라.

$$\sin\left(\frac{\pi}{2}+\theta\right)+\cos(\theta-\pi)-$$

$$-\sin(2\pi-\theta)+\cos\left(\theta-\frac{\pi}{2}\right)$$

9. 다음 식의 값을 구하여라.

1) $\tan(\theta-65°)\cdot\tan(\theta+25°)$

2) $\sin^2 23°+\sin^2 67°$

10. 다음 함수의 그래프를 그리고, 치역을 구하여라.

1) $y=\sin|x|$　　　　2) $y=|\cos x|$

11. 다음 함수의 주기와 최대값, 최소값을 구하여라.

1) $y=3\sin 2x$　　　　2) $y=-2\cos\frac{x}{3}$

3) $y=\tan(-3x)$

8.

$2\sin\theta$

9.

1) -1

2) 1

10.

1)

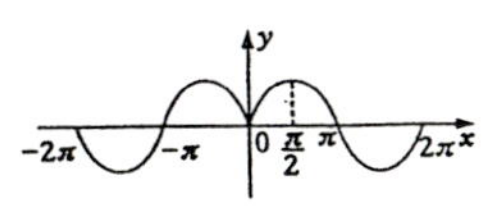

2)

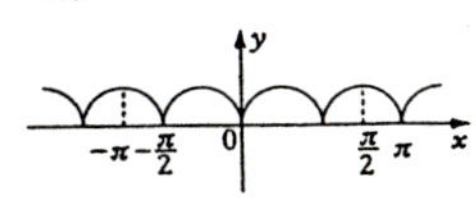

11.

1) 주기 : π,

최대값 : 3, 최소값 : -3

2) 주기 : 6π

최대값 : 2, 최소값 : -2

3) 주기 : $\frac{\pi}{3}$

최대값, 최소값은 없다.

12. 그래프를 이용하여 다음 삼각방정식을 풀어라.	12.
1) $\sqrt{3}\tan 2x = 1\ (0 \leqq x \leqq \pi)$	1) $\frac{\pi}{12}$ 또는 $\frac{7}{12}\pi$
2) $\sin\left(x+\frac{\pi}{6}\right) = \frac{\sqrt{2}}{2}\ (0 \leqq x \leqq \pi)$	3) $\frac{\pi}{12}$ 또는 $\frac{7}{12}\pi$
13. 부등식 $\cos x > \sin x$를 풀어라.	13.
	$0 \leqq x < \frac{\pi}{4}$ $\frac{5}{4}\pi < x \leqq 2\pi$
14. $\triangle ABC$에서 $A : B : C = 3 : 2 : 1$일 때, $a : b : c$를 구하여라.	14.
	$2 : \sqrt{3} : 1$
15. 다음 $\triangle ABC$를 풀어라(삼각형의 6요소 중에서 몇 개를 알 때, 나머지 요소를 구하는 것을 삼각형을 푼다고 한다).	15.
1) $a = 2,\ B = 45°,\ C = 105°$	1) $A = 30,\ b = 2\sqrt{2},$ $c = \sqrt{2}+\sqrt{6}$
2) $a = 1+\sqrt{3},\ B = 60°,\ C = 45°$	2) $A = 75°,\ b = \sqrt{6}$ $c = 2$
16. $\triangle ABC$에서 $\angle A$의 이등분선과 변 BC의 교점을 D라 하고, $A = 60°,\ b = 4\text{cm},\ c = 2\text{cm}$라 할 때. AD의 길이를 구하여라.	16.
	$\frac{4\sqrt{3}}{3}$ cm
17. $\triangle ABC$에서 $b = 3,\ c = 4,\ B = 30°$일 때, $\triangle ABC$의 넓이를 구하여라.	17.
	$2\sqrt{3} \pm \sqrt{5}$
18. A, B, C가 $\triangle ABC$의 세 내각의 크기일 때, $\cos(A+2B-3C)+\cos(2A+3B-2C)$의 값을 구하여라.	18.
	0

19. 다음 식의 값을 구하여라.

1) $\sin 75°$ 2) $\cos 75°$ 3) $\tan 105°$

20. $\sin\alpha = \frac{1}{3}$ 일 때, $\tan\frac{\alpha}{2}$ 의 값을 구하여라.

(단, $\frac{\pi}{2} < \alpha < \pi$).

21. $\cos 20° \cdot \cos 40° \cdot \cos 80°$ 의 값을 구하여라.

19.

1) $\frac{\sqrt{6}+\sqrt{2}}{4}$

2) $\frac{\sqrt{6}-\sqrt{2}}{4}$

3) $-2-\sqrt{3}$

20.

$3+2\sqrt{2}$

21. $\frac{1}{8}$

10.2 삼각함수의 미분

□ $\frac{\sin x}{x}$의 극한

삼각함수의 도함수 유도에 가장 중요한 역학을 하는 $\lim_{x\to 0}\frac{\sin x}{x}=1$을 알아보자. 우선 $0<x<\frac{\pi}{2}$일 때, 중심각의 크기가 x라디안이고 반지름의 길이가 r인 부채꼴 OAB의 A에서의 접선과 OB의 연장선과의 교점을 C라 하면(그림 10.22)

$\triangle OAB$의 넓이<부채꼴 OAB의 넓이< $\triangle OAC$의 넓이이므로

$\frac{1}{2}r^2\sin x<\frac{1}{2}r^2x<\frac{1}{2}r^2\tan x$

$\frac{1}{2}r^2$으로 각 변을 나누면,

$$\sin x<x<\tan x$$

다시 $\sin x$로 나누면

$$1<\frac{x}{\sin x}<\frac{1}{\cos x}$$

역수를 취하면

$$\cos x<\frac{\sin x}{x}<1$$

$\lim_{x\to 0^+}\cos x=1$이므로

$$\lim_{x\to 0^+}\frac{\sin x}{x}=1$$

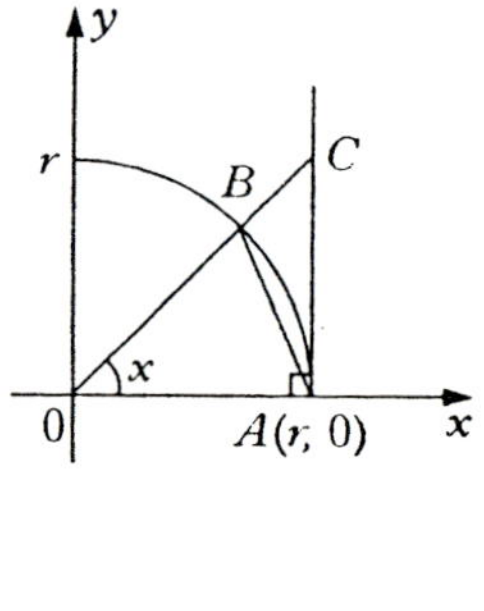

그림 10.22

또, $-\frac{\pi}{2}<x<0$일 때, $x=-\theta\,(\theta>0)$라 하면 $x\to 0^-$ 일 때 $\theta\to 0^+$이고

$$\lim_{x \to 0^-} \frac{\sin x}{x} = \lim_{x \to 0^+} \frac{\sin(-\theta)}{\theta} = \lim_{\theta \to 0^+} \frac{\sin \theta}{\theta} = 1$$

따라서 $\lim_{x \to 0} \frac{\sin x}{x} = 1$이다.

[예제 1] < $\frac{\sin x}{x}$ 의 극한 이용하기>

다음 극한값을 구하여라>

1) $\lim_{x \to 0} \frac{2 \sin \frac{x}{2}}{x}$ 2) $\lim_{x \to 0} \frac{x^2}{1 - \cos x}$

풀이 1) $$\lim_{x \to 0} \frac{2 \sin \frac{x}{2}}{x} = \lim_{x \to 0} \frac{\sin \frac{x}{2}}{\frac{x}{2}} = 1$$

2) $$\lim_{x \to 0} \frac{x^2}{1 - \cos x} = \lim_{x \to 0} \frac{x^2(1 + \cos x)}{(1 - \cos x)(1 + \cos x)}$$

$$= \lim_{x \to 0} \frac{x^2(1 + \cos x)}{1 - \cos^2 x}$$

$$= \lim_{x \to 0} \frac{x^2(1 + \cos x)}{1 - \sin^2 x}$$

$$= \lim_{x \to 0} \left(\frac{x}{\sin x}\right)^2 (1 + \cos x)$$

$$= \lim_{x \to 0} \left(\frac{x}{\sin x}\right)^2 \cdot \lim_{x \to 0} (1 + \cos x)$$

$$= 1^2 \cdot 2 = 2$$ ▣

□ 삼각함수의 미분법

도함수의 정의를 이용하여 $y = \sin x$를 미분하여 보자.

$$y' = f'(x) = \lim_{\Delta x \to 0} \frac{f(x+\Delta x) - f(x)}{\Delta x} = \lim_{\Delta x \to 0} \frac{\sin(x+\Delta x) - \sin x}{\Delta x}$$

$$= \lim_{\Delta x \to 0} \frac{2\cos\left(x+\frac{\Delta x}{2}\right)\cdot \sin\frac{\Delta x}{2}}{\Delta x} = \lim_{\Delta x \to 0} \cos\left(x+\frac{\Delta x}{2}\right)\cdot \frac{\sin\frac{\Delta x}{2}}{\frac{\Delta x}{2}}$$

$$= \lim_{\Delta x \to 0} \cos\left(x+\frac{\Delta x}{2}\right)\cdot \lim_{\Delta x \to 0} \frac{\sin\frac{\Delta x}{2}}{\frac{\Delta x}{2}} = \cos x \cdot 1 = \cos x$$

즉, $y = \sin x$에서 $y' = \cos x$

나머지 삼각함수의 미분법은 다음 관계식과 앞에서 배운 기본 미분공식을 이용하면 자연스럽게 유도된다.

$$\cos x = \sin\left(\frac{\pi}{2} + x\right), \ \tan x = \frac{\sin x}{\cos x}, \ \cot x = \frac{\cos x}{\sin x},$$

$$\sec x = \frac{1}{\cos x}, \ \mathrm{cosec}\, x = \frac{1}{\sin x}$$

삼각함수의 미분법은 다음과 같다.

〈삼각함수의 미분법〉

1. $\frac{d}{dx}(\sin x) = \cos x$
2. $\frac{d}{dx}(\cos x) = -\sin x$
3. $\frac{d}{dx}(\tan x) = \sec^2 x$
4. $\frac{d}{dx}(\cot x) = -\mathrm{cosec}^2 x$
5. $\frac{d}{dx}(\sec x) = \sec x \tan x$
6. $\frac{d}{dx}(\mathrm{cosec}\, x) = -\mathrm{cosec}\, x \cot x$

[예제 2] <삼각함수의 미분법>

1) $y = 2\sin 3x$ 2) $y = 2\sec\sqrt{x}$ 3) $y = \cos^2 x$

풀이 1) $y' = 2(\cos 3x)(3x)' = 6\cos 3x$

2) $y' = 2(\sec\sqrt{x}\tan\sqrt{x})' = \dfrac{1}{\sqrt{x}}\sec\sqrt{x}\tan\sqrt{x}$

3) $y = \cos^2 x = (\cos x)^2$에서

$$y' = 2\cos x \cdot (\cos x)' = 2\cos x \cdot (-\sin x)$$
$$= -2\sin x\cos x = -\sin 2x$$ ▣

□ 역삼각함수

삼각함수는 모두 주기함수이므로 역함수를 갖지 않는다. 그러나 이들의 정의역을 제한하여 역함수를 갖도록 만들 수 있다.

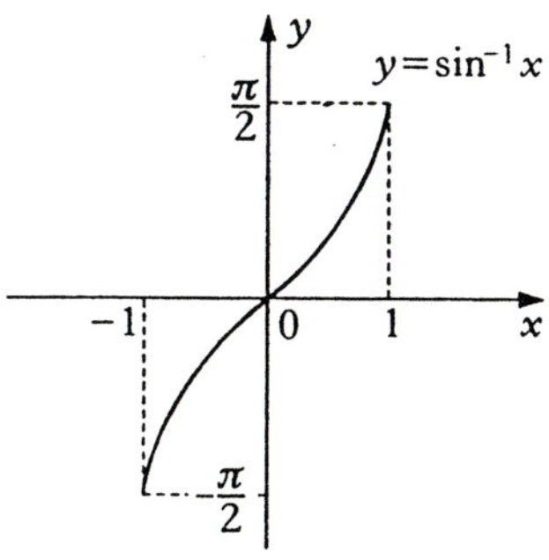

그림 10.23

(그림 10.23)에서와 같이 x의 범위를 제한하면 $y = \sin x$는 일대일대응이 되고 역함수를 갖는다. 이 역함수는 $y = \sin^{-1}x = \arcsin x$라 하며, 그 그래프는 (그림 10.23)의 오른쪽과 같다. 이 때 $y = \sin^{-1}x$의 치역을 arc sine 함수의 주치(principal value)라고 한다. 이제 각 삼각함수와 그 역함수의 그래프를 주치와 함께 알아보자(그림 10.24).

$y=\cos x\ (0\leqq x\leqq\pi)$

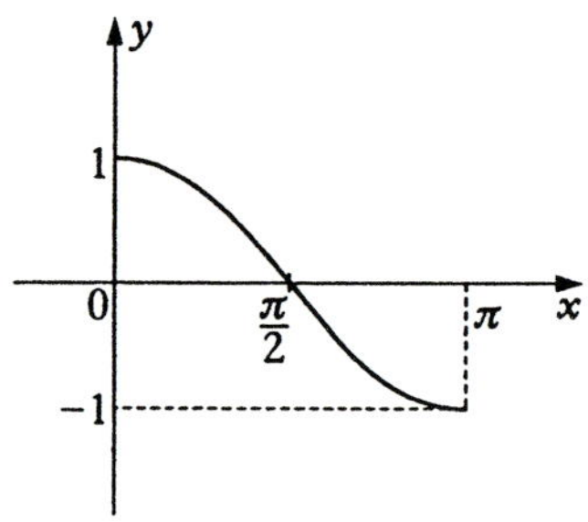

$y=\cos^{-1}x=\mathrm{arc}\cos x$

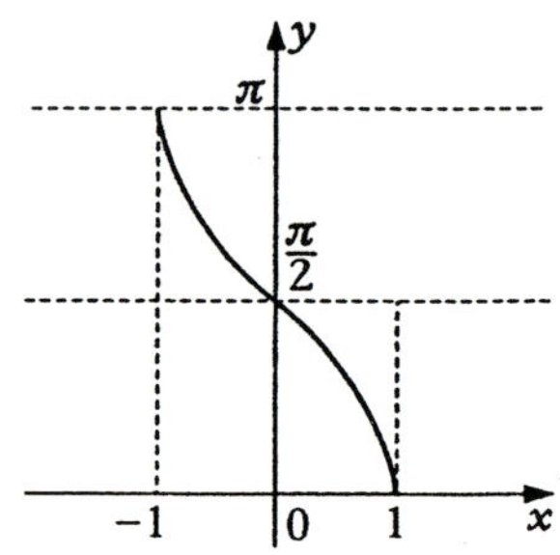

$y=\tan x\left(-\frac{\pi}{2}<0<\frac{\pi}{2}\right)$

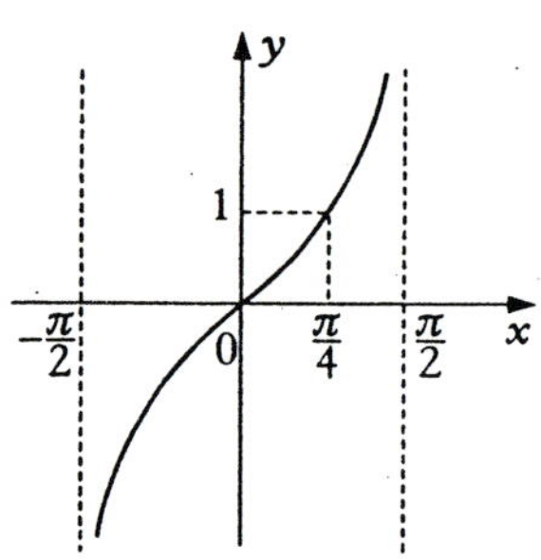

$y=\tan^{-1}x=\mathrm{arc}\tan x$

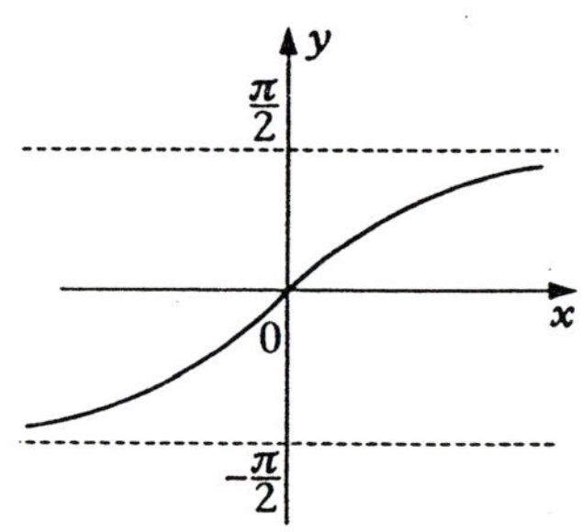

$y=\cot x(0<x<\pi)$

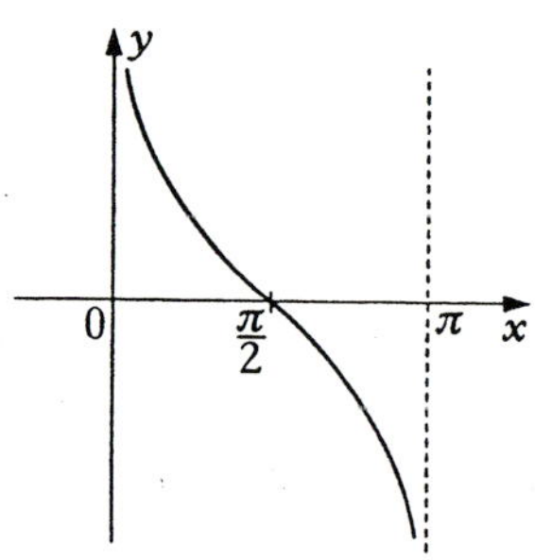

$y=\cot^{-1}x=\mathrm{arc}\cot x$

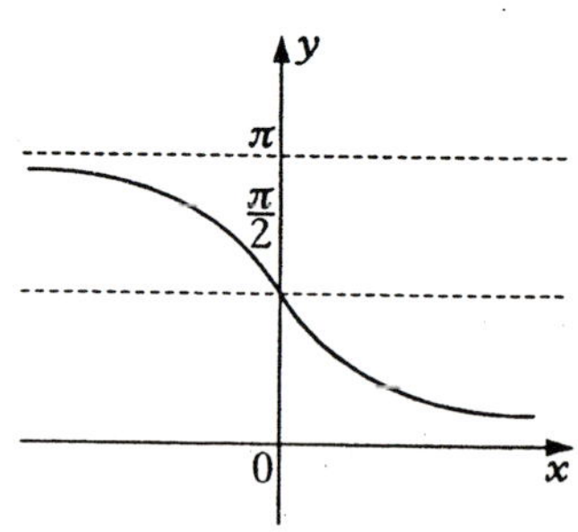

$y = \sec x\left(-\pi \leqq x < -\frac{\pi}{2},\ 0 \leqq x < \frac{\pi}{2}\right)$ $\qquad$ $y = \sec^{-1} x = \text{arc} \sec x$

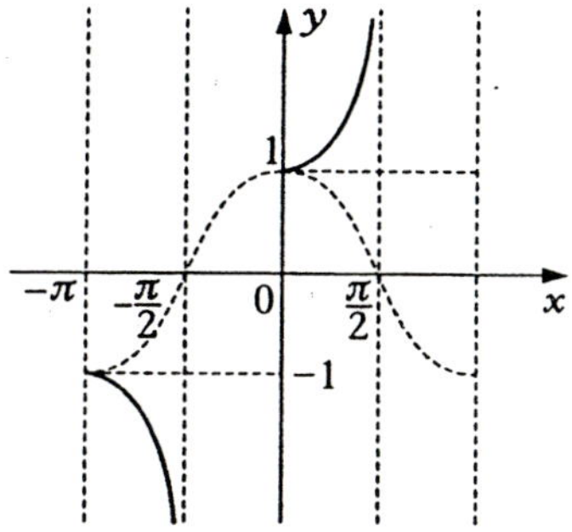

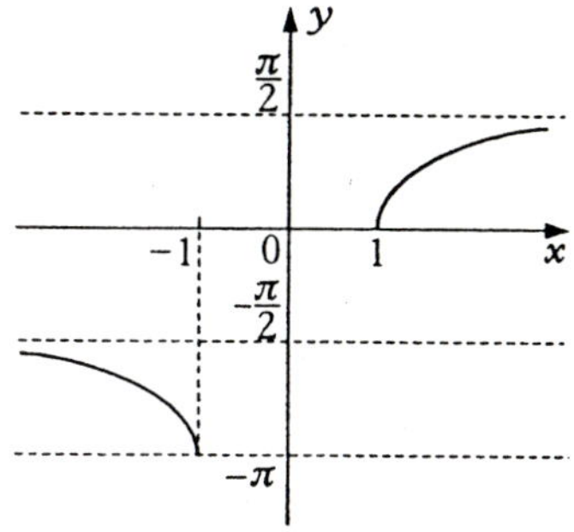

$y = \text{cosec}\, x\left(-\pi < x \leqq -\frac{\pi}{2},\ 0 < x \leqq \frac{\pi}{2}\right)$ $\qquad$ $y = \text{cosec}^{-1} x = \text{arc cosec}\, x$

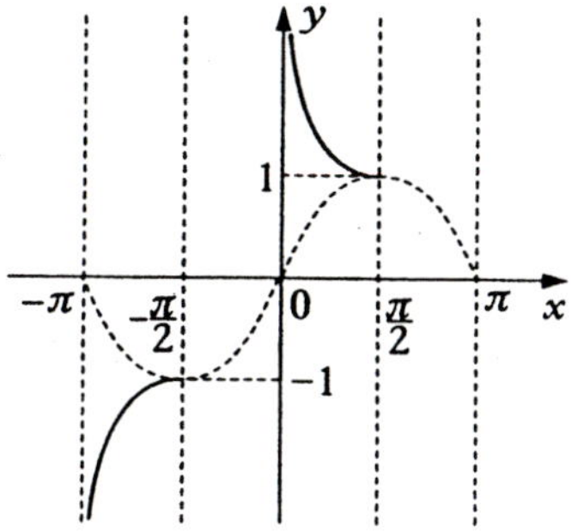

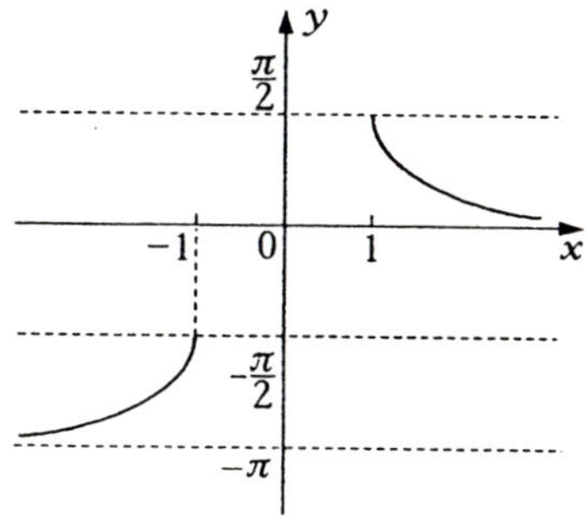

그림 10.24

[예제 3] <역삼각함수의 값>

다음 값을 구하여라.

1) $\sin^{-1}\frac{1}{2}$ $\qquad$ 2) $\cos^{-1}\frac{\sqrt{3}}{2}$ $\qquad$ 3) $\tan^{-1}(-1)$ $\qquad$ 4) $\sec^{-1}2$

풀이 1) $x = \sin^{-1}\frac{1}{2}$ 이면 $\sin x = \frac{1}{2}$, $x = \frac{\pi}{6}\left(-\frac{\pi}{2} \leqq x \leqq \frac{\pi}{2}\right)$

2) $x = \cos^{-1}\frac{\sqrt{3}}{2}$이면 $\cos x = \frac{\sqrt{3}}{2}$, $x = \frac{\pi}{6}$ $(0 \leqq x \leqq \pi)$

3) $x = \tan^{-1}(-1)$이면 $\tan x = -1$, $x = -\frac{\pi}{4}\left(-\frac{\pi}{2} < x < \frac{\pi}{2}\right)$

4) $x = \sec^{-1}2$이면,

$\sec x = 2$, $\sec x = \frac{1}{2}$, $x = \frac{\pi}{3}$ $\left(0 \leqq x \leqq \frac{\pi}{2}, \ -\pi \leqq x < -\frac{\pi}{2}\right)$ ▣

□ 역삼각함수의 미분법

역삼각함수의 미분법은 $\frac{dy}{dx} = \frac{1}{\frac{dx}{dy}}$과 역함수관계를 이용하여 유도한다.

우선 $y = \sin^{-1}x$의 도함수에 대해 알아보자.

$$y = \sin^{-1}x \Leftrightarrow x = \sin y\left(-\frac{\pi}{2} \leqq y \leqq \frac{\pi}{2}\right)$$

$\frac{dy}{dx} = \frac{1}{\frac{dx}{dy}} = \frac{1}{\cos y}$, $\cos y = \pm\sqrt{1-\sin^2 y}$ 주치범위에서 $\cos y \geqq 0$이므로 $\cos y = \sqrt{1-\sin^2 y} = \sqrt{1-x^2}$, 따라서 $y' = \frac{dy}{dx} = \frac{1}{\sqrt{1-x^2}}$이다.

같은 방법으로 나머지 역삼각함수의 도함수를 구하면 다음과 같다.

〈역삼각함수의 미분법〉

1. $(\sin^{-1}x)' = \frac{1}{\sqrt{1-x^2}}$
2. $(\cos^{-1}x)' = -\frac{1}{\sqrt{1-x^2}}$
3. $(\tan^{-1}x)' = \frac{1}{\sqrt{1+x^2}}$
4. $(\cot^{-1}x)' = -\frac{1}{\sqrt{1+x^2}}$
5. $(\sec^{-1}x) = \frac{1}{x\sqrt{x^2-1}}$
6. $(\mathrm{cosec}^{-1}x) = -\frac{1}{x\sqrt{x^2-1}}$

[예제 4] <역삼각함수의 미분>

다음 역삼각함수의 도함수를 구하여라.

1) $y = \sin^{-1}(x^3)$ 2) $y = \tan^{-1}(\cot x)$

3) $y = \sec^{-1}\sqrt{1+x^2}$ $(x>0)$

풀이 1) $y' = \dfrac{1}{\sqrt{1-(x^3)^2}}(x^3)' = \dfrac{3x^2}{\sqrt{1-x^6}}$

2) $y' = \dfrac{(\cot x)'}{1+(\cot x)^2} = \dfrac{-\operatorname{cosec}^2 x}{1+\cot^2 x} = \dfrac{-\operatorname{cosec}^2 x}{\operatorname{cosec}^2 x} = -1$

3) $y' = \dfrac{(\sqrt{1+x^2})}{\sqrt{1+x^2}\sqrt{(1+x^2)-1}} = \dfrac{\dfrac{2x}{2\sqrt{1+x^2}}}{\sqrt{1+x^2}\sqrt{x^2}}$

$= \dfrac{x}{x(1+x^2)} = \dfrac{1}{1+x^2}$ ■

연습문제 10.2

1. 다음 극한값을 구하여라.

1) $\lim_{x\to 0}\frac{\sin 2x}{x}$　2) $\lim_{x\to 0}\frac{\tan x}{2x}$

3) $\lim_{x\to 0}\frac{1-\cos 3x}{x^2}$　4) $\lim_{x\to\infty} x\sin\frac{k}{x}$

2. 다음 함수의 도함수를 구하여라.

1) $y=\sin 3x$　2) $y=\cos 2x$

3) $y=\sin(1-2x)$　4) $y=\sin x^2$

5) $y=\cos(x^3+1)$　6) $y=\sin^2 x$

7) $y=\cos^2\left(\frac{\pi}{2}-x\right)$　8) $y=\sin(2x+1)^2$

9) $y=\cos(1+3x)^2$　10) $y=e^{-x}\sin x$

11) $y=\tan(1-x^5)$　12) $y=\tan(\pi-4x)^2$

13) $y=\cot^2 x$　14) $y=\ln\cot x$

15) $y=\frac{\sec x}{1+\sec x}$　16) $y=\sec^2 x$

17) $y=\operatorname{cosec} 3x$　18) $y=\ln\operatorname{cosec}^2 x$

3. 다음 값을 구하여라.

1) $\sin^{-1}(-1)$　2) $\cos^{-1}\frac{2}{3}$

3) $\tan^{-1}\frac{1}{\sqrt{3}}$　4) $\cot^{-1}\sqrt{3}$

해답

1.

1) 2

3) $\frac{9}{2}$

2.

1) $3\cos 3x$

3) $-2\cos(1-2x)$

5) $-3x^2\sin(x^3+1)$

7) $2\cos\left(\frac{\pi}{2}-x\right)\sin\left(\frac{\pi}{2}-x\right)$

9) $-6(1+3x)\sin(1+3x)^2$

11) $-5x^4\sec^2(1-x^5)$

13) $-2\cot x\cdot\operatorname{cosec}^2 x$

15) $\frac{\sec x\tan x}{(1+\sec x)^2}$

17) $-3\operatorname{cosec} 3x\cot 3x$

3.

1) $-\frac{\pi}{2}$

3) $\frac{\pi}{6}$

5) $\sec^{-1}\sqrt{2}$ 6) $\operatorname{cosec}^{-1}\left(-\frac{2}{\sqrt{3}}\right)$

4. 다음 함수의 도함수를 구하여라.

1) $y=\tan^{-1}3x$ 2) $y=\sec^{-1}\frac{x}{4}$

3) $y=\cos^{-1}(1-x)$ 4) $y=\sin^{-1}\frac{x}{a}$

5) $y=\operatorname{cosec}^{-1}\sqrt{x}$ $(x>1)$

6) $y=\cot^{-1}\sqrt{x^2-x}$

7) $y=(\sin^{-1}3x)^2$ 8) $y=x\sec^{-1}\frac{1}{2}x$

9) $y=\sec^{-1}\frac{x^2+1}{x^2-1}$ 10) $y=\operatorname{cosec}^{-1}(x^2+1)$

5) $\frac{\pi}{4}$

4.

1) $\frac{3}{1+9x^2}$

3) $\frac{1}{\sqrt{2x-x^2}}$

5) $-\frac{1}{2x\sqrt{x-1}}$

7) $\frac{6\sin^{-1}3x}{\sqrt{1-9x^2}}$

9) $-\frac{2}{x^2+1}$

10.3 삼각함수의 적분

앞에서 배운 삼각함수의 미분법과 부정적분의 정의로부터 기본적인 삼각함수의 적분공식을 알 수 있다.

<삼각함수의 적분공식>

1. $\int \cos x\,dx = \sin x + c$ 2. $\int \sin x\,dx = -\cos x + c$
3. $\int \sec^2 x\,dx = \tan x + c$ 4. $\int \mathrm{cosec}^2 x\,dx = -\cot x + c$
5. $\int \sec x \tan x\,dx = \sec x + c$ 6. $\int \mathrm{cosec}\, x \cot x\,dx = -\mathrm{cosec}\, x + c$

[예제 1] <삼각함수의 적분>

다음 부정적분을 구하여라.

1) $\int \cos\left(2x + \frac{\pi}{2}\right)dx$ 2) $\int \sec^2 4x\,dx$

풀이 1) $\int \cos\left(2x+\frac{\pi}{2}\right)dx = \frac{1}{2}\int 2\cos\left(2x+\frac{\pi}{2}\right)dx = \frac{1}{2}\sin\left(2x+\frac{\pi}{2}\right)+c$

2) $\int \sec^2 4x\,dx = \frac{1}{4}\int 4\sec^2 4x\,dx = \frac{1}{4}\tan 4x + c$ ▣

복잡한 형태들의 삼각함수를 포함하는 함수들의 부정적분 및 삼각함수의 치환을 이용한 적분에 관하여 살펴보자.

□ 곱을 합차로 바꾸는 공식을 이용한 적분

두 수 α와 β가 같지 않을 때 $\sin \alpha x \cos \beta x$, $\sin \alpha x \sin \beta x$ 및 $\cos \alpha x \cos \beta x$의 적분은 곱을 합차로 바꾸는 공식

$$\sin x \cos y = \frac{1}{2}\{\sin(x+y) + \sin(x-y)\}$$

$$\cos x \sin y = \frac{1}{2}\{\sin(x+y) - \sin(x-y)\}$$

$$\cos x \cos y = \frac{1}{2}\{\cos(x+y) + \cos(x-y)\}$$

$$\sin x \sin y = -\frac{1}{2}\{\cos(x+y) - \cos(x-y)\}$$

를 이용하여 간단한 꼴로 만들어 적분한다.

[예제 2] <곱을 합차로 바꾸어 적분>

다음 부정적분을 구하여라.

1) $\int 2\sin 4x \cos 6x\,dx$ 2) $\int 2\sin 6x \sin 4x\,dx$

풀이 1) $\int 2\sin 4x \cos 6x\,dx = \int (\sin 10x - \sin 2x)dx$

$$= -\frac{1}{10}\cos 10x + \frac{1}{2}\cos 2x + c$$

2) $\int 2\sin 6x \sin 4x\,dx = \int (-\cos 10x + \cos 2x)dx$

$$= -\frac{1}{10}\sin 10x + \frac{1}{2}\sin 2x + c$$ ▣

□ 반각의 공식을 이용한 적분

반각의 공식 $\sin^2 x = \dfrac{1-\cos 2x}{2}$, $\cos^2 x = \dfrac{1+\cos 2x}{2}$ 를 이용하여 차수를 떨어뜨려 기본 적분공식을 이용한다.

[예제 3] <반각공식 이용 적분>

부정적분 $\int \sin^2 x \cos^2 x\,dx$를 구하여라.

풀이

$$\int \sin^2 x \cos^2 x\,dx = \int \frac{1-\cos 2x}{2} \cdot \frac{1+\cos 2x}{2}\,dx$$

$$= \int \frac{1-\cos^2 2x}{4}\,dx = \int \left(\frac{1}{4} - \frac{1+\cos 4x}{8}\right)dx$$

$$= \int \left(\frac{1}{8} - \frac{\cos 4x}{8}\right)dx = \frac{1}{8}x - \frac{\sin 4x}{32} + c$$

■

□ 역삼각함수의 적분

역삼각함수의 적분에 대해 알아보자.

우선, $\int \sin^{-1} x\,dx = \int u\,dv = uv - \int v\,du$에서

$$u = \sin^{-1} x,\ dv = 1\text{에서}\quad du = \frac{dx}{\sqrt{1-x^2}},\ v = \int 1 \cdot dx = x$$

따라서,

$$\int \sin^{-1} x\,dx = x\sin^{-1} x - \int \frac{x}{\sqrt{1-x^2}}\,dx$$

$$= x\sin^{-1} x + \sqrt{1-x^2} + c$$

이다.

[예제 4] <역삼각함수의 적분>

다음 부정적분을 구하여라.

1) $\int \tan^{-1} x\,dx$ 2) $\int \sec^{-1} x\,dx$

풀이 1) $\int \tan^{-1}x\,dx = \int u\,dv = uv - \int v\,du$에서

$u = \tan^{-1}x$, $dv = 1$에서 $du = \dfrac{dx}{1+x^2}$, $v = \int 1 \cdot dx = x$

따라서, $\int \tan^{-1}x\,dx = x\tan^{-1}x - \int \dfrac{x}{x^2+1}\,dx$

$= x\tan^{-1}x - \dfrac{1}{2}\ln(x^2+1) + c$

2) $\int sce^{-1}x\,dx = \int u\,dv = uv - \int v\,du$에서

$u = \sec^{-1}x$, $dv = 1$에서 $du = \dfrac{dx}{x\sqrt{x^2-1}}$, $v = \int 1\,dx = x$

따라서, $\int \sec^{-1}x\,dx = x\sec^{1}x - \int \dfrac{x}{x\sqrt{x^2-1}}\,dx$

$= x\sec^{-1}x - \int \dfrac{1}{\sqrt{x^2-1}}\,dx$

$= x\sec^{-1} - \ln|x+\sqrt{x^2-1}|$ ▣

□ 특수한 치환법

삼각함수의 적분에만 사용하는 특수한 치환에 대해 알아보자.

〈특수한 치환법〉

1. $\sqrt{a^2-x^2}$꼴 : $x = a\sin\theta$로 치환, $\sqrt{a^2-x^2} = a\cos\theta$
   $dx = a\cos\theta\,d\theta$ 대입
2. $\sqrt{a^2+x^2}$꼴 : $x = a\tan\theta$로 치환, $\sqrt{a^2+x^2} = a\sec\theta$
   $dx = a\sec^2\theta\,d\theta$ 대입
3. $\sqrt{x^2-a^2}$꼴 : $x = a\sec\theta$로 치환, $\sqrt{x^2-a^2} = a\tan\theta$
   $dx = a\sec\theta\tan\theta\,d\theta$ 대입

4. $\tan\frac{x}{2} = t$로 치환하면, $dx = \frac{2}{1+t^2}dt$

1) $\sin x = \frac{2t}{1+t^2}$

2) $\cos x = \frac{1-t^2}{1+t^2}$

3) $\tan x = \frac{2t}{1-t^2}$

4) $\operatorname{cosec} x = \frac{1+t^2}{2t}$

5) $\sec x = \frac{1+t^2}{1-t^2}$

6) $\cot x = \frac{1-t^2}{2t}$

[예제 5] <치환적분>

다음 부정적분을 구하여라.

1) $\int\sqrt{4-x^2}dx$

2) $\int \sec x dx$

풀이 1) $x = 2\sin\theta$로 치환하면, $dx = 2\cos\theta d\theta$이고 $\sqrt{4-x^2} = 2\cos\theta$

$$\sqrt{4-x^2}dx = \int 4\cos^2\theta\, d\theta$$

$$= \int 2(1+\cos 2\theta)d\theta = 2\theta + \sin 2\theta + c$$

$$= 2\sin^{-1}\frac{x}{2} + \frac{x\sqrt{4-x^2}}{2} + c$$

2) 특수한 치환법 4의 5)를 이용하면,

$$\int \sec x dx = \int\frac{1+t^2}{1-t^2}\cdot\frac{2}{1+t^2}dt = \int\frac{2}{1-t^2}dt$$

$$= \int\left(\frac{1}{1-t}+\frac{1}{1+t}\right)dt = \int\frac{1}{1-t}dt + \int\frac{1}{1+t}dt$$

$$= -\ln|1-t| + \ln|1-t| + c = \ln\left|\frac{1+t}{1-t}\right| + c$$

$$= \ln\left|\frac{1+2t+t^2}{1-t^2}\right| + c = \ln|\sec x + \tan x| + c$$

■

연습문제 10.3

해답

1. 다음 부정적분을 구하여라.

1) $\int \sin^6 x \cos^3 x\,dx$ 2) $\int \frac{\sin^3 x}{\cos^2 x}\,dx$

3) $\int \frac{\sin^2 x}{\cos^4 x}\,dx$ 4) $\int \frac{\sin^6 x}{\cos^4 x}\,dx$

5) $\int \tan^2 x\,dx$ 6) $\int \tan^4 x\,dx$

7) $\int \frac{dx}{\sin^2 x \cos^4 x}$ 8) $\int \sqrt{9+x^2}\,dx$

9) $\int \sqrt{x^2-25}\,dx$ 10) $\int \frac{1}{1+\cos x}\,dx$

11) $\int \sec^3 x\,dx$ 12) $\int \tan^5 x\,dx$

13) $\int \tan^2 x \sec^4 x\,dx$ 14) $\int \tan^3 x \sec^3 x\,dx$

15) $\int \tan^2 x \sec x\,dx$ 16) $\int \sec^6 x\,dx$

17) $\int \frac{dx}{x^2\sqrt{4-x^2}}$ 18) $\int \frac{\sqrt{x^2-25}}{x}\,dx$

19) $\int \frac{dx}{x^2\sqrt{4x^2-9}}$ 20) $\int \frac{dx}{(9x^2-1)^{\frac{3}{2}}}$

21) $\int \frac{dx}{x^2-2x+5}$ 22) $\int \frac{dx}{\sqrt{5-4x-2x^2}}$

1.

3) $\frac{1}{3}\tan^3 x + c$

5) $\tan x - x + c$

9) $\frac{x\sqrt{x^2-25}}{2} - \frac{25}{2}$

$\ln|\sqrt{x^2-25}+x| + c$

15) $\frac{1}{2}\sec x \tan x$

$-\frac{1}{2}\ln|\sec x$

$+\tan x| + c$

19) $\frac{\sqrt{4x^2-9}}{9x} + c$

21) $\frac{1}{2}\tan^{-1}\left(\frac{x-1}{2}\right) + c$

23) $\int \frac{x}{x^2-4x+8}dx$ 24) $\int \frac{dx}{x^2-4x+13}$

25) $\int \frac{dx}{\sqrt{8+2x-x^2}}$ 26) $\int \sqrt{3-2x-x^2}\,dx$

23) $\frac{1}{2}\ln\{(x-2)^2+4\}$ $+\tan^{-1}\frac{x-2}{2}+c$

25) $\sin^{-1}\left(\frac{x-1}{3}\right)+c$

2. 다음 정적분을 구하여라.

1) $\int_0^{\frac{\pi}{2}}(\sin x-\cos x)dx$

2) $\int_0^1 \tan^{-1}x\,dx$

3) $\int_0^{\frac{\pi}{2}} x\cos 2x\,dx$

4) $\int_{-\frac{\pi}{2}}^{\frac{\pi}{2}}(2\sin^2 x+\cos x-2\sin x)dx$

5) $\int_0^4 x^3\sqrt{16-x^2}\,dx$

6) $\int_{-1}^1 \frac{dx}{x^2+2x+5}$

7) $\int_0^{\frac{\pi}{2}} \tan^5\frac{x}{2}\,dx$

8) $\int_0^{\frac{\pi}{4}} \cos^3 x\,dx$

2.

1) 0

2) $\frac{\pi}{4}-\frac{\ln 2}{2}$

4) $\pi+2$

5) $\frac{2048}{15}$

7) $-\frac{1}{2}+\ln 2$

Home Work

1. 다음 함수를 미분하여라 $\left(\dfrac{dy}{dx}\text{를 구하여라.}\right)$

1) $y = \sin 13x - \cos 12x$ 2) $y = \tan x^2$

3) $y = \tan^2 x$ 4) $y = \cot(1-2x^2)$

5) $y = \sec \sqrt[3]{x}$ 6) $y = \sqrt{\operatorname{cosec} 2x}$

7) $y = x^2 \sin x$ 8) $y = \dfrac{\cos x}{x}$

9) $y = 4\tan 5x$ 10) $y = \dfrac{1}{4}\cot 8x$

11) $y = 9\sec\dfrac{1}{3}x$ 12) $y = \dfrac{1}{4}\operatorname{cosec} 4x$

13) $y = \dfrac{\tan 2x}{1-\cot 2x}$ 14) $y = \dfrac{1}{(\sec 2x - 1)^{\frac{3}{2}}}$

15) $y = \sin^{-1}(2x-3)$ 16) $y = \operatorname{arc}\cos x^2$

17) $y = \operatorname{arc}\tan 3x^2$ 18) $y = \operatorname{arc}\cot\dfrac{1+x}{1-x}$

19) $y = \operatorname{arc}\tan\dfrac{3}{x}$ 20) $y = \operatorname{arc}\sin(x-1)$

2. 다음 부정적분을 구하여라.

1) $\int \sin 3x \cos x\, dx$ 2) $\int \sin 5x \sin x\, dx$

3) $\int \cos 3x \cos 2x\, dx$ 4) $\int \cos 3x \sin 2x\, dx$

5) $\int \dfrac{dx}{1-\sin x}$ 6) $\int \sin^4 x \cos^5 x\, dx$

7) $\int \frac{\sqrt{9-x^2}}{x}dx$

8) $\int \frac{dx}{\sqrt{a^2+x^2}}$

9) $\int \frac{1}{1+2\cos x}dx$

10) $\int \sin^6 x\,dx$

11) $\int \sin^2 x\,dx$

12) $\int \cos^2 3x\,dx$

13) $\int \sin^3 x\,dx$

14) $\int \cos^5 x\,dx$

15) $\int \sin^3 x\cos^3 x\,dx$

16) $\int \cos^4 2x\sin^3 2x\,dx$

17) $\int \sin^3 3x\cos^3 3x\,dx$

18) $\int \sin^3 3x\cos^5 3x\,dx$

19) $\int \cos^3\frac{x}{3}\,dx$

20) $\int \sin^4 x\,dx$

21) $\int \cot^3 x\,\mathrm{cosec}^5 x\,dx$

22) $\int \mathrm{cosec}^6 x\,dx$

23) $\int \frac{dx}{\sqrt{x^2-4x+13}}$

24) $\int \frac{dx}{(4x-x^2)^{\frac{3}{2}}}$

3. 둘레의 길이가 6㎝인 부채꼴의 넓이가 최대일 때의 반지름의 길이는?

4. θ가 제4 사분면의 각일 때, $\frac{\theta}{3}$는 몇 사분면의 각인가?

5. θ가 제3 사분면의 각이고 $\sin\theta = -\frac{3}{5}$일 때, $\sec\theta$와 $\cot\theta$의 값을 구하여라.

6. $\tan 190° + \tan 100° + \tan 350° + \cot 10°$의 값을 구하여라.

7. 함수 $f(x)=2\sin\frac{x}{2}-\cos\frac{2}{3}x$의 주기를 구하여라.

8. $\log_4(1+\sin x)-\log_2\cos x=\frac{1}{2}$ $(0\leqq x\leqq 2\pi)$를 풀어라.

9. 다음 삼각형 ABC를 풀어라.

1) $A=135°$, $C=30°$, $a=4$

2) $a=\sqrt{2}$, $b=\sqrt{3}+1$, $C=45°$

3) $a=2$, $b=\sqrt{6}$, $c=1+\sqrt{3}$

10. 세 변의 길이가 7, 8, 13인 삼각형의 외접원의 반지름의 길이를 R, 내접원의 반지름의 길이를 r라 할 때, Rr의 값은?

11. 부등식 $3\cos^2 x<\sin^2 x$ $(-\pi<x<\pi)$를 구하여라.

제 11 장

매개변수 방정식과 극좌표

학습내용

11.1 평면곡선과 매개변수 방정식
11.2 극좌표
11.3 극방정식의 그래프
11.4 원뿔곡선의 극방정식

11.1 평면곡선과 매개변수 방정식

□ 평면곡선

두 변수 x, y를 포함하는 하나의 방정식으로 그래프를 나타냈었다. 이 절에서는 평면의 곡선을 나타내는데 제 삼의 변수를 도입하는 것이 유용한 경우를 공부하게 될 것이다.

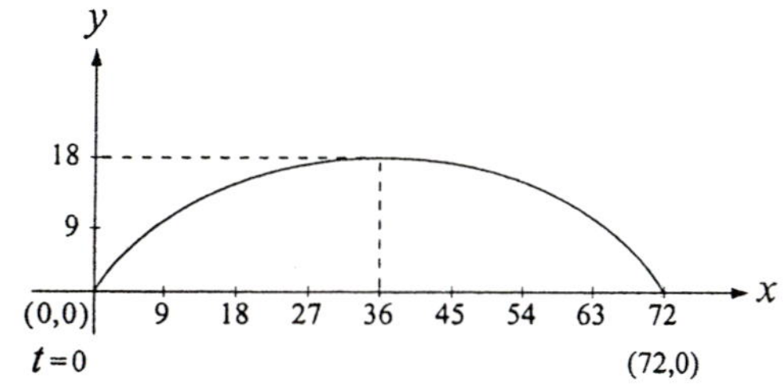

그림 11.1

이러한 유용성을 알기위해 45°의 각도로 공중으로 쏘아올린 물체의 경로를 생각하자. 물체의 처음속도가 매초 48*feet*라면, $y = -\frac{x^2}{72} + x$로 주어지는 포물선 경로를 보여줄 수 있다(그림 11.1).

그러나 이 방정식은 전과정을 알려주지 않는다. 물체가 어디에 있는지는 알지만 경로의 주어진 점에 물체가 언제 있는지를 알려주지 않는다.

시간을 정하기 위해 제 삼의 변수 t를 도입한다. 이것은 매개변수(parameter)라고 한다. 매개변수 방정식(parametric equation) $x = 24\sqrt{2}t,\ \ y = -16t^2 + 24\sqrt{2}t$를 얻기 위해 x와 y를 t의 함수로 쓰는 것이 가능하다.

이들 방정식으로부터 $t = 0$일 때 물체는 점 $(0, 0)$에 있음을 결정할 수 있다. 마찬가지로 $t = 1$일 때 물체는 점 $(24\sqrt{2}, 24\sqrt{2} - 16)$에 있다. 나머지도 같은 방법으로 알 수 있다.

이 특별한 운동 문제에 대해, x와 y는 t의 연속함수이고 이 경로를 **평면곡선**(plane curve)이라고 한다.

〈평면곡선의 정의〉

f와 g가 구간 I위에서 t의 연속함수이면, 순서쌍 $(f(t), g(t))$의 집합은 평면곡선 C이다. 방정식 $x=f(t)$와 $y=g(t)$는 C에 대한 매개변수 방정식이고 t는 매개변수이다.

· 평면곡선 그리기

매개변수 방정식의 쌍으로 나타내어진 곡선을 그리는 한가지 방법은 xy-평면에 점을 그리는 것이다. 좌표 (x, y)의 각 집합은 매개변수 t에서 선택한 값으로 결정된다. t가 증가하는 순서대로 구해진 점들을 그림으로서 특별한 방향으로 곡선을 추적한다. 이것을 곡선의 방향(orientation)이라고 부른다.

[예제 1] 〈곡선그리기〉

매개변수 방정식 $x=t^2-4,\ y=\dfrac{t}{2},\ -2\leqq t\leqq 3$으로 주어진 곡선을 그려라.

풀이 주어진 구간의 t의 값을 이용하면, 매개변수 방정식은 다음표와 같다.

t	-2	-1	0	1	2	3
x	0	-3	-4	-3	0	5
y	-1	$-\dfrac{1}{2}$	0	$\dfrac{1}{2}$	1	$\dfrac{3}{2}$

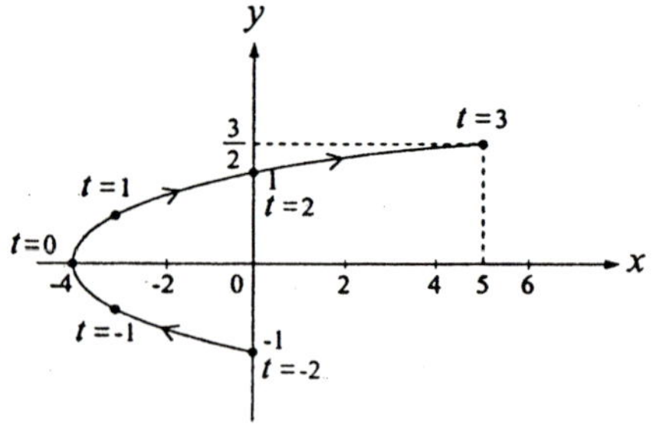

그림 11.2

증가하는 t의 순서대로 이 들 점을 그려가면(그림 11.2)의 곡선을 얻는다. 곡선위의 화살표는 t가 -2에서 3까지 증가할 때, 방향을 나타낸다. ▣

(그림 11.2)에서 보여진 그래프는 y를 x의 함수로 정의하지 않는다. 이것은 매개변수 방정식의 하나의 이점을 가르킨다— 함수의 그래프보다 더 일반적인 그래프를 나타내는데 매개변수 방정식이 이용될 수 있다.

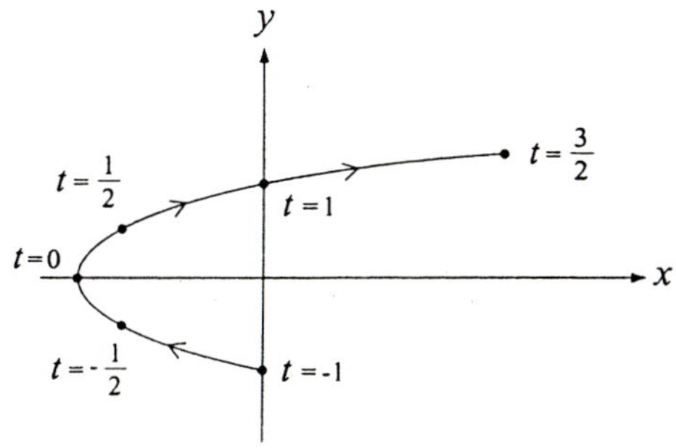

그림 11.3

매개변수 방정식의 두 개의 다른 쌍은 같은 그래프를 가질 수 있다. 예를 들면 매개변수 방정식 $x=4t^2-4$, $y=t$, $-1\leqq t\leqq\frac{3}{2}$은 (예제1)에 주어진 쌍과 같은 그래프를 갖는다. 그러나 (그림 11.2)와 (그림 11.3)에서 t의 값을 비교하므로써, 두 번째 그래프가 첫 번째 그래프보다 더 빨리 움직이고 있음을 알 수 있다.

따라서 적용에서, 다른 매개변수 표현이 물체가 주어진 경로를 따라 움직일 때, 다양한 속도를 나타내는데 이용될 수 있다. 한 쌍의 매개변수 방정식으로 표현되는 곡선을 나타내는 또 다른 방법은 그래프 그리는 도구를 이용하는 것이다. 도구를 이용할 때 매개변수 변환 모드를 이용하는 것을 확인하여라.

[예제 2] —<매개변수 변환 모드로 그래프 그리는 도구 이용하기>

매개변수 방정식으로 주어진 곡선을 그리는데 그래픽 계산기나 컴퓨터 프로그램을 이용하여라. 어떤 곡선이 y는 x의 함수인가?

1) $x=\cos^3 t,\quad y=\sin^3 t$　　　2) $x=t\quad y=t^3$

풀이 그래픽 계산기를 이용하여 그리면 다음과 같다(그림 11.4).

1) $0\leqq t\leqq 2\pi,\quad x^{\frac{2}{3}}+y^{\frac{2}{3}}=1$

2) $-4\leqq t\leqq 4,\quad$ y는 x의 함수이다. $y=x^3$

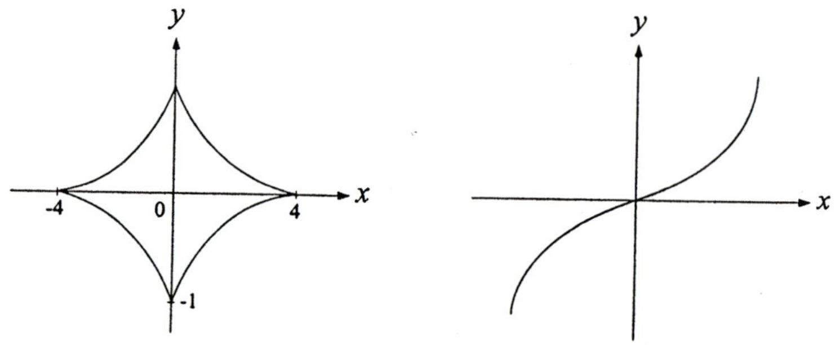

그림 11.4 ▣

□ 매개변수 소거

매개변수 방정식의 쌍으로 나타내는 많은 곡선은 직교좌표방정식으로 나타낼 수 있는 그래프를 가질 수 있다. 직교방정식을 찾는 방법은 매개변수를 소거한다(eliminating the parameter)고 한다.

예를 들어보면,

$$x = t^2 - 4, \quad y = \frac{t}{2} \text{에서}$$

$t = 2y$로 고치고 대입하면,

$x = (2y)^2 - 4$, 따라서, 직교방정식 $x = 4y^2 - 4$이다.

매개변수를 소거한 후 곡선은 수평축을 갖고 꼭지점이 $(-4, 0)$인 포물선인을 알 수 있다. 방정식을 매개변수형에서 직교좌표형으로 고치는 것은 x와 y의 변역을 바꿀 수 있다. 이 경우에 이 방정식의 그래프와 매개변수 방정식의 그래프를 일치시키도록 직교방정식의 x와 y를 제한해야 한다.

[예제 3] —— <매개변수를 소거한 후 정의역 정하기>

매개변수방정식 $x=\frac{1}{\sqrt{t+1}}$, $y=\frac{t}{t+1}$를 직교좌표방정식으로 고쳐라.

풀이 x에 대한 방정식을 t에 대한 방정식으로 고치면,

$x=\frac{1}{\sqrt{t+1}}$: $x^2=\frac{1}{t+1}$에서 $t=\frac{1-x^2}{x^2}$를 y에 대한 방정식에 대입하면, $y=\frac{t}{t+1}=\frac{(1-x^2)/x^2}{[(1-x^2)/x^2]+1}=1-x^2$

매개변수방정식에서 $t>-1$에 대해 정의되고, 직교좌표방정식에 모든 x에 대해 정의되지만 그러나 일치시키려면 $x>0$에 대해 정의되어야 한다.(그림 11.5) ▣

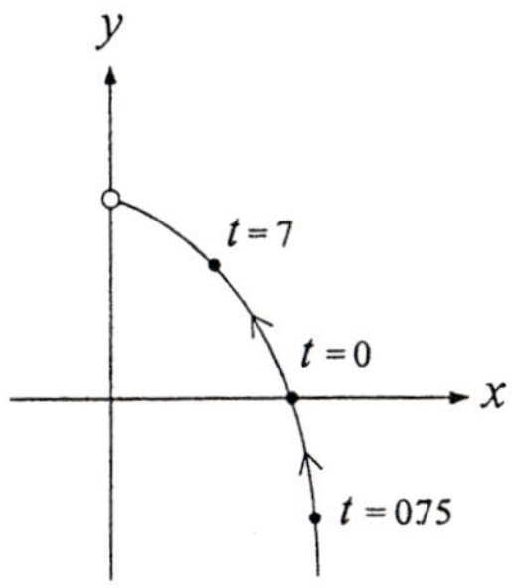

그림 11.5

매개변수방정식에서 매개변수는 시간을 나타낼 필요는 없다. 이를테면 (예제 4)의 매개변수방정식에서 각이 매개변수로서 이용된다.

[예제 4] — <삼각함수의 등식을 이용하여 매개변수 소거하기>

$x=3\cos\theta$, $y=4\sin\theta$, $0\leqq\theta\leqq 2\pi$로 나타내어진 곡선을 직교좌표방정식으로 고쳐라.

풀이 주어진 방정식은 $\cos\theta$와 $\sin\theta$에 대해 풀면,

$$\cos\theta=\frac{x}{3},\quad \sin\theta=\frac{y}{4}$$

$\cos^2\theta+\sin^2\theta=1$을 이용하여 x, y의 식으로 나타낸다.

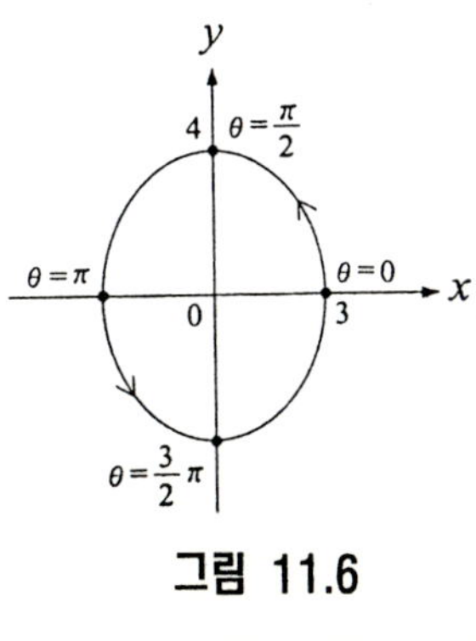

그림 11.6

$$\cos^2\theta + \sin^2\theta = \left(\frac{x}{3}\right)^2 + \left(\frac{y}{4}\right)^2 = 1$$

$$\therefore \ \frac{x^2}{9} + \frac{y^2}{16} = 1 \ (\text{그림 } 11.6)$$

▣

□ 그래프에 대한 매개변수 방정식 구하기

주어진 그래프나 주어진 물리적 기술에 대해 매개변수 방정식의 쌍을 어떻게 정할 수 있을까? (예제1)에서 매개변수 방정식은 유일하지 않다는 것을 알고 있다. 다음 예제에서 한 그래프에 대해 두 개의 매개변수 표현을 알아보자.

[예제 5] ──<주어진 그래프에 대한 매개변수 방정식 구하기>

다음 매개변수를 이용하여 $y = 1 - x^2$의 그래프를 나타내는 매개변수 방정식의 쌍을 구하여라.

1) $t = x$　　　　2) $t = 1 - x$

풀이 1) $t = x$라 하면 $y = 1 - t^2$, 따라서 매개변수 방정식은

$x = t,\ y = 1 - t^2$

2) $x = 1 - t$에서 $y = 1 - (1-t)^2 = 2t - t^2$, 따라서 매개변수 방정식은 $x = 1 - t,\ y = 2t - t^2$

▣

[예제 6] ──<Cycloid에 대한 매개변수 방성식>

반지름의 길이 a인 원을 평면에서 직선을 따라 굴릴 때 원위의 점 P의 자취는 Cycloid이다. 매개변수 방정식을 구하여라.

풀이 원의 회전각은 θ라 하고 매개변수로 θ를 이용한다.

점 $P(x, y)$는 원점에서 시작하고, $\theta = 0$일 때 P는 원점에 있고 $\theta = \pi$일 때 P는 최고점 $(\pi a, 2a)$이고, $\theta = 2\pi$일 때, P는 x축 위

로 되돌아와 $(2\pi a,\ 0)$이다.

(그림 11.7)에서, $\angle APC = 180° - \theta$ 따라서,

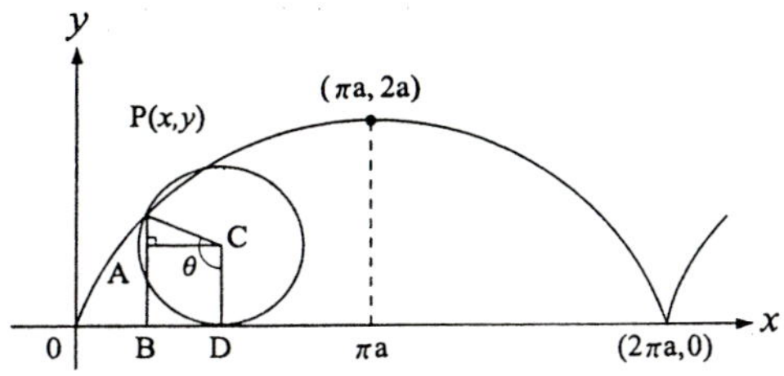

그림 11.7

$$\sin\theta = \sin(180° - \theta) = \sin(\angle APC) = \frac{AC}{a} = \frac{BD}{a}$$

$$\cos\theta = -\cos(180° - \theta) = -\cos(\angle APC) = \frac{AP}{-a}$$

$AP = -a\cos\theta,\ BD = a\sin\theta$

$OD = \overset{\frown}{PD} = a\theta,$

$BA = DC = a$이므로 $x = OD - BD = a\theta - a\sin\theta$

$$y = BA + AP = a - a\cos\theta$$

따라서, 매개변수 방정식은

$$x = a(\theta - \sin\theta),\quad y = a(1 - \cos\theta)$$ ▣

연습문제 11.1

1. 매개변수 방정식으로 표현된 곡선을 그려라.
   매개변수를 소거하여 직교좌표방정식으로 고쳐라.
   1) $x = t,\ y = -2t$
   2) $x = 3t - 1,\ y = 2t + 1$
   3) $x = \frac{1}{4}t,\ y = t^2$
   4) $x = 3\cos\theta,\ y = 3\sin\theta$
   5) $x = \cos\theta,\ y = 2\sin^2\theta$
   6) $x = e^{-t},\ y = e^{3t}$
   7) $x = t^3,\ y = 3\ln t$

해답

1.

1)

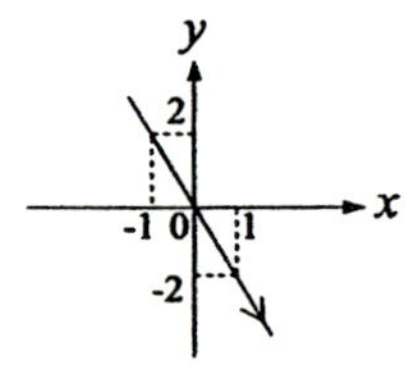

2)

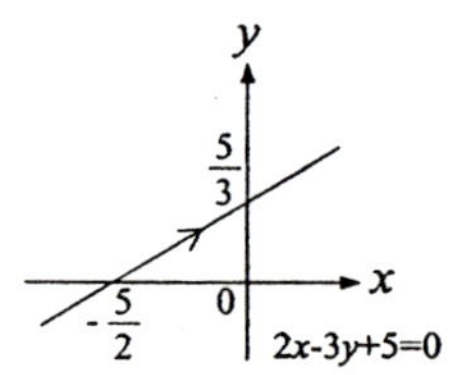

3)

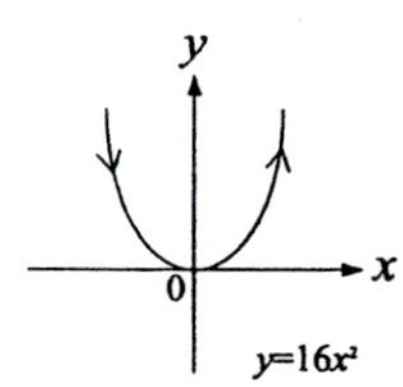

4)

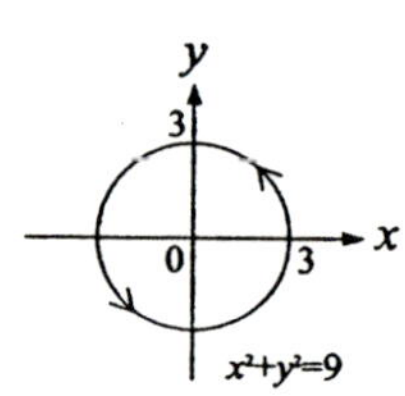

5)

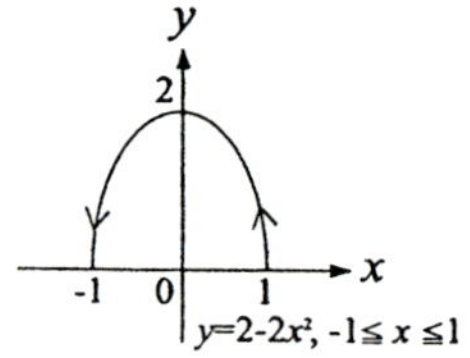

6)

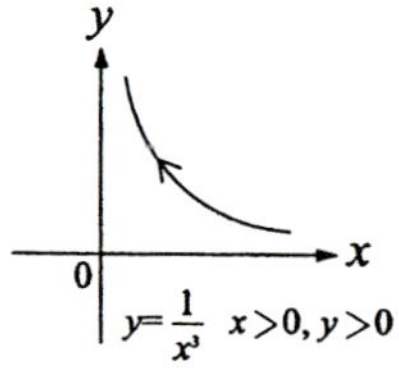

7)

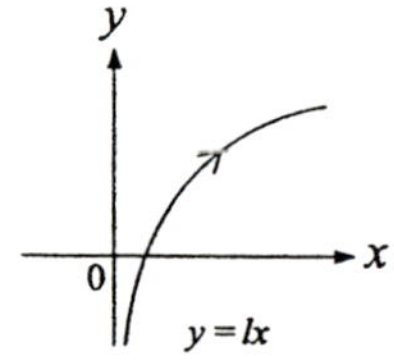

2. 다음 곡선은 서로 어떻게 다른가?

1) $x = t, \quad y = 2t + 1$

2) $x = \cos\theta, \quad y = 2\cos\theta + 1$

3) $x = e^{-t}, \quad y = 2e^{-t} + 1$

4) $x = e^{t}, \quad y = 2e^{t} + 1$

2.

직선 $y = 2x + 1$을 나타내고

	정의역	방향
1)	$-\infty < x < \infty$	위
2)	$-1 \leqq x \leqq 1$	진동
3)	$0 < x < \infty$	아래
4)	$0 < x < \infty$	위

3. 다음 매개변수 방정식으로 표현된 곡선을 그래픽 계산기나 컴퓨터를 이용하여 그려라.

1) $x = 2(\theta - \sin\theta), \quad y = 2(1 - \cos\theta)$

2) $x = \theta - \dfrac{3}{2}\sin\theta, \quad y = 1 - \dfrac{3}{2}\cos\theta$

3) $x = 2\cot\theta, \quad y = 2\sin^2\theta$

4) $x = \dfrac{3t}{1+t^3}, \quad y = \dfrac{3t^2}{1+t^3}$

3.

생략

11.2 극좌표

□ 극좌표의 도입

평면에 극좌표계(polar coordinate system)를 만들기 위해, 극(pole)이라고 하는 점 O를 고정하고 O로부터 시초선이라고 부르는 극축(polar axis)을 (그림11.8)처럼 그린다.

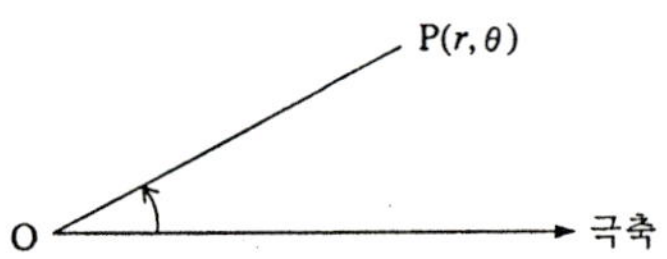

그림 11.8

평면의 각점 P에 극좌표(polar coordinates) $(r,\ \theta)$를 다음과 같이 정한다.

1) r은 O에서 P까지 방향거리

2) θ는 극축에서 선분 OP까지 시계바늘이 도는 방향과 반대방향의 방향각 극좌표계에서 극을 지나는 반경(radial line)으로 원을 잘라내는 위치를 나타내는 것이 편리하다.

다음 예제에서 알아보자.

[예제 1] <극좌표에서 점 나타내기>

다음 점의 위치를 나타내어라.

1) $\left(2,\ \frac{\pi}{3}\right)$ 2) $\left(3,\ -\frac{\pi}{6}\right)$ 3) $\left(3,\ \frac{11}{6}\pi\right)$

풀이 1) (그림 11.9)와 같이 $r=2$인 원과 $\theta=\frac{\pi}{3}$인 사선과 교점을 구한다.

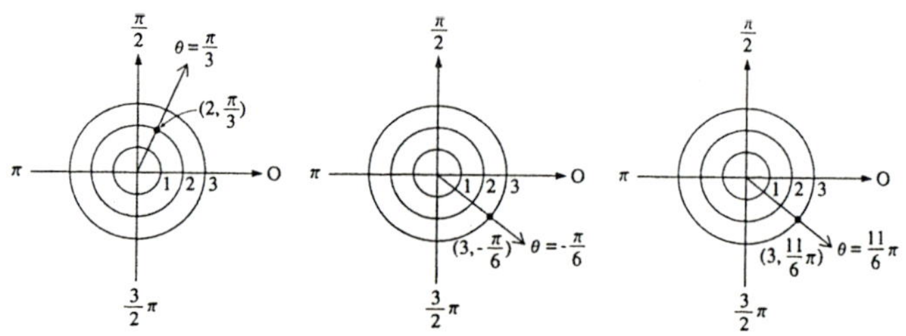

그림 11.9

2) $r=3$인 원과 $\theta=-\frac{\pi}{6}$인 사선과 교점을 구한다.

3) $r=3$인 원과 $\theta=\frac{11}{6}\pi$인 사선과 교점을 구한다. ■

직교좌표에서 각점 (x, y)는 유일한 표현을 갖는다.

이것은 극좌표의 경우에는 참이 아니다. 이를테면, 좌표 (r, θ)와 $(r, 2\pi+\theta)$는 같은 점을 나타낸다. 점의 다양한 표현을 나타내는 또 다른 방법은 음수인 r의 값을 이용하는 것이다.

r은 방향거리이므로 좌표 (r, θ)와 $(-r, \theta+\pi)$는 같은 점을 나타낸다. 일반으로 점 (r, θ)는 $(r, \theta\pm 2n\pi)$ 또는 $(-r, \theta\pm(2n+1)\pi)$로 나타낼 수 있다. n은 임의의 정수이다. 더욱이, 극은 $(0, \theta)$로 나타내어지고, θ는 임의의 각이다.

[예제 2] <점들의 다양한 표현>

점 $\left(3, -\frac{3}{4}\pi\right)$을 나타내고 $-2\pi < \theta < 2\pi$를 이용하여 이 점을 세가지 극좌표로 나타내어라.

풀이 (그림 11.10)에 보여진 점의 또 다른 표현은 다음과 같다.

$$\left(3, -\frac{3}{4}\pi+2\pi\right)=\left(3, \frac{5}{4}\pi\right)$$

$$\left(-3, -\frac{3}{4}\pi-\pi\right)=\left(-3, -\frac{7}{4}\pi\right)$$

$$\left(-3, -\frac{3}{4}\pi+\pi\right)=\left(3, \frac{\pi}{4}\pi\right)$$

■

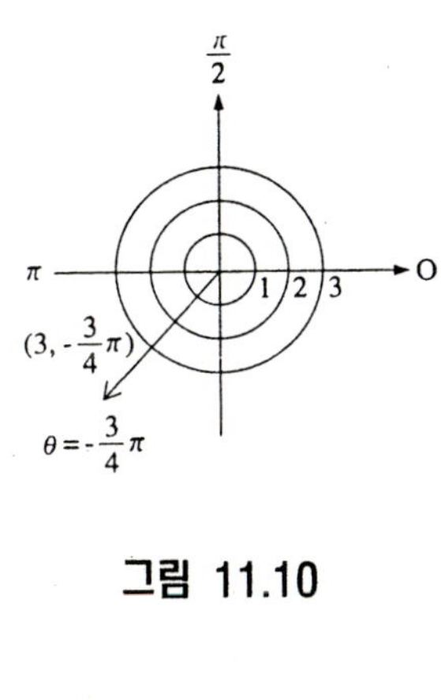

그림 11.10

□ 좌표 변환

극좌표와 직교좌표의 관계를 구하기 위해, (그림 11.11)과 같이 극축은 양의 x축과 극은 원점과 일치시킨다.

(x, y)는 반지름의 길이 r인 원위에 있으므로 $r^2 = x^2 + y^2$이고 $r>0$에 대해 삼각함수의 정의에 의해 $\tan\theta = \frac{y}{x}$, $\cos\theta = \frac{x}{r}$, $\sin\theta = \frac{y}{r}$ $r<0$에 대해 똑같은 관계를 보일 수 있다.

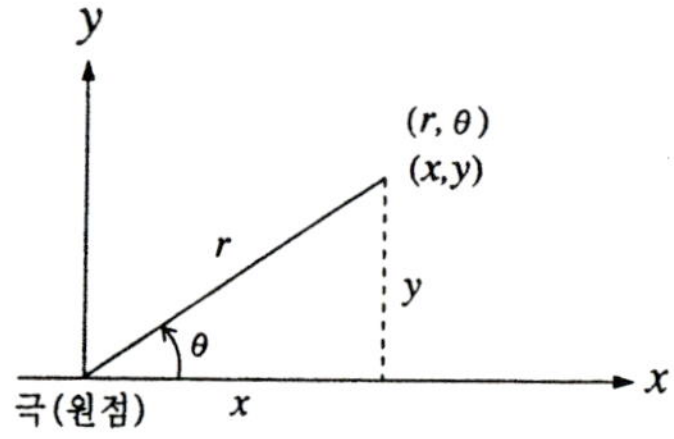

그림 11.11

이를테면 점 (r, θ), $r<0$이라고 하자. $(-r, \theta+\pi)$는 똑같은 점을 나타내고 $-r>0$이므로 $-\sin\theta = \sin(\theta+\pi) = -\frac{y}{r}$, 따라서 $\sin\theta = \frac{y}{r}$ 이들 관계가 극좌표에서 직교좌표로 또 직교좌표에서 극좌표로 변환시키는 식이다.

〈 좌표변환 〉

극좌표 (r, θ)에 대응되는 직교좌표 (x, y)의 관계는 다음과 같다.

$x = r\cos\theta$　　　　$\tan\theta = \frac{y}{x}$

$y = r\sin\theta$　　　　$r^2 = x^2 + y^2$

[예제 3] <극좌표-직교좌표 변환>

다음 극좌표는 직교좌표로, 직교좌표는 극좌표로 고쳐라.

1) $(2, \pi)$　　　　2) $\left(\sqrt{3}, \frac{\pi}{6}\right)$

3) $(-1, 1)$　　　　4) $(0, 2)$

풀이 1) $x = r\cos\theta = 2\cos\pi = -2$

$y = r\sin\theta = 2\sin\pi = 0$　　$\therefore (x, y) = (-2, 0)$

2) $x = \sqrt{3}\cos\frac{\pi}{6} = \sqrt{3}\cdot\frac{\sqrt{3}}{2} = \frac{3}{2}$

$$y=\sqrt{3}\sin\frac{\pi}{6}=\sqrt{3}\cdot\frac{1}{2}=\frac{\sqrt{3}}{2} \qquad \therefore\ (x,\ y)=\left(\frac{3}{2},\ \frac{\sqrt{3}}{2}\right)$$

3) $\tan\theta=\dfrac{y}{x}=-1,\ \ \theta=\dfrac{3}{4}\pi$

$$r=\sqrt{x^2+y^2}=\sqrt{(-1)^2+1^2}=\sqrt{2} \qquad \therefore\ (r,\ \theta)=\left(\sqrt{2},\ \frac{3}{4}\pi\right)$$

4) $\theta=\dfrac{\pi}{2},\ r=2, \qquad \therefore\ (r,\ \theta)=\left(2,\ \dfrac{\pi}{2}\right)$ ▣

□ 방정식 변환

앞의 예제에서 극좌표—직교좌표의 점 변환을 알아보았다. 극방정식—직교방정식의 변환도 같은 방법을 이용한다. 이를테면,

$y=x^2 \leftrightarrow r\sin\theta=(r\cos\theta)^2$

다음 예제를 통해 확인해 보자.

[예제 4] <극방정식-직교방정식 변환>

다음 극방정식을 직교방정식으로 고치고 그래프를 그려라.

1) $r=2$　　　2) $\theta=\dfrac{\pi}{3}$　　　3) $r=\sec\theta$

풀이 1) $r=2 \rightarrow r^2=2^2 \rightarrow x^2+y^2=2^2$　　2) $\theta=\dfrac{\pi}{3} \rightarrow \tan\theta=\sqrt{3} \rightarrow y=\sqrt{3}x$

3) $r=\sec\theta \rightarrow r\cos\theta=1 \rightarrow x=1$ 그래프는 (그림 11.12)와 같다. ▣

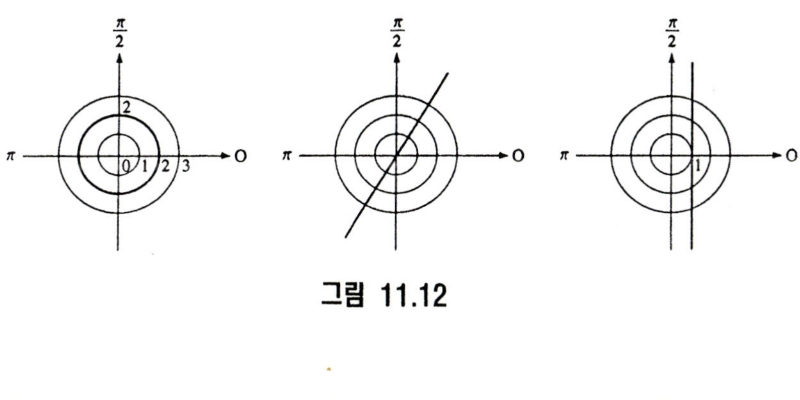

그림 11.12

연습문제 11.2

1. 다음 극좌표를 직교좌표로 고쳐라.

1) $\left(4,\ \frac{3}{6}\pi\right)$ 2) $\left(4,\ \frac{3}{2}\pi\right)$

3) $\left(-1,\ \frac{5}{4}\pi\right)$ 4) $(0,\ -\pi)$

5) $\left(4,\ -\frac{\pi}{3}\right)$ 6) $\left(-1,\ -\frac{3}{4}\pi\right)$

7) $\left(0,\ -\frac{7}{6}\pi\right)$ 8) $\left(\frac{3}{2},\ \frac{5}{2}\pi\right)$

2. 다음 직교좌표를 극좌표로 고쳐라. $(0 \leqq \theta < 2\pi)$

1) $(1,\ 1)$ 2) $(0,\ -5)$

3) $(-6,\ 0)$ 4) $(-3,\ -3)$

5) $(-3,\ 4)$ 6) $(3,\ -1)$

7) $(-\sqrt{3},\ -\sqrt{3})$ 8) $(-2,\ 0)$

3. 다음 직교방정식을 극방정식으로 고쳐라.

1) $x^2+y^2=9$ 2) $x^2+y^2-2ax=0$

3) $y=4$ 4) $x=10$

5) $3x-y+2=0$ 6) $xy=4$

7) $(x^2+y^2)-9(x^2-y^2)=0$

8) $y^2-8x-16=0$

해답

1.

1) $(0,\ 4)$

3) $\left(\frac{\sqrt{2}}{2},\ \frac{\sqrt{2}}{2}\right)$

5) $(2,\ -2\sqrt{3})$

7) $(0,\ 0)$

2.

1) $\left(\sqrt{2},\ \frac{\pi}{4}\right)$

3) $(6,\ \pi)$

5) $(5,\ 2.214)$

6) $\left(\sqrt{6},\ \frac{5}{4}\pi\right)$

3.

1) $r=3$

2) $r=2a\cos\theta$

3) $r=4\csc\theta$

4) $r=10\sec\theta$

4. 다음 극방정식을 직교방정식으로 고쳐라.

1) $r = 4\sin\theta$ 2) $\theta = \frac{\pi}{6}$

3) $r = 2\csc\theta$ 4) $r = 2\sin 3\theta$

5) $r = \frac{6}{2-3\sin\theta}$ 6) $r = \frac{6}{2\cos\theta - 3\sin\theta}$

4.

1) $x^2 + y^2 - 4y = 0$

2) $\sqrt{3}x - 3y = 0$

3) $y = 2$

11.3 극방정식의 그래프

□ 그래프 그리기

직교좌표에서 그래프 그리는 방법에 대해 많이 배웠다. 우선 점 나타내기 방법(point-plotting method)으로 시작하고, 보조적인 방법으로 그래픽 계산기, 대칭성, 교점, 점근선, 구간과 변환을 이용한다.

여기서는 극좌표계에서 곡선 그리는 방법을 다룰 것이다.

[예제 1] —<점 나타내기 방법으로 극방정식의 그래프 그리기>

극방정식 $r = 4\sin\theta$의 그래프를 그려라.

풀이 사인함수는 주기함수이므로 구간 $0 \leqq \theta \leqq 2\pi$의 θ 값에대해 구하면 r의 모든값을 얻을 수 있다. 표로 나타내면 다음과 같다.

θ	0	$\frac{\pi}{6}$	$\frac{\pi}{3}$	$\frac{\pi}{2}$	$\frac{2}{3}\pi$	$\frac{5}{6}\pi$	π	$\frac{7}{6}\pi$	$\frac{3}{2}\pi$	$\frac{11}{6}\pi$	2π
$4\sin\theta$	0	2	$2\sqrt{3}$	4	$2\sqrt{3}$	2	0	-2	-4	-2	0

이 들 점을 극평면에 나타내면 (그림 11.3)과 같다.

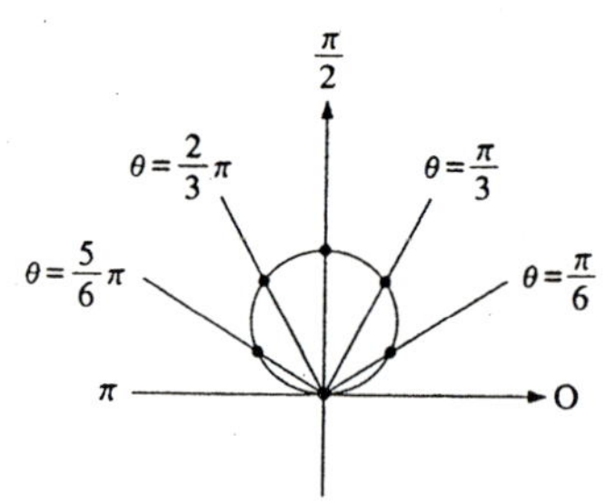

그림 11.13

중심 $(x, y) = (0, 2)$이고 반지름의 길이 2인 원이다. ▣

□ 그래픽 계산기 이용

어떤 그래픽 계산기는 극좌표 그래프 모드를 갖고 있다.

그래픽 계산기가 극좌표 그래프 모드를 갖고 있지 않으면극 방정식의 그래프를 그리는데 다음 변환을 이용할 수 있다. 매개변수 모드를 이용한다.

극 방정식 $r = f(\theta)$의 그래프는

매개변수꼴로 매개변수 t를 이용하여 다음과 같이 쓸 수 있다.

$$x = f(t)\cos t,\ \ y = f(t)\sin t$$

[예제 2] ——<그래픽 계산기 이용 극방정식의 그래프 그리기>——

$r = 4\sin\theta$의 그래프를 그리기 위해 그래픽 계산기나 컴퓨터를 이용하여라.

풀이 $x = 4\sin t\cos t,\ \ y = 4\sin t\sin t$로 방정식을 고쳐 매개변수 모드를 이용하여 $-6 \leqq x \leqq 6,\ -4 \leqq y \leqq 4$ 직사각형내에 보이도록 t는 0에서 π까지 움직이면 그래프는 (그림 11.14)와 같다. ▣

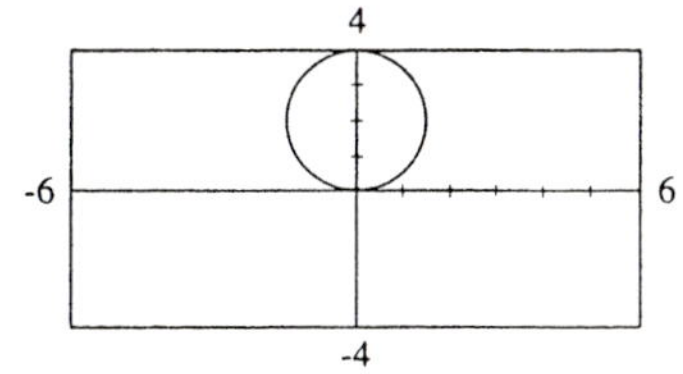

그림 11.14

□ 대칭

앞의 예제의 그래프는 t가 0에서 π까지 증가할 때 전 그래프이다. 다시 t를 0에서 2π까지 변화시키면 그래프는 두 번 움직이는 것을 알 수 있다.

(예제2)의 그래프는 직선 $\theta = \frac{\pi}{2}$에 대하여 대칭이다. $\theta = \frac{\pi}{2}$에 대한 대칭은 극곡선을 그릴 때 생각할 수 있는 중요한 세가지 대칭(그림 11.15)의 하나이다.

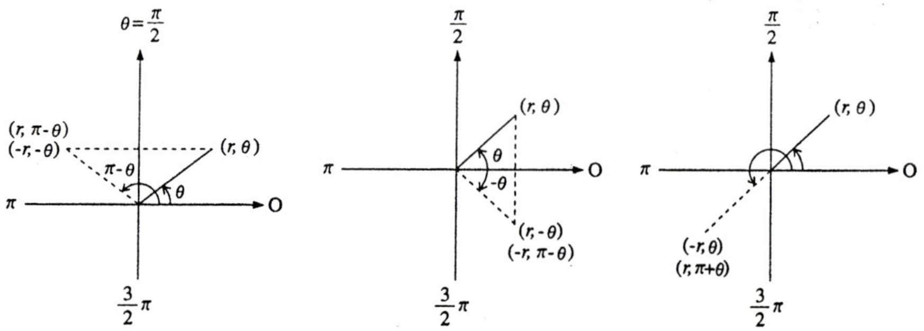

$\theta=\frac{\pi}{2}$에 대하여 대칭　　극축에 대하여 대칭　　극에 대하여 대칭

그림 11.15

〈극좌표에서 대칭성〉

주어진 값을 대입하여 방정식이 변하지 않으면 극방정식의 그래프는 다음에 대하여 대칭이다.

1) 직선 $\theta=\frac{\pi}{2}$: $(r,\ \theta)$ 대신 $(r,\ \pi-\theta)$ 또는 $(-r,\ -\theta)$

2) 극축 $\theta=\frac{\pi}{2}$: $(r,\ \theta)$ 대신 $(r,\ -\theta)$ 또는 $(-r,\ \pi-\theta)$

3) 극 $\theta=\frac{\pi}{2}$: $(r,\ \theta)$ 대신 $(r,\ \pi+\theta)$ 또는 $(-r,\ \theta)$

[예제 3] 〈극방정식의 그래프의 대칭성 찾기〉

대칭성을 알아보고 $r=3+2\cos\theta$의 그래프를 그려라.

풀이 $(r,\ \theta)$대신 $(r,\ -\theta)$를 대입하면 $r=3+2\cos(-\theta)=3+2\cos\theta$

따라서, 곡선은 극축에 대하여 대칭이다.

θ	0	$\frac{\pi}{6}$	$\frac{\pi}{4}$	$\frac{\pi}{3}$	$\frac{\pi}{2}$	$\frac{2}{3}\pi$	$\frac{3}{4}\pi$	$\frac{5}{6}\pi$	π
r	5	$3+\sqrt{3}$	$3+\sqrt{2}$	4	3	2	$3-\sqrt{2}$	$3-\sqrt{3}$	1

이 표를 이용하여 그래프를 그리면 (그림 11.16)과 같다.

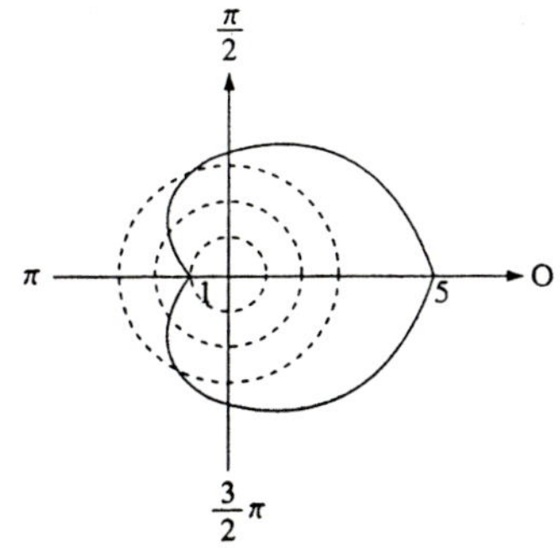

그림 11.16

■

극좌표의 대칭성의 성질은 대칭을 보증하는데 충분하지만 필요한 조건은 아니다. 이를테면 (그림 11.17)의 $r=\theta+2\pi$ 그래프는 직선 $\theta=\frac{\pi}{2}$에 대하여 대칭을 보여주지만 어느 것을 대입하여도 같은 방정식을 얻지 못함을 알 수 있다.

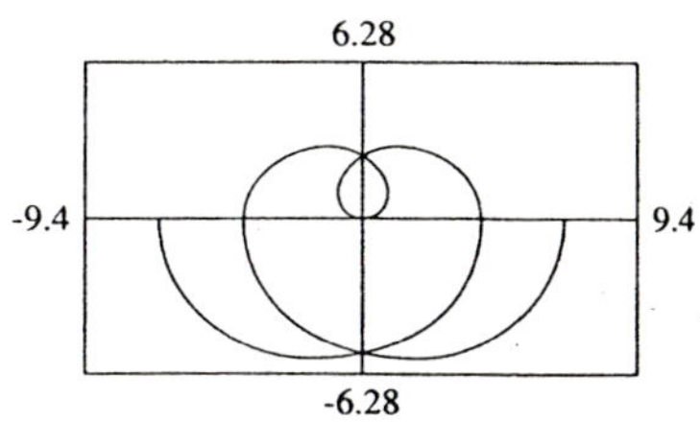

그림 11.17

방정식	대입	새로운방정식
$r=\theta+2\pi$	$(r,\ \theta)\rightarrow(-r,\ -\theta)$	$-r=-\theta+2\pi$
$r=\theta+2\pi$	$(r,\ \theta)\rightarrow(-r,\ \pi-\theta)$	$r=-\theta+3\pi$

(예제1~3)의 방정식은 $r=4\sin\theta=f(\sin\theta)$와 $r=3+\cos\theta=g(\cos\theta)$ 꼴이다. 처음 방정식의 그래프는 직선 $\theta=\frac{\pi}{2}$에 대하여 대칭이고, 두 번째 방정식의 그래프는 극축에 대하여 대칭이다. 이것은 대칭성에 대한 다음 성질을 이끌어 낸다.

1) $r=f(\sin\theta)$의 그래프는 직선 $\theta=\dfrac{\pi}{2}$에 대하여 대칭이다.

2) $r=g(\cos\theta)$의 그래프는 극축에 대하여 대칭이다.

□ 최대 r값

그래프 위의 점이 극으로부터 가장 멀이 있다면 극방정식의 그래프는 최대 r값을 갖는다. 이를테면 (예제1)에서 $r=4\sin\theta$에 대한 r의 최대값은 4이다. 이값은 $\theta=\dfrac{\pi}{2}$일 때 이다.

[예제 4] <극그래프의 최대 r값 구하기>

$r=1-2\cos\theta$의 그래프를 그리고 최대 r값을 구하여라.

풀이 극방정식 $r=1-2\cos\theta=g(\cos\theta)$꼴이므로, 그래프는 극축에 대해 대칭이다. $0\leqq\theta\leqq\pi$에 대해 r을 구하면 다음표와 같다.

θ	0	$\frac{\pi}{6}$	$\frac{\pi}{4}$	$\frac{\pi}{3}$	$\frac{\pi}{2}$	$\frac{2}{3}\pi$	$\frac{3}{4}\pi$	$\frac{5}{6}\pi$	π
r	-1	$1-\sqrt{3}$	$1-\sqrt{2}$	0	1	2	$1+\sqrt{2}$	$1+\sqrt{3}$	3

그래프를 그리면 (그림 11.18)과 같다.

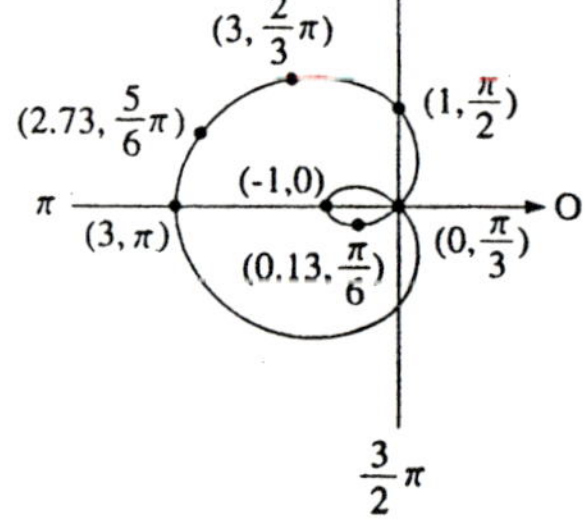

그림 11.18

$\theta=\pi$일 때, 최대 r값은 3이다. ▣

어떤 곡선은 한 번이상 최대 r값을 갖는다.

[예제 5] <극그래프의 최대 r값 구하기>

$r = 2\cos 3\theta$의 그래프를 그리고 최대 r값을 구하여라.

풀이 $2\cos 3\theta = 2\cos(-3\theta)$이므로 그래프는 극축에 대칭이다.

그래프에 대한 매개변수 방정식은

$x = 2\cos 3t \cos t,\ \ y = 2\cos 3t \sin t$로 주어진다.

t가 0에서 π가지 변할 때 그래픽 계산기를 이용한 그래프를 나타내면(그림 11.19)와 같다.

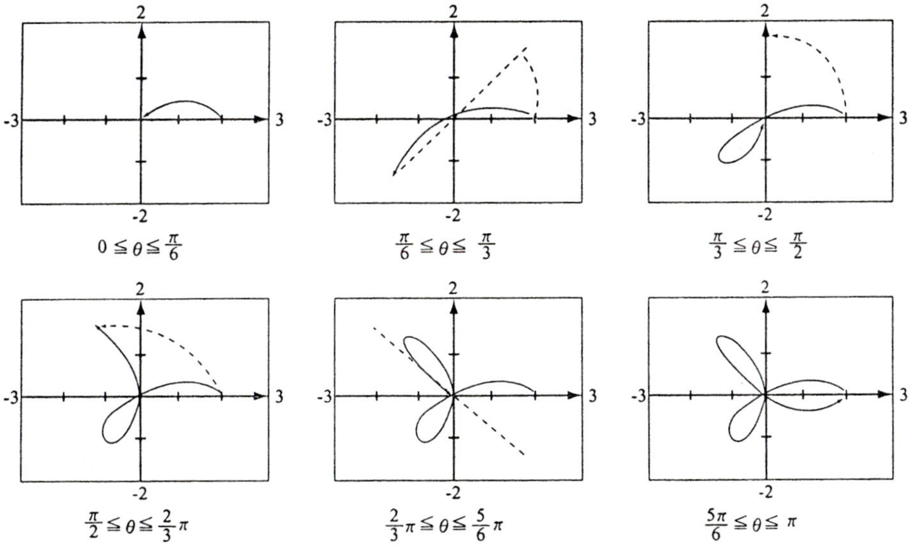

그림 11.19

최대 r값은 세 점에서 일어난다.

$$(r,\ \theta) = (2,\ 0),\ \left(-2,\ \frac{\pi}{3}\right),\ \left(2,\ \frac{2}{3}\pi\right)$$ ▣

□ 특별한 극 그래프

여러 가지 중요한 그래프가 직교좌표형보다 극좌표형에서 더 단순한 방정식을 갖는다. 예를들면, (예제1)의 원 $r = 4\sin\theta$는 직교방정식으로 나타내면 $x^2 + (y-2)^2 = 4$로 더 복잡하다. 다음 목록은 간단한 극방정식을 갖는 그래프의 여러 가지 형태를 나타낸다(그림 11.20).

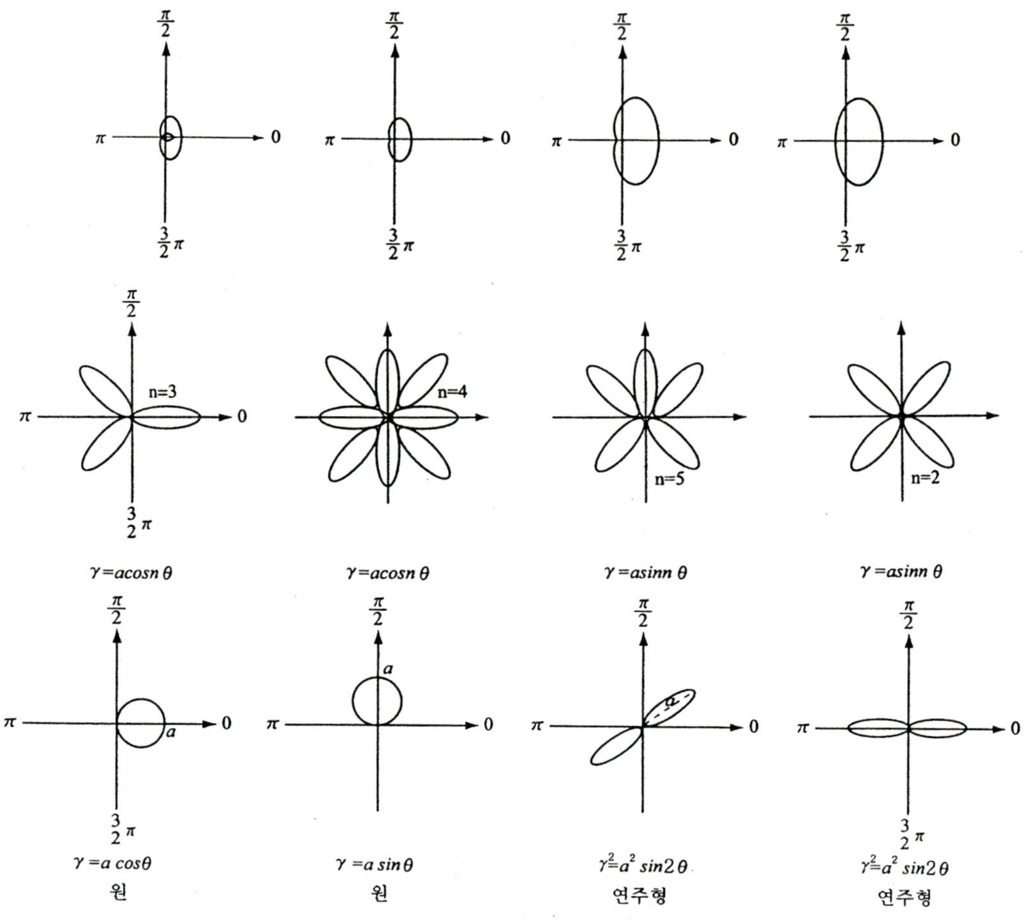

그림 11.20

[예제 6] <장미곡선 그리기>

$r = 3\cos 2\theta$의 그래프를 그려라.

풀이 그래프의 기본성질을 분석하면,

곡선의 종류 : $2n = 4$잎을 갖는 장미곡선

대칭 : 극축과 직선 $\theta = \frac{\pi}{2}$에 대하여 대칭

최대 r 값 :

$|r| = 3$, $\theta = 0,\ \frac{\pi}{2},\ \pi,\ \frac{3}{2}\pi$일 때,

매개변수 방정식 : $x = 3\cos 2t\cos t$

$y = 3\cos 2t\sin t$

그래픽 계산기를 이용하여 t가 0에서 2π까지 변할 때, 그래프를 그리면 (그림 11.21)과 같다.

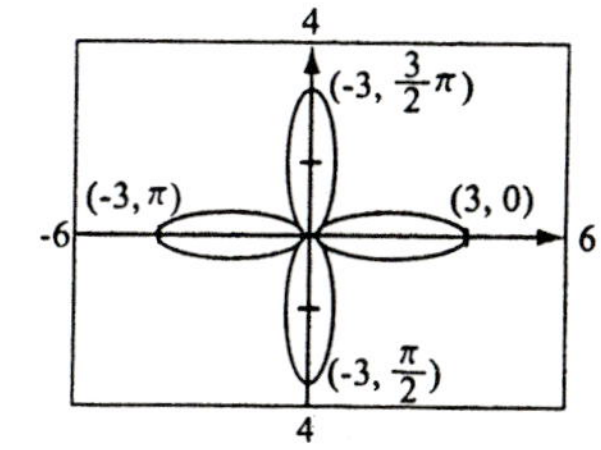

그림 11.21

▣

[예제 7] <연주형 그리기>

$r^2 = 9\sin 2\theta$의 그래프 그리기.

풀이 그래프의 기본성질을 분석하면,

곡선의 종류 : 연주형(lemniscate)

대칭 : 극에 대하여 대칭

최대 r 값 : $|r| = 3$, $\theta = \frac{\pi}{4}$일 때,

매개변수 방정식 : $\begin{cases} x = 3\sqrt{\sin 2t}\cos t \\ y = 3\sqrt{\sin 2t}\sin t \end{cases}$

$\begin{cases} x = -3\sqrt{\sin 2t}\cos t \\ y = -3\sqrt{\sin 2t}\sin t \end{cases}$

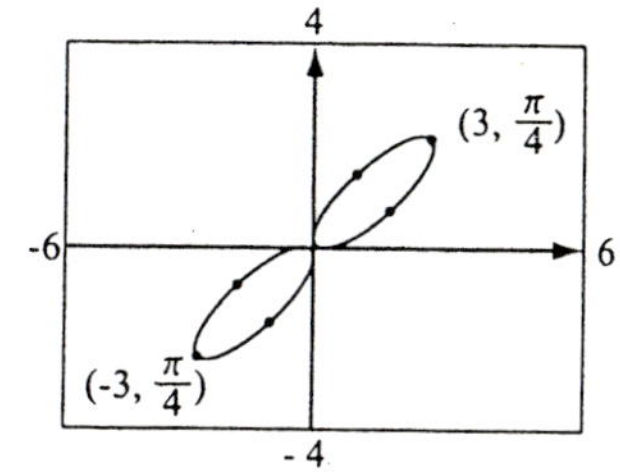

그림 11.22

그래픽 계산기를 이용하여 t가 0에서 $\frac{\pi}{2}$까지 변할 때 그래프를 그리면 (그림 11.22)와 같다. ▣

연습문제 11.3

1. 대칭성을 조사하여라. $\left(\theta=\frac{\pi}{2}\right.$, 극축, 극$\left.\right)$

1) $r=10+6\cos\theta$ 2) $r=16\cos 3\theta$

3) $r=\dfrac{2}{1+\sin\theta}$ 4) $r=6\sin\theta$

5) $r=4\sec\theta\csc\theta$ 6) $r^2=25\sin 2\theta$

2. $|r|$의 최대값을 구하여라.

1) $r=5\cos 3\theta$ 2) $r=-2\cos\theta$

3) $r=10(1-\sin\theta)$ 4) $r=6+12\cos\theta$

3. 극방정식의 그래프를 그려라.

1) $r=5$ 2) $r=2$

3) $\theta=\dfrac{\pi}{6}$ 4) $\theta=-\dfrac{\pi}{4}$

5) $r=3\sin\theta$ 6) $r=3(1-\cos\theta)$

7) $r=4(1+\sin\theta)$ 8) $r=3-2\cos\theta$

9) $r=4+3\cos\theta$ 10) $r=2+4\sin\theta$

11) $r=3-4\cos\theta$ 12) $r=2\cos 3\theta$

13) $r=3\sin 2\theta$ 14) $r=2\sec\theta$

해답

1.

1) 극축

3) $\theta=\dfrac{\pi}{2}$

5) $\theta=\dfrac{\pi}{2}$, 극축, 극

2.

1) $\theta=0,\ \dfrac{\pi}{3},\ \dfrac{2}{3}\pi$일 때, $|r|=5$

3.

1)
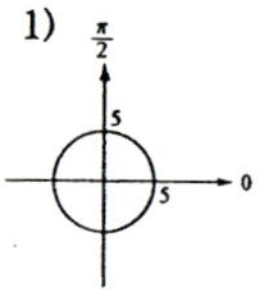

3)
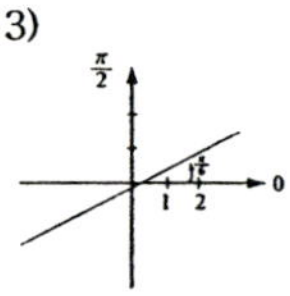

5)
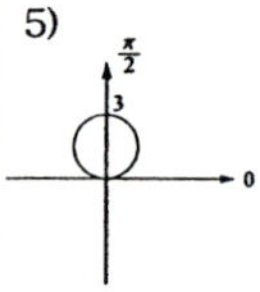

7)
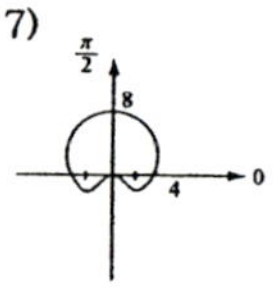

9)
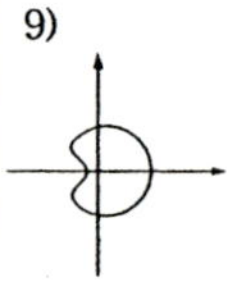

11.4 원뿔곡선의 극방정식

□ 원뿔곡선의 다른 정의

타원과 쌍곡선의 직교방정식 정의는 중심이 축에 있을 때 간단하다는 것을 이미 배웠다. 좌표계의 중심으로 초점의 하나를 이용하면 원뿔곡선의 중요한 응용에서 편리하다. 이를테면, 태양이 지구의 궤도의 초점에 있다. 마찬가지로 포물 거울의 빛의 근원이 초점에 있다. 여기서는 초점의 하나가 극에 있으면 원뿔곡선의 극방정식은 간단한 형태를 취할 것이다.

〈원뿔곡선의 다른정의〉

고정된 점(초점)으로부터 거리와 고정된 직선(준선)까지의 거리의 비가 상수비율로 움직이는 평면위의 점의 자취는 원뿔곡선(conic)이다. 상수비는 원뿔곡선의 이심률(eccentricity)이고, e로 나타낸다. 더욱이 $e<1$이면 타원, $e=1$이면 포물선, $e>1$이면 쌍곡선이다.

(그림 11.23)에서, 원뿔곡선을 보면, 극이 정의에서 주어진 고정된 점(초점)에 대응한다.

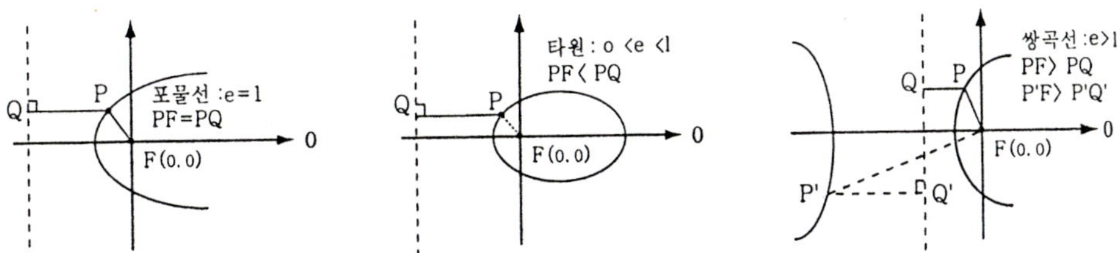

그림 11.23

□ 원뿔곡선의 극방정식

다음과 같은 극방정식의 꼴 1) $r=\dfrac{ep}{1\pm e\cos\theta}$, 2) $r=\dfrac{ep}{1\pm e\sin\theta}$가 원뿔곡선이다. 단, $(e>0)$은 이심률이고 $|p|$는 초점(극)과 준선사이의 거리이다.

[예제 1] <방정식으로부터 원뿔곡선 알아 내기>

$r=\dfrac{15}{3-2\cos\theta}$로 주어진 원뿔곡선을 알아보고 그래프를 그려라.

풀이 방정식을 다시쓰면,

$$r=\frac{15}{3-2\cos\theta}=\frac{5}{1-\frac{2}{3}\cos\theta}$$

$e=\dfrac{2}{3}$에서 타원이다. 타원을 그리는데, 그래픽 계산기로 매개변수 방정식

$x=\dfrac{15\cos t}{3-2\cos t}$, $y=\dfrac{15\sin t}{3-2\cos t}$를 이용한다.

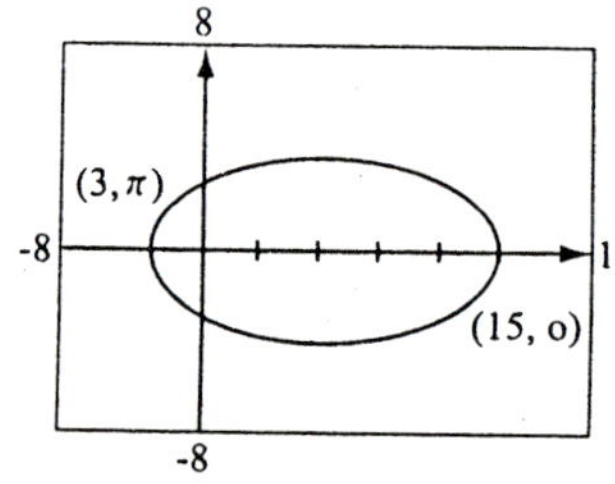

그림 11.24

t가 0에서 2π까지 변하면 그래프는 (그림 11.24)와 같다. ▣

(그림 11.24)에서 주축은 수평이고 꼭지점은 (15, 0)와 (3, π)이다. 장축의 길이 $2a=18$, 단축의 길이는 $e=\dfrac{c}{a}$와 $b^2=a^2-c^2$을 이용하면,

$b^2=a^2-c^2=a^2-(ea)^2=a^2(1-e^2)=9^2\left\{1-\left(\dfrac{2}{3}\right)^2\right\}=45$, $b=3\sqrt{5}$ 따라서, 단축의 길이는 $2b=6\sqrt{5}$

쌍곡선의 경우 $b^2 = c^2 - a^2 = (ea)^2 - a^2 = a^2(e^2-1)$이다.

[예제 2] ——<극방정식에서 곡선의 모양 알아 내기>

$r = \dfrac{32}{3+5\sin\theta}$로 주어진 원뿔곡선을 알아보고 그래프를 그려라.

풀이 방정식을 다시 쓰면,

$$r = \frac{32}{3+5\sin\theta} = \frac{\frac{32}{3}}{1+\frac{5}{3}\sin\theta}$$

$e = \dfrac{5}{3} > 1$이므로 쌍곡선이다.

쌍곡선의 주축은 $\theta = \dfrac{\pi}{2}$이고 꼭지점은

$\left(4, \dfrac{\pi}{2}\right)$, $\left(-16, \dfrac{3}{2}\pi\right)$이다.

주축의 길이는 12이므로 $a = 6$

$b^2 = a^2(e^2-1) = 6^2\left\{\left(\dfrac{5}{3}\right) - 1\right\} = 64$

따라서, $b = 8$

그래프를 그리면 (그림 11.25)와 같다. ▣

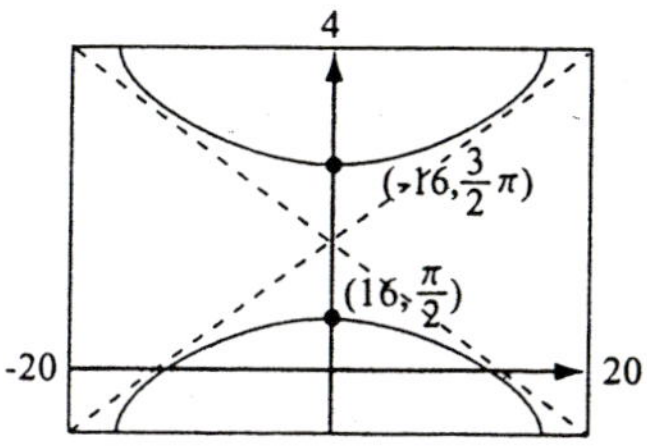

그림 11.25

다음 예제에서 원뿔곡선에 대한 극방정식을 구하게 된다.

p는 극과 준선 사이의 거리이다. p에 대한 설명으로 원뿔곡선에 대한 극방정식을 구하는데 다음 식이 도움을 줄 것이다.

1) 극위에 수평 준선 : $r = \dfrac{ep}{1+e\sin\theta}$

2) 극아래 수평 준선 : $r = \dfrac{ep}{1-e\sin\theta}$

3) 극의 오른쪽에 수직 준선 : $r = \dfrac{ep}{1+e\cos\theta}$

4) 극의 왼쪽에 수직 준선 : $r = \dfrac{ep}{1-e\cos\theta}$

[예제 3] <원뿔곡선의 극방정식 구하기>

초점이 극이고 준선이 $y=3$인 포물선에 대한 극방정식을 구하여라.

풀이 (그림 11.26)에서 수평준선이다. 따라서, $r = \dfrac{ep}{1+e\sin\theta}$

더욱이, 포물선의 이심률은 $e=1$이므로 극과 준선 사이의 거리는 $p=3$이다.

구하는 극방정식은

$r = \dfrac{3}{1+\sin\theta}$ 이다.

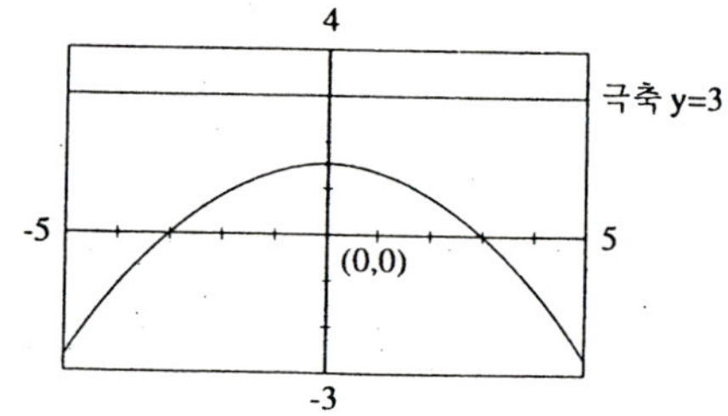

그림 11.26

■

연습문제 11.4

1. 다음 극방정식과 그래프를 짝지어라.

1) $r=\dfrac{6}{1-\cos\theta}$ 2) $r=\dfrac{2}{2-\cos\theta}$

3) $r=\dfrac{3}{1-2\sin\theta}$ 4) $r=\dfrac{2}{1+\sin\theta}$

5) $r=\dfrac{6}{2-\sin\theta}$ 6) $r=\dfrac{2}{2+3\cos\theta}$

a)

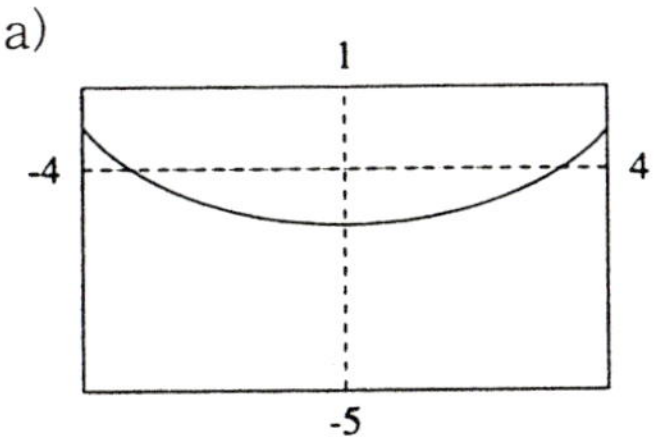

b)

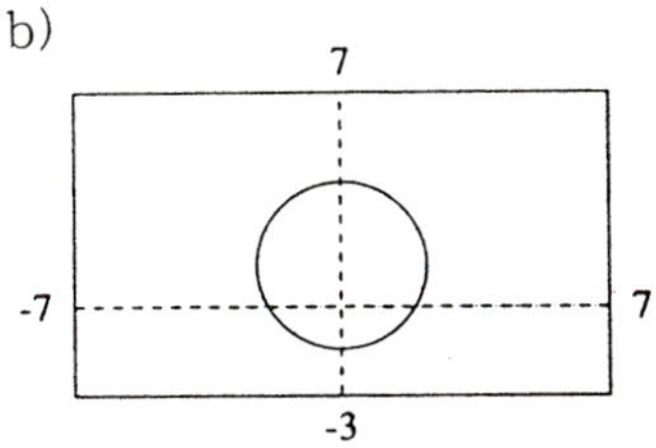

c)

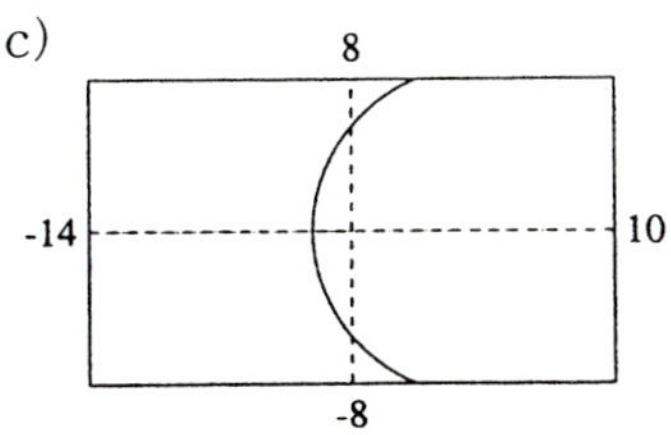

d)

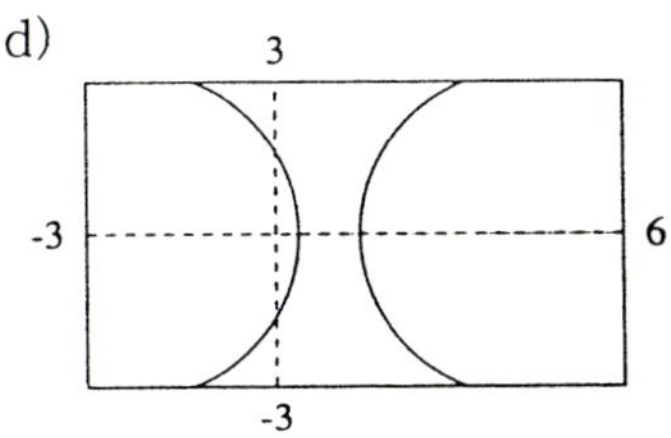

e)

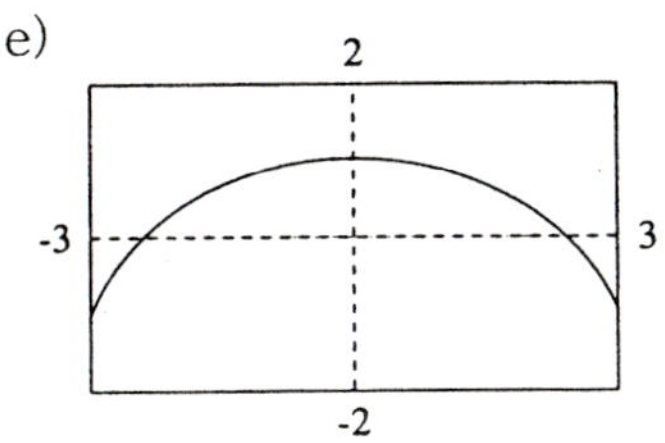

f)

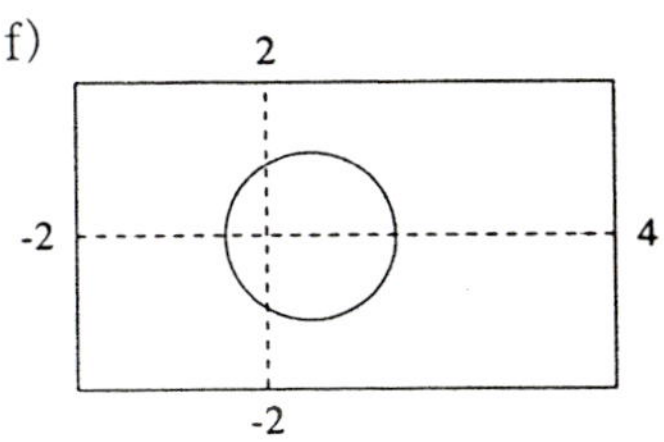

해답

1.

1) c

3) a

5) b

2. 극이 초점인 원뿔곡선의 극방정식을 구하여라.

1) 포물선 : $e=1$, 준선 $x=-1$

2) 타 원 : $e=\frac{1}{2}$, 준선 $y=1$

3) 쌍곡선 : $e=2$, 준선 $x=1$

4) 포물선 : 초점 $\left(1, -\frac{\pi}{2}\right)$

5) 타 원 : 초점 $(2, 0)$, $(8, \pi)$

6) 타 원 : 초점 $(20, 0)$, $(4, \pi)$

7) 쌍곡선 : 초점 $\left(1, \frac{3}{2}\pi\right)$, $\left(9, \frac{3}{2}\pi\right)$

2.

1) $r=\frac{1}{1-\cos\theta}$

2) $r=\frac{1}{2+\sin\theta}$

3) $r=\frac{2}{1+2\cos\theta}$

4) $r=\frac{2}{1-\sin\theta}$

5) $r=\frac{16}{5+3\cos\theta}$

6) $r=\frac{20}{3-2\cos\theta}$

7) $r=\frac{9}{4-5\sin\theta}$

Home Work

1. 다음 매개변수 방정식의 개형을 그리고 직교방정식을 구하여라.

1) $x = 2\cos t,\ \ y = 3\sin t$
2) $x = 3 - t,\ \ y = 1 - t^2$
3) $x = \sin t,\ \ y = 3 - 2\cos t$
4) $x = \operatorname{cosec} t,\ \ y = \cot t$
5) $x = \cos 2t,\ \ y = \sin t$
6) $x = t - \dfrac{1}{t},\ \ y = t + \dfrac{1}{t}$
7) $x = 2 + t^2,\ \ y = 1 - t^2$
8) $x = e^t + e^{-t},\ \ y = e^t - e^{-t}$

2. 주어진 극좌표를 직교좌표로 바꾸어라.

1) $\left(-2,\ \dfrac{\pi}{4}\right)$
2) $\left(6,\ -\dfrac{\pi}{3}\right)$
3) $(0,\ \pi)$
4) $\left(1,\ -\dfrac{7}{6}\pi\right)$
5) $\left(-2,\ \dfrac{\pi}{2}\right)$
6) $\left(-4,\ -\dfrac{3}{4}\pi\right)$
7) $(3,\ -\pi)$
8) $\left(-6,\ -\dfrac{\pi}{4}\right)$
9) $(1,\ 0)$

3. 주어진 직교좌표를 극좌표로 바꾸어라. $(r>0,\ 0 \leqq \theta < 2\pi)$

1) $(-2,\ 2)$
2) $(4,\ 0)$
3) $(2\sqrt{3},\ 2)$
4) $(-2,\ 2\sqrt{3})$
5) $(\sqrt{3},\ -1)$
6) $(0,\ -4)$
7) $(-3,\ 3)$
8) $(5,\ -5)$
9) $(-2,\ 0)$

4. 주어진 직교방정식을 극방정식으로 바꾸어라.

1) $x = 5$
2) $y = -3$
3) $x^2 + y^2 = 16$
4) $x^2 - y^2 = -4$
5) $y = -x^2$
6) $xy = 9$

5. 주어진 극방정식을 직교방정식으로 바꾸어라.

1) $r=2$　　2) $\theta=\dfrac{\pi}{4}$　　3) $r\cos\theta=3$

4) $r=4\sin\theta$　　5) $r=\tan\theta$　　6) $r^2=\cos 4\theta$

6. 두 곡선의 교점의 좌표를 모두 구하여라.

1) $r=4\cos\theta,\ r=4\sqrt{3}\sin\theta$　　2) $r=\sqrt{2},\ r^2=\cos 2\theta$

3) $r^2=4\cos 2\theta,\ r^2=4\sin 2\theta$　　4) $r=1-\cos\theta,\ r=\cos\theta$

5) $r=a,\ r=4a\sin\theta$　　6) $r=a,\ r^2=2a^2\sin 2\theta$

7. 다음 조건에 맞는 원의 극방정식을 구하여라.

1) 중심 $\left(4,\ \dfrac{\pi}{6}\right)$, 반지름의 길이 3　　2) 중심 $\left(-3,\ \dfrac{\pi}{3}\right)$, 반지름의 길이 4

3) 중심 $(5,\ 0)$, 반지름의 길이 5　　4) 중심 $\left(3,\ \dfrac{\pi}{2}\right)$, 반지름의 길이 3

8. 다음 원뿔곡선의 이심률을 구하여라.

1) $r=\dfrac{6}{1-\cos\theta}$　　2) $r=\dfrac{10}{2-\cos\theta}$

3) $r=\dfrac{4}{2+4\cos\theta}$　　4) $r=\dfrac{8}{6+\cos\theta}$

9. 원뿔곡선 $r=\dfrac{25}{4-5\cos\theta}$의 이심률, 준선을 구하고 곡선을 분류하여라.

10. 이심률 $e=\dfrac{4}{3}$를 갖는 쌍곡선의 한 초점이 원점이고 준선이 $x=7$(또는 $r\cos\theta=7$)이다. 극방정식을 구하고, 중심과 두 번째 초점의 극좌표를 구하라, 그리고 곡선을 그려라.

제 12 장

확률과 미적분

학습내용

12.1 이산확률분포

12.2 연속확률분포

12.3 분산과 특수한 확률밀도함수

12.1 이산확률분포

□ 표본공간

복잡한 사회의 구성원으로서 여러모로 불확실하게 변화하는 양과 함께 살고 있다. 이를테면, 졸업하면 좋은 직장을 얻을 것 같다거나, 주택복권에 당첨될 가능성이 있다거나 또는 내일은 비가 올 가능성이 있다는 질문일 것이다. 매일 매일의 일상생활에서 불확실함을 측정하는데 '아주 확실한', '아마도' 또 '거의 같지 않은'과 같은 애매모호한 용어를 사용한다.

수학에서는 사건이 일어날 가능성에 수를 대응함으로써 모호함을 없애려고 한다. 이것을 사건이 일어날 확률(probability)이라고 한다. 이를테면 동전을 던질 때 앞면이 일어날 확률은 $\frac{1}{2}$ 또는 50%라고 한다. 확률의 연구에서 일어나는 결과가 불확실한 것을 실험(experiment)이라고 한다. 실험의 가능한 여러 가지 결과들을 시행이라고 부르고, 실험의 모든 가능한 시행의 모음을 표본공간(sample space)이라고 부른다. 마지막으로 표본공간의 부분집합을 사건(event)이라고 부른다. 이 절에서는 각 결과가 일어날 가능성이 같은 공정한 동전 던지기나 또는 주사위 던지기의 표본공간에 대해 다룰 것이다.

[예제 1] <표본공간 구하기>

정육면체 모양의 주사위를 던지는 실험에서
1) 표본공간을 구하여라.
2) 2보다 큰 수가 나오는 사건을 써 보아라.

풀이 1) 표본공간은 1, 2, 3, 4, 5, 6 여섯 개의 수로 이루어진다.

즉 $S = \{1, 2, 3, 4, 5, 6\}$

2) 2보다 큰 수에 대응하는 사건은 S의 부분집합 $\{3, 4, 5, 6\}$이다. ▣

각 결과가 일어날 가능성이 같다는 표본공간을 기술하기 위해 때로는 인위적으로 만든 여러 가지 결과 사이에 구별을 해야 한다. 이런 경우를 다음 예제가 설명한다.

[예제 2] <표본공간 구하기>

다음 실험에 대한 표본공간을 구하여라.
1) 동전 하나를 던질 때　　2) 두 개의 동전을 던질 때

풀이 1) 동전의 앞면을 H, 뒷면을 T라 하면 표본공간 $S=\{H, T\}$이다.

2) 두 개의 동전을 던지면 가능한 결과는 다음과 같다.

HH : 두 개의 동전이 앞면

HT : 첫 번째 동전은 앞면, 두 번째 동전은 뒷면

TH : 첫 번째 동전은 뒷면, 두 번째 동전은 앞면

TT : 두 개의 동전이 뒷면

따라서 표본공간 $S=\{HH, HT, TH, TT\}$이다. ▣

주의 비록 두 결과가 유사한 것 같지만 두 경우 HT와 TH를 구별해야 한다.

[예제 3] <표본공간 구하기>

세 개의 동전을 던질 때, 표본공간을 구하여라.

풀이 예제 2에서 사용한 기호를 따르면, 표본공간 S는

$S=\{HHH, HHT, HTH, HTT, THH, THT, TTH, TTT\}$이다. ▣

□ 이산임의변수(Discrete Random Variables)

표본공간의 각 결과에 수값을 대응시키는 것이 편리한 경우가 있다. 이것은

여러 가지 방법으로 나타낼 수 있다. 이를테면, 예제 3의 표본공간에서 각 결과의 수값 x는 앞면의 개수일 수 있다. 표본공간의 각 결과에 수값을 대응시키는 함수를 **임의변수**(random variable)라고 한다.

〈이산임의변수의 정의〉

S를 표본공간이라 하자. 임의변수는 (S의 각 결과에 수값을 대응시키는) 함수 x이다. 임의변수에 의해 얻은 값의 집합이 유한이면 이 때, 임의변수는 이산변수라고 한다.

참고 임의변수는 함수임을 기억하여라.

x의 특별한 값이 일어나는 횟수를 x의 빈도(frequency)라 하고 $n(x)$로 나타낸다.

[예제 4] <임의변수의 빈도 구하기>

세 개의 동전을 던질 때 임의 변수에 앞면이 일어난 횟수 0, 1, 2, 3을 대응시킨다.

$$\begin{array}{ccccccccc} S = \{ & HHH, & HHT, & HTH, & HTT, & THH, & THT, & TTH, & TTT\} \\ & \downarrow & \downarrow & \downarrow & \downarrow & \downarrow & \downarrow & \downarrow & \downarrow \\ & 3 & 2 & 2 & 1 & 2 & 1 & 1 & 0 \end{array}$$

0, 1, 2, 3의 빈도를 구하여라.

풀이 빈도를 구하기 위해 임의변수에 대응되는 각각의 수들이 일어나는 횟수를 세면 표와 같다.

임의변수 x	0	1	2	3
x의 빈도, $n(x)$	1	3	3	1

■

□ 사건의 확률(Probability of an Event)

표본공간의 각 결과가 일어날 가능성이 같다면(예제 4에서와 같이) x의 확률은 $P(x) = \dfrac{x\text{의 빈도}}{S\text{의 결과의 수}} = \dfrac{n(x)}{n(S)}$로 주어지고 $n(S)$는 표본공간의 결과의 수이다. 임의변수의 값에 대응하는 모든 확률의 모임을 확률분포(probability distribution)라고 부른다. 이를테면 세 개의 동전을 던질 때 나오는 앞면의 수를 나타내는 임의변수에 대한 확률분포는 다음 표와 같다.

임의변수 x	0	1	2	3
x의 확률, $P(x)$	$\frac{1}{8}$	$\frac{3}{8}$	$\frac{3}{8}$	$\frac{1}{8}$

위의 표에 나타난 확률분포에 대해 두 가지 중요하게 관찰할 것이 있다.

첫째, 임의변수의 각 값의 확률은 0과 1사이의 수이다.

둘째, 임의변수의 값들의 확률의 합은 1이다. 즉

$$P(0)+P(1)+P(2)+P(3) = \frac{1}{8}+\frac{3}{8}+\frac{3}{8}+\frac{1}{8} = 1$$

두 성질은 어떤 이산임의변수에 대한 확률분포에 대해 성립한다.

〈 이산임의변수에 대한 확률분포 〉

이산임의변수의 변역(range)이 서로 다른 m개의 값 $\{x_1, x_2, x_3, \cdots, x_m\}$으로 되어있다면, 다음 성질들이 성립한다.

1. $0 \leq P(x_i) \leq 1,\ i = 1, 2, 3, \cdots, m$
2. $P(x_1)+P(x_2)+P(x_3)+\cdots+P(x_m) = 1$

[예제 5] <확률분포 구하기>

다섯 개의 동전을 던질 때 앞면이 일어나는 수로 주어진 임의변수에 대한 확률분포 그래프를 그려라.

풀이 앞면이 일어나는 수가 0, 1, 2, 3, 4, 5이므로 이 임의변수의 값이 다음 사건에 대응된다.

x	사 건	$n(x)$
0	$TTTTT$	1
1	$HTTTT$, $THTTT$, $TTHTT$, $TTTHT$, $TTTTH$	5
2	$HHTTT$, $HTHTT$, $HTTHT$, $HTTTH$, $THHTT$, $THTHT$, $HTHHT$, $TTHHT$, $TTHTH$, $TTTHH$	10
3	$HHHTT$, $HHTHT$, $HHTTH$, $HTHHT$, $HTHTH$ $HTTHH$, $THHHT$, $THHTH$, $THTHH$, $TTHHH$	10
4	$HHHHT$, $HHHTH$, $HHTHH$, $HTHHH$, $THHHH$	5
5	$HHHHH$	1

표본공간의 결과의 수는 $n(S) = 32$이므로 임의변수의 각 값에 대한 확률은 다음과 같다.

임의변수, x	0	1	2	3	4	5
확률, $P(x)$	$\frac{1}{32}$	$\frac{5}{32}$	$\frac{10}{32}$	$\frac{10}{32}$	$\frac{5}{32}$	$\frac{1}{32}$

확률분포의 그래프는 (그림12.1)과 같다.

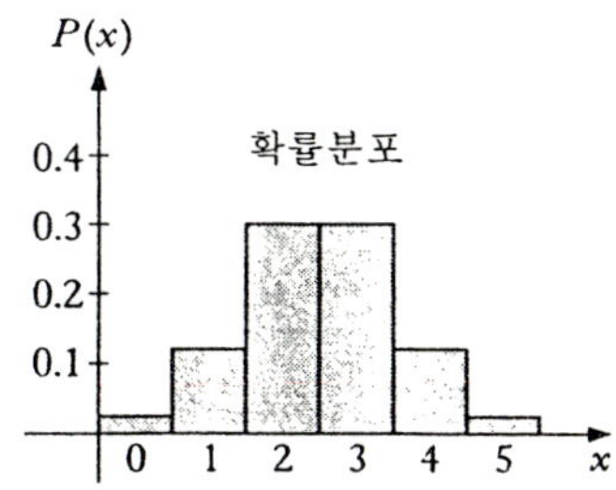

그림 12.1

■

참고 위의 그래프는 x축 위에 구간으로 임의변수의 값을 나타낸 것이다.

□ 기대값 또는 평균(Expected Value or Mean)

예제 5의 동전던지기 실험을 여러 번 반복했다고 생각하자. 평균적으로 앞면이 몇 번 나온다고 기대하는가? 그림의 확률분포 그래프에서 앞면이 일어나는 평균은 $2\frac{1}{2}$이 될 것이다(이를테면 다섯 개의 동전을 100번 던진 다음 앞면이 거의 250번 나옴을 기대할 수 있다). 이 평균을 임의변수의 기대값(expected value)이라 하고, 다음과 같이 정의한다.

〈기대값의 정의〉

> 이산임의변수의 번역이 m개의 서로 다른 값 $\{x_1, x_2, x_3, \cdots, x_m\}$으로 이루어지면, 임의변수의 기대값은 $E(x) = x_1p_1 + x_2p_2 + x_3p_3 + \cdots + x_mp_m$으로 주어진다(단, p_i는 x_i의 확률이다).

임의변수의 기대값을 임의변수의 평균(mean)이라고도 한다. 임의변수의 평균은 보통 그리스문자 μ(mu)로 나타낸다. 평균은 임의변수의 변역 값의 가운데 가까이서 일어나므로, 이것을 **중심집중경향값**(measure of central tendency)이라고 부른다. 이 정의에 의하면, 예제 5의 임의변수의 기대값이 $2\frac{1}{2}$이라고 확신할 수 있다.

[예제 6] <임의변수의 기대값 구하기>

다섯 개의 동전을 던질 때 앞면이 나오는 수에 대한 기대값을 구하여라.

풀이 예제 5의 결과를 이용하면, 기대값을 다음과 같이 계산한다.

$$E(x) = (0)\left(\frac{1}{32}\right)+(1)\left(\frac{5}{32}\right)+(2)\left(\frac{10}{32}\right)+(3)\left(\frac{10}{32}\right)$$

$$+(4)\left(\frac{5}{32}\right)+(5)\left(\frac{1}{32}\right)$$

$$= \frac{80}{32} = 2.5$$

■

[예제 7] <임의변수의 기대값 구하기>

225일간의 판매 결과 매일 0개부터 8개까지 판 표가 다음과 같다.

판매량	0	1	2	3	4	5	6	7	8
판매일수	33	45	52	46	24	11	8	5	1

위의 표처럼 계속 판매된다면, 매일 판매량의 기대값은 얼마인가?

풀이 $E(x) = (0)\left(\frac{33}{225}\right) + (1)\left(\frac{45}{225}\right) + (2)\left(\frac{52}{225}\right) + (3)\left(\frac{46}{225}\right)$

$+ (4)\left(\frac{24}{225}\right) + (5)\left(\frac{11}{225}\right) + (6)\left(\frac{8}{225}\right) + (7)\left(\frac{5}{225}\right)$

$(8)\left(\frac{1}{225}\right) = \frac{529}{225} \approx 2.35$(개) ▣

□ 분산과 표준편차(Variance and Standard Deviation)

기대값(또는 평균)은 임의변수로 할당된 평균값에 대한 측정을 한다. 그러나 평균이 전 자료를 설명하는 것은 아니다. 이를테면 다음 세 개의 분포는 평균이 2이다.

임의변수, x	0	1	2	3	4
x의 빈도, $f(x)$	2	2	2	2	2

임의변수, x	0	1	2	3	4
x의 빈도, $f(x)$	0	3	4	3	0

임의변수, x	0	1	2	3	4
x의 빈도, $f(x)$	5	0	0	0	5

각각은 같은 평균을 갖지만 위 세 개의 분포에 대한 분석은 꽤 다르다. 첫 번째 분포에서 임의변수의 각 빈도는 같다. 두 번째 분포에서 값은 평균주변에 몰려있다. 그리고 세 번째 분포에서 임의변수의 값은 평균으로부터 멀리에서 일어난다. 평균으로부터 분포가 얼마나 흐트러졌는가를 알기 위해 표준편차(standard deviation)라는 양을 이용한다.

〈 임의변수의 표준편차의 정의 〉

이산임의변수의 번역이 m개의 서로 다른 값 $\{x_1, x_2, x_3, \cdots, x_m\}$으로 이루어지고, μ라면 임의변수의 분산(variance)은 $V(x) = (x_1 - \mu)^2 p_1 + (x_2 - \mu)^2 p_2 + (x_3 - \mu)^2 p_3 + \cdots + (x_m - \mu)^2 p_m$으로 주어진다(단, p_i는 x_i의 확률이다). 임의변수의 표준편차는 $\sigma = \sqrt{V(x)}$로 주어진다.

(예제 8)에서 앞의 세 개의 분포에 대한 분산과 표준편차를 계산한다. 분포가 더 흐트러질수록 표준편차는 더 커짐에 유의하여라.

[예제 8] <분산과 표준편차 구하기>

앞의 세 개의 분포에 대해 분산과 표준편차를 구하여라.

풀이 1)

임의변수, x	0	1	2	3	4
x의 빈도, $f(x)$	2	2	2	2	2

이 분포에서 평균은 $\mu = 2$, 분산은

$$V(x) = (0-2)^2\left(\frac{2}{10}\right) + (1-2)^2\left(\frac{2}{10}\right) + (2-2)^2\left(\frac{2}{10}\right)$$

$$+ (3-2)^2\left(\frac{2}{10}\right) + (4-2)^2\left(\frac{2}{10}\right) = \frac{20}{10} = 2$$

이고, 표준편차는 $\sigma = \sqrt{2} \approx 1.41$

2)

임의변수, x	0	1	2	3	4
x의 빈도, $f(x)$	0	3	4	3	0

이 분포에서 평균은 $\mu = 2$, 분산은 $V(x) = 0.6$이고

표준편차는 $\sigma = \sqrt{0.6} \approx 0.77$

3)

임의변수, x	0	1	2	3	4
x의 빈도, $f(x)$	5	0	0	0	5

이 분포에서 평균은 $\mu = 2$, 분산은 $V(x) = 4$이고 표준편차는 $\sigma = \sqrt{4} = 2$ ▣

이 결과들을 그래프로 나타내면 다음 (그림 12.2)와 같다.

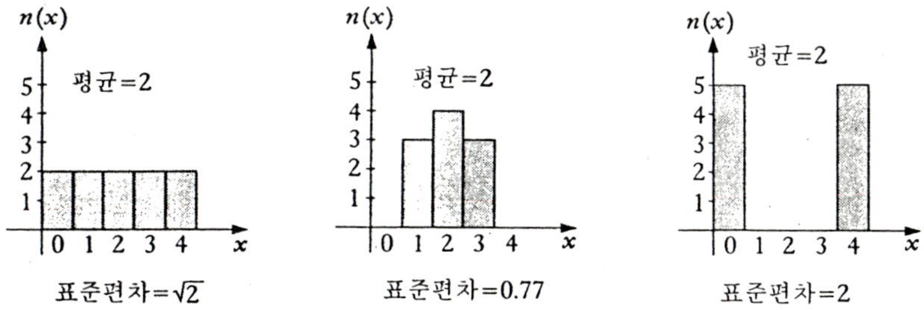

그림 12.2

연습문제 12.1

1. 다음 원소들을 집합으로 나타내어라.

   1) 동전을 세 번 던질 때, 표본공간 S, 적어도 두 번 앞면이 나오는 사건 A, 앞면이 한 번 이상 일어나지 않는 사건 B

   2) 동전을 던질 때 앞면이 나오면 동전을 다시 던지고, 뒷면이 나오면 주사위를 던진다. 표본공간 S, 주사위의 눈이 3보다 큰 수가 나올 사건 A, 앞면이 두 번 나올 사건 B

   3) 1과 50 사이의 정수 중 6의 배수의 집합에 대해 생각할 때, 표본공간 S, 12의 배수인 사건 A, 완전제곱수인 사건 B

   4) 세 사람이 정치적인 문제에 대한 질문을 받았을 때, 찬성하면(I), 반대하면(O), 결정이 안 되었으면(U)라고 대답할 수 있다. 표본공간 S, 적어도 두 번 찬성한 사건 A, 반대가 한 번을 넘시 않을 사건 B

2. 대학 총장 후보로 세 사람 A, B, C가 나왔다. 여론조사에서 A는 0.37, B는 0.44의 지지를 받았다면 C는 얼마의 지지를 받았는가?(단, 기권은 없다)

해답

1.

1) $S=\{HHH, HHT, HTH, HTT, THH, THT, TTH, TTT\}$

$A=\{HHH, HHT, HTH, THH\}$

$B=\{HTT, THT, TTH, TTT\}$

3) $S=\{6, 12, 18, 24, 30, 42, 48\}$

$A=\{12, 24, 36, 48\}$

$B=\{36\}$

2. 0.19

3. 72명의 고등학생 가운데 44명이 여학생이고 이들 중 12명이 대학에 진학하고 28명의 남학생 중 9명이 대학에 진학한다면 임의로 한 명을 택할 때, 다음을 구하여라.

1) 대학에 진학할 확률

2) 대학에 진학하지 않을 확률

3) 대학에 가지 않을 여학생일 확률

3.

4. 52장의 카드에서 임의로 한 장의 카드를 뽑을 때 검은색이고 그림카드(King, Queen Jack)일 확률을 구하여라.

4.

5. 다음 확률분포의 그래프를 그리고 주어진 확률을 구하여라.

1)

x	0	1	2	3	4
$P(x)$	$\frac{1}{20}$	$\frac{3}{20}$	$\frac{6}{20}$	$\frac{6}{20}$	$\frac{4}{20}$

a) $P(1 \leqq x \leqq 3)$ b) $P(x \geqq 2)$

2)

x	0	1	2	3	4
$P(x)$	$\frac{8}{20}$	$\frac{6}{20}$	$\frac{3}{20}$	$\frac{2}{20}$	$\frac{1}{20}$

a) $P(x \leqq 2)$ b) $P(x > 2)$

3)

x	0	1	2	3	4	5
$P(x)$	0.168	0.360	0.309	0.132	0.029	0.002

a) $P(x \leqq 3)$ b) $P(x > 3)$

5.

1) a) $\frac{3}{4}$ b) $\frac{4}{5}$

3) a) 0.969 b) 0.031

4)

x	0	1	2	3
$P(x)$	0.027	0.189	0.441	0.343

a) $P(1 \leq x \leq 2)$ b) $P(x < 2)$

6. 네 명의 아이들이 있는 부부에 대해 생각하자. 아이가 남자 (b), 여자 (g)일 가능성은 똑같다.

   1) 16개의 원소로 이루어진 다음 표본공간을 완성하여라.

   $S = \{gggg,\ gggb,\ ggbg,\ \cdots\}$

   2) 임의변수 x가 가족의 여자아이의 수라면 다음 확률분포를 완성하여라.

임의변수, x	0	1	2	3	4
x의 빈도, $f(x)$					

7. 주어진 확률분포에 대해 $E(x)$, $V(x)$, σ를 구하여라.

1)

x	1	2	3	4	5
$P(x)$	$\frac{1}{10}$	$\frac{2}{10}$	$\frac{4}{10}$	$\frac{2}{10}$	$\frac{1}{10}$

2)

x	1	2	3	4	5
$P(x)$	$\frac{4}{10}$	$\frac{2}{10}$	$\frac{2}{10}$	$\frac{1}{10}$	$\frac{1}{10}$

6.

1) $S = \{gggg,\ gggb,\ ggbg,\ gbgg,\ bggg,\ ggbb,\ gbgb,\ gbbg,\ bgbg,\ bbgg,\ bggb,\ gbbb,\ bgbb,\ bbgb,\ bbbg,\ bbbb\}$

2) 차례로

$\frac{1}{16},\ \frac{4}{16},\ \frac{6}{16},\ \frac{4}{16},\ \frac{1}{16}$

7.

1) $E(x) = 3$

$V(x) = 1.2$

$\sigma = 1.0954$

3)

x	-3	-1	0	3	5
$P(x)$	$\frac{1}{5}$	$\frac{1}{5}$	$\frac{1}{5}$	$\frac{1}{5}$	$\frac{1}{5}$

4)

x	-5000	-2500	300
$P(x)$	0.008	0.052	0.940

3) $E(x) = 0.8$

$V(x) = 1.2$

$\sigma = 2.8566$

8. 다음 이산임의변수 x의 평균과 분산을 구하여라.

1) x는 주사위를 한 번 던질 때 나오는 눈의 수

2) x는 주사위를 두 번 던질 때 나오는 눈의 수의 합

8.

1) $E(x) = 3.5$

$V(x) = 2.9167$

2) $E(x) = 7$

$V(x) = 5.8333$

12.2 연속확률분포

□ 연속임의변수와 확률밀도함수

앞 절에서 이산임의변수에 대해 알아보았다. 확률의 많은 적용에서 임의변수의 변역이 수직선 위의 구간으로 이루어진 경우를 생각하는 것이 유용하다. 이와 같은 임의변수를 연속이라고 한다. 이를테면, 사람의 키를 나타내는 임의변수는 연속이다.

〈연속임의변수(Continuous Random Variable)의 정의〉

> 임의변수의 변역이 실수의 구간인 경우를 연속(continuous)이라고 한다. 수직선 위의 구간이 개구간 또는 폐구간, 유계 또는 유계가 아닐 수 있다. 이를테면 구간은 $[0, 1]$, $(0, \infty)$ 또는 $(-\infty, \infty)$일 수 있다.

연속임의변수를 포함하는 사건의 확률을 정의하기 위해 이산임의변수에 대해 셀 수 있는 것처럼 사건이 일어날 수 있는 방법의 수를 연속임의변수는 셀 수 없다. 따라서 확률밀도함수라고 하는 새로운 함수 f를 도입한다. 이 함수는 음이 아니고 f의 그래프와 x축, $a \leqq x \leqq b$로 둘러싸인 영역의 넓이가 1이다.

〈확률밀도함수〉

> 모든 x에 대해 $f(x) \geqq 0$이고 $\int_a^b f(x)\,dx = 1$이면 함수 f는 $a \leqq x \leqq b$에서 연속임의변수에 대한 확률밀도함수(probability density function)라고 한다. x가 구간 $[c, d]$에 있을 확률은 $P(c \leqq x \leqq d) = \int_c^d f(x)\,dx$이다.

$[0, \infty]$ 또는 $(-\infty, \infty)$와 같은 무한구간에 대해 이 정리는 특이적분을 이용한다. 이 정의를 (그림 12.3)과 같이 그래프로 설명된다.

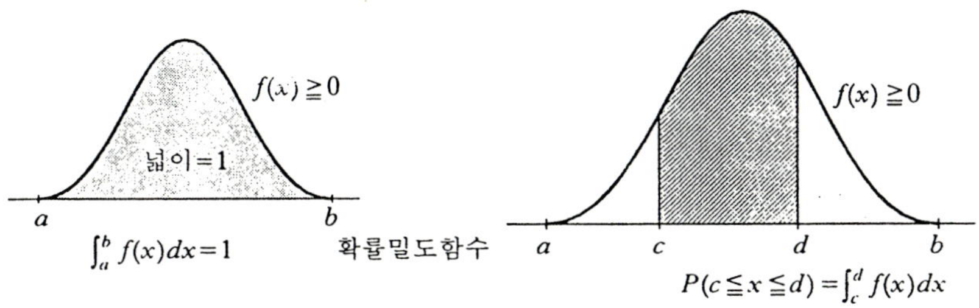

그림 12.3

[예제 1] <확률밀도함수>

$f(x) = 12x(1-x)^2$은 구간 $[0,\ 1]$에서 확률밀도함수임을 보여라.

풀이 구간 $[0,\ 1]$에서 $f(x) = 12x$

$(1-x)^2 \geqq 0$이고

$$\int_0^1 12x(1-x)^2 dx$$

$$= 12\int_0^1 (x^3 - 2x^2 + x)dx$$

$$= 12\left[\frac{x^4}{4} - \frac{2}{3}x^3 + \frac{x^2}{2}\right]_0^1$$

$$= 12\left[\frac{1}{4} - \frac{2}{3} + \frac{1}{2}\right]$$

$$= 12\left(\frac{1}{12}\right) = 1$$

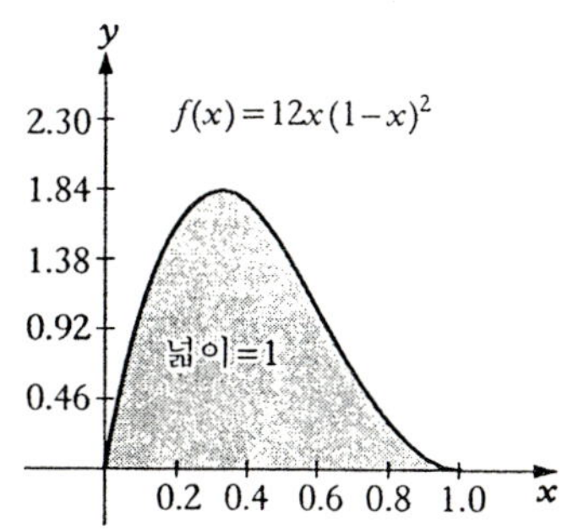

그림 12.4

이므로 f는 확률밀도함수이다. f의 그래프는 (그림 12.4)와 같다. ▣

다음 예제는 무한구간에서 특이적분을 이용하여 확률밀도함수임을 보인다.

[예제 2] <확률밀도함수>

$f(t) = \frac{1}{10}e^{\frac{t}{10}}$는 구간 $[0, \infty]$에서 확률밀도함수임을 보여라.

풀이 함수 f는 구간 $[0, \infty]$에서

$$f(t) = \frac{1}{10}e^{\frac{t}{10}} \geqq 0 \text{이고}$$

$$\int_0^{\infty} \frac{1}{10}e^{\frac{t}{10}}dt$$

$$= \lim_{b\to\infty}\left[-e^{-\frac{t}{10}}\right]_0^b$$

$$= \lim_{b\to\infty}\left[-e^{-\frac{t}{10}}+1\right] = 1$$

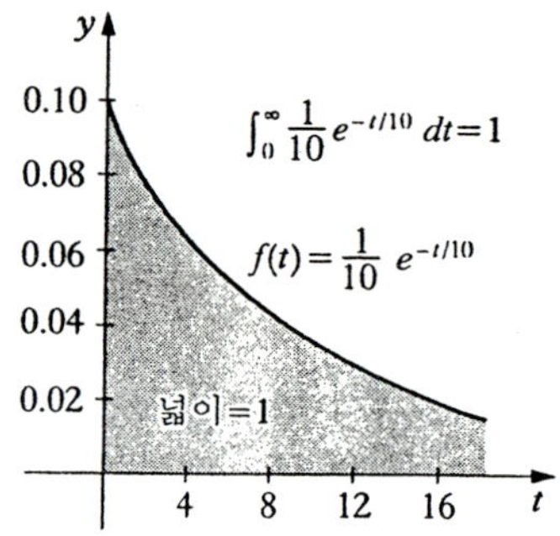

그림 12.5

이므로 f는 확률밀도함수이다. f의 그래프는 (그림 12.5)와 같다. ▣

[예제 3] <확률 구하기>

확률밀도함수 $f(x) = 12x(1-x)^2$에 대해 x가 $0.5 \leqq x \leqq 0.75$에 있을 확률을 구하여라.

풀이 확률의 정의로부터

$$P(0.5 \leqq x \leqq 0.75) = 12\int_{0.5}^{0.75} x(1-x)^2 dx$$

$$= 12\int_{0.5}^{0.75}(x^3-2x^2+x)dx = 12\left[\frac{x^4}{4}-\frac{2}{3}x^3+\frac{x^2}{2}\right]_{0.5}^{0.75}$$

$$= 12\left[\frac{0.75^4}{4}-\frac{2(0.75^3)}{3}+\frac{0.75^2}{2}-\frac{0.5^4}{4}+\frac{2(0.5^3)}{3}-\frac{0.5^2}{2}\right]$$

$$\approx 0.262$$

따라서 x가 $[0.5, 0.75]$에 있을 확률은 (그림 12.6)과 같이 약 26.2%이다. ▣

x가 다음 어느 구간에 있을 확률을 구하게 될 경우를 알아보자.

$0.5<x<0.75$, $0.5\leqq x<0.75$, $0.5<x\leqq 0.75$

양끝점을 포함하든 안하든 확률에 영향이 없으므로 예제 3과 같은 확률을 얻게 될 것이다. 이것이 이산과 연속임의 변수 사이에 중요한 차이를 나타낸다. 연속임의 변수에 대해 x가 정확히 한 값(0.5와 같음)이 될 확률은 0이 된다.

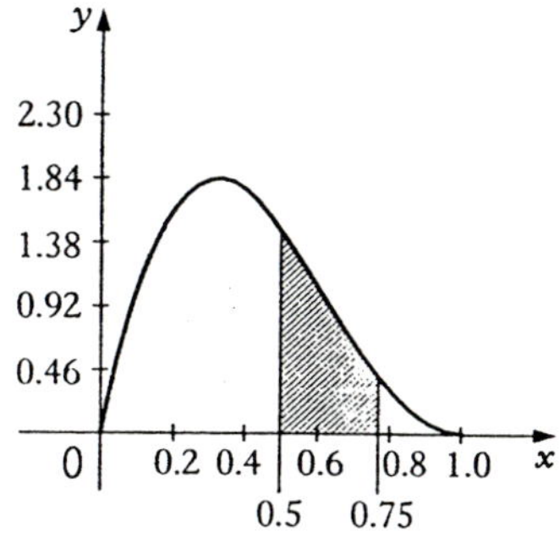

그림 12.6

왜냐하면

$$P(0.5\leqq x\leqq 0.5)=\int_{0.5}^{0.5}f(x)\,dx=0$$

이것은 연속임의변수에 대해 x가 정확히 한 값을 가질 확률은 불가능하다는 의미가 아니라 무의미하다는 뜻이다.

□ 확률밀도함수의 응용

[예제 4] <제품의 수명>

어떤 제품의 수명(년)은 다음 확률밀도함수로 주어진다.

$$f(t)=\frac{1}{10}e^{-\frac{t}{10}},\quad 0\leqq t<\infty$$

다음 구간에서 수명이 끝날 확률을 구하여라.

1) $t\leqq 2$ 2) $2\leqq t\leqq 4$ 3) $t\geqq 4$

풀이 1) $P(0 \leqq t \leqq 2) = \frac{1}{10}\int_0^2 e^{-\frac{t}{10}}dt = \left[-e^{-\frac{t}{10}}\right]_0^2 = -e^{-0.2}+1 \approx 0.181$

2) $P(2 \leqq t \leqq 4) = \frac{1}{10}\int_2^4 e^{-\frac{t}{10}}dt = \left[-e^{-\frac{t}{10}}\right]_2^4$

$= -e^{-0.4}+e^{-0.2} \approx 0.148$

3) $P(4 \leqq t < \infty) = \frac{1}{10}\int_4^\infty e^{-\frac{t}{10}}dt = \lim_{b \to \infty}\left[-e^{-\frac{t}{10}}\right]_4^b$

$= \lim_{b \to \infty}\left[-e^{-\frac{b}{10}}+e^{-0.4}\right]$

$= e^{-0.4} \approx 0.670$

이들 확률은 (그림 12.7)의 그래프로 설명된다.

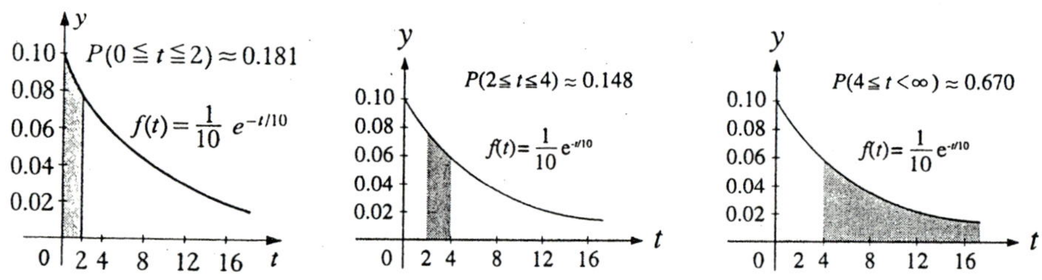

그림 12.7 ▣

주의 (예제 4)의 세 개의 확률의 합은 1이다.

[예제 5] <제품에 대한 수요>

어떤 제품에 대한 주당 수요는 다음 확률밀도함수로 추정된다.

$$f(x) = \frac{1}{36}(-x^2+6x),\ 0 \leqq x \leqq 6$$

주당 2단위에서 4단위 팔릴 확률을 구하여라.

풀이 확률은 다음 적분으로 주어진다.

$$P(2 \leqq x \leqq 4) = \frac{1}{36}\int_2^4 (-x^2+6x)dx$$

$$= \frac{1}{36}\left[-\frac{x^3}{3}+3x^2\right]_2^4$$

$$= \frac{1}{36}\left[-\frac{64}{3}+48+\frac{8}{3}-12\right]$$

$$= \frac{13}{27} \approx 0.481$$

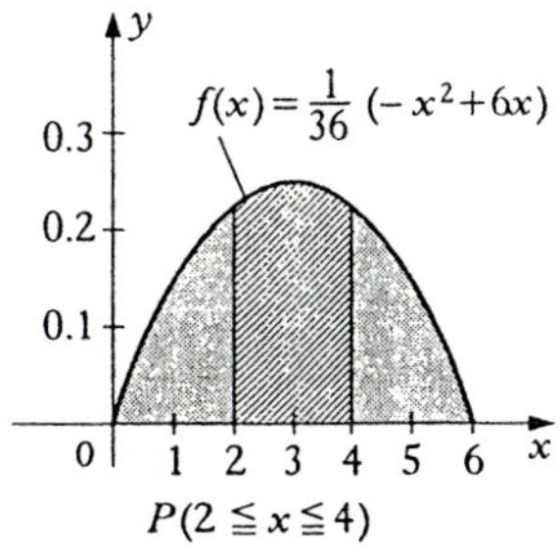

그림 12.8

주당 2단위에서 4단위 팔릴 확률은 (그림 12.8)에 나타난 것처럼 약 48.1%이다. ▣

연습문제 12.2

1. 함수 f가 주어진 구간에서 확률밀도함수임을 보여라.

1) $f(x)=\dfrac{1}{8}$, $[0,\ 8]$

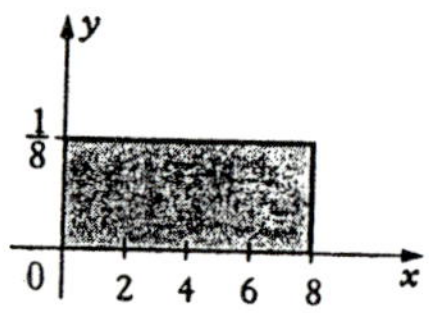

2) $f(x)=\dfrac{1}{5}$, $[0,\ 5]$

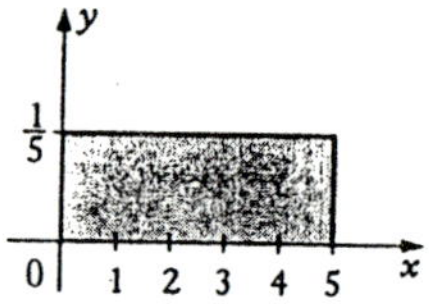

3) $f(x)=\dfrac{4-x}{8}$, $[0,\ 4]$

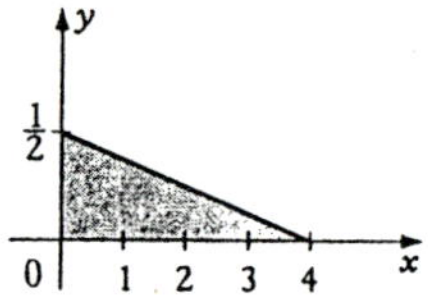

4) $f(x)=\dfrac{x}{18}$, $[0,\ 6]$

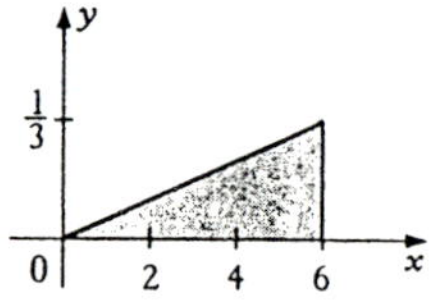

5) $f(x)=\dfrac{3}{8}x\sqrt{4-x^2}$, $[0,\ 2]$

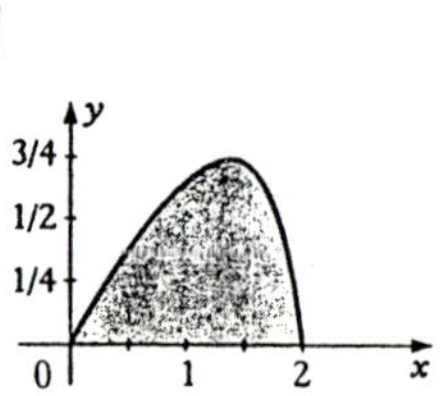

6) $f(x)=\dfrac{x(6-x)}{36}$, $[0,\ 6]$

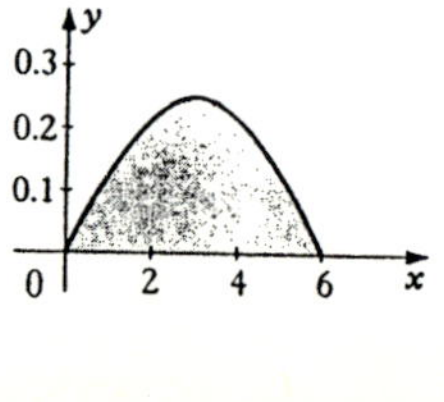

해답

1.

1) $\int_0^8 \frac{1}{8}\,dx=\left[\frac{1}{8}x\right]_0^8=1$

3) $\int_0^4 \dfrac{4-x}{8}\,dx$

$=\left[\frac{1}{2}x-\frac{1}{16}x^2\right]_0^4=1$

5) $\int_0^2 \dfrac{3}{8}x\sqrt{4-x^2}\,dx$

$=\left[-\dfrac{(4-x^2)^{\frac{3}{2}}}{\sigma}\right]_0^2=1$

7) $f(x) = \frac{1}{5} e^{-\frac{x}{5}}$, $[0, \infty)$

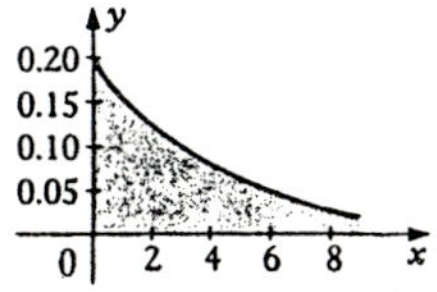

7) $\int_0^{\infty} \frac{1}{5} e^{-\frac{x}{5}} dx$

$= \lim_{b \to \infty} \left[-e^{-\frac{x}{5}} \right]_0^b = 1$

8) $f(x) = \frac{1}{6} e^{-\frac{x}{6}}$, $[0, \infty)$

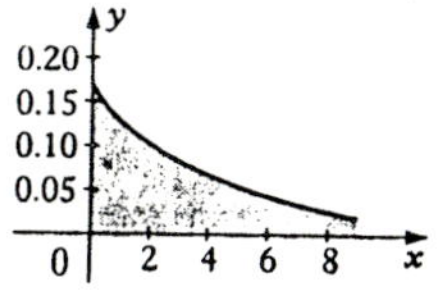

9) $f(x) = 6x(1-x)$, $[0, 1]$

9) $\int_0^1 6x(1-x) dx$

$= [3x^2 - 2x^3]_0^1 = 1$

10) $f(x) = 12x^2(1-x)$, $[0, 1]$

11) $f(x) = \frac{4}{27} x^2 (3-x)$, $[0, 3]$

11) $\int_0^3 \frac{4}{27} x^2(3-x) dx$

$= \frac{4}{27} \left[x^3 - \frac{x^4}{4} \right]_0^3 = 1$

12) $f(x) = \frac{2}{9} x(3-x)$, $[0, 3]$

13) $f(x) = \frac{1}{3} e^{-\frac{x}{3}}$, $[0, \infty)$

13) $\int_0^{\infty} \frac{1}{3} e^{-\frac{x}{3}} dx$

$= \lim_{b \to \infty} \left[-e^{-\frac{x}{3}} \right]_0^b = 1$

14) $f(x) = \frac{1}{4}$, $[8, 12]$

2. 다음 함수 f가 주어진 구간에서 확률밀도함수가 되도록 k의 값을 구하여라.

1) $f(x) = kx$, $[1, 5]$

2) $f(x) kx^3$, $[0, 4]$

3) $f(x) = k(4-x^2)$, $[-2, 2]$

4) $f(x) = k\sqrt{x}(1-x)$, $[0, 1]$

2.

1) $\frac{1}{12}$

3) $\frac{3}{32}$

5) $f(x) = ke^{-\frac{x}{2}}$, $[0, \infty)$

6) $f(x) = \dfrac{k}{b-a}$, $[a, b]$

3. 주어 구간에서 확률밀도함수의 그래프를 그리고 주어진 확률을 구하여라.

1) $f(x) = \dfrac{1}{10}$, $[0, 10]$

a) $P(0<x<6)$ b) $P(4<x<6)$

c) $P(8<x<10)$ d) $P(x \geqq 2)$

2) $f(x) = \dfrac{x}{50}$, $[0, 10]$

a) $P(0<x<6)$ b) $P(4<x<6)$

c) $P(8<x<10)$ d) $P(x \geqq 2)$

3) $f(x) = \dfrac{5}{4(x+1)^2}$, $[0, 4]$

a) $P(0<x<2)$ b) $P(2<x<4)$

c) $P(1<x<3)$ d) $P(x \geqq 3)$

4) $f(x) = \dfrac{1}{2}e^{-\frac{t}{2}}$, $[0, \infty)$

a) $P(t<2)$ b) $P(t \geqq 2)$

c) $P(1<t<4)$ d) $P(t=3)$

5) $\dfrac{1}{2}$

3.

1) a) $\dfrac{3}{5}$ b) $\dfrac{1}{5}$

c) $\dfrac{1}{5}$ d) $\dfrac{4}{5}$

4) a) $1-e^{-1} \approx 0.632$

b) $e^{-1} \approx 0.368$

c) $e^{-\frac{1}{2}}e^{-2} \approx 0.471$

d) 0

12.3 분산과 특수한 확률밀도함수

□ 기대값 또는 평균

앞절에서 이산임의변수에 대한 기대값, 평균, 분산과 표준편차를 배웠다. 이 절에서는 이들 개념을 연속임의변수로 확장한다. 우선 연속임의변수에 대한 기대값의 정의로부터 시작해 보자.

<기대값의 정의>

함수 f가 구간 $[a, b]$에서 연속임의변수 x에 대한 확률밀도함수라면> x의 기대값은

$$\mu = E(x) = \int_a^b xf(x)\,dx$$

로 주어진다. x의 기대값을 x의 평균이라고도 한다.

[예제 1] <기대값 구하기>

확률밀도함수 $f(x) = \frac{1}{36}(-x^2+6x)$, $0 \leqq x \leqq 6$의 기대값을 구하여라.

풀이 기대값의 정의를 이용하면,

$$\begin{aligned}\mu = E(x) &= \frac{1}{36}\int_0^6 x(-x^2+6x)\,dx \\ &= \frac{1}{36}\int_0^6 (-x^3+6x^2)\,dx \\ &= \frac{1}{36}\left[-\frac{x^4}{4}+2x^3\right]_0^6 \\ &= \frac{1}{36}[-324+432] \\ &= \frac{108}{36} \\ &= 3\end{aligned}$$

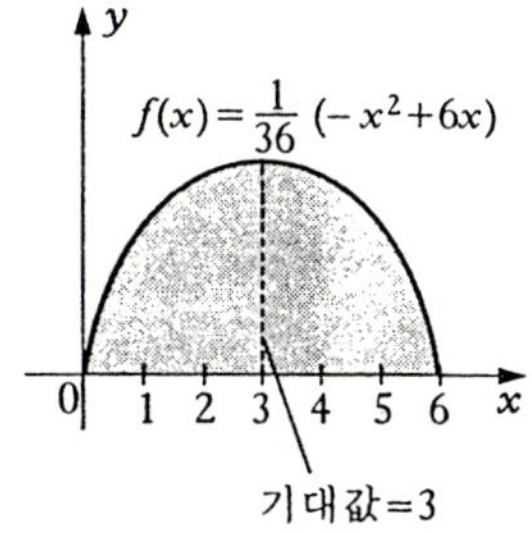

그림 12.9

■

참고 영역이 $x=3$에 대칭이므로 기대값 3은 합리적이라는 것을 (그림 12.9)로부터 알 수 있다.

[예제 2] <기대값 구하기>

확률밀도함수 $f(x)=2-2x$, $0 \leqq x \leqq 1$의 기대값을 구하여라.

풀이 기대값은 적분으로 주어진다.

$$
\begin{aligned}
E(x) &= \int_0^1 x(2-2x)dx \\
&= \int_0^1 (2x-2x^2)dx \\
&= \left[x^2-\frac{2x^3}{3}\right]_0^1 \\
&= 1-\frac{2}{3}=\frac{1}{3}
\end{aligned}
$$

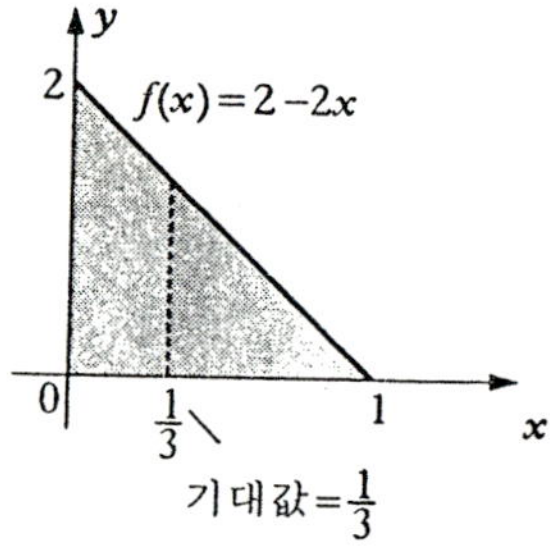

그림 12.10

따라서 기대값은 $\frac{1}{3}$이고 (그림 12.10)과 같다. ▣

□ 분산과 표준편차

연속임의변수의 분산과 표준편차의 개념을 다음 정의에서 일반화한다.

<분산과 표준편차의 정의>

f가 구간 $[a, b]$ 위에서 연속임의변수 x에 대한 확률밀도함수이면 x의 분산은

$$V(x)=\int_a^b (x-u)^2 f(x)\,dx$$

로 주어진다. μ는 x의 기대값이다. 더욱이 x의 표준편차는 $\sigma=\sqrt{V(x)}$로 주어진다.

앞절에서 배운 내용을 확인하여 보면, 분포가 평균 주변에 모이는 것은 흐트러짐이 큰 경우보다 표준편차가 더 작아지는 경향이 있다. 다음 예의 (그림 12.11)에서 보이는 세 개의 확률분포는 평균 $\mu=0$이나 표준편차는 서로 다르다. 첫 번째 분포가 평균 주위에 대부분 모여 있으므로 표준편차가 세 개 중 가장 작다.

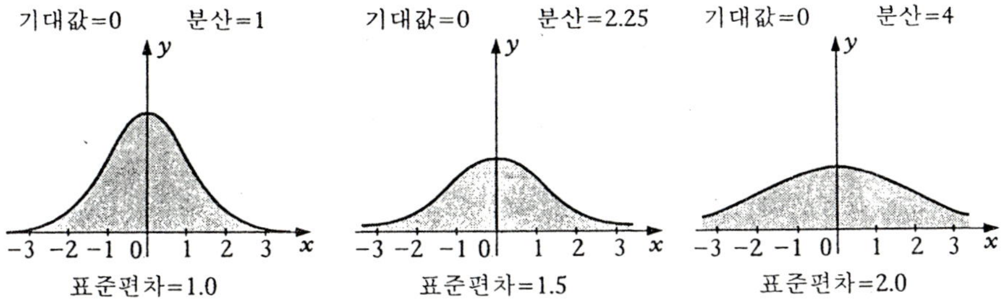

그림 12.11

[예제 3] <분산과 표준편차 구하기>

확률밀도함수 $f(x)=2-2x,\ 0\leqq x\leqq 1$에 대한 분산과 표준편차를 구하여라.

풀이 예제 2에서 기대값 $\mu=\dfrac{1}{3}$이다. 따라서 분산은

$$\begin{aligned}
V(x) &= \int_0^1\left(x-\frac{1}{3}\right)^2(2-2x)dx \\
&= \int_0^1\left(-2x^3+\frac{10}{3}x^3-\frac{14}{9}x+\frac{2}{9}\right)dx \\
&= \left[-\frac{x^4}{2}+\frac{10}{9}x^3-\frac{7}{9}x^2+\frac{2}{9}x\right]_0^1 \\
&= -\frac{1}{2}+\frac{10}{9}-\frac{7}{9}+\frac{2}{9} \\
&= \frac{1}{18}\approx 0.056
\end{aligned}$$

표준편차 $\sigma = \sqrt{\dfrac{1}{18}} = \dfrac{\sqrt{2}}{6} \approx 0.236$ ▣

분산에 대한 적분은 계산하기가 어려운 경우가 있으므로 다음 분산을 구하는 변형된 공식이 도움이 될 것이다.

〈분산 구하는 공식〉

> f가 구간 $[a, b]$ 위에서 연속임의변수 x에 대한 확률밀도함수라면, x의 분산은
>
> $$V(x) = \int_a^b x^2 f(x)\,dx - \mu^2$$
>
> 로 주어진다. μ는 x의 기대값이다.

증명 정적분의 성질을 이용하면,

$$\begin{aligned}
V(x) &= \int_a^b (x-\mu)^2 f(x)\,dx \\
&= \int_a^b (x^2 - 2\mu x + \mu^2) f(x)\,dx \\
&= \int_a^b [x^2 f(x) - 2xmuf(x) + \mu^2 f(x)]dx \\
&= \int_a^b x^2 f(x)\,dx - 2\mu \int_a^b x f(x)\,dx + \mu^2 \int_a^b f(x)\,dx \\
&= \int_a^b x^2 f(x)\,dx - 2\mu^2 + \mu^2 \\
&= \int_a^b x^2 f(x)\,dx - \mu^2
\end{aligned}$$

▣

[예제 4] <변형된 분산 구하는 공식을 이용 분산 구하기>

위의 공식을 이용하여 예제 2에서 주어진 확률밀도함수에 대한 분산을 구하여라.

풀이 기대값 $\mu = \frac{1}{3}$을 이용하면,

$$V(x) = \int_0^1 x^2(2-2x)dx - \left(\frac{1}{3}\right)^2$$

$$= \int_0^1 (2x^2 - 2x^3)dx - \frac{1}{9} = \left[\frac{2}{3}x^3 - \frac{x^4}{2}\right]_0^1 - \frac{1}{9}$$

$$= \frac{2}{3} - \frac{1}{2} - \frac{1}{9} = \frac{1}{18}$$

■

□ 중앙값(Median)

확률의 연구에서 평균은 중심집중경향이 있다고 한다. 또 다른 유용한 중심집중경향이 있는 값은 중앙값(median)이다. 이 중앙값이라고 하는 것은 정확히 x값의 반은 m보다 작고 나머지 반은 m보다 크다. 즉 이다. $P(a \leq x \leq m) = 0.5$ (그림 12.12)에서 보여 준 확률밀도함수의 그래프의 대칭성 때문에 중앙값은 기대값과 일치한다.

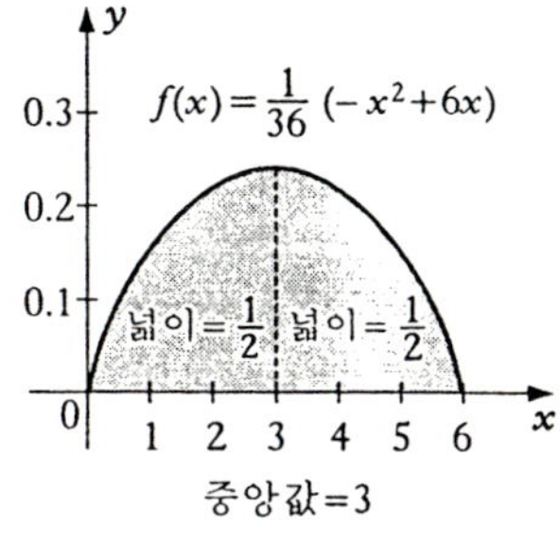

그림 12.12

즉, 중앙값은 $m = 3$이다. 그러나 반드시 평균과 중앙값이 같은 것은 아니다. 다음 예제에서 기대값과 중앙값은 다르다.

[예제 5] <중앙값 구하기>

12.2절의 (예제 4)에서 제품의 수명을 예상하기 위해 확률밀도함수 $f(t) = \frac{1}{10}e^{-\frac{t}{10}}$ $(0 \le t < \infty)$를 이용했다. 기대값을 구하면 $\mu = 10$이다. 중앙값을 구하여라.

풀이 중앙값의 정의를 이용하면,

$$P(0 \le t \le m) = \frac{1}{10}\int_0^m e^{-\frac{t}{10}}dt = \left[-e^{-\frac{t}{10}}\right]_0^m$$

$$= -e^{-\frac{m}{10}} + 1 = 0.5$$

m에 대해 풀면,

$$-e^{-\frac{m}{10}} + 1 = 0.5, \qquad e^{-\frac{m}{10}} = 0.5$$

$$-\frac{m}{10} = \ln 0.5$$

$$\therefore\ -10\ln 0.5 \approx 6.93(\text{년})$$

중앙값은 약 6.93년이다. 다른 말로 중심집중경향값으로 중앙값을 이용하면 예상수명은 6.93년이 된다(그림 12.13).

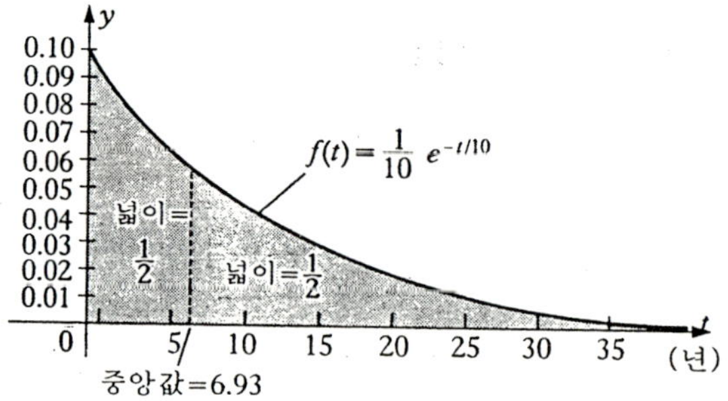

그림 12.13

■

[예제 6] <기대값과 중앙값의 비교>

확률밀도함수 $f(x) = \frac{2}{x^3}$, $1 \leq x < \infty$에 대해 기대값과 중앙값을 구하여라.

풀이 기대값 μ는

$$\mu = \int_1^\infty x\left(\frac{2}{x^3}\right)dx$$

$$= \int_1^\infty \frac{2}{x^2}\,dx = \lim_{b\to\infty}\left[-\frac{2}{x}\right]_1^b$$

$$= \lim_{b\to\infty}\left(-\frac{2}{b}+2\right) = 2$$

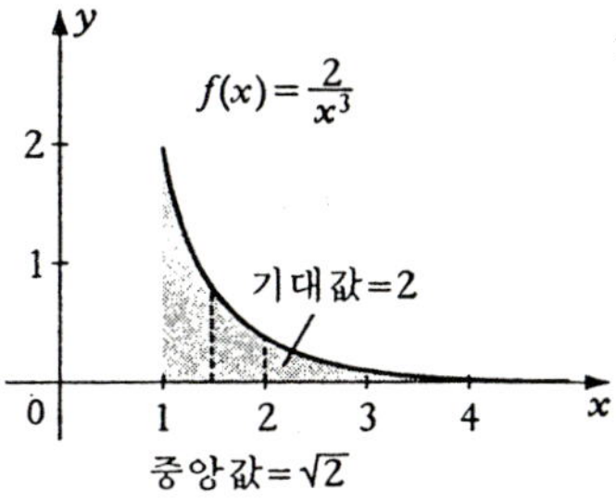

그림 12.14

중앙값 m은 다음 방정식으로 구할 수 있다.

$$\int_1^m \frac{2}{x^3}\,dx = \frac{1}{2}$$

$$\left[-\frac{1}{x^2}\right]_1^m = \frac{1}{2}, \quad -\frac{1}{m^2}+1 = \frac{1}{2}, \quad \frac{1}{2} = \frac{1}{m^2}$$

$$m^2 = 2 \qquad \therefore\ m = \sqrt{2} \approx 1.414$$

(그림 12.14)는 이 확률밀도함수에 대한 기대값과 중앙값을 비교한 것이다.

■

□ 특수한 확률밀도함수

세 가지 특수한 형태의 확률밀도함수를 알아봄으로써 이 절을 끝내려고 한다. 가장 단순한 것은 평등확률밀도함수(uniform probability density function)라고 하는 $f(x) = \frac{1}{b-a}$, $a \leq x \leq b$이다. 이 확률밀도함수는 각 결과가 똑같이 나타나는 연속임의변수를 나타낸다.

[예제 7] ─── <평등확률밀도함수>

평등확률밀도함수 $f(x) = \dfrac{1}{b-a}$, $a \leqq x \leqq b$에 대해 기대값과 표준편차를 구하여라(그림 12.15).

풀이 기대값 μ는

$$\mu = E(x) = \int_a^b \frac{x}{b-a}\,dx = \left[\frac{x^2}{2(b-a)}\right]_a^b$$

$$= \frac{b^2}{2(b-a)} - \frac{a^2}{2(b-a)} = \frac{b^2-a^2}{2(b-a)}$$

$$= \frac{(b-a)(b+a)}{2(b-a)} = \frac{a+b}{2}$$

분산에 대한 변형공식을 이용하면,

$$V(x) = \int_a^b \frac{x^2}{b-a}\,dx - \left(\frac{a+b}{2}\right)^2$$

$$= \frac{b^3-a^3}{3(b-a)} - \left(\frac{a+b}{2}\right)^2$$

$$= \frac{(b-a)^2}{12}$$

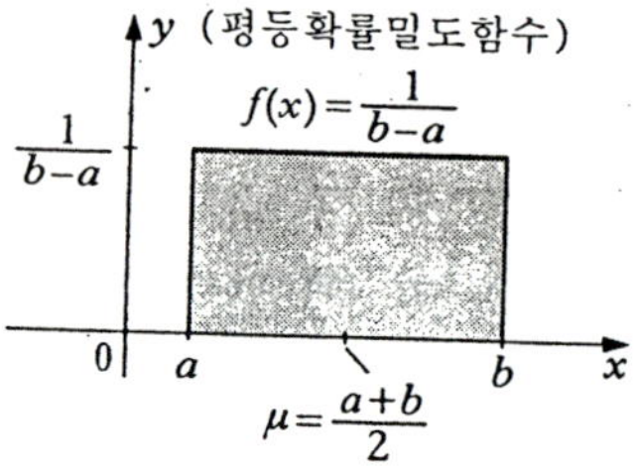

그림 12.15

따라서 표준편차는 $\sigma = \sqrt{\dfrac{(b-a)^2}{12}}$ ▣

두 번째 특수한 형태의 확률밀도함수는 $f(x) = ae^{-ax}$, $0 \leqq x < \infty$ $(a > 0)$꼴이고, 지수확률밀도함수(exponential probability density function)라고 한다.

[예제 8] ─── <지수확률밀도함수>

지수함수 $f(x) = ae^{-ax}$, $0 \leqq x < \infty$는 구간 $[0, \infty]$에서 확률밀도함수임을 보여라.

풀이 f는 구간 $[0, \infty)$에서 음이 아닌 함수이다. (그림 12.16) f가 확률밀도함수임을 보이기 위해서 $\int_0^\infty f(x)\,dx = 1$임을 보여야 한다.

$$\begin{aligned}\int_0^\infty f(x)\,dx &= \int_0^\infty ae^{-ax}dx \\ &= \lim_{b\to\infty}\left[-e^{-ax}\right]_0^b \\ &= 0-(-1) = 1\end{aligned}$$

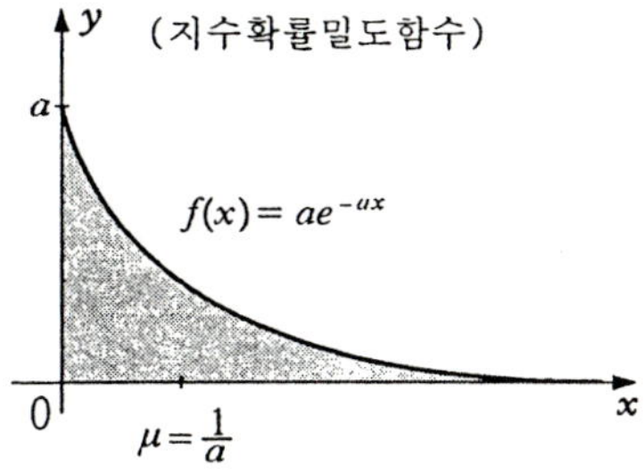

그림 12.16

■

가장 폭넓게 이용되는 확률밀도함수는 정규확률밀도함수(normal probability density function), $f(x) = \frac{1}{\sigma\sqrt{2\pi}}e^{-\frac{(x-\mu)^2}{2\sigma^2}}$, $-\infty < x < \infty$이다. 이 함수에 대한 기대값은 μ이고, 표준편차는 σ이다. (그림 12.17)은 전형적인 정규확률밀도함수의 그래프를 보여준다.

$\mu = 0$, $\sigma = 1$인 정규확률밀도함수를 표준정규확률밀도함수(standard normal probability density function)라고 한다(그림 12.18).

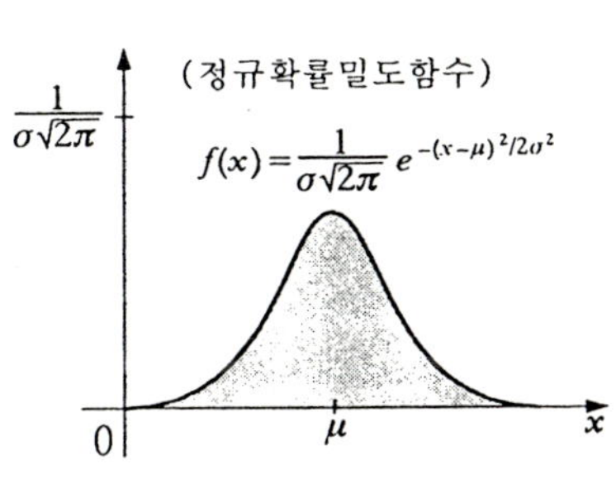

그림 12.17

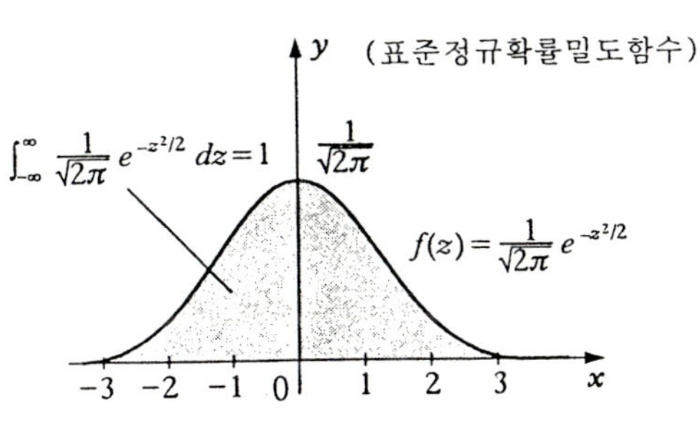

그림 12.18

표준정규확률밀도함수를 포함하는 확률은 다음과 같이 주어진다.

$$P(a \leqq z \leqq b) = \int_a^b \frac{1}{\sqrt{2}} e^{-\frac{z^2}{2}} dz$$

표준정규확률밀도함수의 변수로 z를 이용하는 것이 관습이다. 정적분을 원시함수를 구하여 값을 구할 수 없으므로 표를 이용하여 구한다. 표는 부록에 나와 있다. (예제 9)에서 이 표의 사용법을 설명한다.

[예제 9] <표준정규분포표 이용하기>

z는 표준정규임의변수이다. 부록의 표를 이용하여 다음 확률을 구하여라.

1) $P(0 \leqq z \leqq 1.02)$ 2) $P(-1.43 \leqq z \leqq 0)$

3) $P(0.14 \leqq z \leqq 1.23)$ 4) $P(z \geqq 0.76)$

풀이 표를 이용하여 구하면,

1) $P(0 \leqq z \leqq 1.02) = \int_0^{1.02} \frac{1}{\sqrt{2}} e^{-\frac{z^2}{2}} dz = 0.3461$

2) 표준정규 확률밀도함수의 대칭성을 이용하면

$$P(-1.43 \leqq z \leqq 0) = P(0 \leqq z \leqq 1.43) = \int_0^{1.43} \frac{1}{\sqrt{2}} e^{-\frac{z^2}{2}} dz = 0.4236$$

3) $P(0.14 \leqq z \leqq 1.23) = P(0 \leqq z \leqq 1.23) - P(0 \leqq z \leqq 0.14)$

$= 0.3907 - 0.0557 = 0.3350$

4) $P(0.76 \leqq z)$를 구하기 위해

$P(z \leqq 0) + P(0 \leqq z \leqq 0.76) + P(0.76 \leqq z) = 1$

$P(z \leqq 0) = 0.5000$이고 $P(0 \leqq z \leqq 0.76) = 0.2764$이므로

$P(z \geqq 0.76) = 1 - 0.5000 - 0.2764 = 0.2236$

이들 세 개의 확률에 대응하는 그래프는 (그림 12.19)이다.

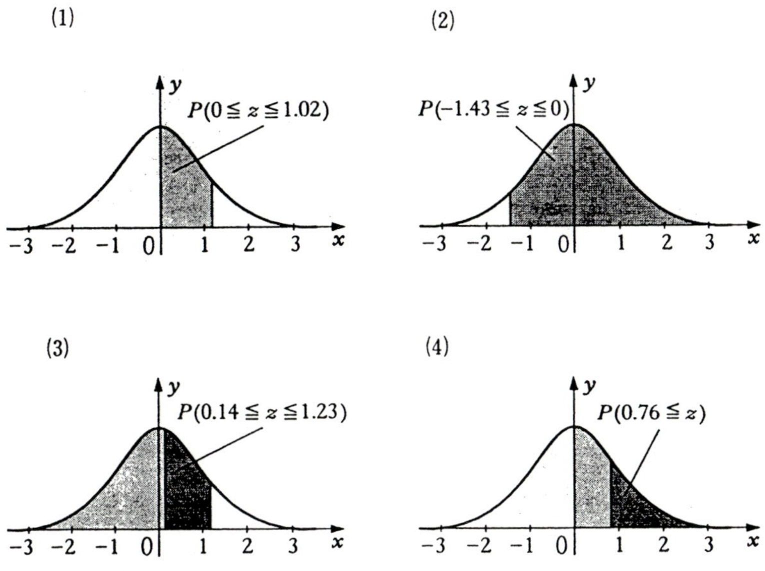

그림 12.19 ▣

표준정규분포가 아닌 경우를 표준정규분포로 고치기 위하여 다음 공식을 이용하여 x값을 z값으로 고친다.

$$z = \frac{x-\mu}{\sigma}$$

이를테면, $u = 5$, $\sigma = 2$인 표준정규분포가 아닌 경우 임의변수 x의 구간 $[5, 6.7]$을 z값으로 고치면

$$x = 5\text{일 때,}\quad z = \frac{5-5}{2} = 0$$

$$x = 6.7\text{일 때.}\quad z = \frac{6.7-5}{2} = 0.85$$

따라서

$$P(5 \leqq x \leqq 6.7) = P(0 \leqq z \leqq 0.85)$$

표준정규표를 이용하면 (그림 12.20)과 같이 $P(5 \leqq x \leqq 6.7) = 0.3023$이다.

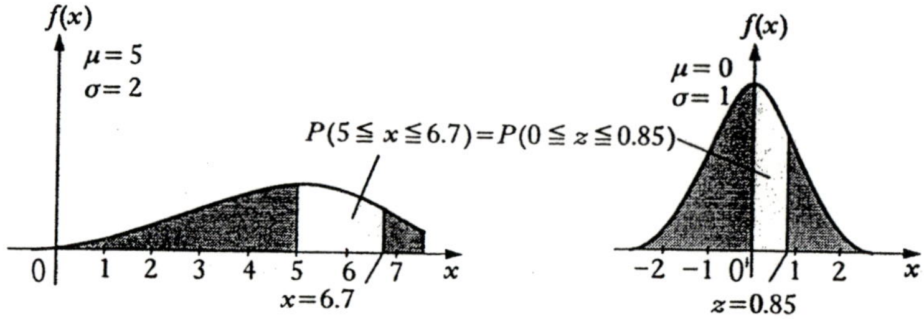

그림 12.20

연습문제 12.3

	해답
1. 주어진 구간에서 다음 확률밀도함수에 대해 평균, 분산, 중앙값을 구하여라.	1.
1) $f(x) = \frac{1}{8}$, [0, 8]	1) $4, \frac{16}{3}, 4$
2) $f(x) = \frac{1}{4}$, [0, 4]	
3) $f(t) = \frac{t}{32}$, [0, 8]	3) $\frac{16}{3}, \frac{32}{9}, 4\sqrt{2}$
4) $f(x) = \frac{4}{3x^2}$, [1, 4]	
5) $f(x) = 6x(1-x)$, [0, 1]	5) $\frac{1}{2}, \frac{1}{20}, \frac{1}{2}$
6) $f(x) = \frac{3}{32}x(4-x)$, [0, 4]	
7) $f(x) = \frac{5}{2}x^{\frac{3}{2}}$, [0, 1]	7) $\frac{5}{7}, \frac{20}{441}, 2^{-\frac{2}{5}}$
8) $f(x) = \frac{3}{16}\sqrt{4-x}$, [0, 4]	
9) $f(x) = \frac{4}{3(x+1)^2}$, [0, 3]	9) $-1+\frac{4}{3}\ln 4$, $4-\frac{16}{9}(\ln 4)^2, \frac{3}{5}$
10) $f(x) = \frac{1}{18}\sqrt{9-x}$, [0, 9]	
2. 지수확률밀도함수의 중앙값을 구하여라.	2.
1) $f(t) = \frac{1}{7}e^{-\frac{t}{7}}$, $[0, \infty)$	1) $7\ln 2$

2) $f(t) = \frac{2}{5} e^{-\frac{2}{5}t}$, $[0, \infty)$

3. 다음 특수한 확률밀도함수에 대해 기대값, 중앙값 분산과 표준편차를 구하여라.

1) $f(x) = \frac{1}{16}$, $[0, 16]$

2) $f(x) = \frac{1}{9}$, $[0, 9]$

3) $f(x) = \frac{1}{8} e^{-\frac{x}{8}}$, $[0, \infty)$

4) $f(x) = \frac{5}{3} e^{-\frac{5}{3}x}$, $[0, \infty)$

5) $f(x) = \frac{1}{10\sqrt{2\pi}} e^{\frac{-(x-100)^2}{200}}$ $(-\infty, \infty)$

6) $f(x) = \frac{1}{6\sqrt{2\pi}} e^{\frac{-(x-30)^2}{72}}$, $(-\infty, \infty)$

3.

1) $8, 8, \frac{64}{3}, \frac{8\sqrt{3}}{3}$

3) $8, 8\ln 2, 64, 8$

5) $100, 100, 100, 10$

4. 표를 이용하여 다음 확률을 구하여라.

1) $P(0 \leqq z \leqq 1.5)$ 2) $P(0 \leqq z \leqq 1.96)$

3) $P(-2.5 < z < 1)$ 4) $P(-2.33 \leqq z \leqq 0.43)$

5) $P(z \leqq 1.5)$ 6) $P(z \leqq -2.11)$

7) $P(z > 0.75)$ 8) $P(z \geqq 1.65)$

4.

1) 0.4332

3) 0.8351

5) 0.9332

7) 0.2266

Home Work

1. 확률분포표를 보고 다음 확률을 구하여라.

1)

x	1	2	3	4	5
$P(x)$	$\frac{3}{16}$	$\frac{7}{16}$	$\frac{3}{16}$	$\frac{2}{16}$	$\frac{1}{16}$

① $P(2 \leqq x \leqq 4)$ ② $P(x \geqq 3)$

2)

x	-2	-1	1	3	5
$P(x)$	$\frac{1}{11}$	$\frac{2}{11}$	$\frac{4}{11}$	$\frac{3}{11}$	$\frac{1}{11}$

① $P(x<0)$ ② $P(x>1)$

2. 다음 이산확률분포에 대해 $E(x)$, $V(x)$, σ를 구하여라.

1)

x	-4	-1	0	3	8
$P(x)$	$\frac{1}{10}$	$\frac{2}{10}$	$\frac{4}{10}$	$\frac{2}{10}$	$\frac{1}{10}$

2)

x	-1	0	100	200
$P(x)$	$\frac{12}{18}$	$\frac{3}{18}$	$\frac{2}{18}$	$\frac{1}{18}$

3. 함수 f가 주어진 구간에서 확률밀도함수가 되도록 k의 값을 구하여라.

1) $f(x) = k(4-x)$, $[0, 4]$

2) $f(x) = kx^2(2-x)$, $[0, 2]$

3) $f(x) = \frac{k}{\sqrt{x}}$, $[1, 9]$

4) $f(x) = kx^{\frac{3}{2}}(4-x)$, $[0, 4]$

4. 주어진 확률밀도함수에 대 평균, 중앙값, 표준편차와 확률을 구하여라.

1) $f(x) = \frac{1}{50}(10-x)$, $[0, 10]$

① $P(0<x<2)$ ② $P(8<x<10)$

2) $f(x) = \frac{1}{36}(9-x^2)$, $[-3, 3]$

① $P(-1<x<2)$ ② $P(-2<x<1)$

3) $f(x) = \frac{2}{(x+1)^2}$, $[0, 1]$

① $P\left(0<x<\frac{1}{2}\right)$ ② $P\left(\frac{1}{2}<x<1\right)$

4) $f(x) = \frac{3}{128}\sqrt{x}$, $[0, 16]$

① $P(4<x<9)$ ② $P(9<x<16)$

제 13 장

다변수함수

〈 학습내용 〉

13.1 공간좌표

□ 삼차원 좌표계

서로 수직인 두 직선 (x축, y축)으로 결정되는 평면좌표에 대해 배웠다. 삼차원 좌표계(three-dimensional coordinate system)를 만들기 위해, xy-평면좌표로부터 시작하고 원점 O를 지나 x축과 y축에 수직인 직선을 z축이라고 한다(그림 13.1).

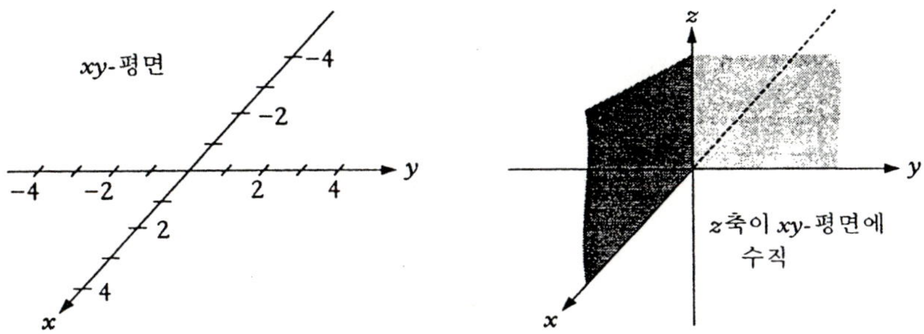

그림 13.1

세 개의 좌표축의 세 개의 좌표평면(coordinate plane)을 만들고, xy-평면은 x축과 y축, xz-평면은 x축과 z축과, yz-평면은 y축과 z축으로 결정된다. 세 개의 좌표평면이 공간을 8개의 옥탄트(octant)로 나누고, 제일옥탄트는 세 좌표가 모두 양수이다. 삼차원 공간의 점 P는 (x, y, z)로 나타내고 x는 yz-평면에서 점 P까지의 거리를 나타낸다.

[예제 1] <공간에 점 나타내기>

공간좌표에 다음 점들을 표시하여라.

1) $(-2, 5, 5)$　　2) $(1, 6, 0)$

3) $(2, -5, 3)$　　4) $(3, 3, -2)$

풀이 (그림 13.2)와 같이 나타낸다.

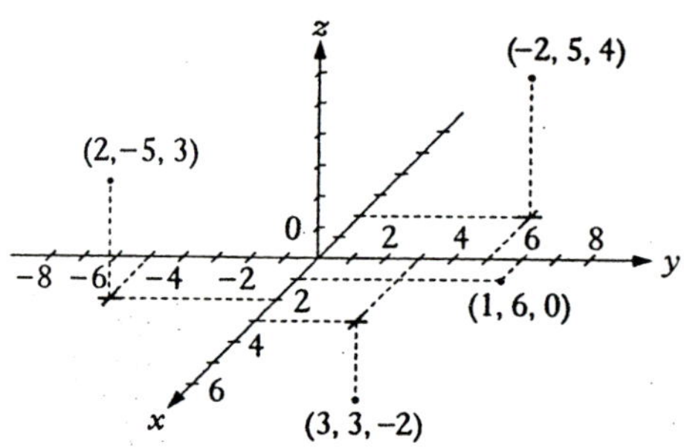

그림 13.2 ▣

□ 거리공식과 중점공식

공간에서의 많은 기하학적 성질들은 평면의 경우를 확장한 것이다. 이를테면 피타고라스정리를 이용하여 두 점 사이의 거리공식(distance formula)을 유도할 수 있다(그림 13.3).

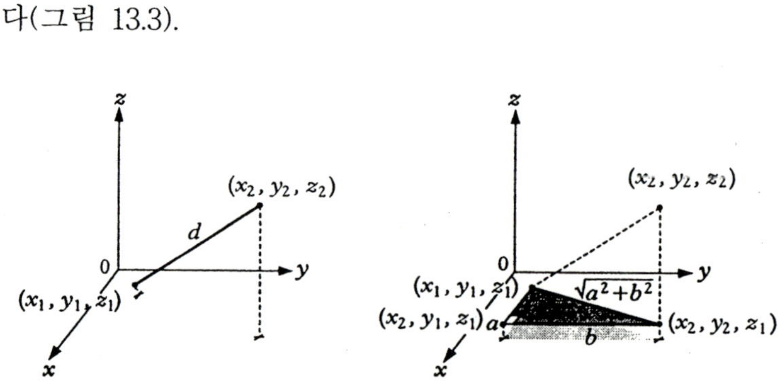

d=두 점 사이의 거리　　$a=|x_2-x_1|,\ b=|y_2-y_1|$

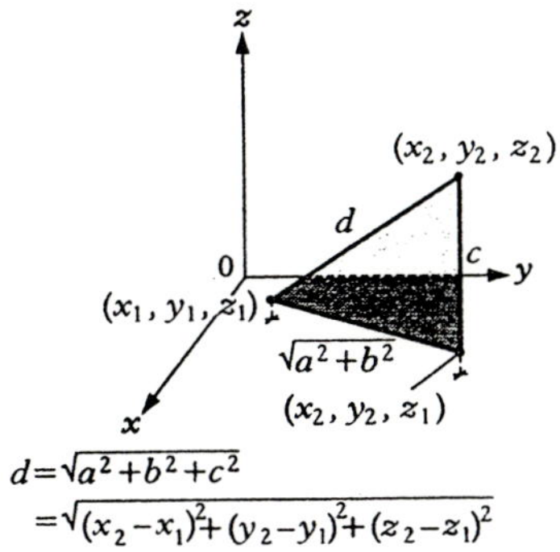

그림 13.3

〈거리공식〉

공간의 두 점 (x_1, y_1, z_1), (x_2, y_2, z_2)사이의 거리 d는

$$d=\sqrt{(x_2-x_1)^2+(y_2-y_1)^2+(z_2-z_1)^2}$$

이다.

중점공식(midpoint formula)도 평면좌표에서의 공식의 확장이다. 공간의 두 점 (x_1, y_1, z_1), (x_2, y_2, z_2)를 잇는 선분의 중점은 다음과 같다.

〈중점공식〉

공간의 두 점 (x_1, y_1, z_1), (x_2, y_2, z_2)사이의 거리 M은

$$M=\left(\frac{x_1+x_2}{2}, \frac{y_1+y_2}{2}, \frac{z_1+z_2}{2}\right)$$

이다.

[예제 2] <두 점 사이의 거리와 중점>

두 점 $(5, -2, 3)$, $(0, 4, 4)$ 사이의 거리를 구하고 두 점을 잇는 선분의 중점을 구하여라.

풀이 거리공식에 의해,

$$d = \sqrt{(0-5)^2+(4+2)^2+(4-3)^2}$$
$$= \sqrt{25+36+1} = \sqrt{52} \approx 7.21$$

또 중점공식을 이용하면, 중점 M은

$$M = \left(\frac{5+0}{2}, \frac{-2+4}{2}, \frac{3+4}{2}\right)$$
$$= \left(\frac{5}{2}, 1, \frac{7}{2}\right)$$

이다(그림 13.4).

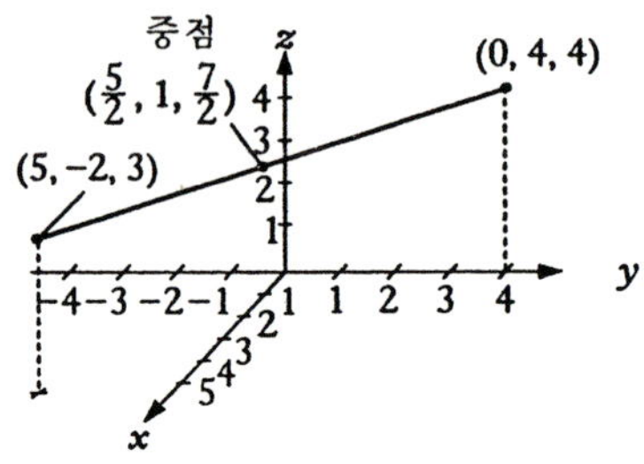

그림 13.4

▣

□ 구면의 방정식

구면은 주어진 점으로부터 일정한 거리에 있는 공간의 점들의 집합이므로, **구면의 방정식의 표준형**(standard form of the equation of a sphere)을 얻기 위해 거리 공식을 이용할 수 있다.

〈구면의 방정식의 표준형〉

중심 $(h, k. l)$, 반지름의 길이 r인 구면의 방정식의 표준형은

$$(x-h)^2+(y-k)^2+(z-l)^2 = r^2$$

이다.

[예제 3] <구면의 방정식 구하기>

반지름의 길이 3이고 중심 $(0, 2, -1)$인 구면의 방정식의 표준형 구하여라.

풀이 공식 $(x-h)^2+(y-k)^2+(z-l)^2 = r^2$에서

$$(x-0)^2+(y-2)^2+[z-(-1)]^2 = 3^2$$
$$\therefore\ x^2+(y-2)^2+(z+1)^2 = 9$$

▣

[예제 4] <구면의 중심과 반지름의 길이 구하기>

구면의 방정식 $x^2+y^2+z^2-2x+4y-6z+8=0$의 중심과 반지름의 길이를 구하여라.

풀이 $(x^2-2x+1)+(y^2+4y+4)+(z^2-6z+9)=-8+1+4+9$

$(x-1)^2+(y+2)^2+(z-3)^2=6$

따라서, 중심은 $(1, -2, 3)$이고 반지름의 길이는 $\sqrt{6}$이다(그림 13.5).

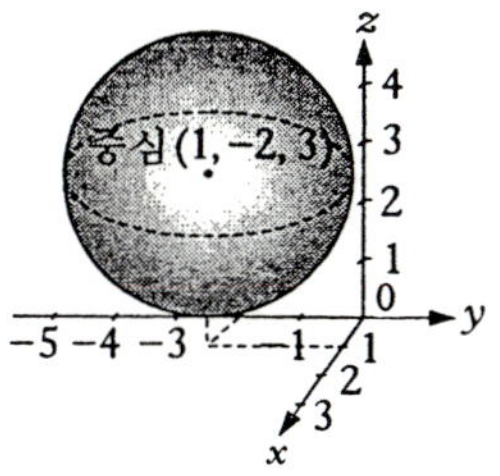

그림 13.5

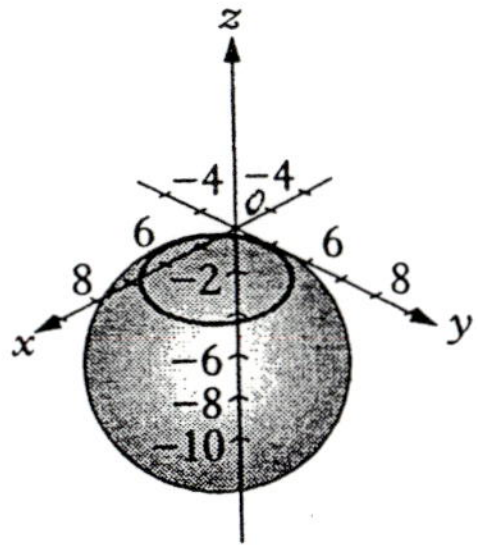

그림 13.6

[예제 5] <평면과의 교선 구하기>

구면 $(x-3)^2+(y-2)^2+(z+4)^2=5^2$이 xy-평면과의 교선의 방정식을 구하여라.

풀이 $z=0$일 때,

$(x-3)^2+(y-2)^2+(0+4)^2=5^2$, $(x-3)^2+(y-2)^2+16=25$

$(x-3)^2+(y-2)^2=9 \quad \therefore \quad (x-3)^2+(y-2)^2=3^2$ ▣

연습문제 13.1

1. 다음 점들을 공간좌표에 나타내어라.

   1) ① $(2, 1, 3)$ ② $(-1, 2, 1)$

   2) ① $(3, -2, 5)$ ② $\left(\frac{3}{2}, 4, -2\right)$

   3) ① $(5, -2, 5)$ ② $(5, -2, -2)$

   4) ① $(0, 4, -5)$ ② $(4, 0, 5)$

2. 주어진 점들을 이은 선분의 중심을 구하여라.

   1) $(5, -9, 7)$, $(-2, 3, 3)$

   2) $(4, 0, -6)$, $(8, 8, 20)$

   3) $(-5, -2, 5.5)$, $(6.3, 4.2, -7.1)$

   4) $(0, -2, 5)$, $(4, 2, 7)$

3. 선분의 한쪽 끝과 중점이 주어질 때 나머지 한쪽 끝의 좌표를 구하여라.

   1) 한끝 $(-2, 1, 1)$, 중점 $(0, 2, 5)$

   2) 한끝 $(3, -2, 6)$, 중점 $(-1, 5, -1)$

4. 두 점 사이의 거리를 구하여라.

   1) $(4, 1, 5)$, $(8, 2, 6)$

   2) $(-4, -1, 1)$, $(2, -1, 5)$

해답

1. (1)

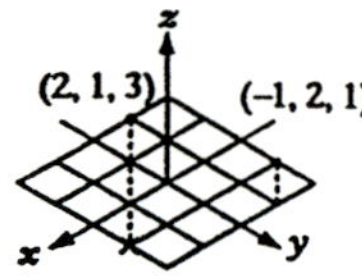

(3)

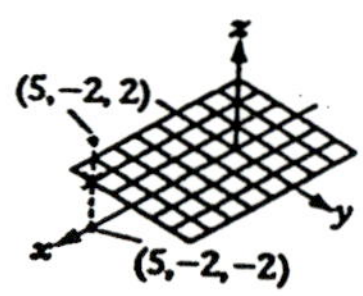

2.

1) $\left(\frac{3}{2}, -3, 5\right)$

3) $(0.65, 1.1, -0.8)$

3.

1) $(2, 3, 9)$

4.

1) $3\sqrt{2}$

3) $(-1,\ -5,\ 7),\ (-3,\ 4,\ -4)$

4) $(8,\ -2,\ 2),\ (8,\ -2,\ 4)$

5. 삼각형의 꼭지점의 좌표가 다음과 같이 주어질 때, 변의 길이를 구하고 어떤 삼각형인지 알아보아라.

1) $(0,\ 0,\ 0),\ (2,\ 2,\ 1),\ (2,\ -4,\ 4)$

2) $(5,\ 3,\ 4),\ (7,\ 1,\ 3),\ (3,\ 5,\ 3)$

3) $(1,\ -3,\ -2),\ (5,\ -1,\ 2),\ (-1,\ 1,\ 2)$

4) $(5,\ 0,\ 0),\ (0,\ 2,\ 0),\ (0,\ 0,\ -3)$

6. 구면의 방정식의 표준형을 구하여라.

1) 중심 $(0,\ 2,\ 5)$, 반지름의 길이 2

2) 중심 $(4,\ -1,\ 1)$, 반지름의 길이 5

3) 지름의 끝점 $(2,\ 0,\ 0),\ (0,\ 6,\ 0)$

4) 중심 $(-2,\ 1,\ 1)$이고 xy-평면에 접한다.

7. 구면의 중심과 반지름의 길이를 구하여라.

1) $x^2+y^2+z^2-2x+6y+8z+1=0$

2) $x^2+y^2+z^2-5x=0$

3) $x^2+y^2+z^2-8y=0$

4) $x^2+y^2+z^2-4y+6z+4=0$

5) $2x^2+2y^2+2z^2-2x+2y-4z+1=0$

6) $x^2+y^2+z^2=36$

---

3) $\sqrt{206}$

5.

1) $3,\ 3\sqrt{5},\ 6$
직각삼각형

3) $6,\ 6,\ 2\sqrt{10}$
이등변삼각형

6.

1) $x^2+(y-2)^2+(z-5)^2=4$

3) $(x-1)^2+(y-3)^2+z^2=10$

7.

1) $(1,\ -3,\ -4),\ 5$

3) $(0,\ 4,\ 0),\ 4$

5) $\left(\frac{1}{2},\ -\frac{1}{2},\ 1\right),\ 1$

7) $9x^2+9y^2+9z^2-6x+18y+1=0$

8) $4x^2+4y^2+4z^2-4x-32y+8z+33=0$

8. 구면과 xy-평면의 교선을 그려보아라.

1) $(x-2)^2+(y-2)^2+(z-3)^2=25$

2) $x^2+y^2+z^2-6x-10y+6z+30=0$

9. 구면과 yz-평면의 교선을 그려보아라.

1) $x^2+y^2+z^2-4x-4y-6z-12=0$

2) $x^2+y^2+z^2-6x-10y+6z+30=0$

7) $\left(\frac{1}{3}, -1, 0\right)$, 1

8.

(1)

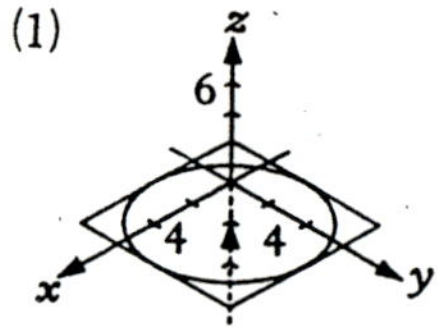

9.

(2)

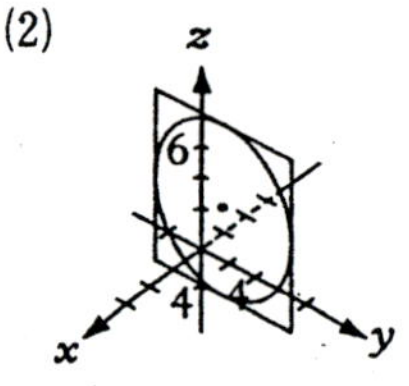

13.2 곡면의 방정식

□ 공간에서 평면의 방정식

앞 절에서 공간에서 곡면의 방정식의 한 형태인 구면의 방정식을 배웠다. 두 번째로 배울 것은 평면이다. 일반적인 평면의 방정식(general equation of a plane)은 $ax+by+cz=d$이다. 평면에서 직선의 방정식의 일반형과 유사하다. 세 좌표평면 각각과 이 평면의 교선은 (그림 13.7)과 같다.

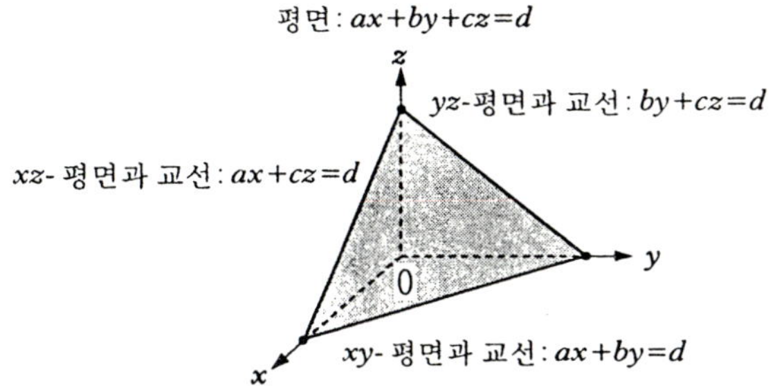

그림 13.7

(그림 13.7)에서 세 좌표축과 평면이 만나는 점을 $x-$, $y-$, $z-$절편이라고 한다. 이 세점을 이으면, 공간에서 평면을 시각화하는데 도움을 주는 삼각형 영역을 만들 수 있다. 예제 1에서 알아보자.

[예제 1] <공간에서 평면 그리기>

$3x+2y+4z=12$로 주어진 평면의 $x-$, $y-$, $z-$절편을 구하고 세 점을 이어 삼각형 영역을 그려 보아라.

풀이 x절편을 구하기 위해 $y=z=0$을 대입하면

$$3x+2(0)+4(0)=12$$

$$3x=12 \qquad \therefore \quad x=4$$

따라서 x절편은 $(4, 0, 0)$, 또 y절편을 구하기 위해 $x=z=0$을 대입하면, $y=6$, y절편은 $(0, 6, 0)$이다. 마찬가지 방법으로 $x=y=0$을 대입하면, $z=3$, z절편은 $(0, 0, 3)$이다. (그림 13.8)은 이들 세 점을 이은 삼각형 영역이다.

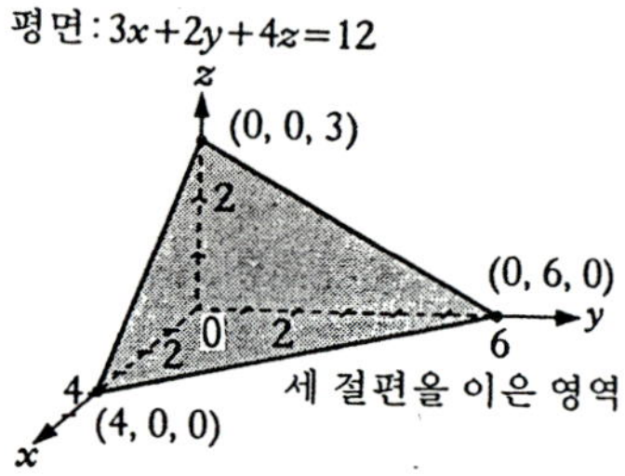

그림 13.8

■

(그림 13.7), (그림 13.8)에서 세 절편을 갖는 평면을 그려 보았다. 공간에서 평면은 절편의 수가 세 개보다 적은 경우가 있다. 특히 $ax+by+cz=d$의 계수 중 하나 또는 여러 개가 0인 경우 일어난다. (그림 13.9)는 오직 한 개의 절편을 갖는 경우이고 (그림 13.10)은 오직 두 개의 절편을 갖는 경우이다.

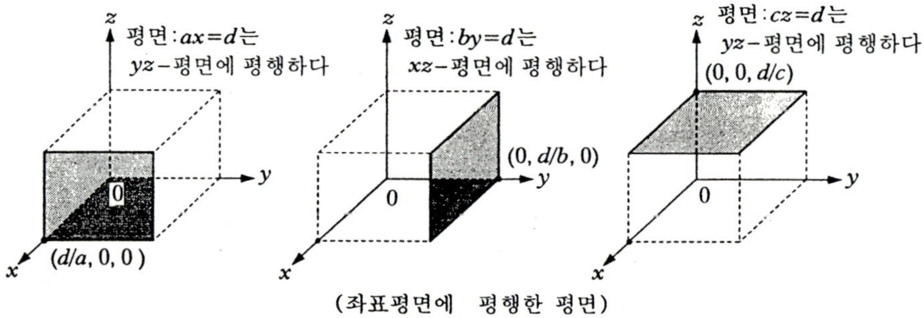

그림 13.9

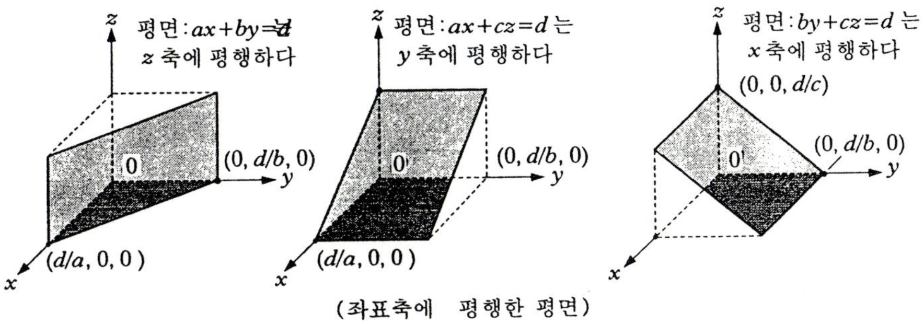

그림 13.10

□ 이차곡면

지금까지 공간에서 곡면의 두 형태 구면과 평면에 대해 배웠다. 세 번째 형태의 곡면은 $Ax^2+By^2+Cz^2+Dx+Ey+Fz+G=0$꼴이다. 이와 같은 방식의 그래프를 **이차곡면**이라고 부른다. 원점을 중심으로 갖고 축이 좌표 축과 평행한 이차곡면에 대해 생각하기로 한다. 6개의 이차곡면은 다음과 같다.

1) 타원추면(Elliptic cone)

2) 타원포물면(Elliptic paraboloid)

3) 쌍곡포물면(Hyperbolic paraboloid)

4) 타원면(Ellipsoid)

5) 일엽쌍곡면(Hyperboloid of one sheet)

6) 이엽쌍곡면(Hyperboloid of two sheets)

표 13.1 이차곡면

(1) 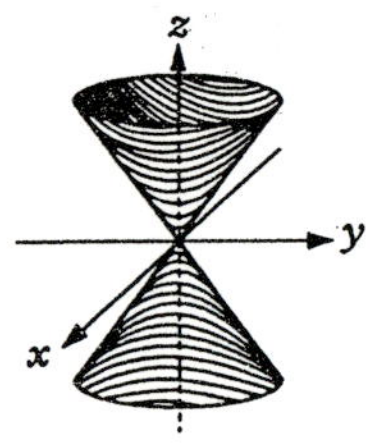	타원추면(Elliptic Cone) $\frac{x^2}{a^2}+\frac{y^2}{b^2}-\frac{z^2}{c^2}=0$ 흔적(Trace) 평면(Plane) 타원(Ellipse) Parallel to xy-plane 쌍곡선(Hyperbola) Parallel to xz-plane 쌍곡선(Hyperbola) Parallel to yz-plane	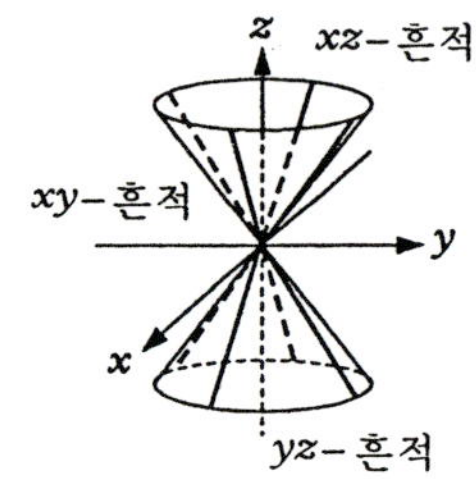
(2) 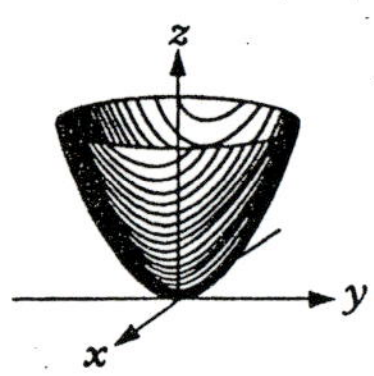	타원포물면(Elliptic Paraboloid) $z=\frac{x^2}{a^2}+\frac{y^2}{b^2}$ 흔적(Trace) 평면(Plane) 타원(Ellipse) Parallel to xy-plane 포물선(Parabola) Parallel to xz-plane 포물선(Parabola) Parallel to yz-plane	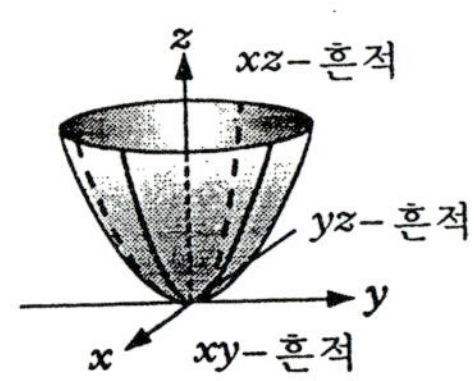
(3) 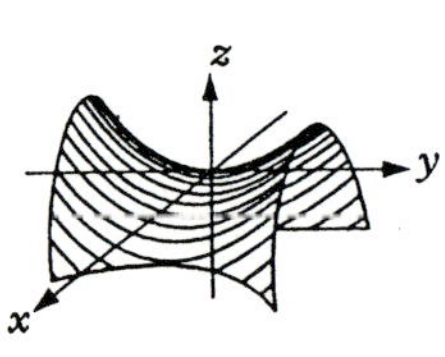	쌍곡포물면(Hyperbolic Paraboloid) $z=\frac{y^2}{b^2}-\frac{x^2}{a^2}$ 흔적(Trace) 평면(Plane) 쌍곡선(Hyperbola) Parallel to xy-plane 포물선(Parabola) Parallel to xz-plane 포물선(Parabola) Parallel to yz-plane	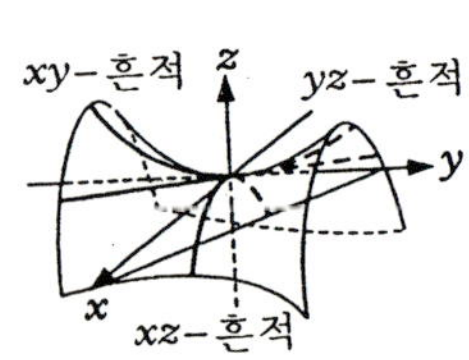

(4) 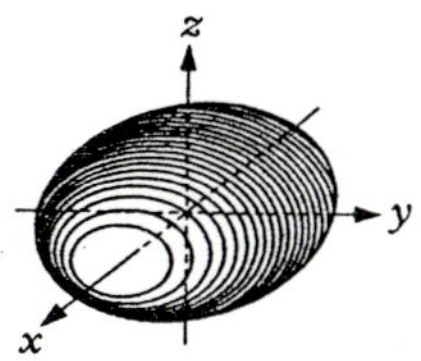	타원면(Ellipsoid) $\frac{x^2}{a^2}+\frac{y^2}{b^2}+\frac{z^2}{c^2}=1$ 흔적(Trace) 평면(Plane) 타원(Ellipse) Parallel to xy-plane 타원(Ellipse) Parallel to xz-plane 타원(Ellipse) Parallel to yz-plane $a=b=c\neq 0$이면 곡면은 구면이다.	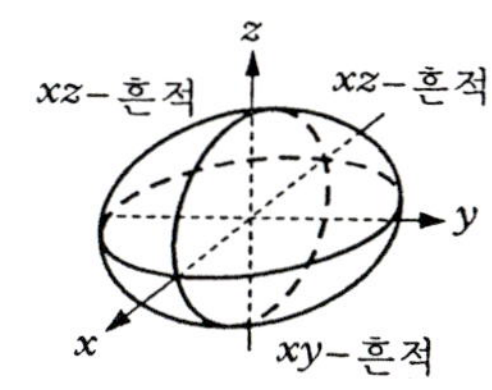
(5) 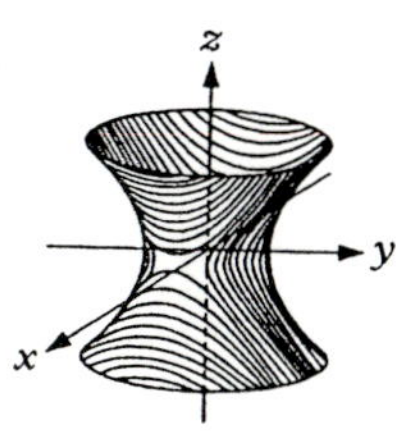	일엽쌍곡면(Hyperboloid of One Sheet) $\frac{x^2}{a^2}+\frac{y^2}{b^2}-\frac{z^2}{c^2}=1$ 흔적(Trace) 평면(Plane) 타원(Ellipse) Parallel to xy-plane 쌍곡선(Hyperbola) Parallel to xz-plane 쌍곡선(Hyperbola) Parallel to yz-plane	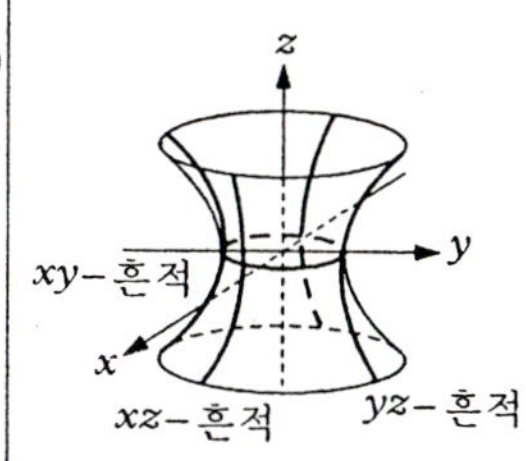
(6) 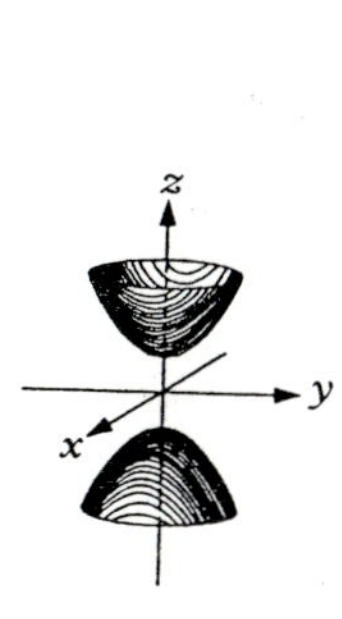	이엽쌍곡면(Hyperboloid of Two Sheets) $\frac{z^2}{c^2}-\frac{x^2}{a^2}-\frac{y^2}{b^2}=1$ 흔적(Trace) 평면(Plane) 타원(Ellipse) Parallel to xy-plane 쌍곡선(Hyperbola) Parallel to xz-plane 쌍곡선(Hyperbola) Parallel to yz-plane	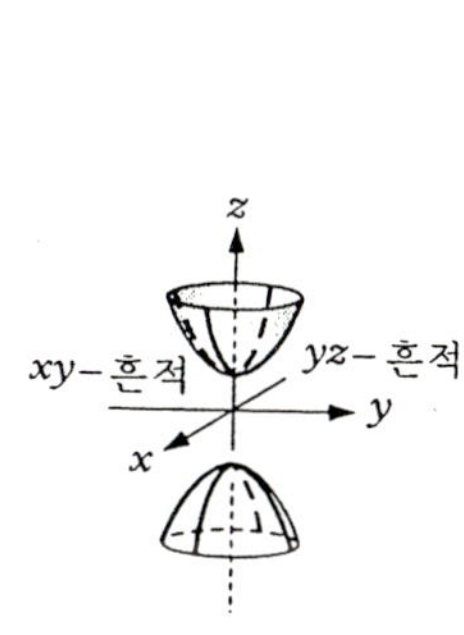

이 책에서는 공간에서 이차곡면을 그리는 것을 배우지는 않지만 개념을 시작하는데 큰 도움이 되므로 이차곡면과 방정식을 공부할 수 있도록 표를 만들었다. 이 그래프들은 컴퓨터의 도움으로 그린 것이다(표 13.1).

(표 13.1)은 이차곡면의 여러 방향 중 하나에 대해서만 보였다. 곡면이 다른 쪽을 따라 방향이 정해지면 다음 예제처럼 표준방정식도 따라서 변할 것이다. 이차곡면을 분류하는데, (한 변수는 일차인) 두 가지의 포물면을 기억하는 것이 도움이 된다. 나머지 기본적인 네 가지 곡면은 세 변수 모두 이차인 방정식을 갖는다.

[예제 2] <이차곡면의 분류>

곡면 $x - y^2 - z^2 = 0$의 그래프를 그려라.

풀이 x가 일차식이므로 곡면은 포물면이고 축은 x축이다.

표준형으로 고치면

$$x = y^2 + z^2$$

이 곡면을 그리면 (그림 13.11)과 같이 타원포물면이다. ▣

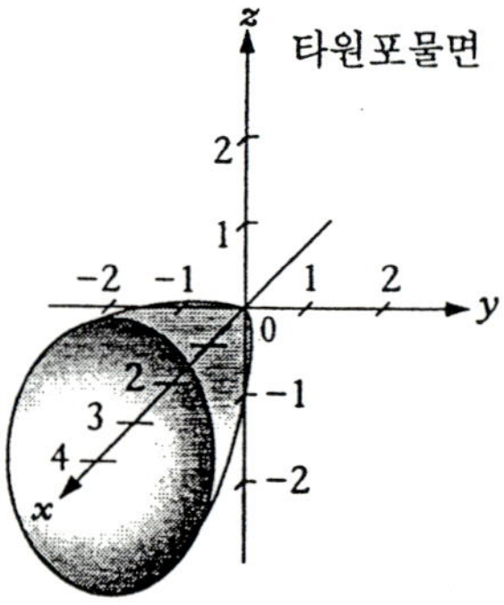

그림 13.11

[예제 3] <이차곡면의 분류>

곡면 $x^2 - 4y^2 - 4z^2 = 0$의 그래프를 그려라.

풀이 표준형으로 고치면,

$$\frac{x^2}{4} - y^2 - z^2 - 1 = 0$$

$$\frac{x^2}{4} - y^2 - z^2 = 1$$

표 13.1로부터 이 곡면은 축을 x축으로 갖는 이엽쌍곡면이다. 그래프를 그리면 (그림 13.12)와 같다.

▣

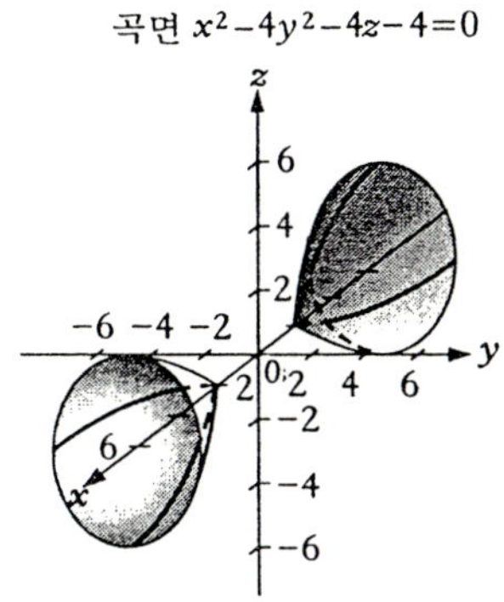

그림 13.12

[예제 4] <이차곡면의 분류>

곡면 $x^2+4y^2+z^2=4$의 그래프를 그려라.

풀이 표준형으로 고쳐 쓰면,

$$\frac{x^2}{4} + y^2 + \frac{z^2}{4} = 1$$

각 평면의 흔적(trace)은 다음과 같다.

xy-평면 $(z=0)$: $\frac{x^2}{4} + y^2 = 1$(타원)

xz-평면 $(y=0)$: $x^2 + y^2 = 4$(원)

yz-평면 $(x=0)$: $y^2 + \frac{z^2}{4} = 1$(타원)

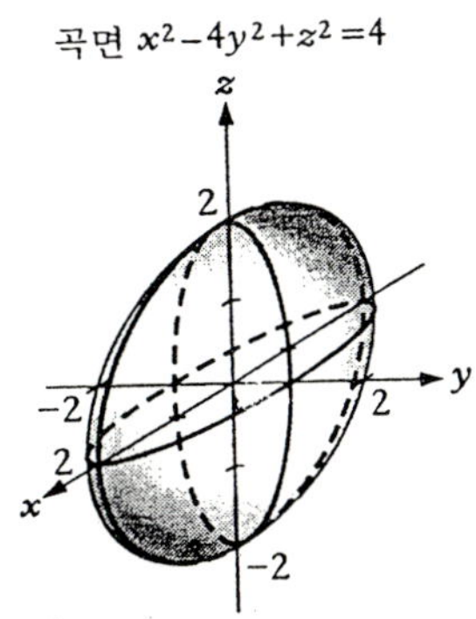

그림 13.13

그래프를 그리면 (그림 13.13)과 같이 타원면이다.

▣

연습문제 13.2

1. 절편을 구하고 평면의 그래프를 그려라.

1) $4x+2y+6z=12$	2) $3x+6y+2z=6$
3) $3x+3y+5z=15$	4) $x+y+z=3$
5) $2x-y+3z=4$	6) $2x-y+z=4$
7) $z=3$	8) $y=-4$
9) $y+z=5$	10) $x+2y=8$
11) $x+y-z=0$	12) $x-3z=3$

(9)

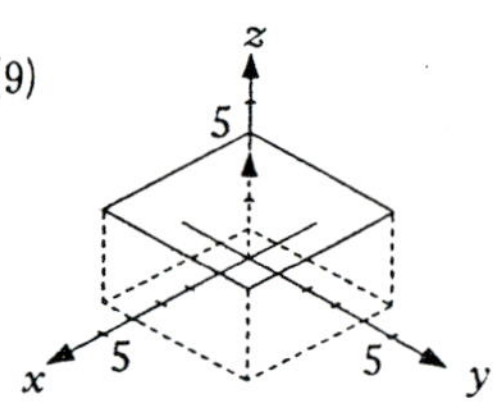

(11)

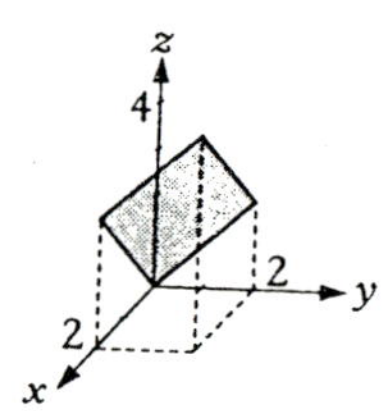

해답

1. (1)

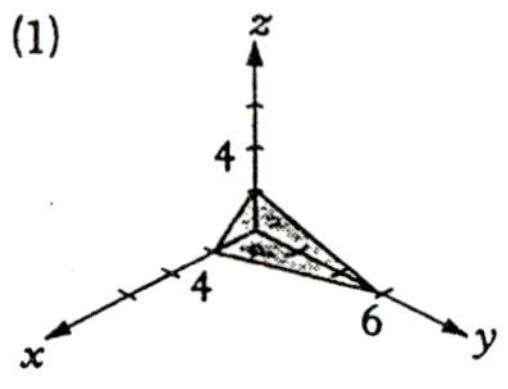

(3)

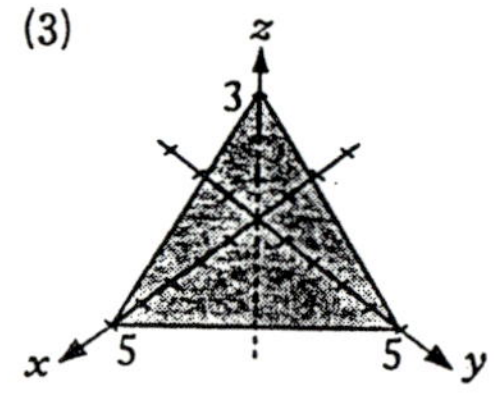

(5)

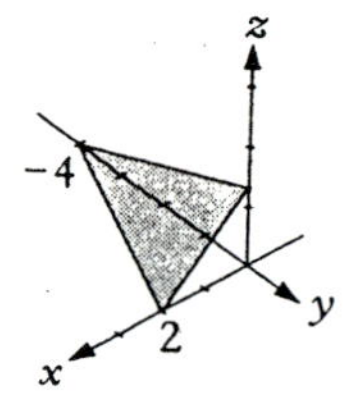

(7)

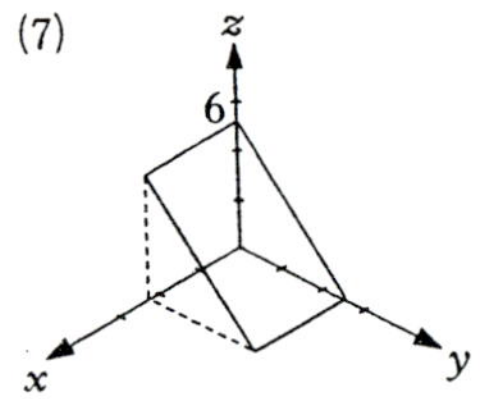

2. 두 평면 $a_1x+b_1y+c_1z=d_1$, $a_2x+b_2y+c_2z=d_2$ 의 평행, 수직 또는 아무관계가 없음을 구별하여라.

즉 $\dfrac{a_1}{a_2}=\dfrac{b_1}{b_2}=\dfrac{c_1}{c_2}$ 이면 평행, $a_1a_2+b_1b_2+c_1c_2=0$이면 수직이다.

1) $5x-3y+z=4$, $x+4y+7z=1$

해답 2.

1) 수직

2) $3x+y-4z=3$, $-9x-3y+12z=4$

3) $x-5y-z=1$, $5x-25y-5z=-3$ — 3) 평행

4) $x=6$, $y=-1$

5) $x+2y=3$, $4x+8y=5$ — 5) 평행

6) $x+3y+z=7$, $x-5z=0$

7) $2x+y=3$, $x-5z=0$ — 7) 수직도 평행도 아니다.

8) $2x-z=1$, $4x+y+8z=10$

3. 점과 평면 사이의 거리를 구하여라. 한 점 (x_0, y_0, z_0)와 평면 $ax+by+cz+d=0$ 사이의 거리 D는 다음과 같다.

$$D=\frac{|ax_0+by_0+cz_0+d|}{\sqrt{a^2+b^2+c^2}}$$

1) $(0, 0, 0)$, $2x+3y+z=12$ — 1) $\frac{6\sqrt{14}}{7}$

2) $(1, 5, -4)$, $3x-y+2z=6$

3) $(1, 2, 3)$, $2x-y+z=4$ — 3) $\frac{\sqrt{6}}{6}$

4) $(10, 0, 0)$, $x-3y+4z=6$

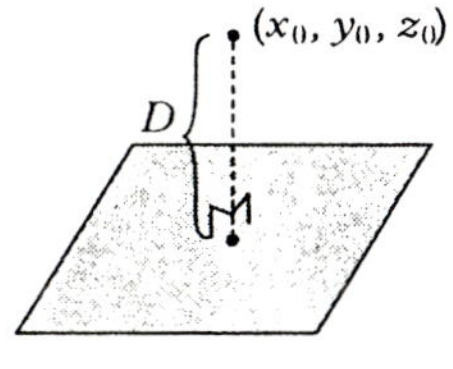

평면 : $ax+by+cz+d=0$

4. 주어진 방정식의 그래프를 찾아라.

1) $\frac{x^2}{9}+\frac{y^2}{16}+\frac{z^2}{9}=1$

2) $15x^2-4y^2+15z^2=-4$

3) $4x^2-y^2+4z^2=4$

4) $y^2=4x^2+9z^2$

5) $4x^2-4y^2+z^2=0$

6) $12t=-3y^2+4x^2$

7) $4x^2-y^2+4z=0$

8) $x^2+y^2z^2=9$

4.

1) c

2) e

3) f

4) g

5) d

6) b

7) a

8) h

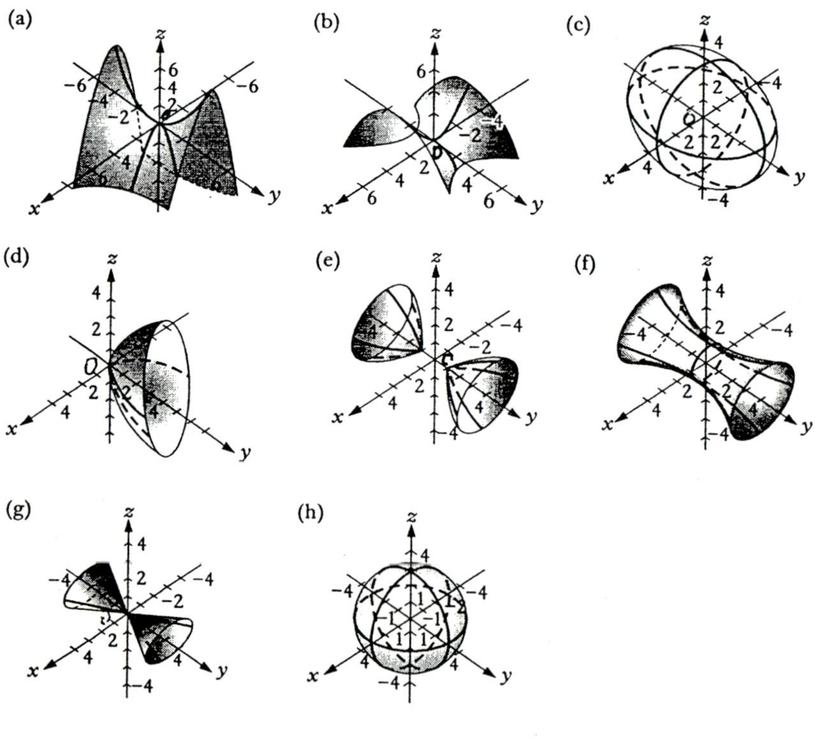

13.3 다변수함수와 편도함수

□ 다변수함수

앞에서는 일변수함수에 대해서만 다루었다. 많은 익숙한 양들은 하나가 아닌 둘 또는 그 이상의 변수의 함수이다. 이를테면 생산품은 가격과 광고비, 두 변수의 함수로 생각하는 것이 가격만의 함수로 여기는 것보다 현실적이다. 마찬가지로 식물의 성장은 세 변수—강우량, 일조량, 토질의 양분—의 함수로 생각할 수 있다. 이변수 또는 다변수함수의 경우 일변수함수에서 사용한 것과 유사한 기호를 사용한다. 예를 들면, $f(x, y) = x^2 + xy$, $g(x, y) = e^{x+y}$는 이변수함수이고, $f(x, y, z) = x + 2y - 3z$는 삼변수함수이다.

이변수함수를 다음과 같이 정의한다. 삼, 사 또는 n변수 함수에 대한 정의도 유사하다.

<이변수함수의 정의>

어떤 집합 D의 순서쌍 (x, y) 각각에 유일한 실수 $f(x, y)$가 대응되면 f를 x와 y의 함수라고 한다. 집합 D는 f의 정의역이고 $f(x, y)$에 대한 값의 집합이 f의 치역이다.

[예제 1] <다변수함수의 값>

주어진 점에서 다음 함수의 값을 구하여라.

1) $f(x, y) = 2x^2 - y^2$일 때, $f(2, 3)$

2) $f(x, y, z) = e^x(y + z)$일 때, $f(0, -1, 4)$

풀이 1) $f(x, y) = 2x^2 - y^2$에서

$$f(2, 3) = 2(2^2) - 3^2 = 2(4) - 9 = 8 - 9 = -1$$

2) $f(x, y, z) = e^x(y + z)$에서

$$f(0, -1, 4) = e^0(-1+4)$$
$$= (1)(3) = 3$$

▣

□ 이변수함수의 그래프

이변수함수는 $z = f(x, y)$라 놓고 공간에서 곡면으로 나타낼 수 있다. (그림 13.14)에서 곡면은 삼차원이지만 함수가 정의되는 점들는 xy-평면의 점들로 이루어지므로 함수의 정의역은 이차원이다. 이 절에서 $z = f(x, y)$로 주어진 함수에 대해 다루기로 하고 정의역은 방정식이 의미를 갖는 모든 점 (x, y)의 집합으로 한다.

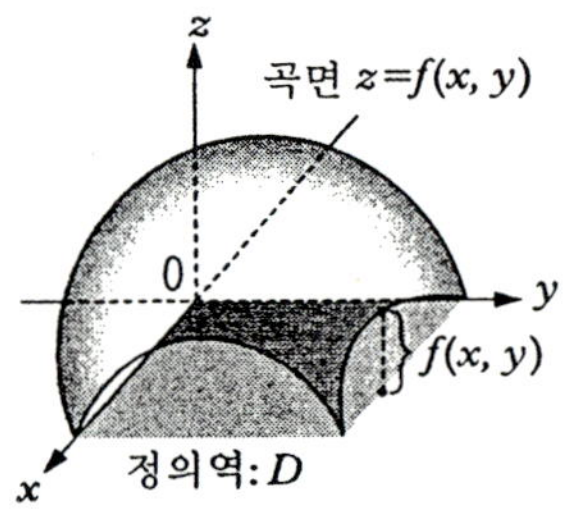

그림 13.14

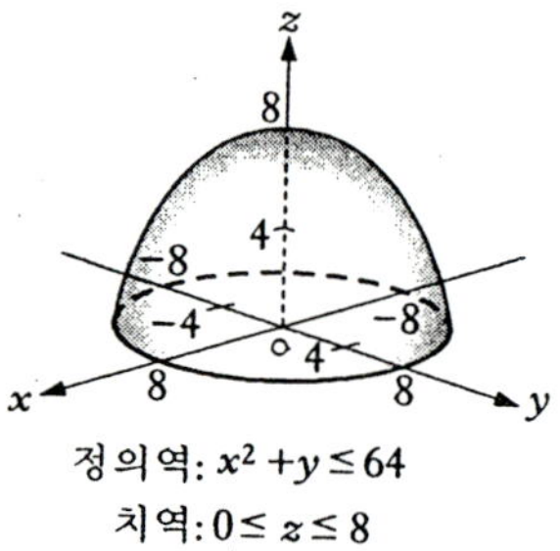

그림 13.15

[예제 2] <함수의 정의역과 치역 구하기>

함수 $f(x, y) = \sqrt{64 - x^2 - y^2}$의 정의역과 치역을 구하여라.

풀이 $64 - x^2 - y^2 \geqq 0$에서

$$x^2 + y^2 \leqq 64$$

정의역 D는 원 $x^2 + y^2 = 8^2$의 둘레 및 내부 f의 치역

$z = f(x, y)$는 $0 \leqq z \leqq 8$

f의 그래프는 반구로 (그림 13.15)와 같다. ▣

□ 이변수함수의 편도함수

다변수함수의 응용에서 독립변수 하나 또는 여러 개를 변화시키면 어떤 결과가 나타날 것인가? 한번에 독립변수 하나에 대해 생각하면 적어도 일부분은 대답할 수 있다. 이를테면 국민총생산은 세금, 실업, 전쟁 등 여러 변수의 함수이다.

경제학자는 세금인상의 효과를 알고자 할 때, 다른 변수는 상수로 보고 서로 다른 세율을 이용하여 계산기를 원한다. 또는 실험에서 어떤 촉매의 효과가 어느 정도인가를 알기 위해 화학자는 실험에서 온도와 압력같은 다른 변수를 상수로 보고 촉매의 양만 변화시켜 조사한다.

수학에서도 여러 독립변수 가운데 한 변수에 대한 함수 f의 변화율을 알아보려고 한다. 다른 변수를 상수로 보고 한 변수에 대한 f의 도함수를 구한다. 이 과정을 **편미분**(partial differentiation)이라 하고 그 결과를 선택한 독립변수에 대한 f의 **편도함수**(partial derivatives)라고 한다. 이변수함수에 대해 다음과 같이 정의한다.

〈일차 편도함수의 정의〉

$z = f(x, y)$일 때, f의 x와 y에 대한 일차 편도함수(first partial derivative)는 함수 $\dfrac{\partial z}{\partial x}$, $\dfrac{\partial z}{\partial y}$이고 다음과 같이 정의한다.

$$\frac{\partial z}{\partial x} = \lim_{\Delta x \to 0} \frac{f(x+\Delta x, y) - f(x, y)}{\Delta x} \ (y\text{는 상수})$$

$$\frac{\partial z}{\partial y} = \lim_{\Delta y \to 0} \frac{f(x, y+\Delta x) - f(x, y)}{\Delta y} \ (x\text{는 상수})$$

참고 이변수함수 $z=f(x, y)$의 편도함수 $\dfrac{\partial z}{\partial x}$는 y를 상수로 보고 x에 대하여 미분하고 $\dfrac{\partial z}{\partial y}$는 x를 상수로 보고 y에 대하여 미분한다.

[예제 3] <편도함수 구하기>

$z=3x-x^2y^2+2x^3y$의 편도함수 $\dfrac{\partial z}{\partial x}$, $\dfrac{\partial z}{\partial y}$를 구하여라.

풀이 y를 상수로 보고 x에 대하여 미분하면

$$\frac{\partial z}{\partial x}=3-2xy^2+6x^2y$$

마찬가지 방법으로 x를 상수로 보고 y에 대하여 미분하면

$$\frac{\partial z}{\partial y}=-2xy^2+2x^3$$ 이다. ▣

일차 편도함수에 대한 기호가 여러 가지 있다. 자주 사용하는 기호를 나열하고, 어떤 점 (a, b)에서 편도함수의 값을 구하는 기호도 써본다.

〈일차 편도함수의 기호〉

$z=f(x, y)$일 때,

$$\frac{\partial z}{\partial x}=f_x(x, y)=z_x=\frac{\partial}{\partial x}f(x, y)$$

$$\frac{\partial z}{\partial y}=f_y(x, y)=z_y=\frac{\partial}{\partial y}f(x, y)$$

점 (a, b)에서 일차 편도함수의 값을 다음과 같이 나타낸다.

$$\left.\frac{\partial z}{\partial x}\right|_{(a,\ b)} \text{ 또는 } f_x(a, b)$$

$$\left.\frac{\partial z}{\partial y}\right|_{(a,\ b)} \text{ 또는 } f_y(a, b)$$

[예제 4] <편도함수의 값 구하기>

$f(x, y) = xe^{x^2y}$의 일차 편도함수를 구하고, 점 $(1, \ln 2)$에서 각 값을 구하여라.

풀이 $f_x(x, y) = x \cdot \dfrac{\partial}{\partial x}[e^{x^2y}] + e^{x^2y} \cdot \dfrac{\partial}{\partial x}[x]$

$$= x(2xy)e^{x^2y} + e^{x^2y} = e^{x^2y}(2x^2y+1)$$

따라서 $(1, \ln 2)$에서, $f_x(1, \ln 2) = e^{1^2 \ln 2}[2(1^2)\ln 2 + 1]$

$$= 2[2\ln 2 + 1] \approx 4.773$$

$f_y(x, y) = x(x^2)e^{x^2y} = x^3 e^{x^2y}$

따라서 점 $(1, \ln 2)$에서 $f_y(1, \ln 2) = 1^3 e^{1^2 \ln 2} = 2$이다. ▣

□ 편도함수의 기하학적 설명

이변수함수 $z = f(x, y)$의 편도함수는 유용한 기하학적 해석을 갖는다. y를 $y = y_0$로 고정하면, $z = f(x_0, y_0)$는 평면 $y = y_0$와 곡면 $z = f(x, y)$의 교선인 곡선을 나타낸다(그림 13.16). 따라서 $f_x(x_0, y_0)$는 점 (x_0, y_0, z_0)에서 이 곡선의 기울기를 나타낸다(곡선과 접선 모두 평면 $y = y_0$위에 있다). 마찬가지로 $f_y(x_0, y_0)$는 점 (x_0, y_0, z_0)에서 $z = f(x, y)$와 평면 $x = x_0$의 교선의 기울기를 나타낸다(그림 13.17).

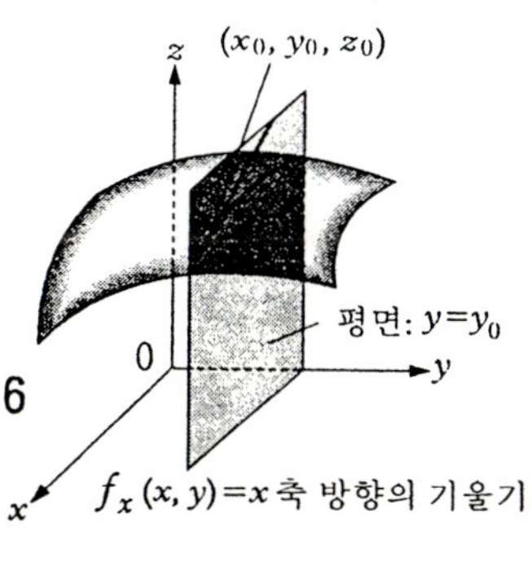

그림 13.16

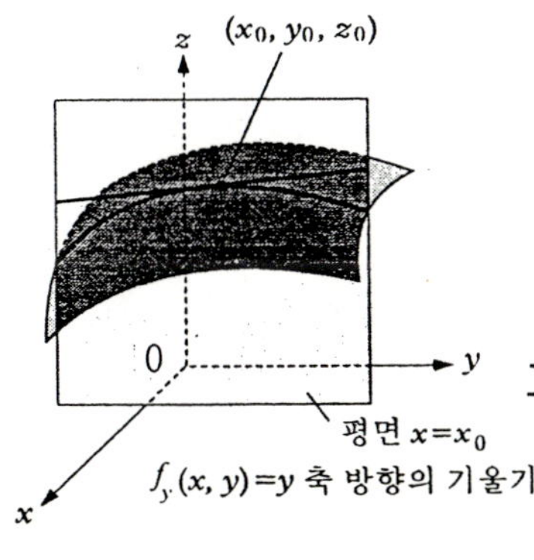

그림 13.17

[예제 5] <곡면의 기울기 구하기>

점 $\left(\frac{1}{2}, 1, 2\right)$에서 곡면 $f(x, y) = -\frac{x^2}{2} - y^2 + \frac{25}{8}$의 기울기를

1) x축 방향　　　　2) y축 방향으로 구하여라.

풀이 1) x축 방향의 기울기를 구하려면, y를 상수로 보고 x에 대해 미분하여 $f_x(x, y) = -x$를 얻는다.

따라서 점 $\left(\frac{1}{2}, 1, 2\right)$에서 x축 방향의 기울기는 $f_x\left(\frac{1}{2}, 1\right) = \frac{1}{2}$

2) y축 방향의 기울기를 구하려면, x를 상수로 보고 y에 대해 미분하여 $f_y(x, y) = -2y$를 얻는다.

따라서 점 $\left(\frac{1}{2}, 1, 2\right)$에서 y축 방향의 기울기는 $f_y\left(\frac{1}{2}, 1\right) = -2$

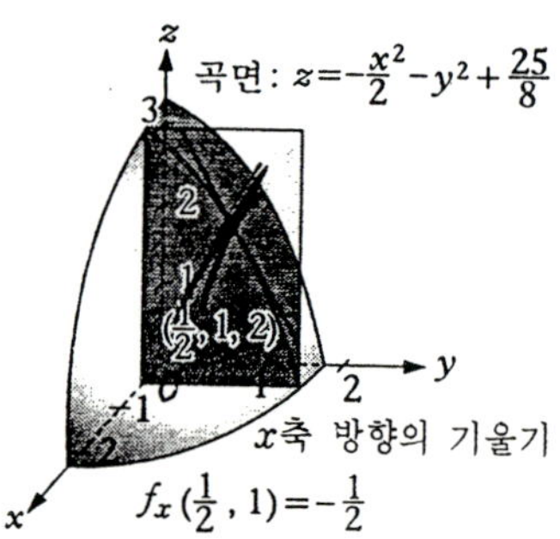

그림 13.18

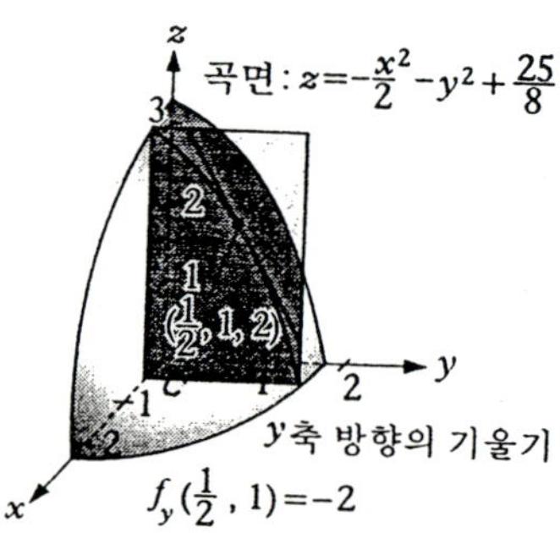

그림 13.19

□ 삼변수함수의 편도함수

편도함수의 개념은 자연스럽게 3개 또는 더 많은 변수의 함수에 대해 확장될 수 있다. 이를테면, $\omega = f(x, y, z)$라면 3개의 일차 편도함수가 있으며, 각각은 두 변수를 상수로 생각하고 구하게 된다. 즉 ω의 x에 대한 편도함수를

정의하면 y와 z를 상수로 보고 다음과 같이 쓴다.

$$\frac{\partial \omega}{\partial x} = f_x(x, , y, z) = \lim_{\Delta x \to 0} \frac{f(x+\Delta x, y, z) - f(x, y, z)}{\Delta x}$$

ω의 y에 대한 편도함수를 정의하면, x와 z를 상수로 보고 다음과 같이 쓴다.

$$\frac{\partial \omega}{\partial y} = f_y(x, , y, z) = \lim_{\Delta y \to 0} \frac{f(x, y+\Delta y, z) - f(x, y, z)}{\Delta y}$$

ω의 z에 대한 편도함수를 정의하면, x와 y를 상수로 보고 다음과 같이 쓴다.

$$\frac{\partial \omega}{\partial z} = f_z(x, , y, z) = \lim_{\Delta z \to 0} \frac{f(x, y, z+\Delta z) - f(x, y, z)}{\Delta z}$$

[예제 6] <삼변수함수의 편도함수>

함수 $\omega = xe^{xy+2z}$의 편도함수, $\frac{\partial \omega}{\partial x}$, $\frac{\partial \omega}{\partial y}$, $\frac{\partial \omega}{\partial z}$를 구하여라.

풀이 y와 z를 상수로 보면,

$$\begin{aligned}\frac{\partial \omega}{\partial x} &= x\frac{\partial}{\partial x}[e^{xy+2z} + e^{xy+2z}\frac{\partial}{\partial x}[x] \\ &= x(ye^{xy+2z}) + e^{xy+2z}(1) \\ &= (xy+1)e^{xy+2z}\end{aligned}$$

x와 z를 상수로 보면,

$$\frac{\partial \omega}{\partial y} = x(x)e^{xy+2z} = x^2e^{xy+2z}$$

x와 y를 상수로 보면,

$$\frac{\partial \omega}{\partial z} = x(2)e^{xy+2z} = 2xe^{xy+2z}$$

■

3개 또는 더 많은 변수에 대한 함수의 편도함수의 간단한 기하학적 설명은 없다. 그러나 변수가 아무리 많더라도 다변수함수의 편도함수들은 변화율로서 설명할 수 있다. 다음 예제에서 설명된다.

[예제 7] ——<편도함수를 이용하여 변화율 구하기>

원뿔대 (그림 13.20)의 부피 V는 $V=f(R,\ r,\ h)=\frac{1}{3}\pi h(R^2+Rr+r^2)$로 주어진다. $R=10,\ r=4,\ h=6$일 때 윗면의 반지름의 길이 r에 대한 부피의 변화율을 구하여라. 또 높이 h에 대한 변화율을 구하여라.

풀이 r에 대한 부피의 편도함수는

$$\frac{\partial V}{\partial r}=f_r(R,\ r,\ h)=\frac{1}{3}\pi h(0+R+2r)$$

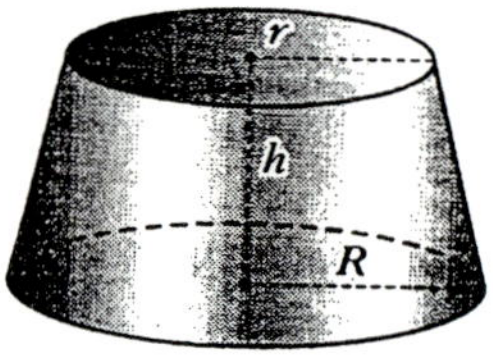

그림 13.20

이므로 $R=10,\ r=4,\ h=6$일 때 윗면의 반지름의 길이에 대한 변화율은

$$f_r(10,\ 4,\ 6)=\frac{1}{3}\pi(6)(18)=36\pi$$

이다. 또 높이 h에 대한 부피의 편도함수는

$$\frac{\partial V}{\partial h}=f_h(R,\ r,\ h)=\frac{1}{3}\pi(R^2+Rr+r^2)$$

이므로 $R=10,\ r=4,\ h=6$일 때 높이에 대한 변화율은

$$f_h(10,\ 4,\ 6)=\frac{1}{3}\pi(100+40+16)=52\pi$$이다. ▣

□ 고차 편도함수

일변수함수의 도함수처럼 이차, 삼차, 또는 고차의 편도함수를 구하는 것이

가능하다. 이를테면 $z=f(x,\ y)$의 이차 편도함수를 구하는 네 가지 방법이 있다.

1) x에 대하여 두 번 미분한다.

$$\frac{\partial}{\partial x}\left(\frac{\partial f}{\partial x}\right)=\frac{\partial^2 f}{\partial x^2}=f_{xx}$$

2) y에 대하여 두 번 미분한다.

$$\frac{\partial}{\partial y}\left(\frac{\partial f}{\partial y}\right)=\frac{\partial^2 f}{\partial y^2}=f_{yy}$$

3) x에 대하여 미분한 다음 y에 대하여 미분한다.

$$\frac{\partial}{\partial y}\left(\frac{\partial f}{\partial x}\right)=\frac{\partial^2 f}{\partial y\partial x}=f_{xy}$$

4) y에 대하여 미분한 다음 x에 대하여 미분한다.

$$\frac{\partial}{\partial x}\left(\frac{\partial f}{\partial y}\right)=\frac{\partial^2 f}{\partial x\partial y}=f_{yx}$$

삼차, 사차 편도함수에 대하여도 기호를 같은 방법으로 쓴다.

[예제 8] <이차편도함수 구하기>

$f(x,\ y)=3xy^2-2y+5x^2y^2$의 이차 편도함수를 구하고 $f_{xy}(-1,\ 2)$의 값을 구하여라.

풀이 우선 일차 편도함수를 구하면,

$$f_x(x,\ y)=3y^2+10xy^2,\ f_y(x,\ y)=6xy-2+10x^2y$$

이들을 x, y 각각에 대해 미분하면,

$$f_{xy}(x,\ y)=6y+20xy,\ f_{yx}(x,\ y)=6y+20xy$$

$$f_{xx}(x,\ y)=10y^2,\ f_{yy}(x,\ y)=6x+10x^2$$

마지막으로 $f_{xy}(-1,\ 2)=12-40=-28$이다. ■

위의 예제에서 $f_{xy}(x, y)$와 $f_{yx}(x, y)$는 같다. 함수 f가 연속인 이차 편도함수를 갖게 되면 미분의 순서에 관계없이 같다는 것을 보일 수 있다. 이변수 함수에 대해서는 두 개의 일차 편도함수와 4개의 이차 편도함수가 있다. 삼변수함수에 대해서는 세 개의 일차 편도함수 f_x, f_y, f_z와 9개의 이차 편도함수 $f_{xx}, f_{xy}, f_{xz}, f_{xy} f_{yy}, f_{yz}, f_{zx}, f_{zy}, f_{zz}$가 있다. 삼차와 그 이상의 편도함수를 구하기 위해 이차편도함수를 구하는데 사용한 방법을 그대로 이용한다. 예를 들면, $z = f(x, y)$에서

$$z_{xxx} = \frac{\partial}{\partial x}\left(\frac{\partial^2 f}{\partial x^2}\right) = \frac{\partial^3 f}{\partial x^3} \text{ 이고 } z_{xxy} = \frac{\partial}{\partial y}\left(\frac{\partial^2 f}{\partial x^2}\right) = \frac{\partial^3 f}{\partial y \partial x^2}$$

[예제 9] <이차편도함수 구하기>

$f(x, y, z) = ye^x + x \ln z$의 이차 편도함수를 구하여라.

풀이 일차 편도함수는

$$f_x(x, y, z) = ye^x + \ln z, \ f_y(x, y, z) = e^x,$$

$$f_z(x, y, z) = x\left(\frac{1}{z}\right) = \frac{x}{z}$$

이므로 이차편도함수는 다음과 같다.

$$f_{xx}(x, y, z) = ye^x, \ f_{xy}(x, y, z) = e^x, \ f_{xz}(x, y, z) = \frac{1}{z}$$

$$f_{yx}(x, y, z) = e^x, \ f_{yy}(x, y, z) = 0, \ f_{yz}(x, y, z) = 0$$

$$f_{zx}(x, y, z) = \frac{1}{z}, \ f_{zy}(x, y, z) = 0, \ f_{zz}(x, y, z) = -\frac{x}{z^2}$$

▣

연습문제 13.3

1. 다음 함수의 값을 구하여라

1) $f(x, y) = \frac{x}{y}$

① $f(3, 2)$ ② $f(-1, 4)$ ③ $f(30, 5)$

④ $f(5, y)$ ⑤ $f(x, e)$ ⑥ $f(5, t)$

2) $f(x, y) = 4 - x^2 - 4y^2$

① $f(0, 0)$ ② $f(0, 1)$ ③ $f(2, 3)$

④ $f(1, y)$ ⑤ $f(x, 0)$ ⑥ $f(t, 1)$

3) $f(x, y) = xe^y$

① $f(5, 0)$ ② $f(3, 2)$ ③ $f(2, -1)$

④ $f(5, y)$ ⑤ $f(x, 2)$ ⑥ $f(t, t)$

4) $g(x, y) = ln|x+y|$

① $g(2, 3)$ ② $g(5, 6)$ ③ $g(e, 0)$

④ $g(0, 1)$ ⑤ $g(2, -3)$ ⑥ $g(e, e)$

5) $h(x, y, z) = \frac{xy}{z}$

① $h(2, 3, 9)$ ② $h(1, 0, 1)$

6) $f(x, y, z) = \sqrt{x+y+z}$

① $f(0, 5, 4)$ ② $f(6, 8, -3)$

7) $V(r, h) = \pi r^2 h$

해답

1.

1) ① $\frac{3}{2}$ ② $-\frac{1}{4}$

③ 6 ④ $\frac{5}{y}$

⑤ $\frac{x}{e}$ ⑥ $\frac{5}{t}$

3) ① 5 ② $3e^2$

③ $2e^{-1}$ ④ $5e^y$

⑤ xe^2 ⑥ te^t

5) ① $\frac{2}{3}$ ② 0

7) ① 90π ② 50π

① $V(3, 10)$　　　② $V(5, 2)$

8) $f(x, y) = \int_x^y (2t-3)dt$

① $f(0, 4)$　　　② $f(1, 4)$

9) $g(x, y) = \int_x^y \frac{1}{t}\, dt$

① $g(4, 1)$　　　② $g(6, 3)$

2. 다음 함수의 정의역을 xy-평면에 나타내고 치역을 구하여라.

1) $f(x, y) = \sqrt{4-x^2-y^2}$

2) $f(x, y) = x^2+y^2-1$

3) $f(x, y) = e^{\frac{x}{y}}$

4) $f(x, y) = \ln(x+y)$

3. x, y에 대한 일차 편도함수를 구하여라.

7) $z = x\sqrt{y}$

8) $z = x^2-3xy+y^2$

9) $f(x, y) = \sqrt{x^2+y^2}$

10) $f(x, y) = \frac{xy}{x^2+y^2}$

2.

1) 정의역은 원 $x^2+y^2=4$위와 내부의 점 (x, y)

치역 $[0, 2]$

3) 정의역은 $y \neq 0$인 모든 점 (x, y) 치역 $(0, \infty)$

3.

7) $\frac{\partial z}{\partial x} = \sqrt{y}$

$\frac{\partial z}{\partial y} = \frac{x}{2\sqrt{y}}$

9) $f_x(x, y) = \frac{x}{\sqrt{x^2+y^2}}$

$f_y(x, y) = \frac{y}{\sqrt{x^2+y^2}}$

11) $z = x^2 e^{2y}$

12) $z = 2e^{x+y}$

13) $h(x,\ y) = e^{-(x^2+y^2)}$

14) $g(x,\ y) = e^{\frac{x}{y}}$

15) $z = \ln(x^2 + y^2)$

16) $z = \ln\sqrt{xy}$

17) $z = \ln \dfrac{x+y}{x-y}$

18) $g(x,\ y) = \ln\sqrt{x^2+y^2}$

19) $f(x,\ y) = \int_x^y (t^2-1)dt$

20) $f(x,\ y) = \int_x^y (2t+1)\,dt$

11) $\dfrac{\partial z}{\partial x} = 2xe^{2y}$

$\dfrac{\partial z}{\partial y} = 2x^2e^{2y}$

13) $h_x(x,\ y) =$

$-2\,xe^{-(x^2+y^2)}$

$h_y(x,\ y) =$

$-2\,ye^{-(x^2+y^2)}$

15) $\dfrac{\partial z}{\partial x} = -\dfrac{2x}{x^2+y^2}$

$\dfrac{\partial z}{\partial x} = \dfrac{2y}{x^2+y^2}$

17) $\dfrac{\partial z}{\partial x} = -\dfrac{2y}{x^2-y^2}$

$\dfrac{\partial y}{\partial y} = \dfrac{2x}{x^2-y^2}$

19) $f_x(x,\ y) = 1 - x^2$

$f_y(x,\ y) = y^2 - 1$

4. 주어진 점에서 f_x, f_y의 값을 구하여라.

1) $f(x,\ y) = 3x^2 + xy - y^2$, $(2,\ 1)$

2) $f(x,\ y) = e^{3xy}$, $(0,\ 4)$

3) $f(x,\ y) = \dfrac{xy}{x-y}$, $(2,\ -2)$

4) $f(x,\ y) = \dfrac{4xy}{\sqrt{x^2+y^2}}$, $(1,\ 0)$

4.

1) 13, 0

3) $-\dfrac{1}{4}$, $\dfrac{1}{4}$

5. x, y, z에 대한 편도함수를 구하고 주어진 점에서 이들 편도함수의 값을 구하여라.

1) $\omega=\sqrt{x^2+y^2+z^2}$, $(2, -1, 2)$

2) $\omega=\dfrac{xy}{x+y+z}$, $(1, 2, 0)$

3) $F(x, y, z)=\dfrac{1}{\sqrt{1-x^2-y^2-z^2}}$, $(3, 0, 4)$

4) $G(x, y, z)=\dfrac{1}{\sqrt{1-x^2-y^2-z^2}}$, $(0, 0, 0)$

5) $f(x, y, z)=3x^2y-5xyz+10yz^2$, $(1, -1, 2)$

6) $f(x, y, z)=xye^{z^2}$, $(2, 1, 0)$

5.

1) $\dfrac{\partial\omega}{\partial x}=\dfrac{x}{\sqrt{x^2+y^2+z^2}}$, $\dfrac{2}{3}$

$\dfrac{\partial\omega}{\partial y}=\dfrac{y}{\sqrt{x^2+y^2+z^2}}$, $-\dfrac{1}{3}$

$\dfrac{\partial\omega}{\partial z}=\dfrac{z}{\sqrt{x^2+y^2+z^2}}$, $\dfrac{2}{3}$

3) $F_x(x, y, z)=\dfrac{x}{x^2+y^2+z^2}$, $\dfrac{3}{25}$

$F_y(x, y, z)=\dfrac{y}{x^2+y^2+z^2}$, 0

$F_z(x, y, z)=\dfrac{z}{x^2+y^2+z^2}$, $\dfrac{4}{25}$

5) $f_x(x, y, z)=6xy-5yz$, 4

$f_y(x, y, z)=3x^2-5xz+10z^2$, 33

$f_z(x, y, z)=-5xy+20yz$, -35

6. $f_x(x, y)=0$, $f_y(x, y)=0$인 연립방정식을 풀어라.

1) $f(x, y)=x^2+4xy+y^2-4x+16y+3$

2) $f(x, y)=3x^2-12xy+y^3$

3) $f(x, y)=\dfrac{1}{x}+\dfrac{1}{y}+xy$

4) $f(x, y)=\ln(x^2+y^2+1)$

6.

1) $(-6, 4)$

3) $(1, 11)$

7. 이차도함수 $\frac{\partial^2 z}{\partial x^2}$, $\frac{\partial^2 z}{\partial y^2}$, $\frac{\partial^2 z}{\partial y \partial x}$와 $\frac{\partial^2 z}{\partial x \partial y}$를 구하여라.

1) $z = x^3 - 4y^2$ 2) $z = 3x^2 - xy + 2y^3$

3) $z = x^3 + 3x^2y - 5y^2$ 4) $z = x^4 - 3x^2y^2 + y^4$

5) $z = 9 + 4x - 6y - x^2 - y^2$

6) $z = \sqrt{9 - x^2 - y^2}$

7) $z = \frac{xy}{x-y}$ 8) $z = \frac{x}{x+y}$

9) $z = \sqrt{x^2 + y^2}$ 10) $z = \ln(x - y)$

11) $z = \sqrt{xe^{-y^2}}$ 12) $z = xe^y + ye^x$

8. 주어진 점에서 곡면의 기울기를 x축방향, y축 방향에 대해 구하여라.

1) $z = 2x - 3y + 5$, (2, 1, 6)

2) $z = xy$, (1, 2, 2)

3) $z = 9x^2 - y^2$, (1, 3, 0)

4) $z = x^2 + 4y^2$, (2, 1, 8)

5) $z = \sqrt{25 - x^2 - y^2}$, (3, 0, 4)

6) $z = \frac{x}{y}$, (3, 1, 3)

7.

1) $6x$, -8, 0, 0

3) $6x+6y$, -10, $6x$, $6x$

5) -2, -2, 0

7) $\frac{2y^2}{(x-y)^3}$, $\frac{2x^2}{(x-y)^3}$, $-\frac{2xy}{(x-y)^3}$, $-\frac{x^2}{(x-y)^3}$

9) $\frac{y^2}{(x^2+y^2)^{\frac{3}{2}}}$, $\frac{x^2}{(x^2+y^2)^{\frac{3}{2}}}$, $-\frac{xy}{(x^2+y^2)^{\frac{3}{2}}}$, $\frac{xy}{(x^2+y^2)^{\frac{3}{2}}}$

8. 생략

13.4 이변수함수의 극값

□ 이변수함수의 극값

일변수함수에서 함수의 극값을 조사하고 구하는데 상당한 부분을 할애하였다. 이 절에서 다변수함수에서도 기본적인 생각이 같음을 알게 될 것이다. 대부분의 정리와 정의가 이변수함수의 식으로 주어지지만 삼변수와 그 이상의 변수 이상에 대해서도 유사한 방법이 언급될 수 있다. 이변수함수의 극값을 다음과 같이 정의한다.

〈이변수함수의 극값의 정의〉

f는 (x_0, y_0)을 포함하는 영역에서 정의되는 함수이다.

1. (x_0, y_0)를 중심하는 하는 원영역 R내부의 모든 점 (x, y)에서 $f(x, y) \le f(x_0, y_0)$이면 $f(x_0, y_0)$를 극대값이라고 한다.
2. (x_0, y_0)를 중심하는 하는 원영역 R내부의 모든 점 (x, y)에서 $f(x, y) \ge f(x_0, y_0)$이면 $f(x_0, y_0)$를 극소값이라고 한다.

거칠게 표현하면, 곡면위의 한 점이 가까이 있는 모든 점들 중 가장 높은 점이면 그 점을 극대점이라고 한다. 마찬가지로 곡면 위의 한 점이 가까이 있는 모든 점들중 가장 낮으면 그 점을 극소점이라고 한다.

여러 개의 극대점과 극소점들은 (그림 13.21)과 같다. 일변수함수의 경우처럼 그값과 최대·최소값을 구별하여야 한다. 이를테면 (그림 13.22)에서 영역 R위의 $f(x, y)$의 최소값은 극소값은 아니다. 반면 영역 R 위에서 $f(x, y)$의 최대값은 극대값이기도 하다.

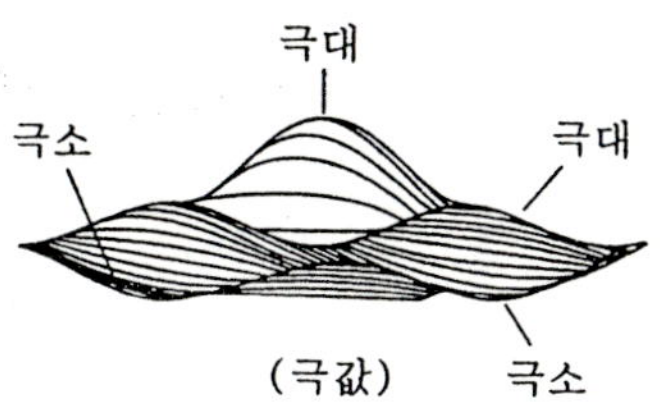

그림 13.21

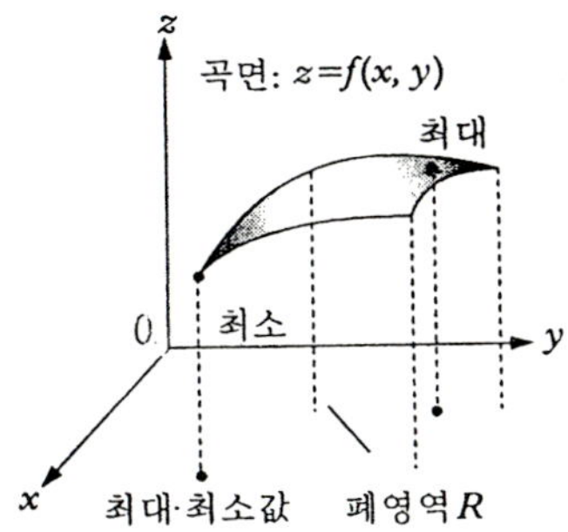

그림 13.22

□ 극값의 일차 편도함수 판정

이변수함수의 극값을 판정하기 위해 일변수함수에 대한 일차도함수 판정법과 유사한 방법을 이용할 수 있다. 이변수함수에 대해 이 방법을 일차 편도함수판정법(first-partials test)이라고 한다.

〈극값의 일차편도함수 판정〉

$f(x_0, y_0)$가 xy-평면의 영역 R 내부에서 f의 극값이고, f의 일차 편도함수가 존재하면

$$f_x(x_0, y_0) = 0 = f_y(x_0, y_0)$$

이다.

$f_x(x_0, y_0) = 0$이고 $f_y(x_0, y_0) = 0$인 점 (x_0, y_0) 또는 $f_x(x_0, y_0)$ 또는 $f_y(x_0, y_0)$가 정의되지 않은 점 (x_0, y_0)는 f의 임계점(critical point)이라고 한다(그림 13.23).

이변수함수의 경우 임계점이 반드시 극대값, 극소값일 필요는 없다. 이를테면 어떤 임계점은 극대, 극소가 아닌 안장점(saddle point)이라고 한다(그림

13.24).

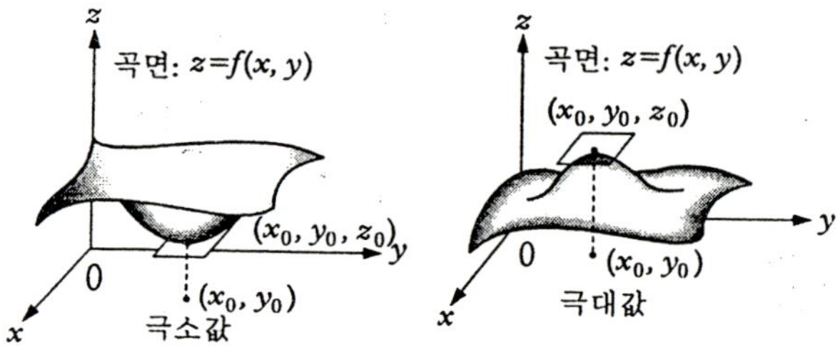

그림 13.23

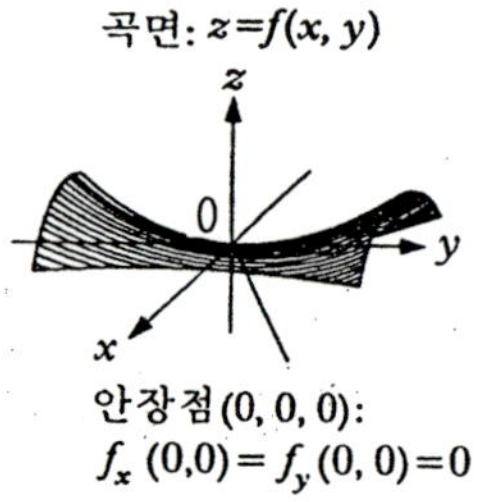

그림 13.24

[예제 1] <극값 구하기>

$f(x,\ y) = 2x^2 + y^2 + 8x - 6y + 20$의 극값을 구하여라.

풀이 f의 일차 편도함수를 구하면

$$f_x(x,\ y) = 4x + 8$$

$$f_y(x,\ y) = 2y - 6$$

$f_x(x,\ y) = 0 = f_y(x,\ y)$인

$(x,\ y)$를 구하자.

$4x + 8 = 0$, $2y = 6 = 0$에서

$(-2,\ 3)$ $(x,\ y) \neq (-2,\ 3)$인 모든

$(x,\ y)$에 대해

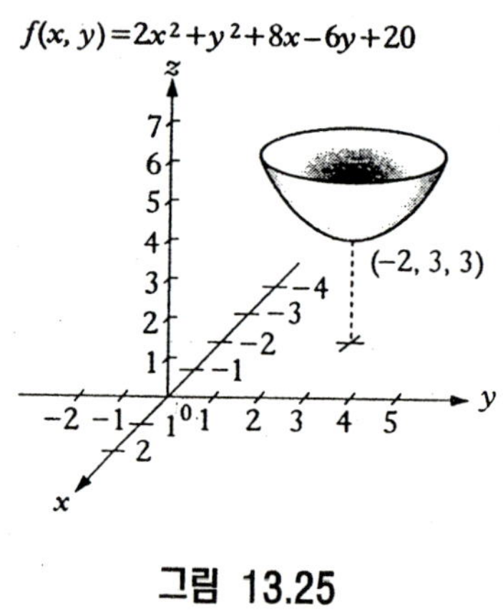

그림 13.25

$$f(x,\ y) = 2(x+2)^2 + (y-3)^2 + 3 > 3$$

따라서 $(-2,\ 3)$에서 f는 극소값을 갖고 $f(-2,\ 3) = 3$(그림 13.25).

예제 1은 $f_x(x,\ y) = 0 = f_y(x,\ y)$인 $(x,\ y)$에서 극소값을 갖는 것을 보여

준다. 그러나 다음 예제에서는 $f_x(x, y)$ 또는 $f_y(x, y)$가 정의되지 않지만 극대값을 갖는 것을 알게 될 것이다.

[예제 2] <극값 구하기>

$f(x, y) = 1-(x^2+y^2)^{\frac{1}{3}}$의 극값을 구하여라.

풀이 $f_x(x, y) = -\dfrac{2x}{3(x^2+y^2)^{\frac{2}{3}}}$이고

$f_y(x, y) = -\dfrac{2y}{3(x^2+y^2)^{\frac{2}{3}}}$이므로 (0, 0)을 제외한 모든 점에서 두 편도함수는 정의된다. 더욱이 (0, 0)이 유일한 극점이다.

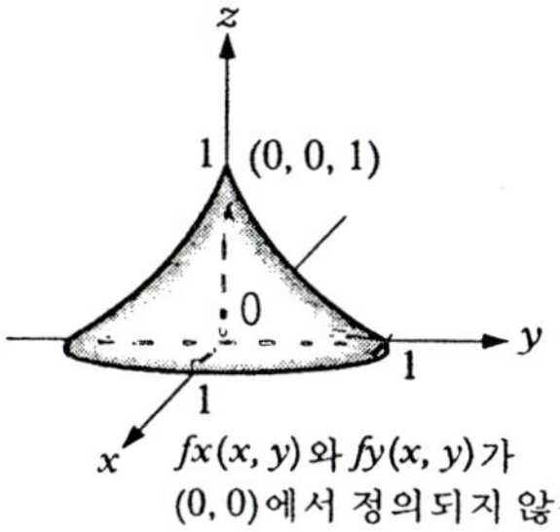

그림 13.26

(그림 13.26)에서 $f(0, 0) = 1$이다. (0, 0) 이외의 모든 점 (x, y)에 대해 $f(x, y) = 1-(x^2+y^2)^{\frac{1}{3}} < 1$이다. 따라서 $f(0, 0)$는 f의 극대값이다. ▣

□ 이차 편도함수의 극값 판정

극값 판정을 쉽게 할 수 없는 경우 이차 편도함수 판정법에 의해 좀 더 쉽게 극값을 찾을 수 있다.

〈이차 편도함수 판정〉

f가 영역 내부에서 연속인 일차, 이차 편도함수를 갖고 $f_x(a, b) = 0$이고 $f_y(a, b) = 0$인 점 (a, b)가 영역에 존재하면

$d = f_{xx}(a, b)f_{yy}(a, b) - \{f_{xy}(a, b)\}^2$라 할 때,

1. $d>0$이고 $f_{xx}(a, b)>0$이면 $f(a, b)$는 극소값
2. $d>0$이고 $f_{xx}(a, b)<0$이면 $f(a, b)$는 극대값
3. $d<0$이고 $(a, b, f(a, b))$는 안장점
4. $d=0$이면 판정할 수 없다.

주의 $d>0$이면 $f_{xx}(a, b)$와 $f_{yy}(a, b)$는 모두 같은 부호를 갖는다. 이것은 1, 2에서 $f_{xx}(a, b)$ 대신에 $f_{yy}(a, b)$로 바꿀 수 있다.

[예제 3] <이차 편도함수 적용>

$f(x, y) = xy - \frac{1}{4}x^4 - \frac{1}{4}y^4$의 극점과 안장점을 구하여라.

풀이 임계점을 구해보자

$f_x(x, y) = y - x^3$과

$f_y(x, y) = x - y^3$이 모든 x와 y에 대해 정의되고, 임계점들은 두 일차 편도함수가 0이다. 연립방정식 $y - x^3 = 0$과 $x - y^3 = 0$을 풀면 $(1, 1), (-1, -1)$과 $(0, 0)$은 임계점이다.

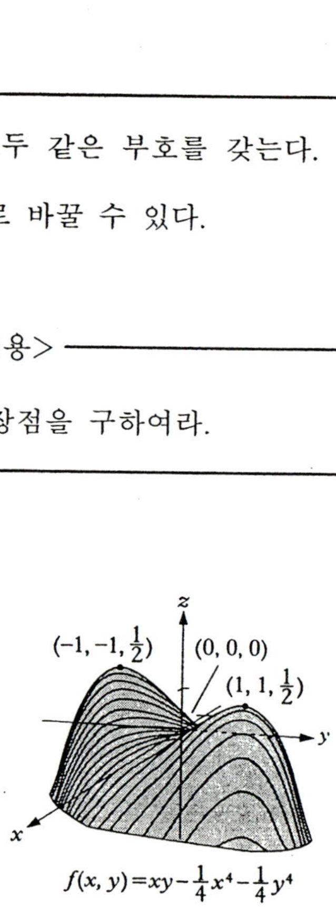

그림 13.27

$f_{xx}(x, y) = -3x^2$, $f_{yy}(x, y) = -3y^2$이고 $f_{xy}(x, y) = 1$

$d = f_{xx}(x, y)f_{yy}(x, y) - \{f_{xy}(x, y)\}^2$에 따라 분류하면, f의 그래프는 (그림 13,27)과 같다.

임계점	d	$f_{xx}(x, y)$	판 정
(1, 1)	$(-3)(-3)-1=8$	-3	극 대
(−1, −1)	$(-3)(-3)-1=8$	-3	극 대
(0, 0)	$(0)(0)-1=-1$	0	안장점

■

[예제 4] <이차 편도함수 적용>

$f(x, y)=x^3-4xy+2y^2$의 극값을 구하여라.

풀이 f의 임계점을 구해보자.

$f_x(x, y)=3x^2-4y$이고

$f_y(x, y)=-4x+4y$가 모든 x, y에 대해 정의되므로 두 일차 편도함수가 모두 0인 점들이 임계점이다. 연립방정식 $3x^2-4y=0$, $-4x+4y=0$을 풀면 $x=y=0$ 또는 $x=y=\frac{4}{3}$ 따라서, 임계점은 (0, 0), $\left(\frac{4}{3}, \frac{4}{3}\right)$이다.

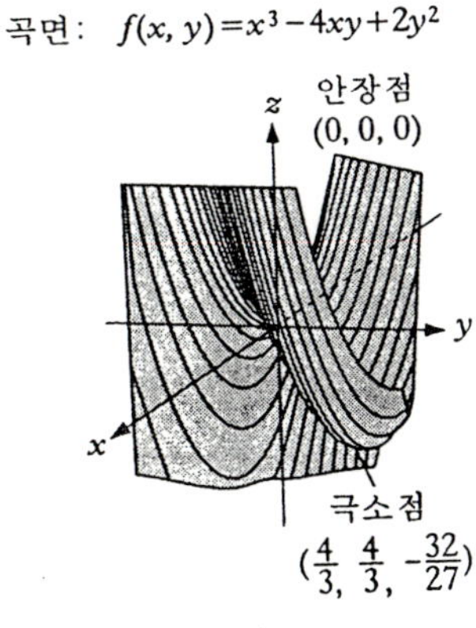

그림 13.28

$f_{xx}(x, y)=6x$,

$f_{yy}(x, y)=4$이고

$f_{xy}(x, y)=-4$이므로

$f_{xx}(0, 0)f_{yy}(0, 0)-\{f_{xy}(0, 0)\}^2=0-16=-16$이다. 이차 편도함수 판정법 3. 에 의해 (0, 0, 0)은 f의 안장점이다.

또 $f_{xx}\left(\frac{4}{3}, \frac{4}{3}\right)f_{yy}\left(\frac{4}{3}, \frac{4}{3}\right)-\left\{f_{xy}\left(\frac{4}{3}, \frac{4}{3}\right)\right\}^2 = 8(4)-16 = 16$이므로 이차 편도함수 판정법 1. 에 의해 $f\left(\frac{4}{3}, \frac{4}{3}\right) = -\frac{32}{27}$는 f의 극소값이다(그림 13.28). ▣

□ 이변수함수의 극값의 응용

이변수함수의 극값을 적용하는 두 예제를 다루고 이 절을 끝내려고 한다.

[예제 1] <극값의 응용>

한 꼭지점이 원점에 있는 직육면체 모양의 상자가 xy-평면 위에 있다. 한 꼭지점의 원점에 반대방향에 있는 평면 $6x+4y+3z=24$ 위에 있다면(그림13.29) 상자의 최대부피는?

풀이 상자의 한 꼭지점이 평면 $6x+4y+3z=24$ 위에 있으므로 상자의 부피 V를 나타내면,

$$V = xyz = \frac{1}{3}xy(24-6x-4y)$$
$$= \frac{1}{3}(24xy-6x^2y-4xy^2)$$

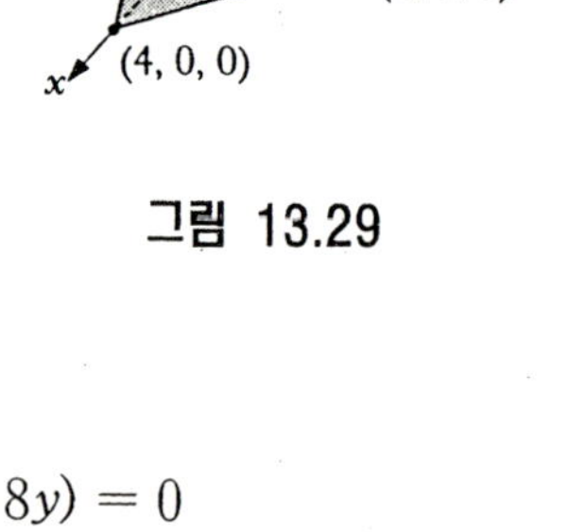

그림 13.29

$$V_x = \frac{1}{3}(24y-12xy-4y^2)$$
$$= \frac{y}{3}(24-12x-4y) = 0$$

$$V_y = \frac{1}{3}(24x-6x^2-8xy) = \frac{x}{3}(24-6x-8y) = 0$$

이들을 풀면, $x=0$, $y=0$, $x-0$, $y=6$, $x=4$, $y=0$이고, $x=\frac{4}{3}$,

$y=2$, $x=0$ 또는 $y=0$일 때 부피는 0이므로 $x=\frac{4}{3}$와 $y=2$에 대해 조사해 보자.

$V_{xx}(x, y) = -4y$, $V_{yy}(x, y) = -\frac{8}{3}$,

$$V_{xy}(x, y) = \frac{1}{3}(24-12x-8y)\text{이고}$$

$$V_{xx}\left(\frac{4}{3}, 2\right)\cdot V_{yy}\left(\frac{4}{3}, 2\right)-\left[V_{xy}\left(\frac{4}{3}, 2\right)\right]^2$$

$$=(-8)\left(-\frac{32}{9}\right)-\left(-\frac{8}{3}\right)^2=\frac{64}{3}$$

이차 편도함수 판정법에 의해 V는 $x=\frac{4}{3}$와 $y=2$에 대해 최대가 된다.

따라서 최대부피 V는 $V=xyz=\frac{4}{3}(2)\left(\frac{1}{3}\right)(24-8-8)=\frac{64}{9}$ ▣

(예제 5)에서 해를 얻기 이해 삼변수함수를 이변수함수로 고칠 수 있다. 극값과 임계점의 정의를 삼변수 또는 그 이상의 변수로 확장될 수 있으므로 일반으로 이것은 필요하지 않다. 특히 $\omega=f(x, y, z, \cdots)$의 모든 편도함수가 존재하고

$$f_x(x, y, z, \cdots)=0$$

$$f_y(x, y, z, \cdots)=0$$

$$f_z(x, y, z, \cdots)=0$$

$$\vdots$$

이들 연립방정식을 풀어 임계점을 얻을 수 있다면 $(x, y, z, \cdots)$에서 극대

또는 극소값을 가질 수 있다. 이차 편도함수 판정법을 삼변수 또는 더 많은 변수로 확장하는 것은 가능하지만 이 책에서는 이와 같은 확장은 생각하지 않는다.

[예제 2] <극값의 응용>

제품 A를 x개 생산하고 제품 B를 y개 생산하여 얻은 이익 P는

$$P = 8x + 10y - (0.001)(x^2 + xy + y^2) - 10,000$$

으로 주어질 때 최대이익을 갖는 생산수준을 구하여라.

풀이 $P_x = 8 - (0.001)(2x + y)$, $P_y = 10 - (0.001)(x + 2y)$이므로 $P_x = 0$이고 $P_y = 0$인 $2x + y = 8,000$, $x + 2y = 10,000$을 풀면,

$$x = 2,000, \quad y = 4,000$$

$P_{xx}P_{yy} - (P_{xy})^2 = (-0.002)(-0.002) - (0.001)^2 > 0$이고 $P_{xx} < 0$이므로 $x = 2,000$, $y = 4,000$개 생산할 때 최대이익을 갖는다. ▣

연습문제 13.4

해답

1. 다음 함수의 극점을 구하여라.

1) $f(x, y) = -x^2 - y^2 + 4x + 8y - 11$
2) $f(x, y) = x^2 + y^2 + 2x - 6y + 6$
3) $f(x, y) = \sqrt{x^2 + y^2 + 1}$
4) $f(x, y) = \sqrt{25 - (x-2)^2 - y^2}$

2. 다음 함수의 극점, 안장점을 판정하여라.

1) $f(x, y) = (x-1)^2 + (y-3)^2$
2) $f(x, y) = 9 - (x-3)^2 - (y+2)^2$
3) $f(x, y) = 2x^2 + 2xy + y^2 + 2x - 3$
4) $f(x, y) = -x^2 - 5y^2 + 8x - 10y - 13$
5) $f(x, y) = -5x^2 + 4xy - y^2 + 16x + 10$
6) $f(x, y) = x^2 + 6xy + 10y^2 - 4y + 4$
7) $f(x, y) = 2x^2 + 3y^2 - 4x - 12y + 13$
8) $f(x, y) = -3x^2 - 2y^2 + 3x - 4y + 5$
9) $f(x, y) = x^2 - y^2 - 2x - 4y - 4$
10) $f(x, y) = x^2 - 3xy - u^2$
11) $f(x, y) = xy$
12) $f(x, y) = 120x + 120y - xy - x^2 - y^2$

해답

1.
1) 극대점 (2, 4, 9)
3) 극소점 (0, 0, 1)

2.
1) 극소점 (1, 3, 0)
3) 극소점 (−1, 1, −4)
5) 극대점 (8, 16, 74)
7) 극소점 (1, 2, −1)
9) 안장점 (1, −2, −1)
11) 안장점 (0, 0, 0)

13) $f(x, y) = x^3 - 3xy + y^3$ (그래프)

14) $f(x, y) = 4xy - x^4 - y^4$ (그래프)

15) $f(x, y) = \frac{1}{2}(3x^2 + 1 - 3x^3 - 2xy^2)$

16) $f(x, y) = y^3 - 3yx^2 - 3y^2 - 3x^2 + 1$

17) $f(x, y) = (x^2 + 4y^2)e^{1 - x^2 - y^2}$

18) $f(x, y) = e^{-(x^2 + y^2)}$

19) $f(x, y) = e^{xy}$

20) $f(x, y) = -\frac{4x}{x^2 + y^2 + 1}$

13) 극소점 $(1, 1, -1)$

안장점 $(0, 0, 0)$

15) 극대점 $(1, 0, 1)$

안장점 $\left(0, 0, \frac{1}{2}\right)$

17) 극대점 $(0, \pm 1, 4)$

극소점 $(0, 0, 0)$

안장점 $(\pm 1, 0, 1)$

19) 안장점 $(0, 0, 1)$

13.5 Lagrange 상수와 최적화

□ 한 조건을 갖는 Lagrange 상수

앞 절의 최대 · 최소값 문제들이 최적화문제(optimization problem)라 불리는 전형적인 문제들이다. 이 절에서는 한 조건을 갖는 최적화문제(constrained optimization)를 푸는 다른 방법을 알아보자. 이 방법은 Lagrange 상수(Lagrange multipliers)라는 변수를 이용한다. 우선 이 방법을 소개하고 예제에서 이용해 보려고 한다.

〈Lagrange 상수의 이용법〉

> $f(x, y)$는 $g(x, y)=0$인 조건에서 최대 또는 최소값을 갖는다면, 다음으로 정의된 함수 $F(x, y, \lambda)=f(x, y)-\lambda g(x, y)$의 임계값(critical number)의 한 경우에 일어난다. 변수 λ를 Lagrange 상수라고 한다.

참고 삼변수함수에서 F는 $F(x, y, z, \lambda)=f(x, y, z)-\lambda g(x, y, z)$꼴이 된다.

Lagrange 상수의 이용법은 임계점을 찾을 수 있으나 이 점들이 최소, 최대 또는 아무것도 아니라는 정보는 주지 못함을 알 수 있다. 명백히 구별할 수 있기 위해 문제의 맥락에 의지해야 한다. 예제 1에서 앞절의 (예제 5)에서 다룬 한 조건을 갖는 최적화 문제를 풀기 위해 Lagrange 상수의 이용법을 쓰려고 한다.

[예제 1] ──<한 조건을 갖는 Lagrange 상수의 이용법>

> $6x+4y+3z=24$, $x>0$, $y>0$, $z>0$일 때, $V=xyz$의 최대값을 구하여라.

풀이 우선 $f(x, y, z) = xyz$, $g(x, y, z) = 6x+4y+3z-24$라 놓으면, 새로운 함수 F가 다음과 같이 정의된다.

$$\begin{aligned} F(x, y, z, \lambda) &= f(x, y, z) - \lambda g(x, y, z) \\ &= xyz - \lambda(6x+4y+3z-24) \end{aligned}$$

F의 임계값을 구하기 위해, F의 x, y, z, λ에 대한 편도함수를 구하여 그들을 0으로 놓고 연립방정식을 푼다.

$$F_x(x, y, z, \lambda) = yz - 6\lambda = 0 \quad \cdots\cdots \text{①}$$

$$F_y(x, y, z, \lambda) = xz - 4\lambda = 0 \quad \cdots\cdots \text{②}$$

$$F_z(x, y, z, \lambda) = xy - 3\lambda = 0 \quad \cdots\cdots \text{③}$$

$$F_\lambda(x, y, z, \lambda) = -6x - 4y - 3z + 24 = 0 \quad \cdots\cdots \text{④}$$

①의 $\lambda = \frac{yz}{6}$를 ②에 대입하면,

$$xz - 4\left(\frac{yz}{6}\right) = 0 \text{에서} \quad y = \frac{3}{2}x \quad \cdots\cdots \text{⑤}$$

①의 $\lambda = \frac{yz}{6}$를 ③에 대입하면,

$$xy - 3\left(\frac{yz}{6}\right) = 0 \text{에서} \quad z = 2x \quad \cdots\cdots \text{⑥}$$

⑤, ⑥을 ④에 대입하면,

$$F_\lambda(x, y, z, \lambda) = -6x - 4\left(\frac{3}{2}x\right) - 3(2x) + 24 = 0$$

$$-18x = -24, \quad x = \frac{4}{3}$$

따라서 임계값 $x = \frac{4}{3}$, $y = 2$, $z = \frac{8}{3}$을 얻는다. 이 때 최대값

$$V = xyz = \left(\frac{4}{3}\right)(2)\left(\frac{8}{3}\right) = \frac{64}{9}$$ 를 얻는다. ▣

(예제 1)에서 최대로 만든 λ의 값에 대한 설명이 없었다. (예제 2)에서 λ의 값에 의미를 주는 것이 유용하다는 것을 알 수 있는 문제를 다루게 된다.

[예제 2] <최적화 응용>

제품의 생산량 $f(x, y) = 100x^{\frac{3}{4}}y^{\frac{1}{4}}$로 주어진다(x는 노동의 단위, y는 자본의 단위). 단위당 노동비용은 150원, 자본금 250원이고 노동비용과 자본금에 대한 전체비용은 50,000원으로 제한된다면 $150x + 250y = 50,000$이다. 이 제품의 최대생산량을 구하여라.

풀이 $f(x, y, \lambda) = 100x^{\frac{3}{4}}y^{\frac{1}{4}} - \lambda(150x + 250y - 50,000)$이라 놓으면 다음 편도함수를 얻는다.

$$F_x(x, y, \lambda) = 75x^{-\frac{1}{4}}y^{\frac{1}{4}} - 150\lambda = 0 \qquad \cdots\cdots ①$$

$$F_y(x, y, \lambda) = 25x^{\frac{3}{4}}y^{-\frac{3}{4}} - 250\lambda = 0 \qquad \cdots\cdots ②$$

$$F_\lambda(x, y, \lambda) = -150 - 250y + 50,000 = 0 \qquad \cdots\cdots ③$$

①에서 $\lambda = \dfrac{75x^{-\frac{1}{4}}y^{\frac{1}{4}}}{150} = \dfrac{x^{-\frac{1}{4}}y^{\frac{1}{4}}}{2} = 0$

$$25x^{\frac{3}{4}}y^{-\frac{3}{4}} - 250\left(\frac{x^{-\frac{1}{4}}y^{\frac{1}{4}}}{2}\right) = 0$$

$x^{\frac{1}{4}}y^{\frac{3}{4}}$을 곱하여 정리하면,

$$25x - 125y = 0, \quad x = 5y,$$

이것을 ③에 대입하면

$$50,000 - 150(5y) - 250y = 0,$$

$$1000y = 50,000, \quad y = 50, \quad x = 250$$

따라서, 최대생산량은 다음과 같다.

$$f(250,\ 50) = 100\,(250^{\frac{3}{4}}\,(50^{\frac{1}{4}}) \approx 16,719$$ ▣

[예제 3] <변수가 네 개인 최적화 문제>

$3x+2y-4z+\omega=3$일 때, 함수 $f(x,\ y,\ z,\ \omega)=x^2+y^2+z^2+\omega^2$의 최소값을 구하여라.

풀이 $F(x,\ y,\ z,\ \omega,\ \lambda)=x^2+y^2+z^2+\omega^2-\lambda(3x+2y-4z+\omega-3)$이라 놓으면

$F_x(x,\ y,\ z,\ \omega,\ \lambda)=2x-3\lambda=0,\quad x=\dfrac{3}{2}\lambda$ …… ①

$F_y(x,\ y,\ z,\ \omega,\ \lambda)=2y-2\lambda=0,\quad y=\lambda$ …… ②

$F_z(x,\ y,\ z,\ \omega,\ \lambda)=2z+4\lambda=0,\quad z=-2\lambda$ …… ③

$F_\omega(x,\ y,\ z,\ \omega,\ \lambda)=2\omega-\lambda=0,\quad \omega=\dfrac{1}{2}\lambda$ …… ④

$F_\lambda(x,\ y,\ z,\ \omega,\ \lambda)=-3x-2y+4z-\omega+3$ …… ⑤

①, ②, ③, ④를 ⑤에 대입하면

$$3\left(\frac{3}{2}\lambda\right)+2\,(\lambda)-4\,(-2\lambda)+\frac{1}{2}\lambda=3$$

$$15\lambda=3 \qquad \therefore \quad \lambda=\frac{1}{5}$$

따라서 임계값은 $x=\dfrac{3}{10},\ y=\dfrac{1}{5},\ z=-\dfrac{2}{5},\ \omega=\dfrac{1}{10}$이다.

주어진 조건하에서 f의 최소값은 다음과 같다.

$$f\left(\frac{3}{10},\ \frac{1}{5},\ -\frac{2}{5},\ \frac{1}{10}\right)=\frac{9}{100}+\frac{1}{25}+\frac{4}{25}+\frac{1}{100}=\frac{3}{10}$$ ▣

□ 두 조건을 갖는 Lagrange 상수

때때로 두 조건 또는 그 이상의 조건을 갖는 최적화문제에 부딪칠 수가 있다. 다음 예제에서 이와 같은 문제를 푸는데 어떻게 Lagrange 상수를 이용하는가를 알아 보자.

[예제 4] <두 조건을 갖는 최적화 문제>

$T(x, y, z) = 20 + 2x + 2y + z^2$이 $x^2 + y^2 + z^2 = 11$로 주어진 구면 위의 각 점에서 온도를 나타낸다면 평면 $x + y + z - 3 = 0$과 구면의 교선위에서 최소·최대온도를 구하여라.

풀이 두 조건 $g(x, y, z) = x^2 + y^2 + z^2 - 11 = 0$,

$h(x, y, z) = x + y + z - 3 = 0$에 대해

$$\begin{aligned} F(x, y, z, \lambda, \mu) &= T(x, y, z) - \lambda g(x, y, z) - \mu h(x, y, z) \\ &= 20 + 2x + 2y + z^2 - \lambda(x^2 + y^2 + z^2 - 11) \\ &\quad - \mu(x + y + z - 3) \end{aligned}$$

이라 놓으면 다음 편도함수를 얻는다.

$F_x(x, y, z, \lambda, \mu) = 2 - 2x\lambda - \mu = 0$ …… ①

$F_y(x, y, z, \lambda, \mu) = 2 - 2y\lambda - \mu = 0$ …… ②

$F_z(x, y, z, \lambda, \mu) = 2z - 2z\lambda - \mu = 0$ …… ③

$F_\lambda(x, y, z, \lambda, \mu) = -x^2 - y^2 - z^2 + 11 = 0$ …… ④

$F_\mu(x, y, z, \lambda, \mu) = -x - \lambda - z + 3 = 0$ …… ⑤

②-①하면, $2\lambda(x - y) = 0$에서

$\lambda = 0$ 또는 $x = y$

1) $\lambda = 0$인 경우

①에서 $\mu=2$, ③에서 $z=1$

④, ⑤에서

$$x^2+y^2-10=0 \quad \cdots\cdots ⑥$$

$$x+y-2=0 \quad \cdots\cdots ⑦$$

⑦의 $y=-x+2$를 ⑥에 대입하면,

$$x^2+(-x+2)^2-10=0$$

$$2x^2-4x-6=0,\ x^2-2x-3=0,$$

$(x-3)(x+1)=0$에서 $x=3,\ y=-1$

$x=-1,\ y=3$

따라서 $\lambda=0$일 때 임계점은 $(3,\ -1,\ 1), (-1,\ 3,\ 1)$이다.

2) $x=y$인 경우

④, ⑤에서

$$2x^2+z^2=11 \quad \cdots\cdots ⑧$$

$$2x+z=3 \quad \cdots\cdots ⑨$$

⑨의 $z=3-2x$를 ⑧에 대입하면

$$2x^2+(3-2x)^2=11$$

$$6x^2-12x-2=0$$

$$3x^2-6x-1=0 \quad x=\frac{3\pm2\sqrt{3}}{3},\ z=\frac{3\mp4\sqrt{3}}{3}$$

따라서 $x=y$인 경우 임계점은

$$\left(\frac{3-2\sqrt{3}}{3},\ \frac{3-2\sqrt{3}}{3},\ \frac{3+4\sqrt{3}}{3}\right),$$

$$\left(\frac{3+2\sqrt{3}}{3},\ \frac{3+2\sqrt{3}}{3},\ \frac{3-4\sqrt{3}}{3}\right)$$

이다. 최적해를 구하기 위해 네 개의 임계점에서 온도를 비교해 본다.

$$T(3,\ -1,\ 1) = T(-1,\ 3,\ 1) = 25$$

$$T\left(\frac{3-2\sqrt{3}}{3},\ \frac{3-2\sqrt{3}}{3},\ \frac{3+4\sqrt{3}}{3}\right) = \frac{91}{3} \approx 30.33,$$

$$T\left(\frac{3+2\sqrt{3}}{3},\ \frac{3+2\sqrt{3}}{3},\ \frac{3-4\sqrt{3}}{3}\right) = \frac{91}{3} \approx 30.33$$

따라서, $T = 25$가 최소온도, $T = \frac{91}{3}$이 최대온도이다. ▣

연습문제 13.5

해답

1. Lagrange 상수를 이용하여 주어진 조건에서 요구하는 값을 구하여라.(단, x, y, z는 양수)

   1) 조 건 : $x+y=10$

      최대값 : $f(x, y)=xy$

   2) 조 건 : $2x+y=4$

      최대값 : $f(x, y)=xy$

   3) 조 건 : $x+y-4=0$

      최대값 : $f(x, y)=x^2+y^2$

   4) 조 건 : $-2x-4y+5=0$

      최대값 : $f(x, y)=x^2+y^2$

   5) 조 건 : $y-x^2=0$

      최대값 : $f(x, y)=x^2-y^2$

   6) 조 건 : $x-2y+6=0$

      최대값 : $f(x, y)=x^2-y^2$

   7) 조 건 : $2x+y=100$

      최대값 : $f(x, y)=2x+2xy+y$

   8) 조 건 : $x^2y=6$

      최대값 : $f(x, y)=3x+y+10$

   9) 조 건 : $x+y-2=0$

      최대값 : $f(x, y)=\sqrt{6-x^2-y^2}$

   10) 조 건 : $2x+4y-15=0$

해답

1.

1) $f(5, 5)=25$

3) $f(2, 2)=8$

5) $f\left(\frac{\sqrt{2}}{2}, \frac{1}{2}\right)=\frac{1}{4}$

7) $f(25, 50)=2600$

9) $f(1, 1)=2$

최대값 : $f(x, y)=\sqrt{x^2+y^2}$

11) 조 건 : $x^2+y^2-8=0$

최대값 : $f(x, y)=e^{xy}$

12) 조 건 : $xy=32$

최대값 : $f(x, y)=2x+y$

13) 조 건 : $x+y+z-6=0$

최대값 : $f(x, y, z)=x^2+y^2+z^2$

14) 조 건 : $x+y+z-6=0$

최대값 : $f(x, y)=xyz$

15) 조 건 : $x+y+z=1$

최대값 : $f(x, y, z)=x^2+y^2+z^2$

16) 조 건 : $x+y=8$

최대값 : $x^2-8x+y^2-12y+48$

2. Lagrange 상수를 이용하여 두 조건이 주어질 때, f의 요구하는 값을 구하여라.(단, x, y, z는 양수)

1) 조 건 : $x+y+z=32,\quad x-y+z=0$

최대값 : $f(x, y, z)=xyz$

2) 조 건 : $x+2z=4,\quad x+y=8$

최대값 : $f(x, y, z)=x^2+y^2+z^2$

3) 조 건 : $x^2+z^2=5,\quad x-2y=0$

최대값 : $f(x, y, z)=xyz$

4) 조 건 : $x+2y=6,\quad x-3z=0$

최대값 : $f(x, y, z)=xy+yz$

11) $f(2, 2)=e^4$

13) $f(2, 2, 2)=12$

15) $f\left(\frac{1}{3}, \frac{1}{3}, \frac{1}{3}\right)=\frac{1}{3}$

2.

1) $f(8, 16, 8)=1024$

3) $f\left(\sqrt{\frac{10}{3}}, \frac{1}{2}\sqrt{\frac{10}{3}}, \sqrt{\frac{5}{3}}\right)$
$=\frac{5\sqrt{15}}{9}$

13.6 이중적분과 평면에서의 넓이

□ 이중적분

앞 절에서 다른 변수들은 상수로 보고 한 변수에 대해 미분함으로써 다변수 함수를 미분하는 것이 의미가 있음을 보였다. 같은 방법으로 두 개 또는 그 이상의 변수의 함수를 적분할 수 있음을 배우는 것은 놀라운 일은 아니다. 예를 들면, 편도함수 $f_x(x, y)=2xy$가 주어질 때, y를 상수로 보고 x에 대해 적분하면 $f(x, y)=x^2y+c(y)$가 된다.

이 과정을 x에 대한 편적분(partal integration)으로 여긴다. 적분상수 $c(y)$는 y의 함수이다. 두 개 또는 그 이상의 변수의 함수의 정적분을 계산하기 위해 다른 것을 상수로 보고 일변수에 대한 미적분의 기본정리를 이용할 수 있다. 예를 들면,

$$\int_1^{2y} 2xy\,dx=[x^2y]_1^{2y}=(2y)^2y-(1)^2y=4y^3-y$$

y에 대한 편적분도 예제 1에서처럼 같은 방법으로 계산될 수 있다.

[예제 1] <편적분>

다음 적분을 구하여라.

1) $\int_1^x (2x^2y^{-2}+2y)dy$ 2) $\int_y^{5y} \sqrt{x-y}\,dx$

풀이 1) y에 대해 적분하기 위해 x를 상수로 보면,

$$\begin{aligned}\int_1^x (2x^2y^{-2}+2y)dy &= \left[\frac{-2x^2}{y}+y^2\right]_1^x \\ &= \left(-\frac{2x^2}{x}+x^2\right)-\left(\frac{-2x^2}{1}+1\right)\end{aligned}$$

$$= 3x^2 - 2x - 1$$

2) y를 상수로 보면

$$\int_{y}^{5y} \sqrt{x-y}\,dx = \left[\frac{2}{3}(x-y)^{\frac{3}{2}}\right]_{y}^{5y}$$

$$= \frac{2}{3}\left[(5y-y)^{\frac{3}{2}}(y-y)^{\frac{3}{2}}\right]$$

$$= \frac{2}{3}(4y)^{\frac{3}{2}} = \frac{16}{3}y^{\frac{3}{2}}$$

▣

(예제 1)에서 적분 $\int_{1}^{x}(2x^2y^{-2}+2y)dy = 3x^2 - 2x - 1$은 일변수 x의 함수로 정의되고 다음 예제처럼 적분될 수 있다.

[예제 2] <이중적분 계산>

적분 $\int_{0}^{1}\left[\int_{1}^{x}(2x^2y^{-2}+2y)dy\right]dx$를 구하여라.

풀이 (예제 1)의 결과를 이용하면,

$$\int_{0}^{1}\left[\int_{1}^{x}(2x^2y^{-2}+2y)dy\right]dx = \int_{0}^{1}(3x^2-2x-1)dx$$

$$= \left[x^3 - x^2 - x\right]_{0}^{1} = -1$$

▣

다음과 같은 적분

$$\int_{a}^{b}\left[\int_{g_1(x)}^{g_2(x)} f(x,\ y)dy\right]dx \text{ 또는 } \int_{c}^{d}\left[\int_{h_1(x)}^{h_2(x)} f(x,\ y)dx\right]dy$$

를 **이중적분**(double integral)이라 하고 괄호를 없애고 다음과 같이 나타낸다.

$$\int_a^b \int_{g_1(x)}^{g_2(x)} f(x,\ y)dy\,dx = \int_a^b \left[\int_{g_1(x)}^{g_2(x)} f(x,\ y)dy \right] dx$$

□ 이중적분에 의한 넓이 구하기

이중적분의 가장 간단한 이용 중의 하나는 평면영역의 넓이를 구하는 것이다. 이를 테면, R이 $a \leqq x \leqq b$와 $g_1(x) \leqq y \leqq g_2(x)$로 둘러싸인 영역이라면 R의 넓이는 $\int_a^b [g_2(x) - g_1(x)]dx$로 주어진다. 이 넓이는

$$\int_a^b \int_{g_1(x)}^{g_2(x)} dy\,dx = \int_a^b [y]_{g_1(x)}^{g_2(x)} dx = \int_a^b [g_2(x) - g_1(x)]dx$$

이므로 이중적분 $\int_a^b \int_{g_1(x)}^{g_2(x)} dy\,dx$로 주어진다.

(그림 13.30)은 기본적인 두 가지 형태의 평면영역의 넓이를 이중적분으로 나타낼 수 있음을 보여준다.

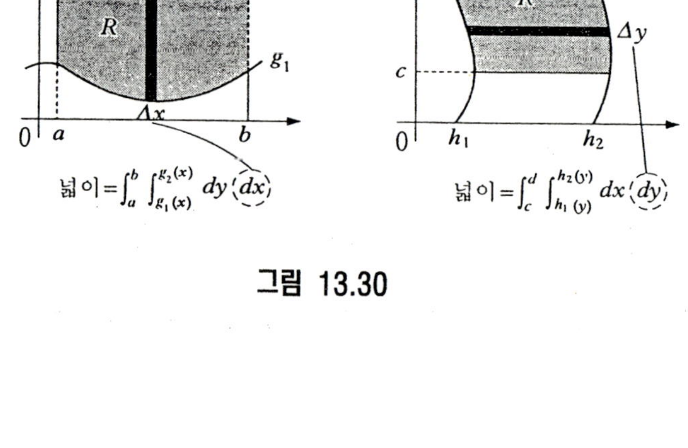

그림 13.30

[예제 3] <이중적분으로 넓이 구하기>

이중적분을 이용하여 $y=x^2$와 $y=x^3$의 그래프로 둘러싸인 영역의 넓이를 구하여라.

풀이 (그림 13.31)에서 $y=x^2$과 $y=x^3$의 그래프는 $x=0$, $x=1$일 때 만난다. 따라서 x에 대한 적분구간은 $0 \leqq x \leqq 1$이다. 또 y에 대한 적분구간은 $x^3 \leqq y \leqq x^2$이다. 따라서 영역의 넓이 S는

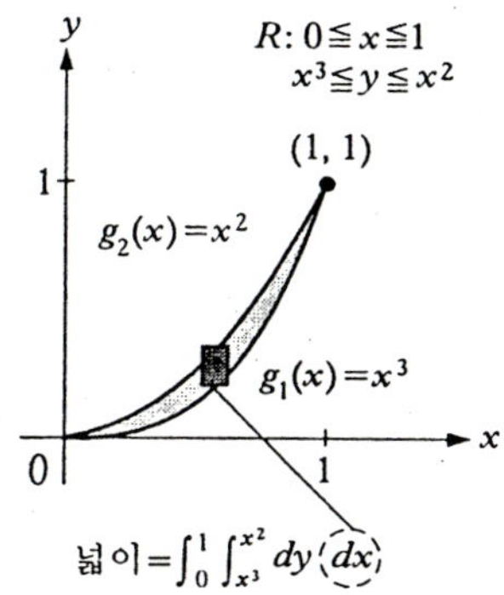

그림 13.31

$$S = \int_0^1 \int_{x^3}^{x^2} dy\,dx$$

$$= \int_0^1 [y]_{x^3}^{x^2} dx = \int_0^1 (x^2 - x^3) dx$$

$$= \left[\frac{x^3}{3} - \frac{x^4}{4} \right]_0^1 = \frac{1}{3} - \frac{1}{4} = \frac{1}{12}$$

▣

이중적분식을 만드는에 어려운 일은 적분순서와 적분구간을 정하는 일이다. 영역 R을 그리고 x, y의 구간을 정하여 이 과정을 단순화시킬 수 있다.

다음 예제는 이러한 과정을 설명한다.

[예제 4] <적분의 순서 바꾸기>

이중적분 $\int_0^2 \int_{y^2}^4 dx\,dy$에 대하여

1) 주어진 적분에 의해 영역 R을 그려라.

2) $\int\int dy\,dx$ 꼴로 다시 써 보아라.

3) 두 적분은 같은 값을 가짐을 보여라.

풀이

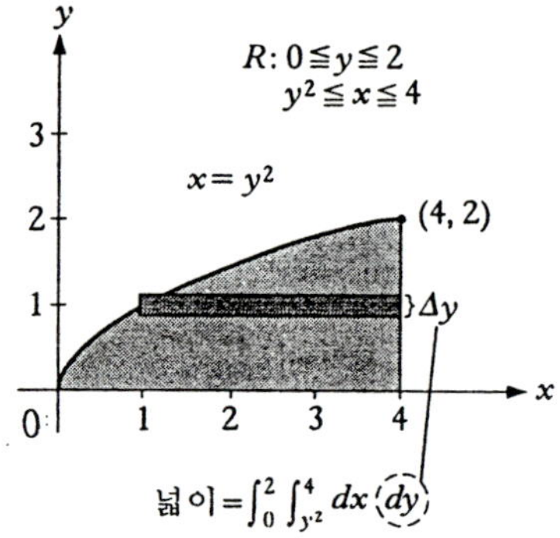

그림 13.32

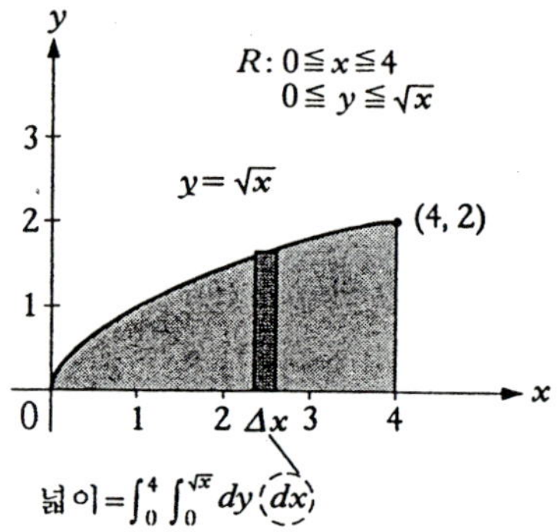

그림 13.33

1) 적분의 구간으로부터 $y^2 \leqq x \leqq 4$, $0 \leqq y \leqq 2$이므로 영역을 나타내면 (그림13.32)와 같다.

2) x는 상수구간 $0 \leqq x \leqq 4$를 갖는다. 따라서 $y^2 = x$에서 $0 \leqq y \leqq \sqrt{x}$(그림 13.33) 구하는 적분은 $\int_0^4 \int_0^{\sqrt{x}} dy\, dx$이다.

3) 두 적분을 구하면,

$$\int_0^2 \int_{y^2}^4 dx\, dy = \int_0^2 [x]_{y^2}^4 dy = \int_0^2 (4 - y^2) dy = \left[4y - \frac{y^3}{3}\right]_0^2 = \frac{16}{3}$$

$$\int_0^4 \int_0^{\sqrt{x}} dy\, dx = \int_0^4 [y]_0^{\sqrt{x}} dx = \int_0^4 \sqrt{x} dx = \left[\frac{2}{3} x^{\frac{3}{2}}\right]_0^4 = \frac{16}{3}$$ ▣

적분의 특별한 순서를 구별하지 않고 영역의 넓이나 이중적분을 나타내기 위해, 기호 $\int_R\int dA$를 사용한다(단, $dA = dx\,dy$ 또는 $dA = dy\,dx$이다).

[예제 5] <이중적분으로 넓이 구하기>

$\int_R\int dA$로 나타낸 넓이를 계산하기 위해 이중적분을 이용한다. R은 $y=x$와 $y=x^2-x$로 둘러싸인 영역이다.

풀이 영역 R의 (그림 13.34)로부터 x의 상수영역, $0 \leqq x \leqq 2$

따라서,

$$\int_R\int dA = \int_0^2\int_{x^2-x}^{x} dy\,dx$$

$$= \int_0^2 [y]_{x^2-x}^{x} dx$$

$$= \int_0^2 [x-(x^2-x)]dx$$

$$= \left[x^2 - \frac{x^3}{3}\right]_0^2$$

$$= 4 - \frac{8}{3} = \frac{4}{3}$$

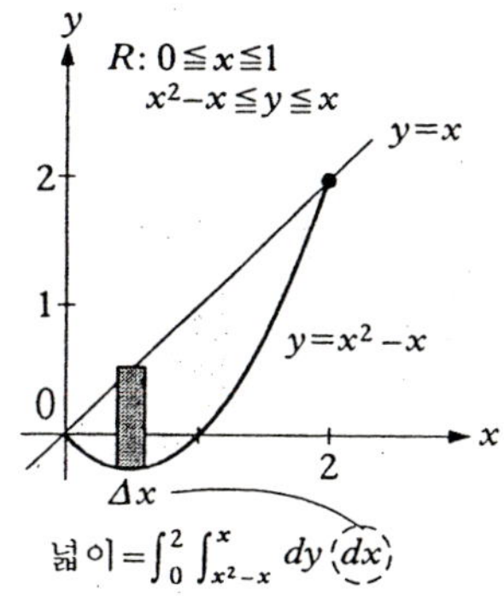

그림 13.34

■

평면에서 곡선 사이의 넓이를 이미 정적분으로 구할 수 있었으므로 여기서 이중적분이 필요한 이유를 생각할 수 있다. 이중적분의 필요는 13.7절에서 부피나 평균 함수값을 구하는데 나타날 것이다. 이 절의 연습문제를 풀 때 평면에서 넓이를 구하는데 이중적분을 소개하는 것은 주로 적분구간을 찾는데 주의를 기울이기 위함이다.

연습문제 13.6

1. 다음 적분을 계산하여라.

1) $\int_0^x (2x-y)\,dy$ 2) $\int_x^{x^2} \frac{y}{x}\,dy$

3) $\int_1^{2y} \frac{y}{x}\,dx$ 4) $\int_0^{e^y} dx$

5) $\int_0^{\sqrt{4-x^2}} x^2 y\,dy$ 6) $\int_{x^2}^{\sqrt{x}} (x^2+y^2)\,dy$

7) $\int_{e^y}^{y} \frac{y\ln x}{x}\,dx$ 8) $\int_{-\sqrt{1-y^2}}^{\sqrt{1-y^2}} (x^2+y^2)\,dx$

9) $\int_0^{x^3} y e^{\frac{y}{x}}\,dy$ 10) $\int_y^3 \frac{xy}{\sqrt{x^2+1}}\,dx$

2. 이중적분을 계산하여라.

1) $\int_0^1 \int_0^2 (x+y)\,dy\,dx$ 2) $\int_0^2 \int_0^2 (6-x^{2)})\,dy\,dx$

3) $\int_0^4 \int_0^3 xy\,dy\,dx$ 4) $\int_0^1 \int_0^x \sqrt{1-x^2}\,dy\,dx$

5) $\int_1^2 \int_0^4 (x^2-2y^2+1)\,dy\,dx$

6) $\int_0^1 \int_y^{2y} (1+2x^3+2y)\,dx\,dy$

7) $\int_0^1 \int_0^{\sqrt{1-y^2}} (x+y)\,dx\,dy$

8) $\int_0^2 \int_{ey^2-6y}^{2y-y^2} 3y\,dx\,dy$

해답

1.

1) $\frac{3}{x^2}$

3) $y\ln|2y|$

5) $\frac{x^2}{2}(4-x^2)$

7) $y\ln\left|\frac{\ln y}{y}\right|$

9) $x(1+x)(1-e^{-x^2})$

2.

1) 3

3) 36

5) $-\frac{88}{3}$

7) $\frac{2}{3}$

9) $\int_0^2 \int_0^{\sqrt{4-y^2}} \frac{2}{\sqrt{4-y^2}}\, dx\, dy$

10) $\int_0^4 \int_0^x \frac{2}{(x+1)(y+1)}\, dy\, dx$

11) $\int_0^2 \int_0^{4-x^2} x^3\, dy\, dx$

12) $\int_0^a \int_0^{a-x} (x^2+y^{2)} dy\, dx$

13) $\int_0^\infty \int_0^\infty e^{-\frac{x+y}{2}}\, dy\, dx$

14) $\int_0^\infty \int_0^\infty xye^{-(x^2+y^{2)}} dx\, dy$

9) 4

11) $\frac{16}{3}$

13) 4

3. 이중적분으로 주어진 영역을 그리고, 적분의 순서를 바꾸어 계산하여라.

1) $\int_0^1 \int_0^2 dy\, dx$ 2) $\int_1^2 \int_2^4 dx\, dy$

3) $\int_0^1 \int_{2y}^2 dx\, dy$ 4) $\int_0^4 \int_0^{\sqrt{x}} dy\, dx$

3.

1) $\int_0^2 \int_0^1 dx\, dy = 2$

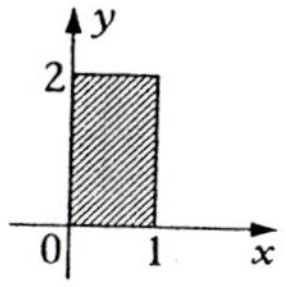

3) $\int_0^2 \int_0^{\frac{x}{2}} dy\, dx = 1$

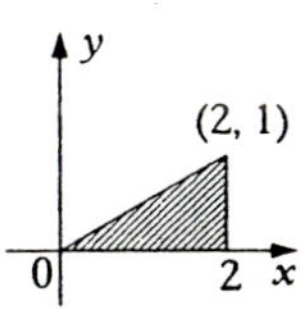

5) $\displaystyle\int_0^2 \int_{\frac{x}{2}}^1 dy\,dx$

6) $\displaystyle\int_0^4 \int_{\sqrt{x}}^2 dy\,dx$

7) $\displaystyle\int_0^1 \int_{y^2}^{\sqrt[3]{y}} dx\,dy$

8) $\displaystyle\int_{-2}^2 \int_0^{4-y^2} dx\,dy$

4. 주어진 방정식의 그래프로 둘러싸인 영역의 넓이를 구하는데 이중적분을 이용하여라.

1) $y=25-x^2$, $y=0$

2) $y=x^{\frac{3}{2}}$, $y=x$

3) $2x-3y=0$, $x+y=5$, $y=0$

4) $xy=9$, $y=x$, $y=0$, $x=9$

5) $y=x$, $y=2x$, $x=2$

6) $y=x^2+2x+1$, $y=3(x+1)$

---

5) $\displaystyle\int_0^1 \int_0^{2y} dx\,dy = 1$

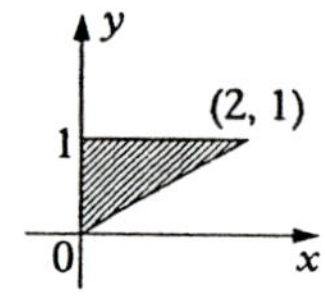

7) $\displaystyle\int_0^1 \int_{x^3}^{\sqrt{x}} dy\,dx = \frac{5}{12}$

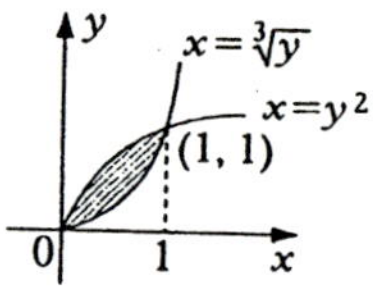

4.

1) $\dfrac{500}{3}$

3) 5

5) 2

13.7 이중적분의 응용

□ 입체영역의 부피

앞 절에서 이중적분을 이용하여 평면영역의 넓이를 구하였다. 이 절에서는 입체영역의 부피와 함수의 평균값을 구하기 위한 이중적분의 이용에 대해 알아보자. 특히 f가 영역 R 위에서 연속이고 음이 아닌 함수라면 $z=f(x, y)$와 xy-평면에 있는 영역 R 사이의 부피가 이중적분 $V=\int_R\int f(x, y)dA$(단, $dA=dy\,dx$ 또는 $dA=dx\,dy$)로 나타내어진다.

〈 이중적분에 의한 부피 구하기 〉

R이 xy-평면에 있는 둘러싸인 영역이고, f는 R 위에서 연속이고 음이 아닌 함수라면 곡면 $z=f(x, y)$와 R 사이의 입체의 부피 V는

$V=\int_R\int f(x, y)dA$이다.

[예제 1] <이중적분에 의한 부피 구하>

평면 $z=2-x-2y$로 둘러싸인 제일옥탄트에 있는 입체의 부피를 구하여라.

풀이 부피를 이중적분으로 구하기 위해 xy-평면에 있는 영역 R과 입체를 그리는 것이 도움이 된다. (그림 13.35)로부터 $z=0$이면 R은 xy-평면에서 $x=0$, $y=0$, $y=\dfrac{2-x}{2}$로 둘러싸인 영역이다. 폭 dx의 직사각형에서 다음 경계를 얻는다.

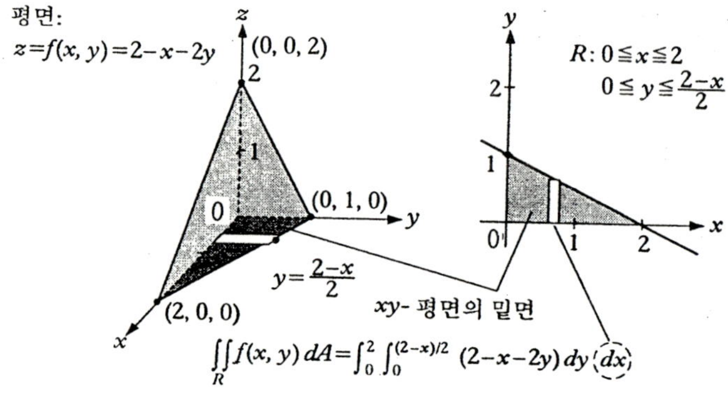

그림 13.35

$$0 \leqq x \leqq 2,\ 0 \leqq y \leqq \frac{2-x}{2}$$

따라서 입체영역의 부피 V는

$$V = \int_0^2 \int_0^{\frac{2-x}{2}} (2-x-2y)\,dy\,dx$$

$$= \int_0^2 \left[(2-x)y - y^2\right]_0^{\frac{2-x}{2}} dx$$

$$= \int_0^2 \left[(2-x)\left(\frac{2-x}{2}\right) - \left(\frac{2-x}{2}\right)^2\right] dx$$

$$= \frac{1}{4}\int_0^2 (2-x)^2\,dx = -\frac{1}{12}\left[(2-x)^3\right]_0^2$$

$$= \frac{8}{12} = \frac{2}{3}$$

■

(예제 1)의 방법을 따르면 입체영역의 부피를 다음 순서로 구한다.

1) $z = f(x, y)$꼴로 곡면의 방정식을 쓰고 가능하면 입체영역을 그린다.

2) xy-평면에 있는 영역 R를 그리고 적분순서와 구간을 정한다.

3) 정적분 $V=\int_R\int f(x,\ y)dA$를 적분순서와 구간에 따라 구한다.

(예제 1)에서 적분순서는 임의이다. (그림 13.36)처럼 적분순서를 바꾸어도 된다. 그러나 어떤 경우는 적분의 순서를 바꾸는 경우가 훨씬 편리하다.

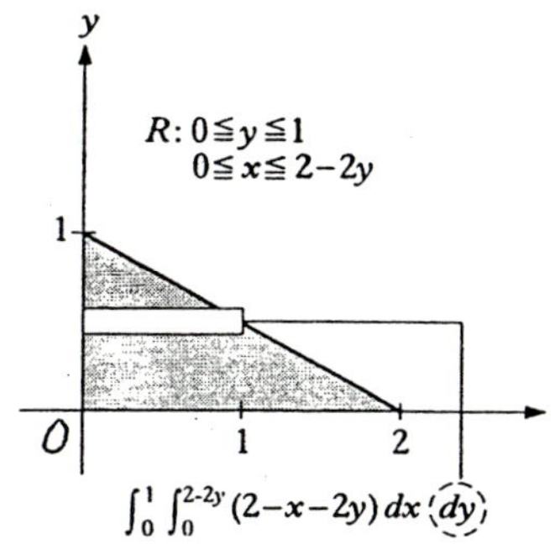

그림 13.36

[예제 2] <적분의 다른 순서와 비교>

> xz-평면과 평면 $y=x$와 $x=1$로 둘러싸인 곡면 $f(x,\ y)=e^{-x^2}$ 아래 부분의 부피를 구하여라.

풀이 xy-평면에서 영역 R의 경계는 $y=0$, $x=1$과 $y=x$(그림 13.37)이다. 적분의 가능한 순서는 (그림 13.38)에 주어진다. 이 두 개의 이중적분을 구하기 위해 $\int e^{-x^2}dx$의 부정적분을 알아야 한다. 그러나 구할 수 없으므로 다음식을 구해야 한다.

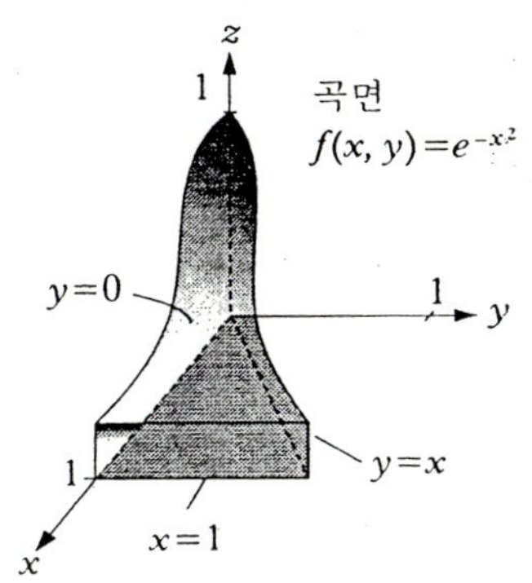

그림 13.37

$$V=\int_0^1\int_0^x e^{-x^2}dy\,dx$$

$$=\int_0^1\left[e^{-x^2}\right]_0^x dx=\int_0^1 xe^{-x^2}dx$$

$$=\left[-\frac{1}{2}e^{-x^2}\right]_0^1=-\frac{1}{2}\left(\frac{1}{e}-1\right)=\frac{e-1}{2e}$$

■

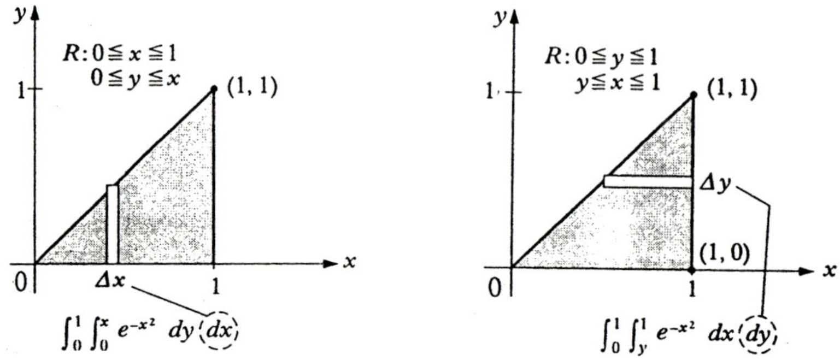

그림 13.38

[예제 3] <영역위에서 부피구하기>

위로는 곡면 $f(x,\ y)=6x^2-2xy$, 아래로는 (그림 13.39)의 평면영역으로 둘러싸인 입체의 부피를 구하여라.

풀이 영역 R은 포물선 $y=3x-x^2$과 직선 $y=x$로 둘러싸인 부분이므로 $x \leqq y \leqq 3-x^2$(그림 13.39) 입체의 부피 V는

$$V = \int_0^2 \int_x^{3x-x^2} (6x^2-2xy)\,dy\,dx$$

$$= \int_0^2 [6x^2y - xy^2]_x^{3x-x^2} dx$$

$$= \int_0^2 [(18x^3-6x^4-9x^3+6x^4-x^5)-(6x^3-x^3)]dx$$

$$= \int_0^2 (4x^3-x^5)dx = \left[x^4-\frac{x^6}{6}\right]_0^2 = \frac{16}{3}$$

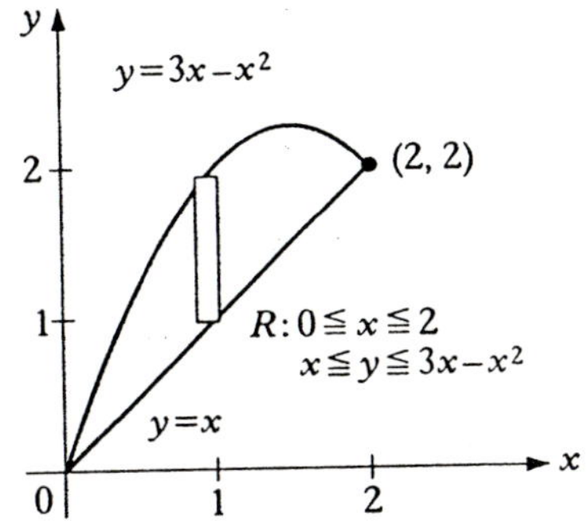

그림 13.39 ▣

도시인구의 밀도함수가 $f(x, y)$로 주어지고 영역 R이 도시의 경계를 나타낼 때, 인구 P는

$$P = \iint_R f(x, y)dA$$

로 주어진다. 다음 예제에서 이 공식을 이용한다.

[예제 4] <도시의 인구 구하기>

도시인구의 밀도함수가

$f(x, y) = \dfrac{50,000}{x+|y|+1}$ 이고 영역이 (그림 13.40)과 같다. 도시 인구를 구하여라.

풀이 점 (x, y)에서 밀도함수가 점 $(x, -y)$에서 밀도함수는 같다. 따라서 제일사분면에 있는 인구를 구하여 두배하면 된다. 구하는 인구 P는

$$P = 2\int_0^4 \int_0^5 \frac{50,000}{x+y+1}\, dy\, dx$$

$$= 100,000 \int_0^4 [\ln(x+y+1)]_0^5 dx$$

$$= 100,000 \int_0^4 [\ln(x+6) - \ln(x+1)] dx$$

$$= 100,000 [(x+6)\ln(x+6) - (x+6) - (x+1)\ln(x+1) + (x+1)]_0^4$$

$$= 100,000[10\ln(10) - 5\ln(5) - 5 - 6\ln(6) + 5] \approx 422,810$$

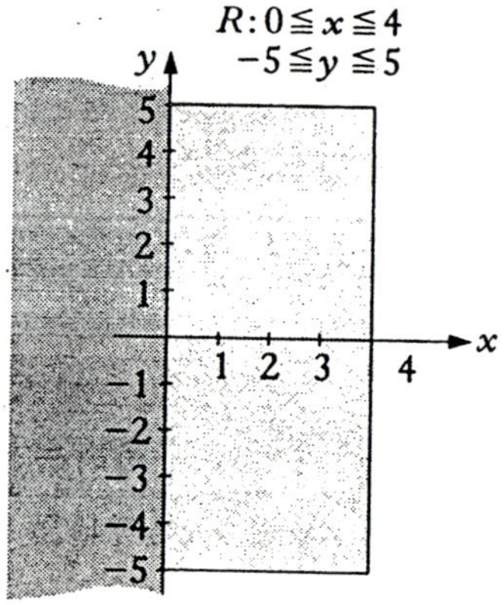

그림 13.40

□ 영역 위에서의 함수의 평균

구간 $[a, b]$ 위에서 함수 $f(x)$의 평균값을 이변수함수로 일반화시키면 다음과 같다.

〈 영역 R위에서, $f(x, y)$의 평균값 〉

f가 평면영역 R 위에서 적분가능하면, R 위에서 f의 평균값(average value)은

$$(R \text{ 위에서 } f(x, y)\text{의 평균값}) = \frac{1}{A}\iint_R f(x, y)\,dA$$

이다(단, A는 영역 R의 넓이).

[예제 5] ―― <평균 이익>

제품 A는 x개, 제품 B는 y개를 파는데 이익은

$P = -(x-200)^2 - (y-100)^2 + 5000$으로 결정된다. 제품 A의 주당 판매개수는 150~200이고 제품 B의 주당 판매개수는 80~100이다. 이 두 제품에 대한 주당 이익을 구하여라.

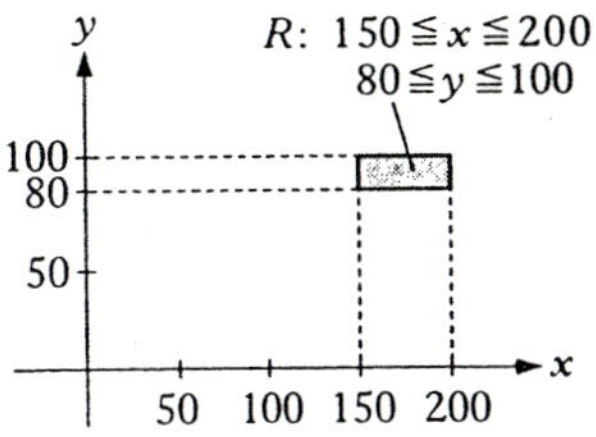

그림 13.41

풀이 $150 \leqq x \leqq 200$, $80 \leqq y \leqq 100$이므로 주당이익은 (그림 13.41)의 직사각형 영역위의 이익함수의 평균이다. 이 영역의 넓이는 $50 \cdot 20 = 1000$이므로 평균이익 V는

$$V = \frac{1}{1000}\int_{150}^{200}\int_{80}^{100}[-(x-200)^2-(y-100)^2+5000]\,dy\,dx$$

$$= \frac{1}{1000}\int_{150}^{200}\left[-(x-200)^2y - \frac{(y-100)^3}{3} + 5000y\right]_{80}^{100}dx$$

$$= \frac{1}{1000}\int_{150}^{200}\left[-20\,(x-200)^2 + \frac{292,000}{3}\right]dx$$

$$= \frac{1}{3000}\,[-20\,(x-200)^3 + 292,000x]_{150}^{200}$$

$$= \frac{12,100,000}{3000} \approx 4,033$$

■

연습문제 13.7

1. 영역 R을 그리고 이중적분 $\iint_R f(x,\ y)dA$를 구하여라.

 1) $\int_0^2 \int_0^1 (1+2x+2y)\,dy\,dx$

 2) $\int_0^6 \int_{\frac{y}{2}}^3 (x+y)\,dx\,dy$

 3) $\int_0^1 \int_y^{\sqrt{y}} x^2 y^2\,dx\,dy$

 4) $\int_{-a}^a \int_{-\sqrt{a^2-x^2}}^{\sqrt{a^2-x^2}} (x+y)\,dy\,dx$

 5) $\int_0^1 \int_0^{\sqrt{1-x^2}} y\,dy\,dx$

 6) $\int_0^2 \int_0^{4-x^2} xy^2\,dy\,dx$

2. 영역 R 위에서 이중적분 구하는 식을 만들고 편한 순서로 계산하여라.

 1) $\iint_R xy\,dA$, R : 꼭지점 (0, 0), (0, 5), (3, 5), (3, 0)인 직사각형

 2) $\iint_R \frac{y}{x^2+y^2}\,dA$, R : $y=x,\ y=2x,\ x=2$ 로 둘러싸인 삼각형

해답

1.

1) 8

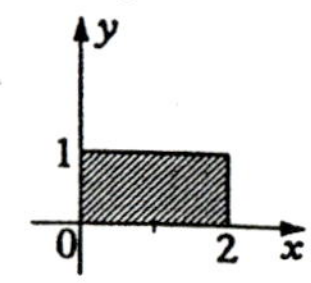

3) $\frac{1}{54}$

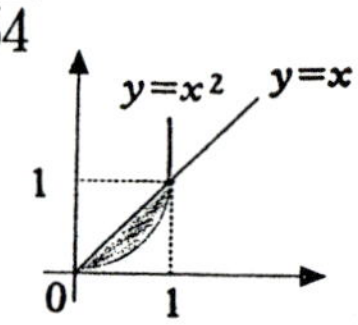

5) $\frac{1}{3}$

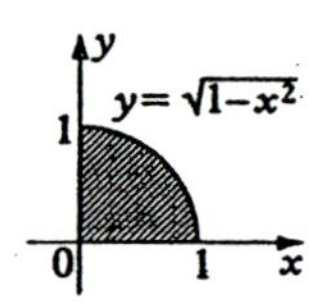

2.

1) $\int_0^3 \int_0^5 xy\,dy\,dx = \int_0^5 \int_0^3 xy\,dx\,dy = \frac{225}{4}$

3) $\int_R\int \frac{y}{1+x^2}\,dA$, R : $y=0,\ y=\sqrt{x},\ x=4$

로 둘러싸인 영역

4) $\int_R\int x\,dA$, R : $y=\sqrt{25-x^2}$, $y=0$ 로 둘러

싸인 반원

3. 이중적분의 순서를 바꾸어 계산하여라.

1) $\int_0^1\int_{\frac{y}{2}}^{\frac{1}{2}} e^{-x^2}dx\,dy$

2) $\int_0^{\ln 10}\int_{e^x}^{10}\frac{1}{ln\,y}\,dy\,dx$

3) $\int_0^4\int_0^{\sqrt{x}}\frac{y}{1+x^2}\,dy\,dx$

$=\int_0^2\int_{y^2}^4\frac{y}{x+x^2}\,dx\,dy$

$=\frac{1}{4}\ln 17\approx 0.708$

3.

1) $\int_0^{\frac{1}{2}}\int_0^{2x} e^{-x^2}$

$dy\,dx=0.2212$

Home Work

1. 두 점 사이의 거리와 중점의 좌표를 구하여라.

   1) $(-4, -2, 3)$, $(6, 2, -5)$　　2) $(0, 4, -3)$, $(-6, 10, 8)$

2. 구면의 방정식의 표준형을 구하여라.

   1) 중심 $(1, 0, -3)$, 반지름의 길이 3

   2) 중심 $(4, -5, 3)$, 반지름의 길이 10

3. 구면의 중심과 반지름의 길이를 구하여라.

   1) $x^2+y^2+z^2+8x-4y+2z+5=0$

   2) $16x^2+16y^2+16z^2+8x-32z+17=0$

4. 평면의 그래프를 그려라.

   1) $x+2y+3z=6$　　2) $2y+z=4$

   3) $4x-3y+6z=12$　　4) $x=3$

5. 다음 함수의 정의역과 치역을 구하여라.

   1) $f(x, y)=x^2+y^2$　　2) $f(x, y)=\sqrt{1-x^2+y^2}$

   3) $f(x, y)=ln(1-x^2-y^2)$　　4) $f(x, y)=\dfrac{1}{x+y}$

6. 다음 곡면의 이름을 말하여라.

   1) $x^2+y^2+z^2-2x+4y-6z+5=0$　　2) $16x^2+16y^2-9z^2=0$

   3) $\dfrac{x^2}{16}+\dfrac{y^2}{9}+z^2=1$　　4) $\dfrac{x^2}{16}+\dfrac{y^2}{9}-z^2=1$

   5) $\dfrac{x^2}{16}-\dfrac{y^2}{9}+z^2=-1$　　6) $z=\dfrac{x^2}{9}+y^2$

   7) $-4x^2+y^2+z^2=4$　　8) $3x^2+4y^2+z^2+6x-4=0$

   9) $z=\sqrt{x^2+y^2}$　　10) $z=9x+3y-5$

7. 일차 편도함수를 구하여라.

1) $f(x, y) = x\sqrt{x} + 3x - 2y$

2) $f(x, y) = 5x^2 + 4xy - 3y^2$

3) $g(x, y) = ln\sqrt{2x + 3y}$

4) $g(x, y) = x^2 e^{-2y}$

5) $z = xe^y + ye^x$

6) $z = ln(x^2 + y^2 + 1)$

7) $g(x, y) = \dfrac{xy}{x^2 + y^2}$

8) $f(x, y) = \dfrac{xy}{x + y}$

9) $\omega = 2\sqrt{xyz}$

10) $\omega = xyz^2$

8. 이차 편도함수를 구하여라.

1) $f(x, y) = 3x^2 - xy + 2y^3$

2) $h(x, y) = \dfrac{x}{x + y}$

9. 다음 함수의 극값을 분류하여라.

1) $f(x, y) = x^3 - 3xy + y^2$

2) $f(x, y = x^2 + 2xy + y^2$

3) $f(x, y) = 2x^2 + 6xy + 9y^2 + 8x + 14$

4) $z = 50(x + y) - (0.1x^3 + 20x + 150) - (0.05y^3 + 20.6y + 125)$

10. Lagrange 상수를 이용하여 함수의 극점을 구하여라.

1) $z = x^2 y$ 조건 : $x + 2y = 2$

2) $z = x^2 + y^2$ 조건 : $x + y = 4$

11. 이중적분을 계산하여라.

1) $\int_0^1 \int_0^{1+x} (3x + 2y)\,dy\,dx$

2) $\int_0^1 \int_0^{\sqrt{y}} xy\,dx\,dy$

3) $\int_1^2 \int_1^{2y} \dfrac{x}{y^2}\,dx\,dy$

4) $\int_0^2 \int_{x^2}^{2x} (x^2 + 2y)\,dy\,dx$

5) $\int_0^3 \int_0^{\sqrt{9-x^2}} 4x\,dy\,dx$

6) $\int_0^3 \int_{(x-1)^2-1} dy\,dx$

7) $\int_{-2}^4 \int_{\frac{y^2}{4}}^{\frac{4+y}{2}} (x - y)\,dx\,dy$

8) $\int_{-2}^2 \int_0^{4-y^2} (8x - 2y^2)\,dx\,dy$

[부 록] 표준정규분포표

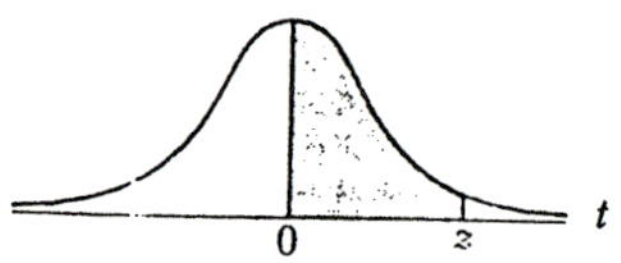

$P(0 \leq t \leq z)$

Z	.00	.01	.02	.03	.04	.05	.06	.07	.08	.09
.00	.0000	.0040	.0080	.0120	.0160	.0199	.0239	0.279	.0319	.0359
.10	.0398	.0438	.0478	.0517	.0557	.0596	.0636	.0675	.0714	.0753
.20	.0793	.0832	.0871	.0910	.0948	.0987	.1026	.1064	.1103	.1141
.30	.1179	.1217	.1255	.1293	.1331	.1368	.1406	.1443	.1480	.1517
.40	.1554	.1591	.1628	.1664	.1700	.1736	.1772	.1808	.1844	.1879
.50	.1915	.1950	.1985	.2019	.2054	.2088	.2123	.2157	.2190	.2224
.60	.2257	.2291	.2324	.2357	.2389	.2422	.2454	.2486	.2517	.2549
.70	.2580	.2611	.2642	.2673	.2703	.2734	.2764	.2793	.2823	.2852
.80	.2881	.2910	.2939	.2967	.2995	.3023	.3051	.3078	.3106	.3133
.90	.3159	.3186	.3212	.3238	.3264	.3289	.3315	.3340	.3365	.3389
1.00	.3413	.3438	.3461	.3485	.3508	.331	.3554	.3577	.3599	.3621
1.10	.3643	.3665	.3686	.3708	.3729	.3749	.3770	.3790	.3810	.3830
1.20	.3849	.3869	.3888	.3907	.3925	.3944	.3962	.3980	.3997	.4015
1.30	.4032	.4049	.4066	.4082	.4099	.4115	.4131	.4147	.4162	.4177
1.40	.4192	.4207	.4222	.4236	.4251	.4265	.4279	.4292	.4306	.4319
1.50	.4332	.4345	.4357	.4370	.4382	.4394	.4406	.4418	.4429	.4441
1.60	.4452	.4463	.4474	.4474	.4495	.4505	.4515	.4525	.4535	.4545
1.70	.4554	.4564	.4573	.4582	.4591	.4599	.4608	.4616	.4625	.4633
1.80	.4641	.4649	.4656	.4664	.4671	.4678	.4686	.4693	.4699	.4706
1.90	.4713	.4719	.4726	.4732	.4738	.4744	.4750	.4756	.4761	.4767
2.00	.4772	.4778	.4783	.4788	.4793	.4798	4803	.4808	.4812	.4817
2.10	.4821	.4826	.4830	.4834	.4838	.4842	.4846	.4850	.4854	.4857
2.20	.4861	.4864	.4868	.4871	.4875	.4878	.4881	.4884	.4887	.4890
2.30	.4893	.4896	.4898	.4901	.4904	.4906	.4909	.4911	.4913	.4916
2.40	.4918	.4920	.4922	.4925	.4927	.4929	.4931	.4932	.4934	.4936
2.50	.4938	.4940	.4941	.4943	.4945	.4946	.4948	.4949	.4951	.4952
2.60	.4953	.4955	.4956	.4957	.4959	.4960	.4961	.4962	.4963	.4964
2.70	.4965	.4966	.4967	.4968	.4969	.4970	.4971	.4972	.4973	.4974
2.80	.4974	.4975	.4976	.4977	.4977	.4978	.4979	.4979	.4980	.4981
2.90	.4981	.4982	.4982	.4983	.4984	.4984	.4985	.4985	.4986	.4986
3.00	.4987	.4987	.4987	.4988	.4988	.4989	.4989	.4989	.4990	.4990
3.10	.4990	.4991	.4991	.4991	.4992	.4992	.4992	.4992	.4993	.4993
3.20	.4993	.4993	.4994	.4994	.4994	.4994	.4994	.4995	.4995	.4995
3.30	.4995	.4995	.4995	.4996	.4996	.4996	.4996	.4996	.4996	.4997
3.40	.4997	.4997	.4997	.4997	.4997	.4997	.4997	.4997	.4997	.4998
3.50	.4998	.4998	.4998	.4998	.4998	.4998	.4998	.4998	.4998	.4998
3.60	.4998	.4998	.4999	.4999	.4999	.4999	.4999	.4999	.4999	.4999
3.70	.4999	.4999	.4999	.4999	.4999	.4999	.4999	.4999	.4999	.4999
3.80	.4999	.4999	.4999	.4999	.4999	.4999	.4999	.4999	.4999	.4999

▣ ▣ ▣ 찾아보기 ▣ ▣ ▣

ㅈ)

ㅊ)

ㅋ)

ㅌ)

ㅍ)

ㅎ)

기타)

Introduction to Calculus

基礎 微分積分學

<정가 25,000원>

제1판 1쇄 발행 2003년 3월 6 일
제1판 2쇄 발행 2010년 9월 2 일

저 자 : 김 병 무
발행인 : 신 동 수
발행처 : 도서출판 신 성

주 소 : 서울시 동작구 흑석1동 207-6
전 화 : 814-7655 FAX : 812-7109
등록일자 : 1989년 10월 27일 등록번호 : 14-85호

ISBN 978-89-6361-014-6 93410